数学分析专题研究

张永红　赵教练　主编

中国纺织出版社有限公司

图书在版编目（CIP）数据

数学分析专题研究 / 张永红，赵教练主编. -- 北京：中国纺织出版社有限公司，2021.7（2024.2重印）

ISBN 978-7-5180-8681-8

Ⅰ. ①数… Ⅱ. ①张… ②赵… Ⅲ. ①数学分析—研究 Ⅳ. ①O17

中国版本图书馆 CIP 数据核字（2021）第 131679 号

责任编辑：郭 婷　　责任校对：王蕙莹　　责任印制：储志伟

中国纺织出版社有限公司出版发行

地址：北京市朝阳区百子湾东里 A407 号楼　邮政编码：100124

销售电话：010－67004422　传真：010－87155801

http: //www.c-textilep. com

官方微博 http://weibo.com/2119887771

北京兰星球彩色印刷有限公司印刷　各地新华书店经销

2021 年 8 月第 1 版　2024 年 2 月第 3 次印刷

开本：787×1092　1 / 16　印张：18.75

字数：320 千字　定价：98.00 元

前　言

数学分析是高等学校数学专业最为重要的基础课之一，对后续课程的学习和研究影响非常大，是数学类专业硕士研究生入学考试的必考课程。学好数学分析是数学专业学习的起点，对以后的进一步深造和发展有着决定性的作用。数学分析在所有数学本科课程中内容是最丰富的，体系是最庞大的，仅通过一个教程就想尽得其精华，往往是难以实现的。因此，学完这门课的很多学生，特别是那些准备报考硕士研究生的，都还需要进行一次乃至数次的再学习，这不仅是为了温故而知新，更是为了在理解和应用两方面不断有质的提高。当然，在这样的过程中，除了对原有教材进行充分挖掘外，还需要从各种合适的参考书中汲取营养。本书编者长期从事数学分析的教学工作，同时为高年级学生开设“数学分析选讲”这门选修课，对学生在学习过程中所存在的问题比较了解，积累了较多的经验和素材。在此基础上，编写了这本《数学分析专题研究》，本书既可作为开设数学分析选修课的教材，也可为报考研究生的学生提供复习指导，同时也可作为教师的教学参考书。本书系统地总结了数学分析的基本知识、基本理论、基本方法和解题技巧，收集了大量具有代表性的题目（其中大部分题目来自近几年一些高校的研究生入学试题），由浅入深地介绍了数学分析的解题思路和解题方法。在解题过程中启发学生打开思路并掌握技巧，使学生能够更好地融汇知识、理解概念和掌握方法，以提高学生分析问题和解决问题的能力。

按照数学分析的教学大纲要求，强调学生的综合能力，这个综合能力表现在两个方面：一是对一个具体学科的数学理论的归纳能力，即基本问题是什么，基本思想是什么，基本方法有哪些。二是灵活运用相关理论和方法解决某一个具体的数学问题，熟练地运用数学工具。本书共分为六讲：函数与极限、一元函数微分学、一元函数积分学、级数、多元函数微分学、多元函数积分学。其内容顺序与通常教材的顺序基本一致。

本书在编著过程中得到了渭南师范学院“十三五”重大科研项目“基于数论的密码算法及云数据安全外包系统”的资助。由于时间急迫、经验不足、水平有限，本书肯定存在不少的缺点和问题，恳请读者批评指正。

编　者

2021 年 1 月

目　录

Lesson 1

第1讲 函数与极限

知识结构

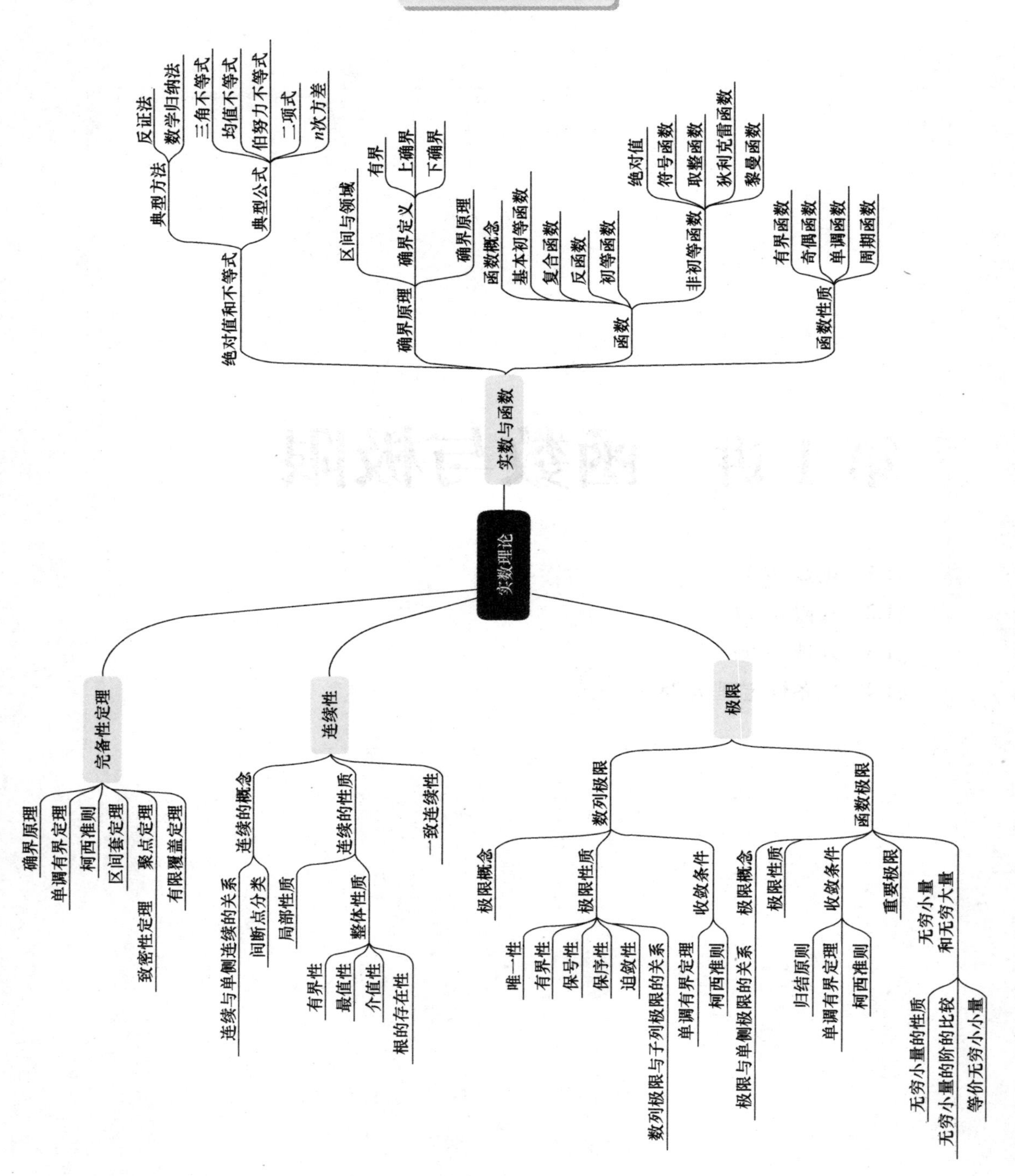
实数理论
实数与函数
绝对值和不等式
典型方法
反证法
数学归纳法
典型公式
三角不等式
均值不等式
伯努力不等式
二项式
n次方差
确界原理
区间与领域
确界定义
有界
上确界
下确界
确界原理
函数
函数概念
基本初等函数
复合函数
反函数
初等函数
非初等函数
绝对值
符号函数
取整函数
狄利克雷函数
黎曼函数
函数性质
有界函数
奇偶函数
单调函数
周期函数
完备性定理
确界原理
单调有界定理
柯西准则
区间套定理
聚点定理
有限覆盖定理
致密性定理
连续性
连续的概念
连续与单侧连续的关系
间断点分类
连续的性质
局部性质
整体性质
有界性
最值性
介值性
根的存在性
一致连续性
极限
数列极限
极限概念
极限性质
唯一性
有界性
保号性
保序性
迫敛性
数列极限与子列极限的关系
收敛条件
单调有界定理
柯西准则
函数极限
极限概念
极限与单侧极限的关系
极限性质
收敛条件
归结原则
单调有界定理
柯西准则
重要极限
无穷小量
和无穷大量
无穷小量的性质
无穷小量的阶的比较
等价无穷小量

§1.1 函 数

知识要点

1.1.1 实数及其性质

1.1.1.1 实数

$$\text{实数}\begin{cases}\text{有理数}\begin{cases}\text{整数}\\ \text{分数}\end{cases},\dfrac{q}{p}(p,q\text{为整数且}q\neq 0)\text{或有限小数和无限循环小数.}\\ \text{无理数:用无限不循环小数表示.}\end{cases}$$

1.1.1.2 实数常用性质

(1)封闭性

(实数集 R 对 $+,-,\times,\div$)四则运算是封闭的，即任意两个实数的和、差、积、商（除数不为0）仍是实数.

(2)有序性

任意两个实数 a,b 必满足下列关系之一： $a<b,a>b,a=b$.

(3)传递性

$a>b,b>c\Rightarrow a>c$.

(4)阿基米德性

$\forall a,b\in R,b>a>0\Rightarrow \exists n\in N$ 使得 $na>b$.

(5)稠密性

两个不等的实数之间总有另一个实数.

(6)一一对应性

实数集 R 与数轴上的点有着一一对应关系.

1.1.1.3 绝对值与不等式（分析论证的基本工具）

(1)绝对值的定义

实数 a 的绝对值的定义为 $|a|=\begin{cases}a, & a\geqslant 0;\\ -a, & a<0.\end{cases}$

(2)绝对值几何意义

从数轴看，数的绝对值 $|a|$ 就是点 a 到原点的距离．与此相应，$|x-a|$ 表示的就是数轴上点 x 与 a 之间的距离.

(3)绝对值性质

① $|a|=|-a|\geqslant 0;|a|=0\Leftrightarrow a=0$ （非负性）；

② $-|a| \leqslant a \leqslant |a|$；

③ $|a| < h \Leftrightarrow -h < a < h$，$|a| \leqslant h \Leftrightarrow -h \leqslant a \leqslant h (h > 0)$；

④ 对任何 $a,b \in R$ 有 $|a| - |b| \leqslant |a \pm b| \leqslant |a| + |b|$（三角不等式）；

⑤ $|a \cdot b| = |a| \cdot |b|$；

⑥ $\left|\frac{b}{a}\right| = \frac{|b|}{|a|}$ （$a \neq 0$）.

（4）几个典型的公式

① 二项式定理

$$(a+b)^n = \sum_{k=0}^{n} C_n^k a^k b^{n-k} \text{ ；}$$

② 伯努利不等式

$$(1+x)^n \geqslant 1 + nx \ (x > -1) \text{ ；}$$

③ 柯西不等式

设为 $a_i, b_i \ (i = 1, 2, \cdots, n)$ 两组实数，则有 $\sum_{i=1}^{n} (a_i b_i)^2 \leqslant \sum_{i=1}^{n} a_i^2 \cdot \sum_{i=1}^{n} b_i^2$；

④ n 次方差公式

$$b^n - a^n = (b-a)(b^{n-1} + b^{n-2}a + b^{n-3}a^2 + \cdots + a^{n-1}) \text{ ；}$$

⑤ 关系

$$n^p < \frac{(n+1)^{p+1} - n^{p+1}}{p+1} < (n+1)^p \text{ .}$$

1.1.2 区间与邻域

1.1.2.1 区间

$$\text{有限区间}\begin{cases} \text{开区间}: \{x \in R \mid a < x < b\} = (a,b) \\ \text{闭区间}: \{x \in R \mid a \leqslant x \leqslant b\} = [a,b] \\ \text{半开半闭区间}: \begin{cases} \{x \in R \mid a \leqslant x < b\} = [a,b) \\ \{x \in R \mid a < x \leqslant b\} = (a,b] \end{cases} \end{cases}$$

$$\text{无限区间}\begin{cases} \{x \in R \mid x \geqslant a\} = [a,+\infty) \\ \{x \in R \mid x \leqslant a\} = (-\infty,a] \\ \{x \in R \mid x > a\} = (a,+\infty) \\ \{x \in R \mid x < a\} = (-\infty,a) \\ \{x \in R \mid -\infty < x < +\infty\} = R \end{cases}$$

1.1.2.2 邻域

（1）a的δ邻域

设$a\in R,\delta>0$，满足不等式$|x-a|<\delta$的全体实数x的集合称为点a的δ邻域，记作$U(a;\delta)$，或简记为$U(a)$，即

$$U(a;\delta)=\{x||x-a|<\delta\}=(a-\delta,a+\delta).$$

（2）点a的空心δ邻域

$$U^{\circ}(a;\delta)=\{x|0<|x-a|<\delta\}=(a-\delta,a)\cup(a,a+\delta).$$

（3）a的δ右邻域和点a的空心δ右邻域

$$U_{+}(a;\delta)=[a,a+\delta)=\{x|a\leqslant x<a+\delta\};$$

$$U_{+}^{\circ}(a;\delta)=(a,a+\delta)=\{x|a<x<a+\delta\}.$$

（4）点a的δ左邻域和点a的空心δ左邻域

$$U_{-}(a;\delta)=(a-\delta,a]=\{x|a-\delta<x\leqslant a\};$$

$$U_{-}^{\circ}(a;\delta)=(a-\delta,a)=\{x|a-\delta<x<a\}.$$

（5）∞邻域，$+\infty$邻域，$-\infty$邻域

$$U(\infty)=\{x||x|>M\},\text{（其中}M\text{为充分大的正数）};$$

$$U(+\infty)=\{x|x>M\};$$

$$U(-\infty)=\{x|x<-M\}.$$

1.1.2.3 有界集

（1）有上界

设S为R中的一个数集，$\exists M>0,\forall x\in S,x\leqslant M$，则称$S$为有上界的数集．数$M$称为$S$的上界；

（2）有下界

设S为R中的一个数集，$\exists M>0,\forall x\in S,x\geqslant -M$，则称$S$为有下界的数集，$-M$称为$S$的下界．

（3）有界

设S为R中的一个数集，$\exists M>0,\forall x\in S,|x|\leqslant M$，则称$S$为有界数集，$M$称为$S$的界．

（4）无上界

设S为R中的一个数集，$\forall M>0,\exists x_0\in S,x_0>M$，则称$S$为无上界数集．

（5）无下界

设S为R中的一个数集，$\forall M>0,\exists x_0\in S,x_0<-M$，则称$S$为无下界数集．

（6）无界

设 S 为 R 中的一个数集，$\forall M>0, \exists x_0 \in S, |x_0|>M$，则称 S 为无界集.

1.1.2.4　**确界原理**

（1）上确界的定义

设 S 是 R 中的一个数集，若数 η 满足：

①对一切 $x\in S$, 有 $x\leqslant\eta$（即 η 是 S 的上界）；

②对任何 $\alpha<\eta$，存在 $x_0\in S$，使得 $x_0>\alpha$（即 η 是 S 的上界中最小的一个）；

②' 对任何 $\varepsilon>0$，存在 $\exists x_0\in S$，使得 $\eta-x_0<\varepsilon$；

则称数 η 为数集 S 的上确界，记作：$\eta=\sup S$.

（2）下确界的定义

设 S 是 R 中的一个数集，若数 ξ 满足：

①对一切 $x\in S$, 有 $x\geqslant\xi$（即 ξ 是 S 的下界）；

②对任何 $\beta>\xi$，存在 $x_0\in S$，使得 $x_0<\beta$（即 ξ 是 S 的下界中最大的一个）；

②'对任何 $\varepsilon>0$，存在 $\exists x_0\in S$，使得 $\eta-x_0<\varepsilon$；

则称数 ξ 为数集 S 的下确界，记作：$\xi=\inf S$.

（3）确界原理

设 S 为非空数集，若 S 有上界，则 S 必有上确界；若 S 有下界，则 S 必有下确界.

1.1.3　函数定义

设 $D,M\subset R$，如果存在对应法则 f，使对 $\forall x\in D$，存在唯一的一个数 $y\in M$ 与之对应，则称 f 是定义在数集 D 上的函数，记作 $f:D\to M\ (x|\to y)$.

典 型 题 型

1.1.4　求函数的解析表达式

1.1.4.1　**分段函数复合运算**

【例 1】 设 $f(x)=\dfrac{1}{2}(x+|x|), g(x)=\begin{cases} x & x<0 \\ x^2 & x\geqslant 0\end{cases}$，求$f[g(x)]$.

解：由已知可得 $f(x)=\begin{cases} 0 & x<0 \\ x & x\geqslant 0\end{cases}$，则有

$f[g(x)]=\begin{cases} 0 & g(x)<0 \\ g(x) & g(x)\geqslant 0\end{cases}$，则

$f[g(x)]=\begin{cases} 0 & x<0 \\ x^2 & x\geqslant 0\end{cases}$.

注	查找内函数的值域.

【例 2】设 $g(x)=\begin{cases}2-x & x\leqslant 0\\ x+2 & x>0\end{cases}$, $f(x)=\begin{cases}x^2 & x<0\\ -x & x\geqslant 0\end{cases}$，求$g[f(x)]$.

【例 3】设 $f(x)=\begin{cases}2x & 0\leqslant x\leqslant 1\\ x^2 & 1<x\leqslant 2\end{cases}$, $g(x)=\ln x, 0<x<+\infty$，求$f[g(x)]$.

1.1.4.2　利用极限

【例 1】设 $f(x)$ 在 $x=0$ 附近有界，且满足方程 $f(x)-\dfrac{1}{2}f\left(\dfrac{x}{2}\right)=x^2$，求 $f(x)$.

解：由已知 $f(x)-\dfrac{1}{2}f\left(\dfrac{x}{2}\right)=x^2$，则有

$$f\left(\frac{x}{2}\right)-\frac{1}{2}f\left(\frac{x}{2^2}\right)=\left(\frac{x}{2}\right)^2,$$

$$f\left(\frac{x}{2^2}\right)-\frac{1}{2}f\left(\frac{x}{2^3}\right)=\left(\frac{x}{2^2}\right)^2,$$

……

$$f\left(\frac{x}{2^{n-1}}\right)-\frac{1}{2}f\left(\frac{x}{2^n}\right)=\left(\frac{x}{2^{n-1}}\right)^2.$$

从而求和得到

$$f(x)-\frac{1}{2^n}f\left(\frac{x}{2^n}\right)=x^2+\frac{x^2}{2^3}+\frac{x^2}{(2^3)^2}+\cdots+\frac{x^2}{(2^3)^{n-1}}.$$

两边同时 $n\to\infty$ 取极限，有 $f(x)=\dfrac{8x^2}{7}$.

知识点	（1）构造数列； （2）无穷小量乘以有界量仍为无穷小； （3）无穷级数敛散性定义； （4）等比级数或几何级数.

【例 2】设 $f(x)$ 满足 $\sin f(x)-\dfrac{1}{3}\sin f\left(\dfrac{1}{3}x\right)=x$，求 $f(x)$.

解：令 $g(x)=\sin f(x)$，则

$$g(x)-\frac{1}{3}g\left(\frac{1}{3}x\right)=x,$$

$$\frac{1}{3}g\left(\frac{1}{3}x\right)-\frac{1}{3^2}g\left(\frac{1}{3^2}x\right)=\frac{1}{3^2}x,$$

$$\frac{1}{3^2}g\left(\frac{1}{3^2}x\right)-\frac{1}{3^3}g\left(\frac{1}{3^3}x\right)=\frac{1}{3^4}x,$$

……

$$\frac{1}{3^{n-1}}g\left(\frac{1}{3^{n-1}}x\right)-\frac{1}{3^n}g\left(\frac{1}{3^n}x\right)=\frac{1}{3^{2(n-1)}}x,$$

各式相加，得

$$g(x)-\frac{1}{3^n}g\left(\frac{1}{3^n}x\right)=x\left[1+\frac{1}{9}+\cdots+\frac{1}{9^{n-1}}\right]$$

$\because |g(x)|\leqslant 1$，

$\therefore \lim\limits_{n\to\infty}\frac{1}{3^n}g\left(\frac{1}{3^n}x\right)=0$

$\lim\limits_{n\to\infty}\left[1+\frac{1}{9}+\cdots+\frac{1}{9^{n-1}}\right]=\frac{1}{1-\frac{1}{9}}=\frac{9}{8}$.

因此 $g(x)=\frac{9}{8}x$，于是

$f(x)=\arcsin\frac{9}{8}x+2k\pi$ 或 $(2k+1)\pi-\arcsin\frac{9}{8}x$（$k$ 为整数）.

知识点	（1）构造数列； （2）无穷小量乘以有界量仍为无穷小； （3）无穷级数敛散性定义； （4）等比级数或几何级数.

【例 3】 设 $p(x)$ 是多项式，且 $\lim\limits_{x\to\infty}\frac{p(x)-x^3}{x^2}=2$，$\lim\limits_{x\to0}\frac{p(x)}{x}=1$，求 $p(x)$.

解： 依题意设

$p(x)=x^3+ax^2+bx+c$，

则由 $\lim\limits_{x\to\infty}\frac{p(x)-x^3}{x^2}=2$，可知

$\lim\limits_{x\to\infty}\frac{x^3+ax^2+bx+c-x^3}{x^2}=2$，

从而 $a=2$；

又因为 $\lim\limits_{x\to0}\frac{p(x)}{x}=1$，可知

$$\lim_{x\to0}\frac{x^3+2x^2+bx+c}{x}=1,$$

$b=1$，$c=0$，所以

$$p(x)=x^3+2x^2+x.$$

知识点	（1）有理函数的极限； （2）无穷小量阶的比较； （3）无穷大量阶的比较.

【例 4】 设 $\lim\limits_{x\to1}f(x)$ 存在，且 $f(x)=x^2+2x\lim\limits_{x\to1}f(x)$，求 $f(x)$.

解： 设 $\lim\limits_{x\to1}f(x)=A$，则 $f(x)=x^2+2xA$，

两边取 $x \to 1$ 时的极限，得

$A = 1 + 2A$, 可得 $A = -1$, 故 $f(x) = x^2 - 2x$.

注	极限是常数.

1.1.4.3　**利用连续**

【例 1】 设 $f(x)$ 在 R 满足 $f(x) = f(kx)(k \geqslant 2, k \in N)$,且在 $x=0$ 连续，证明：$f(x)$ 是常数.

证明： $\forall x \in R$,因为

$$f(x) = f\left(k \cdot \frac{x}{k}\right) = f\left(\frac{x}{k}\right) = f\left(k \cdot \frac{x}{k^2}\right)$$
$$= f\left(\frac{x}{k^2}\right) = \cdots = f\left(\frac{x}{k^n}\right)$$

故由 $f(x)$ 在 $x=0$ 连续性,令 $n \to \infty$,得

$$f(x) \equiv f(0), x \in (-\infty, +\infty).$$

解题步骤	（1）构造数列； （2）利用连续的定义.

【例 2】 设 $f(x)$ 在 R^+ 满足 $f(x) = f(x^k)(k \geqslant 2, k \in N)$,且在 $x=1$ 连续,证明：$f(x)$ 是常数.

证明： $\forall x \in R^+$,因为

$$f(x) = f\left(\left(x^{\frac{1}{k}}\right)^k\right) = f(x^{\frac{1}{k}}) = f\left(\left(x^{\frac{1}{k^2}}\right)^k\right)$$
$$= f\left(x^{\frac{1}{k^2}}\right) = \cdots = f\left(x^{\frac{1}{k^n}}\right),$$

故由 $f(x)$ 在 $x=1$ 连续性,令 $n \to \infty$,得

$$f(x) \equiv f(1), x \in (0, +\infty).$$

解题步骤	（1）构造数列； （2）利用连续的定义.

【例 3】 设 $f(x) = f\left(\dfrac{x}{1-x}\right), x \neq 1$,且 $f(x)$ 在 $x=0$ 处连续性,求 $f(x)$.

解： 因为

$$f(-1) = f\left(\frac{-1}{1+1}\right) = f\left(-\frac{1}{2}\right),$$

$$f\left(-\frac{1}{2}\right) = f\left(\frac{-\frac{1}{2}}{1+\frac{1}{2}}\right) = f\left(-\frac{1}{3}\right),$$

$$f\left(-\frac{1}{3}\right)=f\left(\frac{-\frac{1}{3}}{1+\frac{1}{3}}\right)=f\left(-\frac{1}{4}\right),$$

……

$$f\left(-\frac{1}{n}\right)=f\left(\frac{-\frac{1}{n}}{1+\frac{1}{n}}\right)=f\left(-\frac{1}{n+1}\right),$$

故 $f(-1)=f\left(-\frac{1}{2}\right)=\cdots=f\left(-\frac{1}{n}\right)$，

于是由 $f(x)$ 在 $x=0$ 处连续性，$f(-1)=f(0)$.

令 $\frac{x}{1-x}=t$，则 $x=t-xt$，故 $x=\frac{t}{1+t}$，

于是 $f(t)=f\left(\frac{t}{1+t}\right)$.因此当 $t\neq-1$ 时

$$f\left(\frac{t}{1+t}\right)=f\left(\frac{\frac{t}{1+t}}{1+\frac{t}{1+t}}\right)=f\left(\frac{t}{1+2t}\right).$$

$$f\left(\frac{t}{1+2t}\right)=f\left(\frac{\frac{t}{1+2t}}{1+\frac{t}{1+2t}}\right)=f\left(\frac{t}{1+3t}\right).$$

……

$$f(t)=f\left(\frac{t}{1+t}\right)=f\left(\frac{t}{1+2t}\right)$$
$$=f\left(\frac{t}{1+3t}\right)=\cdots=f\left(\frac{t}{1+nt}\right).$$

于是由 $f(x)$ 在 $x=0$ 处连续性，$f(t)=f(0)$.

解题步骤	（1）构造数列； （2）利用连续的定义.

1.1.4.4 利用导数

【例 1】设 $f(x)$ 对任意的实数 x_1,x_2 满足 $f(x_1+x_2)=f(x_1)f(x_2)$，且 $f(x)$ 在 $x=0$ 处可导，其中 $f'(0)=2$，求 $f(x)$.

解：依题意设

（1） $f(0+0)=f(0)f(0)$，则

$f(0)=0$（舍去）或者 $f(0)=1$；

（2）利用导数的定义

$$f'(0)=2=\lim_{\Delta x\to 0}\frac{f(0+\Delta x)-f(0)}{\Delta x}$$
$$=\lim_{\Delta x\to 0}\frac{f(0)\cdot f(\Delta x)-f(0)}{\Delta x}$$
$$=f(0)\lim_{\Delta x\to 0}\frac{f(\Delta x)-1}{\Delta x}$$

（3）利用导数的定义

$$f'(x)=\lim_{\Delta x\to 0}\frac{f(x+\Delta x)-f(x)}{\Delta x}$$
$$=\lim_{\Delta x\to 0}\frac{f(x)\cdot f(\Delta x)-f(x)}{\Delta x}$$
$$=f(x)\lim_{\Delta x\to 0}\frac{f(\Delta x)-1}{\Delta x},$$

从而 $f'(x)=2f(x)$；

（4）则有 $f(x)=\mathrm{e}^{2x}$.

解题步骤	（1）求特殊点的函数值； （2）利用导数的定义求特殊点的导数值； （3）利用导数的定义求一般点的导数值； （4）计算 $f(x)$.

【例 2】设 $f(x)$ 满足：$\forall x,y\in R, f(x+y)=f(x)\cdot f(y)$，其中 $\lim_{x\to 0}\frac{f(x)}{\sin x}=1$，求 $f(x)$.

【例 3】设函数 $f(x)$ 在 R 上满足：$\forall x,y\in R, f(x+y)=f(x)+f(y)+2xy$，且 $f'(0)f$ 在 0 点的导数存在，求 $f(x)$.

【例 4】设函数 $f(x)$ 在 R 上满足：$\forall x,y\in R, f(x+y)=f(x)f(y)$，且 $f'(0)=1$，求 $f(x)$.

【例 5】设函数 $f(x)$ 在 R 上满足：$\forall x,y\in R, f(xy)=f(x)+f(y)$，且 $f'(1)$ 存在，求 $f(x)$.

【例 6】设函数 $f(x)$ 在 $(0,+\infty)$ 上可导，$f(x)>0$，$\lim_{x\to+\infty}f(x)=1$，且 $\lim_{h\to 0}\left(\frac{f(x+hx)}{f(x)}\right)^{\frac{1}{h}}=\mathrm{e}^{\frac{1}{x}}$，求 $f(x)$.

1.1.4.5　不定积分

【例 1】已知 $f'(\sin x)=1+x$，求 $f(x)$.

解：依题意设

$$f(\sin x)=\int f'(\sin x)\mathrm{d}\sin x=\int(1+x)\mathrm{d}\sin x$$
$$=\int\mathrm{d}\sin x+\int x\mathrm{d}\sin x$$
$$=\sin x+x\sin x-\int\sin x\mathrm{d}x$$
$$=(1+x)\sin x+\cos x+C$$

$$f(u)=(1+\arcsin u)u+\sqrt{1-u^2}+C$$

即$f(x)=(1+\arcsin x)x+\sqrt{1-x^2}+C$.

知识点	（1）不定积分凑微分； （2）原函数概念.

【例 2】设 $f'(\mathrm{e}^x)=a\sin x+b\cos x$（$a,b$ 为不同时为零的常数），求 $f(x)$.

解：令 $t=\mathrm{e}^x, x=\ln t$，

$$f'(t)=a\sin(\ln t)+b\cos(\ln t)，所以$$

$$f(x)=\int[a\sin(\ln x)+b\cos(\ln x)]\mathrm{d}x$$

$$=\frac{x}{2}[(a+b)\sin(\ln x)+(b-a)\cos(\ln x)]+c.$$

知识点	（1）换元法； （2）分部积分法.

【例 3】设 $F(x)$ 是 $f(x)$ 的一个原函数，$F(1)=\frac{\sqrt{2}}{4}\pi$，若当 $x>0$ 时，有 $f(x)F(x)=\frac{\arctan\sqrt{x}}{\sqrt{x}(1+x)}$，试求 $f(x)$.

解：由题设 $F'(x)=f(x)$

$f(x)F(x)=\frac{\arctan\sqrt{x}}{\sqrt{x}(1+x)}$，故

$\int F(x)\mathrm{d}F(x)=\int\frac{\arctan\sqrt{x}}{\sqrt{x}(1+x)}\mathrm{d}x$，即有

$\frac{1}{2}F^2(x)=(\arctan\sqrt{x})^2+C$，

又 $F(1)=\frac{\sqrt{2}}{4}\pi$，所以 $C=0$，

从而 $F(x)=\sqrt{2}\arctan\sqrt{x}$，于是

$f(x)=\frac{1}{\sqrt{2x}(1+x)}$.

知识点	（1）原函数定义； （2）凑微法.

1.1.4.6 变限积分

【例 1】设 $f(x)$ 为可导函数，$f^2(x)=\int_0^x f(t)t\sin t\mathrm{d}t$，求 $f(x)$.

解：依题意，两边同时对 x 求导

$2f(x)f'(x)=f(x)x\sin x$，则

$f'(x)=\frac{1}{2}x\sin x$，则

$$f(x)=\int_0^x \frac{1}{2}t\sin t\mathrm{d}t=\frac{1}{2}(-x\cos x+\sin x)+C$$

又因为 $f(0)=0$，则 $C=0$，从而

$$f(x)=\frac{1}{2}(-x\cos x+\sin x).$$

知识点	（1）变限积分导数计算公式； （2）分部积分法.

【例 2】 设 $\int_0^x f(t)\mathrm{d}t=x+\int_0^x tf(x-t)\mathrm{d}t$，求 $f(x)$.

【例 3】 设 $\int_0^{xy} f(t)\mathrm{d}t=x\int_1^y f(t)\mathrm{d}t+y\int_1^x f(t)\mathrm{d}t(x,y>0), f(1)=3$，求 $f(x)$.

【例 4】 设 $f(x)=\begin{cases}\frac{1}{2}\sin x & 0\leqslant x\leqslant\pi \\ 0 & x<0或x>\pi\end{cases}$，求 $\Phi(x)=\int_0^x f(t)\mathrm{d}t$ 在 $(-\infty,+\infty)$ 内的表达式.

解： 讨论 x

$$\Phi(x)=\begin{cases}0 & x<0 \\ \frac{1}{2}(1-\cos x) & 0\leqslant x\leqslant\pi \\ 1 & x>\pi\end{cases}.$$

知识点	定积分区间可加性.

1.1.4.7　**定积分**

【例 1】 $f(x)=x+2\int_0^1 f(t)\mathrm{d}t$，求 $f(x)$.

解： 设 $\int_0^1 f(t)\mathrm{d}t=A$,

则 $f(x)=x+2A$,

两边在 $[0,1]$ 上积分，有

$$A=\int_0^1 f(t)\mathrm{d}t=\int_0^1[x+2A]\mathrm{d}t=\frac{1}{2}+2A$$

解得 $A=-\frac{1}{2}$，则 $f(x)=x+1$.

注	定积分是常数.

【例 2】 已知 $f(x)=\int_1^x \frac{\ln(1+t)}{t}\mathrm{d}t\ (x>0)$，求 $f(x)+f\left(\frac{1}{x}\right)$.

解： 设

$$f(x)+f\left(\frac{1}{x}\right)=\int_1^x \frac{\ln(1+t)}{t}\mathrm{d}t+\int_1^{\frac{1}{x}} \frac{\ln(1+t)}{t}\mathrm{d}t$$

对第二个积分令 $u=\frac{1}{x}$,

$$\int_1^{\frac{1}{x}}\frac{\ln(1+t)}{t}\mathrm{d}t=\int_1^x\frac{\ln\left(1+\frac{1}{u}\right)}{\frac{1}{u}}\left(-\frac{1}{u^2}\right)\mathrm{d}u$$

$$=-\int_1^x\frac{\ln(1+u)-\ln u}{u}\mathrm{d}u$$

$$=\int_1^x\frac{\ln(1+t)-\ln t}{t}\mathrm{d}t$$

$$f(x)+f\left(\frac{1}{x}\right)=\int_1^x\frac{\ln t}{t}\mathrm{d}t$$

$$=\int_1^x\ln t\mathrm{d}(\ln t)=\frac{1}{2}\ln^2 x.$$

知识点	（1）凑微法； （2）变量替换法.

【例 3】 设 $f(x)$ 连续可微，$f(x)=\ln x+\int_1^{\mathrm{e}}f(x)\mathrm{d}x-f'(1)$，求 $f(x)$.

解： 设 $A=\int_1^{\mathrm{e}}f(x)\mathrm{d}x, B=f'(1),$

则 $f(x)=\ln x+A-B,$ 有

$$A=\int_1^{\mathrm{e}}f(x)\mathrm{d}x=\int_1^{\mathrm{e}}(\ln x+A-B)\mathrm{d}x$$

$$=1+(A-B)(\mathrm{e}-1),$$

$$B=f'(1)=(\ln x+A-B)'|_{x=1}=1,$$

得 $A=1,$ 所以 $f(x)=\ln x.$

注	定积分、导数是常数.

【例 4】 设 $f(x)=x^2-x\int_0^2 f(x)\mathrm{d}x+2\int_0^1 f(x)\mathrm{d}x$，求 $f(x)$.

解： 记 $\int_0^2 f(x)\mathrm{d}x=a,\ \int_0^1 f(x)\mathrm{d}x=b,$

则有 $f(x)=x^2-ax+2b$，于是

$$a=\int_0^2 f(x)\mathrm{d}x=\int_0^2(x^2-ax+2b)\mathrm{d}x$$

$$=\frac{8}{3}-2a+4b$$

$$b=\int_0^1 f(x)\mathrm{d}x=\int_0^1(x^2-ax+2b)\mathrm{d}x$$

$$=\frac{1}{3}-\frac{a}{2}+2b$$

联立解得 $a=\frac{4}{3},b=\frac{1}{3},$

因此 $f(x)=x^2-\frac{4}{3}x+\frac{2}{3}.$

注	定积分是常数.

1.1.4.8 多元函数

【例】 设 $z=x+y+f(x-y)$，当 $y=0$ 时 $z=x^2$，求 z.

解： 代入 $y=0$ 时 $z=x^2$，得 $x^2=x+f(x)$，

即 $f(x)=x^2-x$，

所以 $z=(x-y)^2+2y$.

注	换元法.

1.1.4.9 偏导数

【例】 $z=z(x,y)$满足$\begin{cases} z'_y=x^2+2y \\ z(x,x^2)=1 \end{cases}$，求 $z=z(x,y)$.

解：

$$z=\int z'_y\mathrm{d}y=\int(x^2+y)\mathrm{d}y=x^2y+y^2+C(x),$$

其中 $C(x)$ 为任意可微函数.

又 $z(x,x^2)=1$，代入上式得

$$1=x^2\cdot x^2+(x^2)^2+C(x),$$

解得 $C(x)=1-2x^4$，

故 $z=x^2y+y^2+1-2x^4$.

注	（1）不定积分； （2）偏导数.

1.1.4.10 曲线积分

【例 1】 设函数 $f(x,y)$ 在 xOy 面上具有一阶连续偏导数，曲线积分 $\int_L 2xy\mathrm{d}x+f(x,y)\mathrm{d}y$ 与路径无关，且对任意的 t 恒有

$$\int_{(0,0)}^{(t,1)}2xy\mathrm{d}x+f(x,y)\mathrm{d}y=\int_{(0,0)}^{(1,t)}2xy\mathrm{d}x+f(x,y)\mathrm{d}y, \text{求 } f(x,y).$$

解： $P(x,y)=2xy, Q(x,y)=f(x,y)$，

$\int_L 2xy\mathrm{d}x+f(x,y)\mathrm{d}y$ 与路径无关的充要条件是

$\dfrac{\partial P}{\partial y}=\dfrac{\partial Q}{\partial x}$，即 $\dfrac{\partial f}{\partial x}=2x$，由此得

$f(x,y)=\int 2x\mathrm{d}x=x^2+g(y)$，从而有

$$\int_{(0,0)}^{(t,1)}2xy\mathrm{d}x+[x^2+g(y)]\mathrm{d}y$$

$$=\int_{(0,0)}^{(1,t)}2xy\mathrm{d}x+[x^2+g(y)]\mathrm{d}y$$

因为曲线积分与路径无关，故上式左端选择由$(0,0)$到$(t,0)$，再由$(t,0)$，到$(t,1)$的折线段为积分路径，上式右端选择由$(0,0)$到$(1,0)$，再由$(1,0)$到$(1,t)$的折线段为积分路径.计算得

$$\int_0^1[t^2+g(y)]\mathrm{d}y=\int_0^t[1+g(y)]\mathrm{d}y$$

由此得$\int_t^1 g(y)\mathrm{d}y = t - t^2$，两端对$t$求导得$g(t) = 2t - 1$，即$g(y) = 2y - 1$.

于是$f(x,y) = x^2 + 2y - 1$.

知识点	（1）曲线积分与路线无关； （2）不定积分； （3）第二型曲线积分.

【例 2】验证$(\mathrm{e}^y + x)\mathrm{d}x + (x\mathrm{e}^y - 2y)\mathrm{d}y$存在原函数，并求此原函数.

解：设$P(x,y) = \mathrm{e}^y + x, Q(x,y) = x\mathrm{e}^y - 2y$

则有$\dfrac{\partial P}{\partial y} = \mathrm{e}^y = \dfrac{\partial Q}{\partial x}$

所以$(\mathrm{e}^y + x)\mathrm{d}x + (x\mathrm{e}^y - 2y)\mathrm{d}y$存在原函数，

设有原函数$u(x,y)$，有

$$u(x,y) = \int_{(0,0)}^{(x,y)} (\mathrm{e}^y + x)\mathrm{d}x + (x\mathrm{e}^y - 2y)\mathrm{d}y$$

$$= \int_0^x (1 + x)\mathrm{d}x + \int_0^y (x\mathrm{e}^y - 2y)\mathrm{d}y = \frac{x^2}{2} + x\mathrm{e}^y - y^2.$$

知识点	（1）第二型曲线积分； （2）曲线积分与路线无关.

常用方法	（1）第二型曲线积分； （2）全微分公式； （3）微分运算法则.

1.1.4.11 重积分

【例 1】设$f(x,y)$连续，且$f(x,y) = xy + \iint\limits_D f(u,v)\mathrm{d}u\mathrm{d}v$，其中$D$是由$y = 0$，$y = x^2$，$x = 1$所围成的区域，求$f(x,y)$.

解：由重积分的定义知，可设$\iint\limits_D f(u,v)\mathrm{d}u\mathrm{d}v = A$，$A$为常数，故

$f(x,y) = xy + A$，为求A，在D上作$f(x,y)$的二重积分得

$$A = \iint_D f(x,y)\mathrm{d}x\mathrm{d}y = \iint_D (xy + A)\mathrm{d}x\mathrm{d}y$$

$$= \int_0^1 \mathrm{d}x \int_0^{x^2} (xy + A)\mathrm{d}y$$

$$= \int_0^1 \left(\frac{1}{3}x^5 + Ax^2\right)\mathrm{d}x = \frac{1}{12} + \frac{1}{3}A$$

解得$A = \dfrac{1}{8}$，故$f(x,y) = xy + \dfrac{1}{8}$.

知识点	（1）重积分； （2）重积分计算.

【例 2】设闭域$D: x^2 + y^2 \leqslant y, x \geqslant 0$，$f(x,y)$为$D$上连续函数，且

$$f(x,y) = \sqrt{1 - x^2 - y^2} - \frac{8}{\pi}\iint_D f(u,v)\mathrm{d}u\mathrm{d}v，求 f(x,y).$$

解：由重积分的定义知，可设 $\iint_D f(u,v)\mathrm{d}u\mathrm{d}v = A, A$ 为常数，故

$$f(x,y)=\sqrt{1-x^2-y^2}-\frac{8}{\pi}A,$$

又因为

$$A=\iint_D f(x,y)\mathrm{d}x\mathrm{d}y=\iint_D\left(\sqrt{1-x^2-y^2}-\frac{8}{\pi}A\right)\mathrm{d}x\mathrm{d}y$$

$$A=\iint_D\sqrt{1-x^2-y^2}\mathrm{d}x\mathrm{d}y-\frac{8}{\pi}A\iint_D\mathrm{d}x\mathrm{d}y.$$

则 $2A=\iint_D\sqrt{1-x^2-y^2}\mathrm{d}x\mathrm{d}y$

$$=\int_0^{\frac{\pi}{2}}\mathrm{d}\theta\int_0^{\sin\theta}\sqrt{1-r^2}r\mathrm{d}r=\frac{\pi}{6}-\frac{2}{9}$$

则有 $A=\dfrac{\pi}{12}-\dfrac{1}{9}$，所以

$$f(x,y)=\sqrt{1-x^2-y^2}-\frac{8}{\pi}\left(\frac{\pi}{12}-\frac{1}{9}\right).$$

知识点	（1）重积分； （2）重积分计算，极坐标变换.

§1.2　极　　限

知识要点

1.2.1　极限定义

由自变量变化趋势（七种）与因变量变化趋势（九种）搭配成正常极限与非正常极限共 63 个定义的方法，如下表所示.

自变量变化趋势及其刻划（七种）	因变量的变化趋势（九种）
$n\to\infty: n>N(\exists N)$ $\left.\begin{array}{l}x\to x_0: 0<\lvert x-x_0\rvert<\delta\\ x\to x_0^+: 0<x-x_0<\delta\\ x\to x_0^-: 0<x_0-x<\delta\end{array}\right\}(\exists\delta>0)$ $\left.\begin{array}{l}x\to\infty: \lvert x\rvert>X\\ x\to+\infty: x>X\\ x\to-\infty: x<-X\end{array}\right\}(\exists X>0)$	极限值是 A 极限值不是 A 极限不存在 趋于 $+\infty$ 不是 $+\infty$ 趋于 $-\infty$ 不是 $-\infty$ 趋于 ∞ 不是 ∞

如：$n \to \infty$

$\lim\limits_{n\to\infty} a_n = a$：$\forall \varepsilon > 0, \exists N, \forall n > N, |a_n - a| < \varepsilon$

$\lim\limits_{n\to\infty} a_n \neq a$：$\exists \varepsilon_0 > 0, \forall N, \exists n_0 > N, |a_{n_0} - a| > \varepsilon_0$

$\lim\limits_{n\to\infty} a_n$ 不存在：$\forall a \in R, \exists \varepsilon_0 > 0, \forall N, \exists n_0 > N, |a_{n_0} - a| > \varepsilon_0$

$\lim\limits_{n\to\infty} a_n = \infty$：$\forall G > 0, \exists N, \forall n > N, |a_n| > G$

$\lim\limits_{n\to\infty} a_n \neq \infty$：$\exists G_0 > 0, \forall N, \exists n_0 > N, |a_{n_0}| < G_0$

$\lim\limits_{n\to\infty} a_n = +\infty$：$\forall G > 0, \exists N, \forall n > N, a_n > G$

$\lim\limits_{n\to\infty} a_n \neq +\infty$：$\exists G_0 > 0, \forall N, \exists n_0 > N, a_{n_0} < G_0$

$\lim\limits_{n\to\infty} a_n = -\infty$：$\forall G > 0, \exists N, \forall n > N, a_n < -G$

$\lim\limits_{n\to\infty} a_n \neq -\infty$：$\exists G_0 > 0, \forall N, \exists n_0 > N, a_{n_0} > -G_0$

$x \to +\infty$

$\lim\limits_{x\to+\infty} f(x) = A$：$\forall \varepsilon > 0, \exists X, \forall x > X, |f(x) - A| < \varepsilon$

$\lim\limits_{x\to+\infty} f(x) \neq A$：$\exists \varepsilon_0 > 0, \forall X, \exists x > X, |f(x) - A| > \varepsilon_0$

$\lim\limits_{x\to+\infty} f(x)$ 不存在：$\forall A \in R, \exists \varepsilon_0 > 0, \forall X, \exists x > X, |f(x) - A| > \varepsilon_0$

$\lim\limits_{x\to+\infty} f(x) = \infty$：$\forall G > 0, \exists X, \forall x > X, |f(x)| > G$

$\lim\limits_{x\to+\infty} f(x) \neq \infty$：$\exists G_0 > 0, \forall X, \forall x > X, |f(x)| < G_0$

$\lim\limits_{x\to+\infty} f(x) = +\infty$：$\forall G > 0, \exists X, \forall x > X, f(x) > G$

$\lim\limits_{x\to\infty} f(x) \neq +\infty$：$\exists G_0 > 0, \forall X, \exists x > X, f(x) < G_0$

$\lim\limits_{x\to+\infty} f(x) = -\infty$：$\forall G > 0, \exists X, \forall x > X, f(x) < -G$

$\lim\limits_{x\to+\infty} f(x) \neq -\infty$：$\exists G_0 > 0, \forall X, \exists x > X, f(x) > -G_0$

$x \to x_0$

$\lim\limits_{x\to x_0} f(x) = A$：$\forall \varepsilon > 0, \exists \delta > 0,$ 当 $0 < |x - x_0| < \delta, |f(x) - A| < \varepsilon$

$\lim\limits_{x\to x_0} f(x) \neq A$：$\exists \varepsilon_0 > 0, \forall \delta > 0, \exists x$ 满足 $0 < |x - x_0| < \delta,$ 但是 $|f(x) - A| > \varepsilon_0$

$\lim\limits_{x\to x_0} f(x)$ 不存在：$\forall A \in R, \exists \varepsilon_0 > 0, \forall \delta > 0, \exists x$ 满足 $0 < |x - x_0| < \delta,$ 但是 $|f(x) - A| > \varepsilon_0$

$\lim\limits_{x\to x_0} f(x) = \infty$：$\forall G > 0, \exists \delta > 0,$ 当 $0 < |x - x_0| < \delta, |f(x) - A| > G$

$\lim\limits_{x\to x_0} f(x) \neq \infty$：$\exists G_0 > 0, \forall \delta > 0, \exists x$ 满足 $0 < |x - x_0| < \delta,$ 但是 $|f(x)| < G_0$

$\lim\limits_{x\to x_0} f(x) = +\infty$：$\forall G > 0, \exists \delta > 0,$ 当 $0 < |x - x_0| < \delta, f(x) > G$

$\lim\limits_{x\to x_0} f(x) \neq +\infty$：$\exists G_0 > 0, \forall \delta > 0, \exists x$ 满足 $0 < |x - x_0| < \delta,$ 但是 $f(x) < G_0$

$\lim\limits_{x\to x_0} f(x) = -\infty$：$\forall G > 0, \exists \delta > 0,$ 当 $0 < |x - x_0| < \delta, f(x) < -G$

$\lim\limits_{x\to x_0} f(x)\neq -\infty$： $\exists G_0>0,\forall\delta>0,\exists x$满足$0<|x-x_0|<\delta$,但是$f(x)>-G_0$

其他同理.

1.2.2 极限性质

1.2.2.1 数列极限

（1）极限唯一性

若数列$\{a_n\}$收敛，则此极限是唯一的.

（2）有界性

若数列$\{a_n\}$收敛，则$\{a_n\}$为有界数列.

（3）保号性

若$\lim\limits_{n\to\infty} a_n=a>0$（或$a<0$），则对任何$a'\in(0,a)$（或$a'\in(a,0)$），存在正数$N$，使得当$n>N$时有$a_n>a'$（或$a_n<a'$）.

（4）保不等式性

设数列$\{a_n\}$与$\{b_n\}$均收敛，若存在正数N_0，使得当$n>N_0$时有$a_n\leqslant b_n$，则$\lim\limits_{n\to\infty} a_n\leqslant\lim\limits_{n\to\infty} b_n$.

1.2.2.2 函数极限

（1）极限唯一性

若极限$\lim\limits_{x\to x_0} f(x)$存在，则此极限是唯一的.

（2）局部有界性

若$\lim\limits_{x\to x_0} f(x)$存在，则$f$在$x_0$的某空心邻域内有界.

（3）局部保号性

若$\lim\limits_{x\to x_0} f(x)=A>0$，则对任何正数$r$，$0<r<A$，存在$U^0(x_0)$，使得对一切$x\in U^0(x_0)$有$f(x)>r>0$；若$\lim\limits_{x\to x_0} f(x)=A<0$，则对任何负数$r$，$A<r<0$，存在$U^0(x_0)$，使得对一切$x\in U^0(x_0)$有$f(x)<r<0$.

（4）保不等式性

设$\lim\limits_{x\to x_0} f(x)$和$\lim\limits_{x\to x_0} g(x)$都存在，且在某邻域$U^0(x_0,\delta')$内有$f(x)\leqslant g(x)$，则$\lim\limits_{x\to x_0} f(x)\leqslant\lim\limits_{x\to x_0} g(x)$.

典型题型

1.2.3 定义

【例1】用极限定义证明：$\lim\limits_{n\to\infty}\dfrac{3\sin^2\left(\sqrt{n}+n+1\right)+2n}{\sqrt[4]{2n^8+1}}=0$.

证明：（i）$\forall\varepsilon>0$.

（ii）要使 $\left|\dfrac{3\sin^3\left(\sqrt{n}+n+1\right)+2n}{\sqrt[4]{2n^8+1}}-0\right|$

$$=\frac{\left|3\sin^3\left(\sqrt{n}+n+1\right)+2n\right|}{\sqrt[4]{2n^8+1}}$$

$$<\frac{3+2n}{\sqrt[4]{2n^8+1}}<\frac{3n+2n}{\sqrt[4]{n^8}}=\frac{5}{n}<\varepsilon$$

则，取$N=\left[\dfrac{5}{\varepsilon}\right]$.

（iii）$\forall\varepsilon>0,\exists N=\left[\dfrac{5}{\varepsilon}\right]$.

当 $n>N$ 时，$\left|\dfrac{3\sin^3(\sqrt{n}+n+1)+2n}{\sqrt[4]{2n^8+1}}-0\right|<\varepsilon$,

则由极限定义得出

$$\lim_{n\to\infty}\frac{3\sin^3(\sqrt{n}+n+1)+2n}{\sqrt[4]{2n^8+1}}=0.$$

解题步骤	（1）任给的给出来$\forall\varepsilon>0$； （2）要使$\lvert a_n-a\rvert<\varepsilon$，找出 n 大于某个正数，选取这个数为 N; （3）用定义总结.

【例 2】 用极限定义证明：$\lim\limits_{n\to\infty}\dfrac{3n}{2n+1}=\dfrac{3}{2}$.

证明：（i）$\forall\varepsilon>0$.

（ii）$\left|\dfrac{3n}{2n+1}-\dfrac{3}{2}\right|=\dfrac{3}{2\left(2n+1\right)}<\varepsilon$.

则取 $N=\left[\dfrac{1}{2}\left(\dfrac{3}{2\varepsilon}-1\right)\right]$,

当 $n>N$ 时,就有$\left|\dfrac{3n}{2n+1}-\dfrac{3}{2}\right|<\varepsilon$.

故 $\lim\limits_{n\to\infty}\dfrac{3n}{2n+1}=\dfrac{3}{2}$.

常用方法	（1）直接求解； （2）适当放缩.

【例 3】 按极限定义证明：$\lim\limits_{n\to\infty}\dfrac{2n}{n^3+1}=0$.

证明：（i）$\forall\varepsilon>0$.

（ii）要使 $\left|\frac{2n}{n^3+1}\right|<\frac{2}{n^2}<\varepsilon$

只要 $n>\sqrt{\frac{2}{\varepsilon}}$，

取 $N=\left[\sqrt{\frac{2}{\varepsilon}}\right]$,则当 $n>N$ 时,

$\left|\frac{2n}{n^3+1}\right|<\varepsilon$, 所以， $\lim\limits_{n\to\infty}\frac{2n}{n^3+1}=0$.

【例 4】 利用极限定义证明： $\lim\limits_{x\to 5}\sqrt{x+4}=3$.

证明：（i） $\forall\varepsilon>0$.

（ii）要使 $\left|\sqrt{x+4}-3\right|=\left|\frac{\left(\sqrt{x+4}+3\right)\left(\sqrt{x+4}-3\right)}{\sqrt{x+4}+3}\right|$

$$=\frac{|x-5|}{\sqrt{x+4}+3}\leqslant\frac{|x-5|}{3}<\varepsilon \qquad (-4\leqslant x<+\infty)$$

取 $\delta=3\varepsilon$，当 $0<|x-5|<\delta$ 时，

$\left|\sqrt{x+4}-3\right|<\varepsilon$ 成立.

所以， $\lim\limits_{x\to 5}\sqrt{x+4}=3$.

解题步骤	（1）任给的给出来 $\forall\varepsilon>0$； （2）要使 $\|f(x)-A\|<\varepsilon$，找出 $0<\|x-x_0\|$ 小于某个正数，选取这个数为 δ； （3）用定义总结.

【例 5】（1）设 $\lim\limits_{n\to\infty}x_n=a$,用定义证明： $\lim\limits_{n\to\infty}\frac{x_1+x_2+\cdots+x_n}{n}=a$.

证明：（i） $\forall\varepsilon>0$.

（ii）因 $\lim\limits_{n\to\infty}x_n=a$,故存在 N_1,

当 $n>N_1$ 时, $|x_n-a|<\frac{\varepsilon}{2}$.

（iii） $\left|\frac{x_1+x_2+\cdots+x_n}{n}-a\right|$

$$\leqslant\left|\frac{x_1+x_2+\cdots+x_{N_1}-N_1a}{n}\right|+\frac{|x_{N_1+1}-a|+\cdots+|x_n-a|}{n}$$

$$\overset{n>N_1}{\leqslant}\left|\frac{x_1+x_2+\cdots+x_{N_1}-N_1a}{n}\right|+\frac{\varepsilon}{2}-\frac{N_1\varepsilon}{2n}$$

$$<\left|\frac{x_1+x_2+\cdots+x_{N_1}}{n}\right|+\frac{\varepsilon}{2}$$

又 $\lim\limits_{n\to\infty}\dfrac{x_1+x_2+\cdots+x_{N_1}-N_1a}{n}=0$,

故存在 N_2,当 $n>N_2$ 时,

$$\left|\frac{x_1+x_2+\cdots+x_{N_1}-N_1a}{n}\right|<\frac{\varepsilon}{2}.$$

(iv) 于是存在 $N=\max(N_1,N_2)$,当 $n>N$ 时,就有 $\left|\dfrac{x_1+x_2+\cdots+x_n}{n}-a\right|<\varepsilon$.

故 $\lim\limits_{n\to\infty}\dfrac{x_1+x_2+\cdots+x_n}{n}=a.$

知识点	(1) 数列极限存在,则该数列前 n 项的算术平均数、几何平均数、调和平均数的极限也存在并且相等; (2) 若 $\lim\limits_{n\to\infty}a_n=a$,且 $a_n\geqslant 0$,则 $\lim\limits_{n\to\infty}\sqrt[n]{a_1a_2\cdots a_n}=a$.

【例 6】 设 f 在任一有限区间上 Riemann 可积,且 $\lim\limits_{x\to+\infty}f(x)=A$,证明 $\lim\limits_{x\to+\infty}\dfrac{1}{x}\int_0^x|f(t)-A|\mathrm{d}t=A$.

证明: $\forall\varepsilon>0$,因 $\lim\limits_{t\to+\infty}f(t)=A$,则 $\exists M_0>0$,当 $t>M_0$ 时,有 $|f(t)-A|<\dfrac{\varepsilon}{2}$.

因 f 在任一有限区间上 Riemann 可积,则 $\int_0^{M_0}|f(t)-A|\mathrm{d}t$ 为定数,于是 $\lim\limits_{x\to+\infty}\dfrac{1}{x}\int_0^{M_0}|f(t)-A|\mathrm{d}t=0$,因而 $\exists M\geqslant M_0$,当 $x>M$ 时有

$$I_1=\frac{1}{x}\int_0^{M_0}|f(t)-A|\mathrm{d}t\leqslant\frac{\varepsilon}{2},$$

$$I_2=\frac{1}{x}\int_{M_0}^{x}|f(t)-A|\mathrm{d}t\leqslant\frac{1}{x}\int_{M_0}^{x}\frac{\varepsilon}{2}\mathrm{d}t=\frac{\varepsilon}{2}\cdot\frac{x-M_0}{x}<\frac{\varepsilon}{2}$$

由此有:当 $x>M$ 时,

$$\left|\frac{1}{x}\int_0^x f(t)\mathrm{d}t-A\right|=\left|\frac{1}{x}\int_0^x f(t)\mathrm{d}t-\frac{1}{x}\int_0^x A\mathrm{d}t\right|$$
$$=\frac{1}{x}\left|\int_0^x(f(t)-A)\mathrm{d}t\right|\leqslant\frac{1}{x}\int_0^x|f(t)-A|\mathrm{d}t$$
$$=I_1+I_2<\frac{\varepsilon}{2}+\frac{\varepsilon}{2}=\varepsilon$$

即 $\lim\limits_{x\to+\infty}\dfrac{1}{x}\int\limits_0^x f(t)\mathrm{d}t=A.$

知识点	(1) 极限定义; (2) 定积分的区间可加性; (3) 定积分的绝对可积性.

【例 7】证明 $\lim\limits_{n\to\infty}\dfrac{3n^2+5n-20}{4n^2-10n+1}=\dfrac{3}{4}$.

1.2.4　四则运算

1.2.4.1　数列极限

若 $\{a_n\}$、$\{b_n\}$ 为收敛数列，则 $\{a_n+b_n\},\{a_n-b_n\},\{a_n\cdot b_n\}$ 也都收敛，且有

$$\lim_{n\to\infty}(a_n\pm b_n)=a\pm b=\lim_{n\to\infty}a_n\pm\lim_{n\to\infty}b_n;$$

$$\lim_{n\to\infty}(a_n\cdot b_n)=a\cdot b=\lim_{n\to\infty}a_n\cdot\lim_{n\to\infty}b_n.$$

若再作假设 $b_n\neq 0$ 及 $\lim\limits_{n\to\infty}b_n\neq 0$，则数列 $\left\{\dfrac{a_n}{b_n}\right\}$ 也收敛，且有

$$\lim_{n\to\infty}\frac{a_n}{b_n}=\frac{a}{b}=\frac{\lim\limits_{n\to\infty}a_n}{\lim\limits_{n\to\infty}b_n}$$

1.2.4.2　函数极限

若 $\lim\limits_{x\to x_0}f(x)$ 和 $\lim\limits_{x\to x_0}g(x)$ 都存在，则函数 $f\pm g,f\cdot g$ 当 $x\to x_0$ 时极限也存在，且

$$\lim_{x\to x_0}\left[f(x)\pm g(x)\right]=\lim_{x\to x_0}f(x)\pm\lim_{x\to x_0}g(x);$$

$$\lim_{x\to x_0}\left[f(x)\cdot g(x)\right]=\lim_{x\to x_0}f(x)\cdot\lim_{x\to x_0}g(x).$$

又若 $\lim\limits_{x\to x_0}g(x)\neq 0$，则 $\dfrac{f}{g}$ 当 $x\to x_0$ 时极限也存在，且有

$$\lim_{x\to x_0}\frac{f(x)}{g(x)}=\frac{\lim\limits_{x\to x_0}f(x)}{\lim\limits_{x\to x_0}g(x)}.$$

【例】计算极限 $\lim\limits_{n\to\infty}\dfrac{2n^2+5n-6}{n^2+3n+4}$.

解：

$$\lim_{n\to\infty}\frac{2n^2+5n-6}{n^2+3n+4}=\lim_{n\to\infty}\frac{2+5\times\frac{1}{n}-6\times\frac{1}{n^2}}{1+3\times\frac{1}{n}+4\times\frac{1}{n^2}}$$

$$=\frac{\lim\limits_{n\to\infty}\left(2+5\times\frac{1}{n}-6\times\frac{1}{n^2}\right)}{\lim\limits_{n\to\infty}\left(1+3\times\frac{1}{n}+4\times\frac{1}{n^2}\right)}=2.$$

注意	四则运算法则的应用条件： （1）有限个函数； （2）每一个函数极限存在.

【小练习】证明：$\lim\limits_{n\to\infty}\dfrac{a_0n^k+a_1n^{k-1}+\cdots+a_{k-1}n+a_k}{b_0n^l+b_1n^{l-1}+\cdots+b_{l-1}n+b_l}=\begin{cases}0, & k<l;\\ \dfrac{a_0}{b_0}, & k=l;\\ \infty, & k>l.\end{cases}$

1.2.5 换元法

【例 1】计算极限 $\lim\limits_{n\to\infty}\dfrac{2^n-1}{4^n-1}$.

解：$\lim\limits_{n\to\infty}\dfrac{2^n-1}{4^n-1}=\lim\limits_{n\to\infty}\dfrac{2^n-1}{(2^2)^n-1}=\lim\limits_{n\to\infty}\dfrac{2^n-1}{(2^n)^2-1}$,

令 $t=2^n$

$$\lim_{n\to\infty}\frac{2^n-1}{4^n-1}=\lim_{t\to\infty}\frac{t-1}{t^2-1}=\lim_{t\to\infty}\left(\frac{1}{t+1}\right)=0.$$

注	（1）换元一定要注意自变量的趋近也必须变换； （2）消去公因式.

【例 2】计算极限 $\lim\limits_{x\to0}\dfrac{\sqrt{x+1}-1}{\sqrt[3]{x+1}-1}$.

解：令 $\sqrt[6]{x+1}=t$，则当 $x\to0$ 时，$t\to1$.

$$\lim_{x\to0}\frac{\sqrt{x+1}-1}{\sqrt[3]{x+1}-1}=\lim_{t\to1}\frac{t^3-1}{t^2-1}$$

$$=\lim_{t\to1}\frac{t^2+t+1}{t+1}=\frac{3}{2}.$$

注	（1）根号代换； （2）有理化.

1.2.6 恒等变形

【例 1】计算极限 $\lim\limits_{x\to0}\dfrac{x^2-\sin^2x}{x^3\left(\sqrt{1+x}-\sqrt{1-x}\right)}$.

解：$\lim\limits_{x\to0}\dfrac{x^2-\sin^2x}{x^3\left(\sqrt{1+x}-\sqrt{1-x}\right)}$

$$=\lim_{x\to0}\frac{x+\sin x}{x}\lim_{x\to0}\frac{x-\sin x}{x^3}\lim_{x\to0}\frac{x}{\sqrt{1+x}-\sqrt{1-x}}$$

$$=2\lim_{x\to0}\frac{1-\cos x}{3x^2}\lim_{x\to0}\frac{\sqrt{1+x}+\sqrt{1-x}}{2}$$

$$=2\lim_{x\to0}\frac{\sin x}{6x}=\frac{1}{3}.$$

知识点	（1）有理化； （2）等价无穷小代换； （3）洛必达法则.

【例 2】计算极限 $\lim\limits_{x\to+\infty}\left(\sqrt{x+\sqrt{x}}-\sqrt{x}\right)$.

解：$\lim\limits_{x\to+\infty}\left(\sqrt{x+\sqrt{x}}-\sqrt{x}\right)$

$$=\lim_{x\to+\infty}\frac{\left(\sqrt{x+\sqrt{x}}-\sqrt{x}\right)\left(\sqrt{x+\sqrt{x}}+\sqrt{x}\right)}{\sqrt{x+\sqrt{x}}+\sqrt{x}}$$

$$=\lim_{x\to+\infty}\frac{\sqrt{x}}{\sqrt{x+\sqrt{x}}+\sqrt{x}}$$

$$=\lim_{x\to+\infty}\frac{1}{\sqrt{1+\sqrt{\frac{1}{x}}}+1}=\frac{1}{2}.$$

知识点	有理化.

1.2.7　迫敛性（夹逼定理）

1.2.7.1　数列极限

设 $\lim\limits_{n\to\infty}a_n=\lim\limits_{n\to\infty}b_n=a$，数列$\{c_n\}$满足：存在正数 N_0，当 $n>N_0$ 时有 $a_n\leqslant c_n\leqslant b_n$，则数列$\{c_n\}$收敛，且 $\lim\limits_{n\to\infty}c_n=a$.

1.2.7.2　函数极限

设 $\lim\limits_{x\to x_0}f(x)=\lim\limits_{x\to x_0}g(x)=A$，且在某领域 $U^0(x_0;\delta')$ 内有 $f(x)\leqslant h(x)\leqslant g(x)$，则 $\lim\limits_{x\to x_0}h(x)=A$.

【例 1】设数列$\{a_n\}$非负单调且 $\lim\limits_{n\to\infty}a_n=a$，证明：$\lim\limits_{n\to\infty}[a_1^n+a_2^n+\cdots+a_n^n]^{\frac{1}{n}}=a$.

证明：因为$\{a_n\}$非负单增，故有

$$a_n\leqslant[a_1^n+a_2^n+\cdots+a_n^n]^{\frac{1}{n}}\leqslant(na_n^n)^{\frac{1}{n}}$$

由 $\lim\limits_{n\to\infty}a_n=a$，故由迫敛性得证.

知识点	（1）迫敛性； （2）$\lim\limits_{n\to\infty}\sqrt[n]{n}=1$.

【例 2】计算极限 $\lim\limits_{n\to\infty}\sqrt[n]{a^n+b^n},(0<a\leqslant b)$.

解：因为 $\sqrt[n]{b^n}<\sqrt[n]{a^n+b^n}\leqslant\sqrt[n]{2b^n}$

而 $\lim\limits_{n\to\infty}\sqrt[n]{b^n}=\lim\limits_{n\to\infty}\sqrt[n]{2b^n}=b$,

则 $\lim\limits_{n\to\infty}\sqrt[n]{a^n+b^n}=b$.

知识点	迫敛性.

【例 3】计算极限 $\lim\limits_{n\to\infty}\frac{1}{n}\left(1+\sqrt[n]{2}+\cdots+\sqrt[n]{n}\right)$.

解：因为

$$1\leqslant\frac{1}{n}\left(1+\sqrt[n]{2}+\cdots+\sqrt[n]{n}\right)\leqslant\frac{n\sqrt[n]{n}}{n}=\sqrt[n]{n},$$

因为 $\lim\limits_{n\to\infty}\sqrt[n]{n}=1$,

所以 $\lim\limits_{n\to\infty}\frac{1}{n}\left(1+\sqrt[n]{2}+\cdots+\sqrt[n]{n}\right)=1$.

注	（1）迫敛性； （2）$\lim\limits_{n\to\infty}\sqrt[n]{n}=1$.

【例 4】计算极限 $\lim\limits_{n\to\infty}\left(\frac{\sin\frac{\pi}{n}}{n+1}+\frac{\sin\frac{2\pi}{n}}{n+\frac{1}{2}}+\cdots+\frac{\sin\pi}{n+\frac{1}{n}}\right)$.

解：设 $a_n=\frac{\sin\frac{\pi}{n}}{n+1}+\frac{\sin\frac{2\pi}{n}}{n+\frac{1}{2}}+\cdots+\frac{\sin\pi}{n+\frac{1}{n}}$，则

$$c_n=\frac{n}{n+1}\sum_{i=1}^{n}\sin\frac{i\pi}{n}\leqslant a_n\leqslant\frac{1}{n+\frac{1}{n}}\sum_{i=1}^{n}\sin\frac{i\pi}{n}=b_n$$

因为

$$\lim_{n\to\infty}c_n=\lim_{n\to\infty}\frac{n}{n+1}\sum_{i=1}^{n}\frac{1}{n}\sin\frac{i\pi}{n}=\int_0^1\sin\pi x\mathrm{d}x=\frac{2}{\pi}$$

$$\lim_{n\to\infty}b_n=\lim_{n\to\infty}\frac{n}{n+\frac{1}{n}}\sum_{i=1}^{n}\frac{1}{n}\sin\frac{i\pi}{n}=\int_0^1\sin\pi x\mathrm{d}x=\frac{2}{\pi}$$

所以 $\lim\limits_{n\to\infty}a_n=\lim\limits_{n\to\infty}\frac{\sin\frac{\pi}{n}}{n+1}+\frac{\sin\frac{2\pi}{n}}{n+\frac{1}{2}}+\cdots+\frac{\sin\pi}{n+\frac{1}{n}}=\frac{2}{\pi}$.

知识点	（1）迫敛性； （2）定积分定义.

【例 5】设 $a_1,a_2,\cdots,a_m$ 为 m 个正数，证明：

$$\lim_{n\to\infty}\sqrt[n]{a_1^n+a_2^n+\cdots+a_m^n}=\max\{a_1,a_2,\cdots,a_m\}.$$

解：设 $a=\max\{a_1,a_2,\cdots,a_m\}$，则

$$a \leqslant \sqrt[n]{a_1^n + a_2^n + \cdots + a_m^n} \leqslant \sqrt[n]{m}a,$$

因为 $\lim\limits_{n\to\infty} \sqrt[n]{m}a = \lim\limits_{n\to\infty} a = a$,

所以 $\lim\limits_{n\to\infty} \sqrt[n]{a_1^n + a_2^n + \cdots + a_m^n} = \max\{a_1, a_2, \cdots, a_m\}$.

知识点	(1) 迫敛性; (2) $\lim\limits_{n\to\infty} \sqrt[n]{m} = 1$.

【例 6】 计算极限 $I = \lim\limits_{x\to+\infty} \left(\dfrac{a_1^x + a_2^x + \cdots + a_n^x}{n} \right)^{\frac{1}{x}}, (a_i > 0, i = 1, 2, \cdots, n)$.

解： 令 $k = \max\{a_1, a_2, \cdots, a_n\}$，则

$$\frac{k}{n^{\frac{1}{x}}} = \left(\frac{k^x}{n} \right)^{\frac{1}{x}} \leqslant \left(\frac{a_1^x + a_2^x + \cdots + a_n^x}{n} \right)^{\frac{1}{x}} \leqslant \left(\frac{nk^x}{n} \right)^{\frac{1}{x}} = k,$$

由于 $\lim\limits_{x\to+\infty} n^{\frac{1}{x}} = n^{\lim\limits_{x\to+\infty}\frac{1}{x}} = n^0 = 1$.

因而 $\lim\limits_{x\to+\infty} \dfrac{k}{n^{\frac{1}{x}}} = k$，由迫敛性定理知：$I = \lim\limits_{x\to+\infty} \left(\dfrac{a_1^x + \cdots + a_n^x}{n} \right)^{\frac{1}{x}} = k = \max\{a_1, \cdots, a_n\}$.

知识点	迫敛性.

【例 7】 计算极限 $\lim\limits_{n\to\infty} \dfrac{\sum\limits_{p=1}^{n} p!}{n!}$.

解： 因为

$$n! < \sum_{p=1}^{n} p! < (n-2)(n-2)! + (n-1)! + n! < 2(n-1)! + n!,$$

所以 $1 < \dfrac{\sum\limits_{p=1}^{n} p!}{n!} < \dfrac{2(n-1)!}{n!} + 1$,　　$\lim\limits_{n\to\infty} \dfrac{\sum\limits_{p=1}^{n} p!}{n!} = 1$.

知识点	迫敛性.

【例 8】 计算极限 $\lim\limits_{n\to\infty} \left(\dfrac{1}{\sqrt{n^2+1}} + \dfrac{1}{\sqrt{n^2+2}} + \dfrac{1}{\sqrt{n^2+3}} + \cdots + \dfrac{1}{\sqrt{n^2+n}} \right)$.

解： 设

$$a_n = \left(\frac{1}{\sqrt{n^2+1}} + \frac{1}{\sqrt{n^2+2}} + \frac{1}{\sqrt{n^2+3}} + \cdots + \frac{1}{\sqrt{n^2+n}} \right)$$

因为 $\dfrac{n}{\sqrt{n^2+n}} \leqslant a_n \leqslant \dfrac{n}{\sqrt{n^2+1}}$

且 $\lim\limits_{n\to\infty}\dfrac{n}{\sqrt{n^2+n}}=\lim\limits_{n\to\infty}\dfrac{1}{\sqrt{1+\dfrac{1}{n}}}=1,$

$$\lim_{n\to\infty}\frac{n}{\sqrt{n^2+1}}=\lim_{n\to\infty}\frac{1}{\sqrt{1+\dfrac{1}{n^2}}}=1,$$

$$\lim_{n\to\infty}\left(\frac{1}{\sqrt{n^2+1}}+\frac{1}{\sqrt{n^2+2}}+\frac{1}{\sqrt{n^2+3}}+\cdots+\frac{1}{\sqrt{n^2+n}}\right)=1.$$

知识点	迫敛性.

【例 9】计算极限 $\lim\limits_{x\to\infty}\dfrac{1}{x}\int_0^x|\sin t|\mathrm{d}t$.

解：因为

$$\int_{k\pi}^{(k+1)\pi}|\sin t|\mathrm{d}t=\int_0^{\pi}\sin t\mathrm{d}t=2$$

设 $n\pi\leqslant x<(n+1)\pi$ ，则

$$2n=\int_0^{n\pi}|\sin t|\mathrm{d}t\leqslant\int_0^x|\sin t|\mathrm{d}t\leqslant\int_0^{(n+1)\pi}|\sin t|\mathrm{d}t=2(n+1)$$

于是，

$$\frac{2n}{(n+1)\pi}\leqslant\frac{1}{x}\int_0^x|\sin t|\mathrm{d}t\leqslant\frac{2(n+1)}{n\pi},$$

因为 $\lim\limits_{n\to\infty}\dfrac{2n}{(n+1)\pi}=\dfrac{2}{\pi}$， $\lim\limits_{n\to\infty}\dfrac{2(n+1)}{n\pi}=\dfrac{2}{\pi}$，

由迫敛性可知， $\lim\limits_{x\to+\infty}\dfrac{1}{x}\int_0^x|\sin t|\mathrm{d}t=\dfrac{2}{\pi}$.

知识点	（1）周期函数的定积分； （2）迫敛性.

【小练习】计算极限 $\lim\limits_{n\to\infty}\sqrt[n]{2^n+a^{2n}}$ ， a 为常数.

1.2.8 重要极限

1.2.8.1 第一类重要极限 $\lim\limits_{x\to 0}\dfrac{\sin x}{x}=1$.

1.2.8.2 第二类重要极限 $\lim\limits_{x\to 0}(1+x)^{\frac{1}{x}}=\mathrm{e}$; $\lim\limits_{x\to\infty}\left(1+\dfrac{1}{x}\right)^x=\mathrm{e}$.

【例 1】计算极限 $\lim\limits_{x\to+\infty}\sqrt{x}\sin\dfrac{\pi}{x}$.

解： $\lim\limits_{x\to+\infty}\sqrt{x}\sin\dfrac{\pi}{x}=\lim\limits_{x\to+\infty}\dfrac{\pi}{\sqrt{x}}\dfrac{\sin\dfrac{\pi}{x}}{\dfrac{\pi}{x}}$

因为 $\frac{\pi}{\sqrt{x}} \to 0(x \to +\infty)$

利用重要极限得

原式 $= \lim\limits_{x \to +\infty} \frac{\pi}{\sqrt{x}} \frac{\sin\frac{\pi}{x}}{\frac{\pi}{x}} p = 0.$

知识点	重要极限.

【例 2】计算极限 $\lim\limits_{n \to \infty} \cos\frac{x}{2}\cos\frac{x}{4}\cdots\cos\frac{x}{2^n}$.

解：

当 $x=0$，原式 $=1$

当 $x \neq 0$ 时，

$$\begin{aligned}
&\lim_{n \to \infty} \cos\frac{x}{2}\cos\frac{x}{4}\cdots\cos\frac{x}{2^n} \\
&= \lim_{n \to \infty} \frac{2^n \sin\frac{x}{2^n}\cos\frac{x}{2}\cos\frac{x}{4}\cdots\cos\frac{x}{2^n}}{2^n \sin\frac{x}{2^n}} \\
&= \lim_{n \to \infty} \frac{2^{n-1}\cos\frac{x}{2}\cos\frac{x}{4}\cdots\cos\frac{x}{2^{n-1}}\cdot\sin\frac{x}{2^{n-1}}}{2^n \sin\frac{x}{2^n}} \\
&\cdots\cdots \\
&= \lim_{n \to \infty} \frac{\sin x}{2^n \sin\frac{x}{2^n}} = \lim_{n \to \infty} \frac{\sin x}{x}\cdot\frac{\frac{x}{2^n}}{\sin\frac{x}{2^n}} = \frac{\sin x}{x}.
\end{aligned}$$

知识点	（1）重要极限； （2）积化和差.

【例 3】已知 $\lim\limits_{x \to \infty}\left(\frac{x+c}{x-c}\right)^x = 4(c \neq 0)$，求 c.

解：因为

$$\begin{aligned}
\lim_{x \to \infty}\left(\frac{x+c}{x-c}\right)^x &= \lim_{x \to \infty}\left(\frac{x-c+2c}{x-c}\right)^x \\
&= \lim_{x \to \infty}\left(\left(1+\frac{2c}{x-c}\right)^{\frac{x-c}{2c}}\right)^{\frac{2c}{x-c}} = e^{2c} = 4
\end{aligned}$$

所以　$c = \ln 2$.

知识点	重要极限.

【例 4】设 $f(x)$ 在 $x=a$ 可导，计算极限 $\lim\limits_{x\to a}\left(\dfrac{f(x)}{f(a)}\right)^{\frac{1}{x-a}}$.

解：$\lim\limits_{x\to a}\left(\dfrac{f(x)}{f(a)}\right)^{\frac{1}{x-a}}=\lim\limits_{x\to a}\mathrm{e}^{\frac{\ln\frac{f(x)}{f(a)}}{x-a}}=\mathrm{e}^{\frac{f'(a)}{f(a)}}=1$.

知识点	（1）重要极限； （2）导数定义.

【例 5】计算极限 $\lim\limits_{x\to 0^+}\sqrt[x]{\cos\sqrt{x}}$.

解：属于“1^∞”型，令 $\sqrt{x}=y$,

$$\lim_{x\to 0^+}\sqrt[x]{\cos\sqrt{x}}=\lim_{x\to 0^+}(\cos y)^{\frac{1}{y^2}}$$

$$=\lim_{x\to 0^+}[1+(\cos y-1)]^{\frac{1}{\cos y-1}\cdot\frac{\cos y-1}{y^2}}=\mathrm{e}^{-\frac{1}{2}}.$$

知识点	（1）换元法； （2）重要极限； （3）等价无穷小代换.

【例 6】计算极限 $\lim\limits_{n\to+\infty}\left(\sin\dfrac{x}{n}+\cos\dfrac{x}{n}\right)^n$.

解：$\lim\limits_{n\to+\infty}\left(\sin\dfrac{x}{n}+\cos\dfrac{x}{n}\right)^n$

$$=\lim_{n\to+\infty}\left[\left(\sin\frac{x}{n}+\cos\frac{x}{n}\right)^2\right]^{\frac{n}{2}}$$

$$=\lim_{n\to+\infty}\left(1+\sin\frac{2x}{n}\right)^{\frac{n}{2}}$$

$$=\lim_{n\to+\infty}\left[\left(1+\sin\frac{2x}{n}\right)^{\frac{1}{\sin\frac{2x}{n}}}\right]^{\frac{\sin\frac{2x}{n}}{\frac{2x}{n}}\cdot x}=\mathrm{e}^x.$$

知识点	（1）重要极限； （2）等价无穷小代换.

【例 7】计算极限 $\lim\limits_{x\to 0}(\cos x)^{\cot^2 x}$.

解：$\lim\limits_{x\to 0}(\cos x)^{\cot^2 x}=\lim\limits_{x\to 0}(1-\sin^2 x)^{\frac{\cos^2 x}{2\sin^2 x}}$

$$=\lim_{x\to 0}\left[1+(-\sin^2 x)\right]^{\frac{1}{(-\sin^2 x)}\cdot\frac{\cos^2 x}{(-2)}}$$

$$=\mathrm{e}^{-\frac{1}{2}}.$$

知识点	重要极限.

【小练习 1】计算极限 $\lim\limits_{n\to\infty}\left(\dfrac{\sqrt[n]{a}+\sqrt[n]{b}}{2}\right)^n$.

【小练习 2】设 $f(x)=1+kx+o(x)\ (x\to 0)$，求 $I=\lim\limits_{x\to 0}[f(x)]^{\frac{1}{x}}$.

【小练习 3】计算极限 $\lim\limits_{n\to\infty}n^2\ln\left(n\sin\dfrac{1}{n}\right)$.

1.2.9　等价无穷小代换

设函数 f、g、h 在 $U^0(x_0)$ 内有定义，且有 $f(x)\sim g(x)\ (x\to x_0)$，

（1）若 $\lim\limits_{x\to x_0}f(x)h(x)=A$，则 $\lim\limits_{x\to x_0}g(x)h(x)=A$；

（2）若 $\lim\limits_{x\to x_0}\dfrac{h(x)}{f(x)}=B$,，则 $\lim\limits_{x\to x_0}\dfrac{h(x)}{g(x)}=B$.

常见的等价无穷小：

当 $x\to 0$ 时，

$\sin x\sim\arcsin x\sim\tan x\sim\arctan x\sim e^x-1\sim\ln(1+x)\sim x$,

$\alpha^x-1\sim x\ln\alpha,\log_a(1+x)\sim\dfrac{x}{\ln a},(1+x)^\alpha-1\sim\alpha x,\sqrt[n]{1+x}-1\sim\dfrac{x}{n}$,

$1-\cos x\sim\dfrac{x^2}{2},\tan x-\sin x\sim\dfrac{x^3}{2}$，$x-\sin x\sim\dfrac{x^3}{6},\tan x-x\sim\dfrac{x^3}{6}$,

$x-\arctan x\sim\dfrac{x^3}{3},\arcsin x-x\sim\dfrac{x^3}{6}$.

【例 1】计算极限 $\lim\limits_{x\to 0}\dfrac{x^2-(\arctan x)^2}{(\arcsin x)^4}$.

解：
$$\lim_{x\to 0}\frac{x^2-(\arctan x)^2}{(\arcsin x)^4}$$
$$=\lim_{x\to 0}\frac{(x-\arctan x)(x+\arctan x)}{x^3\cdot x}$$
$$=\lim_{x\to 0}\frac{\frac{x^3}{3}}{x^3}\cdot\frac{x+\arctan x}{x}=\frac{2}{3}.$$

知识点	当 $x\to 0$ 时， $x+\arctan x\sim 2x$ $x-\arctan x\sim\dfrac{x^3}{3}$.

【例 2】计算极限 $\lim\limits_{x\to 0}\dfrac{1-\cos x}{(e^x-1)(\sqrt{1+x}-1)}$.

解：
$$\lim_{x\to 0}\frac{1-\cos x}{(e^x-1)(\sqrt{1+x}-1)}$$

$$=\lim_{x\to 0}\frac{\frac{x^2}{2}}{x\cdot\frac{1}{2}x}=1.$$

知识点	当 $x\to 0$ 时， $e^x-1\sim x$, $\sqrt{1+x}-1\sim\frac{x}{2}$ $1-\cos x\sim\frac{x^2}{2}$.

【例 3】求极限 $\lim_{n\to\infty}\frac{\sin\frac{1}{n}\left(1-\cos\frac{1}{n}\right)}{\left(\frac{1}{n}\right)^3}$.

解：令 $\frac{1}{n}=x$，则数列极限所对应的函数极限为 $\lim_{x\to 0}\frac{\sin x(1-\cos x)}{x^3}$，

于是 $\lim_{x\to 0}\frac{\sin x(1-\cos x)}{x^3}=\lim_{x\to 0}\frac{x\cdot\frac{x^2}{2}}{x^3}=\frac{1}{2}$，

进而 $\lim_{n\to\infty}\frac{\sin\frac{1}{n}\left(1-\cos\frac{1}{n}\right)}{\left(\frac{1}{n}\right)^3}=\frac{1}{2}$.

知识点	（1）当 $x\to 0$ 时， $\sin x\sim x$, $1-\cos x\sim\frac{1}{2}x^2$； （2）换元.

1.2.10　阶的比较

由慢到快： $\ln n, n^\alpha, a^n, n!, n^n\to\infty(n\to\infty)$； $\ln x, x^\alpha, a^x, x^x\to\infty(x\to+\infty)$

如 $\lim_{n\to\infty}\frac{2^n}{n!}=0$.

1.2.11　单调有界定理

1.2.11.1　数列极限单调有界定理

在实数系中，有界且单调数列必有极限.

1.2.11.2　单侧极限的单调有界定理

（1）设 f 为定义在 $U_+^0(x_0)$ 上的单调有界函数，则右极限 $\lim_{x\to x_0^+}f(x)$ 存在.

（2） f 为定义在 $U_+^0(x_0)$ 上的函数，若：

① f 在 $U_+^0(x_0)$ 上递增有下界，则 $\lim_{x\to x_0^+}f(x)$ 存在，且 $\lim_{x\to x_0^+}f(x)=\inf_{x\in U_+^0(x_0)}f(x)$；

② f 在 $U_+^0(x_0)$ 上递减有上界，则 $\lim\limits_{x\to x_0^+} f(x)$ 存在，且 $\lim\limits_{x\to x_0^+} f(x)=\sup\limits_{x\in U_+^0(x_0)} f(x)$.

【例 1】 设 $x_1>0$，$x_{n+1}=\dfrac{3(1+x_n)}{3+x_n},(n=1,2,3,\cdots)$，证明：$\lim\limits_{n\to\infty}x_n$ 存在，并求出极限.

证明：（1）判断极限存在：因为

$$x_{n+1}-x_n=\frac{3(1+x_n)}{3+x_n}-x_n=\frac{3-x_n^2}{3+x_n}$$
$$=\frac{\left(\sqrt{3}-x_n\right)\left(\sqrt{3}+x_n\right)}{3+x_n}$$

当 $x_n>\sqrt{3}$，不难证明 $x_n>x_{n+1}>\sqrt{3}$，
当 $x_n<\sqrt{3}$，不难证明 $x_n<x_{n+1}<\sqrt{3}$，
得到单调有界数列，所以存在极限；
（2）设 $\lim\limits_{n\to\infty}x_n=a$，对 $x_{n+1}=\dfrac{3(1+x_n)}{3+x_n}$ 两边同时取极限可得 $a=\dfrac{3(1+a)}{3+a}$，解得 $a=\sqrt{3}$.

解题步骤	（1）利用单调有界定理证明极限存在，经常和数学归纳法结合使用； （2）计算极限.

典型方法	**比较大小常用方法** （1）作差法； （2）作商法； （3）利用导数.

【例 2】 设 $a_n=1+\dfrac{1}{2}+\dfrac{1}{3}+\cdots+\dfrac{1}{n}-\ln n$，求证 $\lim\limits_{n\to\infty}a_n$ 存在（欧拉常数）.

证明：

（1）首先，证明 $\forall n\in N^+$，有 $\dfrac{1}{n+1}<\ln\left(1+\dfrac{1}{n}\right)<\dfrac{1}{n}$，

设 $f(x)=x-\ln(1+x)$，

$$g(x)=\ln(1+x)-\frac{x}{1+x},x\in(0,+\infty),$$

因为 $f'(x)=1-\dfrac{1}{1+x}=\dfrac{x}{1+x}>0$，

$$g'(x)=\frac{1}{1+x}-\frac{1}{(1+x)^2}=\frac{x}{(1+x)^2}>0,x\in(0,+\infty).$$

所以 $f(x),g(x)$ 在 $(0,+\infty)$ 内都是严格递增函数且

$f(0)=g(0)=0$，

于是 $f(x)>0,g(x)>0,x\in(0,+\infty)$

即 $\dfrac{1}{x+1}<\ln\left(1+\dfrac{1}{x}\right)<\dfrac{1}{x},x\in(0,+\infty)$，

从而 $\frac{1}{n+1}=\frac{\frac{1}{n}}{1+\frac{1}{n}}<\ln\left(1+\frac{1}{n}\right)<\frac{1}{n},\forall n\in N^{+}$.

（2）其次，证明 $\{a_n\}$ 收敛，利用已知不等式，有

$$\forall n\in N^{+},\quad a_{n+1}-a_n=\frac{1}{n+1}-\ln(n+1)+\ln n$$
$$=\frac{1}{n+1}-\ln\left(1+\frac{1}{n}\right)<0,$$

因此，数列 $\{a_n\}$ 单调递减；

$$a_n=1+\frac{1}{2}+\cdots+\frac{1}{n}-\ln n$$
$$>\ln(1+1)+\ln\left(1+\frac{1}{2}\right)+\cdots+\ln\left(1+\frac{1}{n}\right)-\ln n$$
$$=\ln 2+\ln\frac{3}{2}+\cdots+\ln\frac{n+1}{n}+\ln\frac{1}{n}$$
$$=\ln\left(2\times\frac{3}{2}\times\frac{4}{3}\times\cdots\times\frac{n+1}{n}\times\frac{1}{n}\right)$$
$$=\ln\frac{n+1}{n}=\ln\left(1+\frac{1}{n}\right)>0$$

即数列 $\{a_n\}$ 有下界，根据单调有界原理知，数列 $\{a_n\}$ 收敛.

知识点	（1）利用单调性证明不等式； （2）作差法.

【例 3】 证明：（1）$\lim_{n\to\infty}\left(\frac{1}{n+1}+\cdots+\frac{1}{2n}\right)=\ln 2$；

（2）$\lim_{n\to\infty}\left(1-\frac{1}{2}+\frac{1}{3}-\frac{1}{4}+\cdots+(-1)^{n-1}\frac{1}{n}\right)=\ln 2$.

证明：

（1）$\lim_{n\to\infty}\left(\frac{1}{n+1}+\cdots+\frac{1}{2n}\right)$

$$=\lim_{n\to\infty}\left(\left(1+\frac{1}{2}+\cdots+\frac{1}{2n}-\ln(2n)\right)-\left(1+\frac{1}{2}+\cdots+\frac{1}{n}-\ln n\right)\right)$$

$=\ln 2$.

（2）设 $c_n=1-\frac{1}{2}+\frac{1}{3}-\frac{1}{4}+\cdots+(-1)^{n-1}\frac{1}{n}$,

$$c_{2n}=1-\frac{1}{2}+\frac{1}{3}-\frac{1}{4}+\cdots+(-1)^{2n-1}\frac{1}{2n}$$
$$=1+\frac{1}{2}+\cdots+\frac{1}{2n}-2\left(\frac{1}{2}+\frac{1}{4}+\cdots+\frac{1}{2n}\right)$$

$$=1+\frac{1}{2}+\cdots+\frac{1}{2n}-\ln(2n)+\ln 2-\left(\frac{1}{1}+\frac{1}{2}+\cdots+\frac{1}{n}-\ln n\right)$$

因此 $\lim\limits_{n\to\infty} c_{2n}=\ln 2$，

又 $\lim\limits_{n\to\infty} c_{2n+1}=\lim\limits_{n\to\infty}\left(c_{2n}+\dfrac{1}{n+1}\right)=\ln 2$，

于是 $\lim\limits_{n\to\infty}\left(1-\dfrac{1}{2}+\dfrac{1}{3}-\dfrac{1}{4}+\cdots+(-1)^{n-1}\dfrac{1}{n}\right)=\ln 2$.

知识点	欧拉常数.

【例 4】（1）设 $f(x)$ 在 $[1,+\infty)$ 上非负递减，证明：当 $n\to\infty$，$\sum\limits_{k=1}^{n} f(k)-\int_1^n f(x)\mathrm{d}x$ 有极限 L，且 $0\leqslant L\leqslant f(1)$；

（2）设 $a_n=\dfrac{1}{2\ln 2}+\dfrac{1}{3\ln 3}+\cdots+\dfrac{1}{n\ln n}-\ln\ln n, n=2,3,\cdots$，证明：数列 $\{a_n\}$ 收敛.

证明：（1）
$$a_n=\sum_{k=1}^{n} f(k)-\int_1^n f(x)\mathrm{d}x$$
$$=\sum_{k=1}^{n} f(k)-\sum_{k=1}^{n-1}\int_k^{k+1} f(x)\mathrm{d}x$$
$$\geqslant\sum_{k=1}^{n} f(k)-\sum_{k=1}^{n-1} f(k)(k+1-k)=f(n)>0,$$

所以 $\{a_n\}$ 有下界

$$a_{n+1}-a_n=f(n+1)-\int_n^{n+1} f(x)\mathrm{d}x$$
$$=f(n+1)-f(\xi),$$

其中 $\xi\in(n,n+1)$，由于 $f(x)$ 在 $[1,+\infty)$ 上非负递减，所以 $f(n+1)-f(\xi)\leqslant 0$，从而 $\{a_n\}$ 单调递减，因此 $\{a_n\}$ 收敛，且 $a_1=f(1)\geqslant a_n>0$.

两边令 $n\to\infty$ 有 $0\leqslant L\leqslant f(1)$.

（2）令 $f(x)=\dfrac{1}{x\ln x}$

$$a_n=\sum_{k=2}^{n} f(k)-\int_{\mathrm{e}}^{n} f(x)\mathrm{d}x$$
$$=\sum_{k=1}^{n-1} f(k+1)-\int_1^{n-1} f(x+1)\mathrm{d}x+\int_2^{\mathrm{e}} f(x)\mathrm{d}x$$

由（1）知道 $\sum\limits_{k=1}^{n-1} f(k+1)-\int_1^{n-1} f(x+1)\mathrm{d}x$，因此

$$=\sum_{k=1}^{n-1} f(k+1)-\int_1^{n-1} f(x+1)\mathrm{d}x+\int_2^{\mathrm{e}} f(x)\mathrm{d}x$$

由（1）知道，$\sum\limits_{k=1}^{n-1} f(k+1)-\int_1^{n-1} f(x+1)\mathrm{d}x$ 收敛，

因此$\{a_n\}$收敛.

知识点	(1)单调有界定理; (2)定积分区间可加性; (3)定积分中值定理; (4)定积分不等式性.

【例 5】 设$a_1=\frac{1}{2},b_1=1,a_n=\sqrt{a_{n-1}b_{n-1}},\frac{1}{b_n}=\frac{1}{2}\left(\frac{1}{a_{n-1}}+\frac{1}{b_{n-1}}\right)$，证明数列$\{a_n\}$，$\{b_n\}$收敛，且有相同的极限.

解:(1)因为$a_n>0,b_n>0$,所以$\frac{1}{b_n}=\frac{1}{2}\left(\frac{1}{a_{n-1}}+\frac{1}{b_{n-1}}\right)\geqslant\sqrt{\frac{1}{a_{n-1}b_{n-1}}}=\frac{1}{a_n}$有$b_n\leqslant a_n$.

(2)又因为$a_n=\sqrt{a_{n-1}b_{n-1}}\leqslant\sqrt{a_{n-1}a_{n-1}}=a_{n-1}$,

所以数列$\{a_n\}$单调递减，且有$0<a_n<a_1=1$.

(3)因为$\frac{1}{b_n}=\frac{1}{2}\left(\frac{1}{a_{n-1}}+\frac{1}{b_{n-1}}\right)\leqslant\frac{1}{2}\left(\frac{1}{b_{n-1}}+\frac{1}{b_{n-1}}\right)=\frac{1}{b_{n-1}}$,

所以数列$\{b_n\}$单调增加，

且有$\frac{1}{2}=b_1<b_n$,

于是$\frac{1}{2}=b_1<b_2<\cdots<b_n<a_n<\cdots<a_1=1$.

所以，数列$\{a_n\}$单调递减有下界，数列$\{b_n\}$单调增加有上界;

由单调有界准则可知，两个数列的极限均存在.

(4)设$\lim\limits_{n\to\infty}a_n=a,\lim\limits_{n\to\infty}b_n=b$,

于是有$a=\sqrt{ab},\frac{1}{b}=\frac{1}{2}\left(\frac{1}{a}+\frac{1}{b}\right)$求出$a=b$,

即两个数列有相等的极限.

解题步骤	(1)建立两个数列之间的关系; (2)大数列单调递减有下界; (3)小数列单调递增有上界; (4)计算极限.

【例 6】 设$0<c<1$，$a_1=\frac{c}{2}$，$a_{n+1}=\frac{c}{2}+\frac{a_n^2}{2}$，证明$\{a_n\}$收敛，并求其极限.

证明：(1)由条件知，$\forall n\in N^+$有$a_n>0$，且

$$a_{n+1}-a_n=\left(\frac{c}{2}+\frac{a_n^2}{2}\right)-\left(\frac{c}{2}+\frac{a_{n-1}^2}{2}\right)$$
$$=\frac{1}{2}(a_n+a_{n-1})\cdot(a_n-a_{n-1})$$

于是$(a_{n+1}-a_n)$与(a_n-a_{n-1})同号,

又因为 $a_2 > a_1$，所以数列 $\{a_n\}$ 单调递增.

（2）由数学归纳法可证得，$\forall n \in N^+$，有 $a_n \leqslant 1$.

（3）根据单调有界原理知，数列 $\{a_n\}$ 收敛，

记 $\lim\limits_{n\to\infty} a_n = a$，对 $a_{n+1} = \frac{c}{2} + \frac{a_n^2}{2}$ 两边同时取极限，有 $a = \frac{c}{2} + \frac{a^2}{2}$，

解之得 $a = 1 - \sqrt{1-c}$，$a = 1 + \sqrt{1-c}$（舍去）.

知识点	（1）数学归纳法； （2）单调有界定理.

【例 7】 若 $k > 0, 0 < a_0 \leqslant \sqrt{k}, a_{n+1} = \sqrt{k + \sqrt{a_n}}$，证明：数列 $\{a_n\}$ 收敛.

证明：

（1）①因为 $a_0 \leqslant \sqrt{k} < \sqrt{k} + 1$，

②设 $a_n < \sqrt{k} + 1$，则

$$a_{n+1} = \sqrt{k + \sqrt{a_n}} < \sqrt{k + \sqrt{\sqrt{k} + 1}}$$
$$< \sqrt{k + \sqrt{k} + 1} < \sqrt{k} + 1,$$

综合①②由数学归纳法可知数列 $\{a_n\}$ 有上界.

（2）又因为①　$a_1 - a_0 = \sqrt{k + \sqrt{a_0}} - a_0$

$$> \sqrt{a_0^2 + \sqrt{a_0}} - a_0 > 0$$

②　设 $a_n > a_{n-1}$，则

$$a_{n+1} = \sqrt{k + \sqrt{a_n}} > \sqrt{k + \sqrt{a_{n-1}}} = a_n$$

综合①②由数学归纳法可知数列 $\{a_n\}$ 单调增加，

所以，单调有界定理可知数列 $\{a_n\}$ 收敛.

注	单调性和有界性都利数学归纳法.

【例 8】 设 $a_1 > 0, a_{n+1} = \frac{c(1+a_n)}{c+a_n} (c > 1)$，计算极限 $\lim\limits_{n\to\infty} a_n$.

解：（1）如果 $a_1 = \sqrt{c}$：则 $\forall n \in N^+$，$a_n = \sqrt{c}$，有 $\lim\limits_{n\to\infty} a_n = \sqrt{c}$.

（2）如果 $a_1 > \sqrt{c}$：

①（i）考虑函数 $f(x) = \frac{c(1+x)}{c+x}$，则

$$f'(x) = \frac{c(c-1)}{(c+x)^2} > 0，且 f(\sqrt{c}) = \sqrt{c},$$

所以 $f(x)$ 严格单调增加，

$$a_2 = f(a_1) > f(\sqrt{c}) = \sqrt{c};$$

（ii）当 $a_k > \sqrt{c}$ 时，$a_{k+1} = f(a_k) > f(\sqrt{c}) = \sqrt{c}$，

综合（i）（ii）利用数学归纳法可得，$a_n > \sqrt{c}$，即数列 $\{a_n\}$ 有下界.

②又$\forall n\in N^{+}$，$a_{n+1}-a_n=\dfrac{c(1+a_n)}{c+a_n}-a_n$

$$=\frac{c-a_n^2}{c+a_n}-a_n<0,$$

即数列$\{a_n\}$单调递减；

综合①②数列$\{a_n\}$单调递减有下界，所以数列$\{a_n\}$收敛，记$\lim\limits_{n\to\infty}a_n=a$，对$a_{n+1}=\dfrac{c(1+a_n)}{c+a_n}$两边同时取极限可得$a=\dfrac{c(1+a)}{c+a}$，解之得$a=\sqrt{c}$或$a=-\sqrt{c}$（舍去）.

（3）如果$a_1<\sqrt{c}$：按照与（2）相同的方法可证得数列$\{a_n\}$收敛，且$\lim\limits_{n\to\infty}a_n=\sqrt{c}$.

综合（1）（2）（3）可知数列$\{a_n\}$收敛，且$\lim\limits_{n\to\infty}a_n=\sqrt{c}$.

注	（1）单调有界定理； （2）利用导数研究单调性； （3）数学归纳法.

【例 9】 设$x_1>0,a>0,a_{n+1}=\dfrac{a_n(a_n^2+3a)}{3a_n^2+a}$,计算极限$\lim\limits_{n\to\infty}a_n$.

解：设$f(x)=\dfrac{x(x^2+3a)}{3x^2+a}$

则$f'(x)=\dfrac{3(x^2-a)^2}{(3x^2+a)^2}\geqslant 0$, $f(\sqrt{a})=\sqrt{a}$.

于是：

（1）若$a_1=\sqrt{a}$，则$a_n=\sqrt{a}$；

（2）若$a_1>\sqrt{a}$,则由$f(x)$的递增性可知$a_n>\sqrt{a}$，所以$\{x_n\}$递减有下界；

（3）若$a_1<\sqrt{a}$,也由$f(x)$的递增性可知$a_n<\sqrt{a}$，所以$\{x_n\}$递增有上界；

综合（1）（2）（3）可知数列$\{a_n\}$收敛，且$\lim\limits_{n\to\infty}a_n=\sqrt{a}$.

注	（1）作商法； （2）讨论参数； （3）利用导数.

【例 10】 设$a_1>0$，$a_{n+1}=a_n+\dfrac{1}{a_n}$，证明：$\lim\limits_{n\to\infty}\dfrac{a_n}{\sqrt{2n}}=1$.

证明：

（1）由$a_1>0$可知，$\forall n\in N^{+}$有$a_{n+1}-a_n=\dfrac{1}{a_n}>0$知，$\{a_n\}$单调增加，且$\lim\limits_{n\to\infty}a_n=\infty$. 事实上，假如$\{a_n\}$有上界，则$\{a_n\}$必有极限$a$，

由$a_{n+1}=a_n+\dfrac{1}{a_n}$知，$a=a+\dfrac{1}{a}$，

因此$\dfrac{1}{a}=0$，矛盾. 这表明$\{a_n\}$单调增加、没有上界，因此$\lim\limits_{n\to\infty}a_n=\infty$.

（2）应用 Stolz 方法，得到

$$\lim_{n\to\infty}\frac{a_n^2}{2n}=\lim_{n\to\infty}\frac{a_{n+1}^2-a_n^2}{2(n+1)-2n}=\frac{1}{2}\lim_{n\to\infty}(a_{n+1}^2-a_n^2)$$

因为 $a_{n+1}=a_n+\dfrac{1}{a_n}$，有 $a_{n+1}^2=a_n^2+\dfrac{1}{a_n^2}+2$,

故 $a_{n+1}^2-a_n^2=\dfrac{1}{a_n^2}+2$，即 $\lim\limits_{n\to\infty}\dfrac{a_n^2}{2n}=\dfrac{1}{2}\lim\limits_{n\to\infty}(a_{n+1}^2-a_n^2)=1$,

所以 $\lim\limits_{n\to\infty}\dfrac{a_n}{\sqrt{2n}}=1$.

知识点	（1）单调有界定理； （2）Stolz.

【例 11】 若 $k>0,0<a_0\leqslant\sqrt{k},a_{n+1}=\sqrt{k+\sqrt{a_n}}$，证明：数列 $\{a_n\}$ 收敛.

证明： $a_0\leqslant\sqrt{k}<\sqrt{k}+1$，设 $a_n<\sqrt{k}+1$，则

$$\begin{aligned}a_{n+1}=\sqrt{k+\sqrt{a_n}}&<\sqrt{k+\sqrt{\sqrt{k}+1}}\\&<\sqrt{k+\sqrt{k}+1}<\sqrt{k}+1\end{aligned}$$

即数列 $\{a_n\}$ 有上界.

又 $a_1-a_0=\sqrt{k+\sqrt{a_0}}-a_0>\sqrt{a_0^2+\sqrt{a_0}}-a_0>0$，

设 $a_n>a_{n-1}$，则

$$a_{n+1}=\sqrt{k+\sqrt{a_n}}>\sqrt{k+\sqrt{a_{n-1}}}=a_n$$

即数列 $\{a_n\}$ 单调增加，所以，数列 $\{a_n\}$ 收敛.

知识点	单调有界定理.

【例 12】 设 $\alpha>1,a_1>\sqrt{\alpha},a_{n+1}=\dfrac{\alpha+a_n}{1+a_n},(n=1,2,\cdots)$，计算极限 $\lim\limits_{n\to\infty}a_n$.

解：

$$a_{n+1}=1+\frac{(\sqrt{\alpha}-1)(\sqrt{\alpha}+1)}{1+a_n}\text{ 及 }a_1>\sqrt{\alpha}$$

可知 $a_{2k}\leqslant\sqrt{\alpha},a_{2k+1}\geqslant\sqrt{\alpha}$.

又由 $a_{n+2}-a_n=\dfrac{2(\alpha-a_n^2)}{1+\alpha+2a_n}\begin{cases}>0 & a_n<\sqrt{\alpha}\\<0 & a_n>\sqrt{\alpha}\end{cases}$,

可知 $\{a_{2k}\}\uparrow,\{a_{2k+1}\}\downarrow$.

令 $a=\lim\limits_{k\to\infty}a_{2k},b=\lim\limits_{k\to\infty}a_{2k+1}$，分别对

$$a_{2k}=\frac{\alpha+a_{2k-1}}{1+a_{2k-1}},a_{2k+1}=\frac{\alpha+a_{2k}}{1+a_{2k}}$$

两边取极限，得到 $a=b=\sqrt{\alpha}$，因此 $\lim\limits_{n\to\infty}a_n=\sqrt{\alpha}$.

知识点	（1）单调有界定理； （2）数列极限与子列极限的关系.

【例 13】 设 f 于 $[1,+\infty)$ 连续可微，且 $f'(x)=\dfrac{1}{f^2(x)+1}\left[\sqrt{\dfrac{1}{x}}-\sqrt{\ln\left(1+\dfrac{1}{x}\right)}\right]$，

求证：$\lim\limits_{x\to+\infty}f(x)p$ 存在.

证明： 因 $x\geqslant1$，则

$$\frac{1}{1+x}=\frac{\frac{1}{x}}{1+\frac{1}{x}}<\ln\left(1+\frac{1}{x}\right)<\frac{1}{x},$$

于是

$$f'(x)=\frac{1}{f^2(x)+1}\left[\sqrt{\frac{1}{x}}-\sqrt{\ln\left(1+\frac{1}{x}\right)}\right]>0,$$

则 f 在 $[1,+\infty)$ 上单调增加，又因

$$\begin{aligned}f'(x)&\leqslant\sqrt{\frac{1}{x}}-\sqrt{\ln\left(1+\frac{1}{x}\right)}\\&<\sqrt{\frac{1}{x}}-\sqrt{\frac{1}{x+1}}=\frac{1}{\sqrt{x}}-\frac{1}{\sqrt{x+1}}\\&=\frac{\sqrt{x+1}-\sqrt{x}}{\sqrt{x}\cdot\sqrt{x+1}}=\frac{1}{\sqrt{x}\cdot\sqrt{x+1}}\cdot\frac{1}{\sqrt{x}+\sqrt{x+1}}\\&<\frac{1}{x}\cdot\frac{1}{2\sqrt{x}}=\frac{1}{2x^{\frac{3}{2}}}\end{aligned}$$

f' 连续，由牛顿—莱布尼兹公式知

$$\begin{aligned}f(x)-f(1)&=\int_1^x f'(t)\mathrm{d}t\\&\leqslant\int_1^x\frac{1}{2t^{\frac{3}{2}}}\mathrm{d}t=1-\frac{1}{\sqrt{x}}<1\end{aligned}$$

则 $f(x)<1+f(1),\forall x\in[1,+\infty)$.

因而 f 在 $[1,+\infty)$ 上单调且有上界，由单调有界定理知 $\lim\limits_{x\to+\infty}f(x)$ 存在.

知识点	（1）单侧极限的单调有界定理； （2）单调性判断方法； （3）牛顿—莱布尼兹公式； （4）定积分不等式性质.

1.2.12 柯西准则

1.2.12.1 数列极限

数列 $\{a_n\}$ 收敛的充分必要条件是：对任给的 $\varepsilon>0$，存在正整数 N，使得当 $n,m>N$ 时

有 $|a_n - a_m| < \varepsilon$.

1.2.12.2　**函数极限**

设函数 f 在 $U^0(x_0;\delta')$ 内有定义，$\lim\limits_{x\to x_0} f(x)$ 存在 $\Leftrightarrow$ 任给 $\varepsilon>0$，存在正数 $\delta(<\delta')$，使得对任何 $x',x''\in U^0(x_0;\delta)$ 有 $|f(x')-f(x'')|<\varepsilon$.

【例 1】 设 $a_n=\dfrac{\sin 1}{2}+\dfrac{\sin 2}{2^2}+\cdots+\dfrac{\sin n}{2^n}$，证明数列 $\{a_n\}$ 收敛.

证明： $\forall\varepsilon>0(\varepsilon<1),\forall n,p\in N$，使

$$\begin{aligned}\left|a_{n+p}-a_n\right| &= \left|\frac{\sin(n+1)}{2^{n+1}}+\frac{\sin(n+2)}{2^{n+2}}+\cdots+\frac{\sin(n+p)}{2^{n+p}}\right| \\ &\leqslant \frac{1}{2^{n+1}}+\frac{1}{2^{n+2}}+\cdots+\frac{1}{2^{n+p}}=\frac{1}{2^n}\left(\frac{1}{2}+\frac{1}{2^2}+\cdots+\frac{1}{2^p}\right) \\ &< \frac{1}{2^n}\left(1-\frac{1}{2^p}\right)<\frac{1}{2^n}<\varepsilon\end{aligned}$$

只须取 $N=[-\log_2\varepsilon]$ 即可.

解题步骤	（1）任给的给出来 $\forall\varepsilon>0,\forall n,p\in N$； （2）要使 $|a_{n+p}-a_n|<\varepsilon$；找出 n 大于某个正数，选取这个数为 N； （3）用柯西准则总结.

【例 2】 证明：$\lim\limits_{n\to\infty}\sin n$ 不存在.

证明： 利用柯西准则，对任意的 N，取

$n=\left[2N\pi+\dfrac{3\pi}{4}\right]$, $m=[2N\pi+2\pi]$，则

$$\begin{aligned}2N\pi+\frac{\pi}{4}<n<2N\pi+\frac{3\pi}{4}<2N\pi+\pi \\ <m<2N\pi+2\pi\end{aligned}，$$

从而 $\left|\sin n-\sin m\right|\geqslant\dfrac{\sqrt{2}}{2}$，则由柯西准则可知，$\lim\limits_{n\to\infty}\sin n$ 不存在.

知识点	柯西准则.

1.2.13　利用压缩性条件计算数列极限

数列 $\{a_n\}$ 满足条件：$\left|a_{n+1}-a_n\right|\leqslant k\left|a_n-a_{n-1}\right|,0<k<1,n=2,3,\cdots$,则数列 $\{a_n\}$ 收敛.

【例】 设已知数列 $a_1=2,a_2=2+\dfrac{1}{2},a_3=2+\dfrac{1}{2+\frac{1}{2}},\cdots$, 证明：数列 $\{a_n\}$ 极限存在，并计算此极限.

证明：（1）由假设可知 $a_{n+1}=2+\dfrac{1}{a_n}$，且 $a_n\geqslant 2$，

易证 $2\leqslant a_n\leqslant\dfrac{5}{2}$，于是

$$\left|a_{n+1}-a_n\right|=\left|\left(2+\frac{1}{a_n}\right)-\left(2+\frac{1}{a_{n-1}}\right)\right|$$

$$=\frac{\left|a_{n-1}-a_n\right|}{a_{n-1}a_n}\leqslant\frac{1}{4}\left|a_{n-1}-a_n\right|$$

即数列$\{a_n\}$满足压缩性条件，所以极限存在.

（2）假设极限$\lim\limits_{n\to\infty}a_n=l$，

则对递推公式两边取极限可得$l=2+\dfrac{1}{l}$，

解之得到$l=1+\sqrt{2}$或者$l=1-\sqrt{2}$（舍去），

所以$\lim\limits_{n\to\infty}a_n=1+\sqrt{2}$.

解题步骤	（1）利用压缩性条件证明极限存在； （2）计算极限.

1.2.14 几个典型的关系

1.2.14.1 数列与子列极限的关系

数列$\{a_n\}$收敛$\Leftrightarrow$$\{a_n\}$的任何非平凡子列都收敛.

它有两个典型的作用：

①用来判断$n\to\infty$时极限存在：

只要$\lim\limits_{k\to\infty}a_{2k-1}=\lim\limits_{k\to\infty}a_{2k}=A$就可以得出.

②用来判断$n\to\infty$时极限不存在：

方法 1：存在$\{a_n\}$的一个子列$\{a_{n_k}\}$极限不存在；

方法 2：存在$\{a_n\}$的两个子列$\{a_{n_k}\}$和$\{a_{n_l}\}$极限都存在但是不相等.

1.2.14.2 极限与单侧极限的关系

（1）$\lim\limits_{x\to x_0}f(x)=A\Leftrightarrow\lim\limits_{x\to x_0^+}f(x)=\lim\limits_{x\to x_0^-}f(x)=A$

它有两个典型的作用：

①用来判断$x\to x_0$时极限存在：只要$\lim\limits_{x\to x_0^+}f(x)=\lim\limits_{x\to x_0^-}f(x)=A$就可以得出.

②用来判断$x\to x_0$时极限不存在：

方法 1：$\lim\limits_{x\to x_0^+}f(x)$和$\lim\limits_{x\to x_0^-}f(x)$至少一个不存在；

方法 2：$\lim\limits_{x\to x_0^+}f(x)$和$\lim\limits_{x\to x_0^-}f(x)$都存在但是不相等.

（2）$\lim\limits_{x\to-\infty}f(x)=A\Leftrightarrow\lim\limits_{x\to+\infty}f(x)=\lim\limits_{x\to-\infty}f(x)=A$.

1.2.14.3 归结原则

设f在$U^0(x_0;\delta')$内有定义，$\lim\limits_{x\to x_0}f(x)$存在$\Leftrightarrow$对任何含于$U^0(x_0;\delta')$且以$x_0$为极限的

数列$\{x_n\}$，极限$\lim\limits_{n\to\infty}f(x_n)$都存在且相等.

它有两个典型的作用：

①用来判断数列极限存在：只要$\lim\limits_{x\to x_0}f(x)$存在，就可以得出对任何含于$U^0(x_0;\delta')$且以$x_0$为极限的数列$\{x_n\}$，极限$\lim\limits_{n\to\infty}f(x_n)$都存在且相等. 习惯上，利用函数极限来计算数列极限.

②用来判断函数极限不存在：

方法 1：$\exists\{x_n\}$，$\lim\limits_{n\to\infty}x_n=x_0$，但是$\lim\limits_{n\to\infty}f(x_n)$不存在，则$\lim\limits_{x\to x_0}f(x)$不存在；

方法 2：$\exists\{x_n'\},\{x_n''\}$，且$\lim\limits_{n\to\infty}x_n'=x_0$，$\lim\limits_{n\to\infty}x_n''=x_0$，$\lim\limits_{n\to\infty}f(x_n')=A,\lim\limits_{n\to\infty}f(x_n'')=B$但是$A\neq B$，则$\lim\limits_{x\to x_0}f(x)$不存在.

1.2.14.4　集合与子集极限的关系

$\lim\limits_{\substack{P\to P_0\\P\in D}}f(P)=A$的充要条件是：对于$D$的任一子集$E$，只要$P_0$是$E$的聚点，就有$\lim\limits_{\substack{P\to P_0\\P\in E}}f(P)=A$.

推论 1：设$E_1\subset D$，P_0是E_1的聚点，若$\lim\limits_{\substack{P\to P_0\\P\in E_1}}f(P)$不存在，则$\lim\limits_{\substack{P\to P_0\\P\in D}}f(P)$也不存在.

推论 2：设$E_1,E_2\subset D$，P_0是它们的聚点，若存在极限

$$\lim_{\substack{P\to P_0\\P\in E_1}}f(P)=A_1,\lim_{\substack{P\to P_0\\P\in E_2}}f(P)=A_2,$$

但$A_1\neq A_2$，则$\lim\limits_{\substack{P\to P_0\\P\in D}}f(P)$不存在.

推论 3：极限$\lim\limits_{\substack{P\to P_0\\P\in D}}f(P)$存在充要条件是：对于$D$中任一满足条件$P_n\neq P_0$且$\lim\limits_{n\to\infty}P_n\neq P_0$的点列$\{P_n\}$，它所对应的函数列$\{f(P_n)\}$都收敛.

【例 1】 证明数列$\left\{\sin\dfrac{n\pi}{4}\right\}$发散.

证明：取$n_k^{(1)}=4k,n_k^{(2)}=8k+2$

则子列$\{x_{n_k^{(1)}}\}$收敛于 0，

而子列$\left\{x_{n_k^{(2)}}\right\}$收敛于 1，

所以数列$\left\{\sin\dfrac{n\pi}{4}\right\}$发散.

注	（1）数列与子列极限的关系； （2）选择合适的子列.

【例 2】 若正值数列$\{a_n\}$收敛于 0，证明它存在严格递减的子列收敛于 0.

证明：因为$\lim\limits_{n\to\infty}a_n=0$，所以对$\varepsilon_1=1,\exists n_1$，使$0<a_{n_1}<1$；

对$\varepsilon_2=\min\left\{\dfrac{1}{2},a_{n_1}\right\},\exists n_2>n_1$，使$0<a_{n_2}<\varepsilon_2$；

对 $\varepsilon_3=\min\left\{\frac{1}{3},a_{n_2}\right\},\exists n_3>n_2$，使 $0<a_{n_3}<\varepsilon_3$；

……

对 $\varepsilon_k=\min\left\{\frac{1}{3},a_{n_{k-1}}\right\},\exists n_k>n_{k-1}$，使 $0<a_{n_k}<\varepsilon_k$；

这样得到的子列 $\{a_{n_k}\}$ 严格递减趋于 0.

知识点	典型的构造数列的方法.

【例 3】计算数列极限 $\lim\limits_{n\to\infty}\left(1+\frac{1}{n}+\frac{1}{n^2}\right)^n$.

解：数列极限对应的函数极限为 $\lim\limits_{x\to\infty}\left(1+\frac{1}{x}+\frac{1}{x^2}\right)^x$,对 $\left(1+\frac{1}{x}+\frac{1}{x^2}\right)^x$,

用公式 $a^b=\mathrm{e}^{b\ln a}$ 得

$$\left(1+\frac{1}{x}+\frac{1}{x^2}\right)^x=\mathrm{e}^{x\ln\left(1+\frac{1}{x}+\frac{1}{x^2}\right)},$$

而 $\lim\limits_{x\to\infty}\ln\left(1+\frac{1}{x}+\frac{1}{x^2}\right)^x=1$

于是 $\lim\limits_{n\to\infty}\left(1+\frac{1}{n}+\frac{1}{n^2}\right)^n=\mathrm{e}^{\lim\limits_{x\to\infty}\ln\left(1+\frac{1}{x}+\frac{1}{x^2}\right)^x}=\mathrm{e}.$

知识点	（1）归结原则； （2）重要极限； （3）恒等变型； （4）洛必达法则.

【例 4】设 $f(x)=\begin{cases}\mathrm{e}^x+1 & x>0\\ x+a & x\leqslant 0\end{cases}$，问 a 取何值时，$\lim\limits_{x\to 0}f(x)$ 存在.

解：因为 $\lim\limits_{x\to 0^-}f(x)=\lim\limits_{x\to 0^-}(x+a)=a$,

$\lim\limits_{x\to 0^+}f(x)=\lim\limits_{x\to 0^+}(\mathrm{e}^x+1)=2$,

故 $a=2$ 当 $\lim\limits_{x\to 0^-}f(x)=\lim\limits_{x\to 0^+}f(x)$ 时，即 $\lim\limits_{x\to 0}f(x)$ 存在.

知识点	极限与单侧极限的关系.

【例 5】计算极限 $\lim\limits_{x\to 0}\left(\frac{2+\mathrm{e}^{\frac{1}{x}}}{1+\mathrm{e}^{\frac{4}{x}}}+\frac{\sin x}{|x|}\right)$.

解：因为 $|x|=\begin{cases}x, & x\geqslant 0\\ -x, & x<0\end{cases}$

又 $\lim\limits_{n\to 0^+}\mathrm{e}^{\frac{1}{x}}=+\infty$，$\lim\limits_{n\to 0^-}\mathrm{e}^{\frac{1}{x}}=0$

所以必须先分左、右极限考虑.

$$\lim_{x\to 0^-}\left(\frac{2+e^{\frac{1}{x}}}{1+e^{\frac{4}{x}}}+\frac{\sin x}{(-x)}\right)=2-1=1$$

$$\lim_{x\to 0^+}\left(\frac{2e^{-\frac{4}{x}}+e^{-\frac{3}{x}}}{e^{-\frac{4}{x}}+1}+\frac{\sin x}{x}\right)=0+1=1$$

所以$\lim\limits_{x\to 0}\left(\frac{2+e^{\frac{1}{x}}}{1+e^{\frac{4}{x}}}+\frac{\sin x}{|x|}\right)=1$.

知识点	（1）极限与单侧极限的关系； （2）指数函数的极限.

【例 6】 证明：$\lim\limits_{x\to 0}\sin\frac{1}{x}$发散.

证明：取 $x_n=\frac{1}{2n\pi+\frac{\pi}{2}},x_n'=\frac{1}{n\pi},n=1,2,3,\cdots$

$x_n\to 0$，$x_n'\to 0(n\to\infty)$

但 $\lim\limits_{n\to\infty}f(x_n)=1\neq 0=\lim\limits_{n\to\infty}f(x_n')$,

由归结原则可知发散.

知识点	归结原则.

1.2.15　连续性

1.2.15.1　连续

设函数 f 在某 $U(x_0)$ 内有定义，若 $\lim\limits_{x\to x_0}f(x)=f(x_0)$，则称 f 在点 x_0 处连续.

1.2.15.2　复合函数连续性

若 f 在点 x_0 处连续，记 $f(x_0)=u_0$，函数 g 在 u_0 连续，则复合函数 $g(f(x))$ 在点 x_0 处连续.

推论：若 f 在点 x_0 处极限存在，记 $\lim\limits_{x\to x_0}f(x)=u_0$，函数 g 在 u_0 连续，则复合函数 $g(f(x))$ 在点 x_0 处极限存在.

1.2.16　导数

设函数 $y=f(x)$ 在 x_0 的某邻域内有定义，若极限 $\lim\limits_{x\to x_0}\frac{f(x)-f(x_0)}{x-x_0}$ 存在，则称函数 f 在点 x_0 处可导，并称该极限为 f 在点 x_0 处的导数，记作 $f'(x_0)$. 即 $f'(x_0)=\lim\limits_{x\to x_0}\frac{f(x)-f(x_0)}{x-x_0}$.

【例 1】 设 f 在 x_0 可导，计算极限 $\lim\limits_{h\to 0}\frac{f(x_0+h^4)-f(x_0)}{1-\cos h^2}$.

解：$\lim\limits_{h\to 0}\dfrac{f(x_0+h^4)-f(x_0)}{1-\cos h^2}$

$=\lim\limits_{h\to 0}\dfrac{f(x_0+h^4)-f(x_0)}{h^4}\cdot\dfrac{h^4}{1-\cos h^2}$

$=f'(x_0)\lim\limits_{h\to 0}\dfrac{4h^3}{\sin h^2\cdot 2h}=2f'(x_0)$.

知识点	（1）导数定义； （2）洛必达法则； （3）极限四则运算法； （4）等价无穷小代换.

【例 2】 设 $f(x)$ 在 x_0 可导，证明 $\lim\limits_{h\to 0}\dfrac{f(x_0+ah)-f(x_0-bh)}{h}=(a+b)f'(x_0)$.

证明：$\lim\limits_{h\to 0}\dfrac{f(x_0+ah)-f(x_0-bh)}{h}$

$=\lim\limits_{h\to 0}\dfrac{f(x_0+ah)-f(x_0)+f(x_0)-f(x_0-bh)}{h}$

$=\lim\limits_{h\to 0}\dfrac{a[f(x_0+ah)]-f(x_0)}{ah}+\lim\limits_{h\to 0}\dfrac{b[f(x_0+(-bh)]-f(x_0)}{-bh}$

$=(a+b)f'(x_0)$

知识点	导数定义.

【例 3】 设 $f(x)$ 在 $x=0$ 处连续，且 $\lim\limits_{x\to 0}\dfrac{f(2x)-f(x)}{x}=a$，则 $f'(0)=a$.

证明：由 $\lim\limits_{x\to 0}\dfrac{f(2x)-f(x)}{x}=a$,

$\forall\varepsilon>0,\exists\delta>0,\forall x:0<|x|<\delta$,有

$$\left|\frac{f(2x)-f(x)}{x}-a\right|<\frac{1}{2}\varepsilon$$

即 $a-\dfrac{1}{2}\varepsilon<\dfrac{f(2x)-f(x)}{x}<a+\dfrac{1}{2}\varepsilon$

$\forall y:0<|y|<\delta$，令

$x_m=2^{-m}y,m=1,2,\cdots,n$, 则 $0<|x_m|<\delta$ 及 $a-\dfrac{1}{2}\varepsilon<\dfrac{f(2x)-f(x)}{x}<a+\dfrac{1}{2}\varepsilon$

即 $2^{-m}\left(a-\dfrac{1}{2}\varepsilon\right)<\dfrac{f(2x_m)-f(x_m)}{y}<2^{-m}\left(a+\dfrac{1}{2}\varepsilon\right)$，

$1\leqslant m\leqslant n$，将上面 n 个式子相加，

$$(1-2^{-n})\left(a-\frac{1}{2}\varepsilon\right)<\frac{f(y)-f(2^{-n}y)}{y}<(1-2^{-n})\left(a+\frac{1}{2}\varepsilon\right)$$

上式中，令 $n\to\infty$ 由 $f(x)$ 的连续性，有

$a-\frac{1}{2}\varepsilon<\frac{f(y)-f(0)}{y}<a+\frac{1}{2}\varepsilon$，得证.

知识点	（1）导数定义； （2）极限定义； （3）构造数列； （4）连续的定义.

【例 4】 设 $f(x)$ 在区间 $[-1,1]$ 上有定义且 $f'(0)$ 存在，计算极限

$$\lim_{n\to\infty}\left(f\left(\frac{1}{n^2}\right)+f\left(\frac{2}{n^2}\right)+\cdots+f\left(\frac{n}{n^2}\right)-nf(0)\right).$$

解： 由 $f'(0)=\lim\limits_{x\to 0}\frac{f(x)-f(0)}{x}$，

$\forall\varepsilon>0,\exists\delta>0,\forall x:0<|x|<\delta$，有

$$\left|\frac{f(x)-f(0)}{x}-f'(0)\right|<\varepsilon$$

$$|f(x)-f(0)-xf'(0)|<|x|\varepsilon$$

于是当 $n>\frac{1}{\delta}$ 时，$0<\frac{j}{n^2}<\delta, j=1,2,\cdots,n$ 有

$$\left|f\left(\frac{j}{n^2}\right)-f(0)-\frac{j}{n^2}f'(0)\right|<\frac{j}{n^2}\varepsilon$$

从而

$$\left|\begin{array}{l}f\left(\frac{1}{n^2}\right)+f\left(\frac{2}{n^2}\right)+\cdots+f\left(\frac{n}{n^2}\right)-nf(0)\\ -\left(\frac{1}{n^2}+\frac{2}{n^2}+\cdots+\frac{n}{n^2}\right)f'(0)\end{array}\right|$$

$$<\left(\frac{1}{n^2}+\frac{2}{n^2}+\cdots+\frac{n}{n^2}\right)\varepsilon=\left(1+\frac{1}{n}\right)\frac{\varepsilon}{2}<(1+\delta)\frac{\varepsilon}{2}<\varepsilon$$

即 $\left|\begin{array}{l}f\left(\frac{1}{n^2}\right)+f\left(\frac{2}{n^2}\right)+\cdots+f\left(\frac{n}{n^2}\right)-\\ nf(0)-\left(1+\frac{1}{n}\right)\frac{1}{2}f'(0)\end{array}\right|<\varepsilon$，

于是

$$\lim_{n\to\infty}\left(f\left(\frac{1}{n^2}\right)+f\left(\frac{2}{n^2}\right)+\cdots+f\left(\frac{n}{n^2}\right)-nf(0)\right)=\frac{1}{2}f'(0).$$

知识点	（1）导数定义； （2）极限定义； （3）构造数列.

特殊地，

（1）当 $f(x)=\sin x$ 时，有 $\lim\limits_{n\to\infty}\left(\sin\left(\frac{1}{n^2}\right)+\sin\left(\frac{2}{n^2}\right)+\cdots+\sin\left(\frac{n}{n^2}\right)\right)=\frac{1}{2}$.

（2）当 $f(x)=\ln(1+x)$ 时，有 $\lim\limits_{n\to\infty}\left(\ln\left(1+\frac{1}{n^2}\right)+\ln\left(1+\frac{2}{n^2}\right)+\cdots+\ln\left(1+\frac{n}{n^2}\right)\right)=\frac{1}{2}$.

从而有 $\lim\limits_{n\to\infty}\left(\left(1+\frac{1}{n^2}\right)\left(1+\frac{2}{n^2}\right)\cdots\left(1+\frac{n}{n^2}\right)\right)=\mathrm{e}^{\frac{1}{2}}$.

（3）设 $f(0)=0, f'(0)=2$, 令 $x_n=f\left(\frac{1}{n^2}\right)+f\left(\frac{2}{n^2}\right)+\cdots+f\left(\frac{n}{n^2}\right)$，求 $\lim\limits_{n\to\infty}x_n$.

1.2.17 中值定理

1.2.17.1 拉格朗日中值定理

若函数 $f(x)$ 满足如下条件：（1）$f(x)$ 在闭区间 $[a,b]$ 上连续；（2）$f(x)$ 在开区间 (a,b) 内可导；则在 (a,b) 内至少存在一点 ξ，使得 $f'(\xi)=\frac{f(b)-f(a)}{b-a}$.

1.2.17.2 柯西中值定理

若函数 $f(x)$，$g(x)$ 满足如下条件：（1）$f,g\in[a,b]$；（2）$f(x)$，$g(x)$ 在 (a,b) 内可导；（3）f',g' 至少有一个不为 0；（4）$g(a)\neq g(b)$，则存在 $\xi\in(a,b)$，使得

$$\frac{f'(\xi)}{g'(\xi)}=\frac{f(b)-f(a)}{g(b)-g(a)}.$$

1.2.17.3 积分第一中值定理

（1）若 $f(x)$ 在 $[a,b]$ 上连续，则至少存在一点 $\xi\in[a,b]$，使得

$$\int_a^b f(x)\mathrm{d}x=f(\xi)(b-a).$$

（2）推广的积分第一中值定理：若 $f(x)$ 和 $g(x)$ 都在 $[a,b]$ 上连续，且 $g(x)$ 在 $[a,b]$ 上不变号，则至少存在一点 $\xi\in[a,b]$，使得 $\int_a^b f(x)g(x)\mathrm{d}x=f(\xi)\int_a^b g(x)\mathrm{d}x$.

【例 1】 计算极限 $\lim\limits_{x\to+\infty}(\sin\sqrt{x+1}-\sin\sqrt{x})$.

解一： $\lim\limits_{x\to+\infty}(\sin\sqrt{x+1}-\sin\sqrt{x})$

$$=\lim_{x\to+\infty}2\sin\left(\frac{\sqrt{x+1}-\sqrt{x}}{2}\right)\cos\frac{\sqrt{x+1}+\sqrt{x}}{2}$$

$$=\lim_{x\to+\infty}2\sin\frac{1}{2(\sqrt{x+1}+\sqrt{x})}\cos\frac{\sqrt{x+1}+\sqrt{x}}{2}$$

$$=0.$$

解二：构造函数 $f(u)=\sin\sqrt{u},u\in[x,x+1]$

$$\begin{aligned}&\lim_{x\to+\infty}(\sin\sqrt{x+1}-\sin\sqrt{x})\\&=\lim_{\xi\to+\infty}\frac{1}{2}\cos\sqrt{\xi}\cdot\frac{1}{\sqrt{\xi}},\xi\in(x,x+1)\\&=0.\end{aligned}$$

知识点	（1）和差化积公式； （2）拉格朗日中值定理； （3）无穷小量乘以有界量仍为无穷小.

【例 2】计算极限 $\lim\limits_{x\to+\infty}x^2(\ln\arctan(x+1)-\ln\arctan x)$.

解：构造函数 $F(u)=\ln\arctan u,u\in[x,x+1]$，利用拉格朗日中值定理，有

$$\begin{aligned}&\lim_{x\to+\infty}x^2(\ln\arctan(x+1)-\ln\arctan x)\\&=\lim_{x\to+\infty}\frac{x^2}{(1+\xi_x^2)\cdot\arctan\xi_x}=\frac{\pi}{2}.\end{aligned}$$

其中，$x<\xi_x<x+1,\dfrac{x^2}{1+(1+x)^2}<\dfrac{x^2}{1+\xi_x^2}<\dfrac{x^2}{1+x^2}$.

知识点	（1）拉格朗日中值定理； （2）迫敛性.

【例 3】计算极限 $\lim\limits_{x\to a}\dfrac{a^x-x^a}{x-a}$.

解：$\lim\limits_{x\to a}\dfrac{a^x-x^a}{x-a}=\lim\limits_{x\to a}\dfrac{a^x-a^a}{x-a}-\lim\limits_{x\to a}\dfrac{x^a-a^a}{x-a}$

$=a^a(\ln a-1)$

知识点	拉格朗日中值定理.

【例 4】计算极限 $\lim\limits_{x\to a}\dfrac{e^x-e^{\sin x}}{x-\sin x}$.

解：令 $f(x)=e^x$，应用拉格朗日中值定理

$$\begin{aligned}e^x-e^{\sin x}&=f(x)-f(\sin x)\\&=(x-\sin x)f'\big(\sin x+\theta(x-\sin x)\big),(0<\theta<1)\end{aligned}$$

即 $\dfrac{e^x-e^{\sin x}}{(x-\sin x)}=f'\big(\sin x+\theta(x-\sin x)\big),(0<\theta<1)$

因为 $f'(x)=e^x$ 连续，

所以 $\lim\limits_{x\to0}f'\big(\sin x+\theta(x-\sin x)\big)=f'(0)=1$.

从而有 $\lim\limits_{x\to0}\dfrac{e^x-e^{\sin x}}{x-\sin x}=1$.

知识点	（1）拉格朗日中值定理； （2）连续的定义.

【例 5】计算极限 $\lim\limits_{x\to 0}\dfrac{a^{x^2}-b^{x^2}}{(a^x-b^x)^2}, a\neq b, a>0, b>0$.

解：
$$\lim_{x\to 0}\frac{a^{x^2}-b^{x^2}}{(a^x-b^x)^2}=\lim_{x\to 0}\frac{e^{x^2\ln a}-e^{x^2\ln b}}{(e^{x\ln a}-e^{x\ln b})^2}$$
$$=\lim_{x\to 0}\frac{e^{\xi_1}(x^2\ln a-x^2\ln b)}{e^{2\xi_2}(x\ln a-x\ln b)^2}$$
$$=\lim_{x\to 0}\frac{e^{\xi_1}}{e^{2\xi_2}(\ln a-\ln b)}=\frac{1}{\ln a-\ln b}$$

其中，ξ_1 介于 $x^2\ln a$ 和 $x^2\ln b$ 之间，ξ_2 介于 $x\ln a$ 和 $x\ln b$ 之间.

知识点	拉格朗日中值定理.

【例 6】计算极限 $\lim\limits_{x\to +\infty} x^2[(1+x)^{\frac{1}{x}}-x^{\frac{1}{x}}]$.

解：
$$\lim_{x\to +\infty} x^2\left[(1+x)^{\frac{1}{x}}-x^{\frac{1}{x}}\right]=\lim_{x\to +\infty} x^2\left[x^{\frac{1}{x}}\left(1+\frac{1}{x}\right)^{\frac{1}{x}}-x^{\frac{1}{x}}\right]$$
$$=\lim_{x\to +\infty} x^2\left[\left(1+\frac{1}{x}\right)^{\frac{1}{x}}-1\right]$$
$$=\lim_{x\to +\infty} x^2\left[e^{\frac{1}{x}\ln\left(1+\frac{1}{x}\right)}-e^0\right]$$
$$=\lim_{x\to +\infty} x^2\cdot e^{\xi}\cdot\frac{1}{x}\ln\left(1+\frac{1}{x}\right)=1$$

其中，$0<\xi<\dfrac{1}{x}\ln\left(1+\dfrac{1}{x}\right), \ln\left(1+\dfrac{1}{x}\right)\sim\dfrac{1}{x}, x\to +\infty$.

知识点	（1）恒等变形； （2）拉格朗日中值定理； （3）等价无穷小量代换.

【例 7】计算极限 $\lim\limits_{x\to a}\dfrac{\sin x^x-\sin a^x}{a^{x^x}-a^{a^x}}\ (a>1)$.

解：构造函数，$F(u)=\sin u, G(u)=a^u$, u 介于 a^x 和 a^a 之间，则利用柯西中值定理有
$$\lim_{x\to a}\frac{\sin x^x-\sin a^x}{a^{x^x}-a^{a^x}}=\lim_{x\to a}\frac{\cos\xi}{a^{\xi}\ln a}=\frac{\cos a^a}{a^{a^a}\ln a}$$
其中，ξ 介于 a^x 和 a^a 之间.

知识点	（1）柯西中值定理； （2）连续的定义.

【例 8】计算极限 $\lim\limits_{x\to +\infty}\int_x^{x+2} t\sin\dfrac{3}{t}f(t)\mathrm{d}t$，其中 $f(t)$ 可微，且 $\lim\limits_{t\to +\infty}f(t)=1$.

解：由积分中值定理知，存在 $\xi\in(x,x+2)$，使得

$$\lim_{x\to+\infty}\int_x^{x+2} t\sin\frac{3}{t}f(t)\mathrm{d}t=\lim_{\xi\to+\infty}2\xi\sin\frac{3}{\xi}f(\xi)=6.$$

知识点	（1）积分中值定理； （2）重要极限.

1.2.18　洛必达法则

1.2.18.1　$\frac{0}{0}$型不定式极限

若函数 $f(x)$ 和 $g(x)$ 满足：

（1）$\lim\limits_{x\to x_0}f(x)=\lim\limits_{x\to x_0}g(x)=0$；

（2）在点 x_0 的某空心邻域内两者都可导，且 $g'(x)\neq 0$；

（3）$\lim\limits_{x\to x_0}\frac{f'(x)}{g'(x)}=A$（$A$ 可为实数，也可为 $+\infty,-\infty,\infty$）；

则 $\lim\limits_{x\to x_0}\frac{f(x)}{g(x)}=\lim\limits_{x\to x_0}\frac{f'(x)}{g'(x)}=A$.

1.2.18.2　$\frac{\infty}{\infty}$型不定式极限

若函数 $f(x)$ 和 $g(x)$ 满足：

（1）$\lim\limits_{x\to x_0}f(x)=\lim\limits_{x\to x_0}g(x)=\infty$；

（2）在点 x_0 的某空心邻域内两者都可导，且 $g'(x)\neq 0$；

（3）$\lim\limits_{x\to x_0}\frac{f'(x)}{g'(x)}=A$（$A$ 可为实数，也可为 $+\infty,-\infty,\infty$）；

则 $\lim\limits_{x\to x_0}\frac{f(x)}{g(x)}=\lim\limits_{x\to x_0}\frac{f'(x)}{g'(x)}=A.$

【例 1】 计算极限 $\lim\limits_{x\to 0}\frac{x^2-(\arctan x)^2}{(\arcsin x)^4}$.

解： $\lim\limits_{x\to 0}\frac{x^2-(\arctan x)^2}{x^4}$

$$=\lim_{x\to 0}\frac{2x-2(\arctan x)\frac{1}{1+x^2}}{4x^3}$$

$$=\lim_{x\to 0}\frac{2x(1+x^2)-2(\arctan x)}{4x^3(1+x^2)}$$

$$=\lim_{x\to 0}\frac{2+6x^2-2\frac{1}{1+x^2}}{12x^2+20x^5}=\lim_{x\to 0}\frac{(2+6x^2)(1+x^2)-2}{(1+x^2)(12x^2+20x^5)}$$

$$=\lim_{x\to 0}\frac{8x^2+6x^4}{x^2(1+x^2)(12+20x^3)}$$

$$=\lim_{x\to 0}\frac{8+6x^2}{(1+x^2)(12+20x^3)}=\frac{8}{12}=\frac{2}{3}.$$

注	（1）$\frac{0}{0}$型不定式极限； （2）等价无穷小代换.

【例 2】计算极限 $\lim_{x\to+\infty}(x+e^x)^{\frac{1}{x}}$.

解：设 $y=(x+e^x)^{\frac{1}{x}}$， $\ln y=\frac{\ln(x+e^x)}{x}$，则

$$\lim_{x\to+\infty}\ln y=\lim_{x\to+\infty}\frac{\ln(x+e^x)}{x}=\lim_{x\to+\infty}\frac{1+e^x}{x+e^x}=1$$

所以 $\lim_{x\to+\infty}(x+e^x)^{\frac{1}{x}}=e$.

知识点	（1）恒等变形； （2）洛必达法则.

【例 3】计算极限 $\lim_{x\to 0}\left(\frac{a^x+b^x+c^x}{3}\right)^{\frac{3}{x}}\ (a>0,b>0,c>0)$.

解：$\lim_{x\to 0}\left(\frac{a^x+b^x+c^x}{3}\right)^{\frac{3}{x}}$

$$=\lim_{x\to 0}e^{3\cdot\frac{\ln(a^x+b^x+c^x)-\ln 3}{x}}$$

$$=e^{3\lim_{x\to 0}\frac{a^x\ln a+b^x\ln b+c^x\ln c}{a^x+b^x+c^x}}=e^{\ln abc}=abc.$$

知识点	（1）恒等变形； （2）洛必达法则.

【例 4】计算极限 $\lim_{x\to\infty}e^{-x}\left(1+\frac{1}{x}\right)^{x^2}$.

解：

$$\lim_{x\to\infty}\left[x^2\ln\left(1+\frac{1}{x}\right)-x\right]=\lim_{x\to\infty}x\left[x\ln\left(1+\frac{1}{x}\right)-1\right]$$

$$=\lim_{x\to\infty}\frac{x\ln\left(1+\frac{1}{x}\right)-1}{x^{-1}}=\lim_{x\to\infty}\frac{\ln\left(1+\frac{1}{x}\right)-\frac{1}{1+x}}{(-1)x^{-2}}$$

$$=\lim_{x\to\infty}\frac{\frac{x}{1+x}\cdot\frac{-1}{x^2}-\frac{-1}{(1+x)^2}}{2x^{-3}}=-\frac{1}{2}$$

则 $\lim_{x\to\infty}e^{-x}\left(1+\frac{1}{x}\right)^{x^2}=e^{\lim_{x\to\infty}\left[x^2\ln\left(1+\frac{1}{x}\right)-x\right]}=e^{-\frac{1}{2}}$.

知识点	（1）恒等变形； （2）洛必达法则.

【例 5】已知 $g(0)=g'(0)=0$，$g''(0)=3$，$f(x)=\begin{cases}\dfrac{g(x)}{x}, & x\neq 0\\ 0 & x=0\end{cases}$，求 $f'(0)$.

解：

$$f'(0)=\lim_{x\to 0}\frac{f(x)-f(0)}{x}=\lim_{x\to 0}\frac{\frac{g(x)}{x}}{x}=\lim_{x\to 0}\frac{g(x)}{x^2}$$
$$=\lim_{x\to 0}\frac{g'(x)}{2x}=\lim_{x\to 0}\frac{g'(x)-g'(0)}{2x}=\frac{1}{2}g''(0)=\frac{3}{2}.$$

知识点	（1）洛必达法则； （2）导数定义.

注	洛必达法则的条件.

【例 6】计算极限 $\lim\limits_{x\to 0}\left(\dfrac{1+\tan x}{1+\sin x}\right)^{\frac{1}{x^3}}$.

解：原式 $=\lim\limits_{x\to 0}\left[1+\left(\dfrac{1+\tan x}{1+\sin x}-1\right)\right]^{\frac{1}{x^3}}$

$=\lim\limits_{x\to 0}\left[1+\dfrac{\tan x-\sin x}{1+\sin x}\right]^{\frac{1}{x^3}}$

因为 $\lim\limits_{x\to 0}\dfrac{\tan x-\sin x}{1+\sin x}\cdot\dfrac{1}{x^3}=\lim\limits_{x\to 0}\dfrac{\sin x(1-\cos x)}{(1+\sin x)\cos x}\cdot\dfrac{1}{x^3}$

$=\lim\limits_{x\to 0}\dfrac{\sin x}{x}\cdot\dfrac{1-\cos x}{x^2}\cdot\dfrac{1}{(1+\sin x)\cos x}=\dfrac{1}{2}.$

所以 $\lim\limits_{x\to 0}\left(\dfrac{1+\tan x}{1+\sin x}\right)^{\frac{1}{x^3}}=\mathrm{e}^{\frac{1}{2}}$.

知识点	（1）1^∞ 型不定式极限； （2）恒等变形； （3）洛必达法则； （4）重要极限； （5）等价无穷小代换.

【例 7】确定 a,b，使得 $\lim\limits_{x\to 0}\dfrac{1}{ax-\sin x}\displaystyle\int_0^x\dfrac{t^2}{\sqrt{\mathrm{e}^t+b}}\mathrm{d}t=1$.

解：$\lim\limits_{x\to 0}\dfrac{1}{ax-\sin x}\displaystyle\int_0^x\dfrac{t^2}{\sqrt{\mathrm{e}^t+b}}\mathrm{d}t$

$=\lim\limits_{x\to 0}\dfrac{x^2}{(a-\cos x)\sqrt{\mathrm{e}^x+b}}$

$$=\frac{1}{\sqrt{1+b}}\lim_{x\to 0}\frac{x^2}{a-\cos x}=1$$

由 $\lim\limits_{x\to 0}(a-\cos x)=0$，得 $a=1$，

由 $\lim\limits_{x\to 0}\frac{x^2}{a-\cos x}=\lim\limits_{x\to 0}\frac{x^2}{1-\cos x}=2=\sqrt{1+b}$，

得 $b=3$.

知识点	（1）$\frac{0}{0}$ 型不定式极限； （2）变限积分导数公式； （3）无穷小量阶的比较.

【例 8】求极限 $\lim\limits_{x\to+\infty}\frac{\left(\int_0^x e^{u^2}du\right)^2}{\int_0^x e^{2u^2}du}$.

解：$$\lim_{x\to+\infty}\frac{\left(\int_0^x e^{u^2}du\right)^2}{\int_0^x e^{2u^2}du}=\lim_{x\to+\infty}\frac{2e^{x^2}\int_0^x e^{u^2}du}{e^{2x^2}}$$

$$=\lim_{x\to+\infty}\frac{2\int_0^x e^{u^2}du}{e^{x^2}}=\lim_{x\to+\infty}\frac{2e^{x^2}}{2xe^{x^2}}=\lim_{x\to+\infty}\frac{1}{x}=0.$$

知识点	（1）$\frac{\infty}{\infty}$ 型不定式极限； （2）变限积分导数公式.

【例 9】计算极限 $\lim\limits_{x\to 0}\frac{\int_0^x \sin(t^2)dt}{x^3}$.

解：$$\lim_{x\to 0}\frac{\int_0^x \sin(t^2)dt}{x^3}=\lim_{x\to 0}\frac{\sin(x^2)}{3x^2}=\frac{1}{3}.$$

知识点	（1）$\frac{0}{0}$ 型不定式极限； （2）变限积分导数公式； （3）重要极限.

【例 10】若 $f(x)$ 在闭区间 $[a,b]$ 上连续，证明：

$$I=\lim_{h\to 0}\int_a^b\frac{f(x+h)-f(x)}{h}dx=f(b)-f(a).$$

证明：$$I=\lim_{h\to 0}\int_a^b\frac{f(x+h)-f(x)}{h}dx$$

$$=\lim_{h\to 0}\frac{1}{h}\left(\int_a^b f(x+h)dx-\int_a^b f(x)dx\right)$$

$$=\lim_{h\to 0}\frac{1}{h}\left(F(x+h)\big|_a^b-F(x)\big|_a^b\right)$$

$$=\lim_{h\to 0}[F(b+h)-F(a+h)-F(b)-F(a)]$$

$$=\lim_{h\to 0}\frac{F(b+h)-F(b)}{h}-\lim_{h\to 0}\frac{F(a+h)-F(a)}{h}$$

$$=F'(b)-F'(a)=f(b)-f(a).$$

知识点	(1) $\frac{0}{0}$ 型不定式极限； (2) 变限积分导数公式； (3) 定积分换元法.

1.2.19 Stolz 公式

设 $\{x_n\}$ 严格单调递增，且 $\lim\limits_{n\to\infty}x_n=+\infty$，若有 $\lim\limits_{n\to\infty}\frac{y_{n+1}-y_n}{x_{n+1}-x_n}=\begin{cases}+\infty\\-\infty\\a\end{cases}$，则有 $\lim\limits_{n\to\infty}\frac{y_n}{x_n}=\begin{cases}+\infty\\-\infty\\a\end{cases}$.

【例 1】 计算下列极限：

（1）$\lim\limits_{n\to\infty}\frac{\sqrt{1}+\sqrt{2}+\cdots+\sqrt{n}}{n\sqrt{n}}$；（2）$\lim\limits_{n\to\infty}\frac{1}{\ln n}\left(1+\frac{1}{2}+\frac{1}{3}+\cdots+\frac{1}{n}\right)$.

解：（1）$\lim\limits_{n\to\infty}\frac{\sqrt{1}+\sqrt{2}+\cdots+\sqrt{n}}{n\sqrt{n}}$

$$=\lim_{n\to\infty}\frac{\sqrt{n+1}}{(n+1)\sqrt{n+1}-n\sqrt{n}}$$

$$=\lim_{n\to\infty}\frac{\sqrt{n+1}\left((n+1)\sqrt{n+1}+n\sqrt{n}\right)}{(n+1)^3-n^3}$$

$$=\lim_{n\to\infty}\frac{(n+1)^2+n\sqrt{n(n+1)}}{3n^2+3n+1}=\frac{2}{3}.$$

（2）$\lim\limits_{n\to\infty}\frac{1}{\ln n}\left(1+\frac{1}{2}+\frac{1}{3}+\cdots+\frac{1}{n}\right)$

$$=\lim_{n\to\infty}\frac{\frac{1}{n+1}}{\ln(n+1)-\ln n}$$

$$=\lim_{n\to\infty}\frac{1}{\ln\left(1+\frac{1}{n}\right)^{n+1}}=1.$$

【例 2】 设 $a_1>0,\ a_{n+1}=a_n+\frac{c}{a_n}(c>0,n=1,2,\cdots)$,证明：（1）$\{a_n\}$ 单增；

（2）$\lim\limits_{n\to\infty}a_n=+\infty$；（3）$\lim\limits_{n\to\infty}\frac{a_n^2}{4n}=\frac{c}{2}$.

证明：（1）由数学归纳法,$\forall n\in N^+$，$a_2-a_1=\frac{c}{a_1}>0$

$a_{n+1}=a_n+\dfrac{c}{a_n}(c>0,n=1,2,\cdots)p$，故$\{a_n\}$单增.

（2）若$\lim\limits_{n\to\infty}a_n=l$，则$l=l+\dfrac{c}{l}$，$c=0$.与条件矛盾，故$\lim\limits_{n\to\infty}a_n=+\infty$.

（3）$$\lim_{n\to\infty}\frac{a_n^2}{4n}=\lim_{n\to\infty}\frac{a_{n+1}^2-a_n^2}{4(n+1)-4n}$$

$$=\lim_{n\to\infty}\frac{2c+\dfrac{c^2}{a_n^2}}{4}=\frac{c}{2}.$$

知识点	（1）数学归纳法； （2）Stolz 方法； （3）反证法.

【例 3】 计算极限 $\lim\limits_{n\to\infty}\dfrac{\sum\limits_{k=0}^{n}\ln C_n^k}{n^2+n+5}$.

解： $$\lim_{n\to\infty}\frac{\sum\limits_{k=0}^{n}\ln C_n^k}{n^2+n+5}$$

$$=\lim_{n\to\infty}\frac{\sum\limits_{k=0}^{n+1}\ln C_{n+1}^k-\sum\limits_{k=0}^{n}\ln C_n^k}{((n+1)^2+(n+1)+5)-(n^2+n+5)}$$

（第一次用 Stolz 法则）

$$=\lim_{n\to\infty}\frac{\sum\limits_{k=0}^{n}\ln\dfrac{C_{n+1}^k}{C_n^k}+\ln C_{n+1}^{n+1}}{2n+2}$$

$$=\lim_{n\to\infty}\frac{\sum\limits_{k=0}^{n}\ln\dfrac{n+1}{n-k+1}}{2n+2}$$

$$=\lim_{n\to\infty}\frac{\sum\limits_{k=0}^{n}(\ln(n+1)-\ln(n-k+1))}{2n+2}$$

$$=\lim_{n\to\infty}\frac{(n+1)\ln(n+1)-\sum\limits_{k=0}^{n}\ln(n-k+1)}{2n+2}$$

$$=\lim_{n\to\infty}\frac{(n+1)\ln(n+1)-\sum\limits_{k=1}^{n+1}\ln k}{2n+2}$$

$$=\lim_{n\to\infty}\frac{\left((n+1)\ln(n+1)-\sum\limits_{k=1}^{n+1}\ln k\right)-\left(n\ln n-\sum\limits_{k=1}^{n}\ln k\right)}{(2n+2)-(2(n-1)+2)}$$

（第二次用 Stolz 法则）

$$=\lim_{n\to\infty}\frac{(n+1)\ln(n+1)-n\ln n-\ln(n+1)}{2}$$

$$=\lim_{n\to\infty}\frac{1}{2}\ln\left(1+\frac{1}{n}\right)^{n}=\frac{1}{2}.$$

注	反复利用 Stolz.方法
知识点	组合数.

【例 4】计算极限 $\lim_{n\to\infty}\left(\frac{a}{a^2-1}\right)^{\frac{1}{a^{n-1}}}\left(\frac{a^2}{a^3-1}\right)^{\frac{1}{a^{n-2}}}\cdots\left(\frac{a^{n-1}}{a^n-1}\right)^{\frac{1}{a}}\ (a>1)$.

解： 令

$$x_n=\left(\frac{a}{a^2-1}\right)^{\frac{1}{a^{n-1}}}\left(\frac{a^2}{a^3-1}\right)^{\frac{1}{a^{n-2}}}\cdots\left(\frac{a^{n-1}}{a^n-1}\right)^{\frac{1}{a}},$$

则

$$\ln x_n=\frac{1}{a^{n-1}}\ln\frac{a}{a^2-1}+\frac{1}{a^{n-2}}\ln\frac{a^2}{a^3-1}+\cdots+\frac{1}{a}\ln\frac{a^{n-1}}{a^n-1}$$
$$=\frac{1}{a^{n-1}}\left(\ln\frac{a}{a^2-1}+a\ln\frac{a^2}{a^3-1}+\cdots+a^{n-2}\ln\frac{a^{n-1}}{a^n-1}\right)$$

$$\lim_{n\to\infty}\ln x_n=\lim_{n\to\infty}\frac{a^{n-2}\ln\dfrac{a^{n-1}}{a^n-1}}{a^{n-1}-a^{n-2}}$$
$$=\lim_{n\to\infty}\frac{1}{a-1}\ln\frac{a^{n-1}}{a^n-1}=\frac{1}{a-1}\lim_{n\to\infty}\ln\frac{1}{a-\dfrac{1}{a^{n-1}}}$$
$$=\frac{1}{a-1}\ln\frac{1}{a}=\ln\left(\frac{1}{a}\right)^{\frac{1}{a-1}},$$

故 $\lim_{n\to\infty}x_n=\left(\frac{1}{a}\right)^{\frac{1}{a-1}}$.

注	（1）对数法：幂指函数或连乘的典型处理方法； （2）Stolz 方法.

【例 5】计算极限 $\lim_{n\to\infty}\frac{1^k+3^k+\cdots+(2n-1)^k}{1+n^k+n^{k+1}}\ (k\in N)$.

解： $\lim_{n\to\infty}\frac{1^k+3^k+\cdots+(2n-1)^k}{1+n^k+n^{k+1}}\ (k\in N)$

$$=\lim_{n\to\infty}\frac{(2n+1)^k}{(n+1)^k+(n+1)^{k+1}-n^k-n^{k+1}}$$

$$=\lim_{n\to\infty}\frac{(2n+1)^k}{((n+1)^k-n^k)+((n+1)^{k+1}-n^{k+1})}$$

$$=\lim_{n\to\infty}\frac{(2n+1)^k}{\begin{pmatrix}(C_k^1n^{k-1}+C_k^2n^{k-2}+\cdots+C_k^k)\\+(C_{k+1}^1n^k+C_{k+1}^2n^{k-1}+\cdots+C_{k+1}^{k+1})\end{pmatrix}}$$

$$=\frac{2^k}{k+1}.$$

注	（1）Stolz 方法：连加时应用； （2）二项式定理.

【例 6】设 $\lim\limits_{n\to\infty}a_n=a$，证明：$\lim\limits_{n\to\infty}\frac{a_1+2a_2+\cdots+na_n}{n^2}=\frac{a}{2}$.

证明：因 $x_n=n^2\to\infty$，故利用 Stolz 公式，

$\lim\limits_{n\to\infty}\frac{y_{n+1}-y_n}{x_{n+1}-x_n}=\lim\limits_{n\to\infty}\frac{y_n}{x_n}$，得

$$\lim_{n\to\infty}\frac{a_1+2a_2+\cdots+na_n}{n^2}$$

$$=\lim_{n\to\infty}\frac{(n+1)a_{n+1}}{(n+1)^2-n^2}=\lim_{n\to\infty}\frac{n+1}{2n+1}\lim_{n\to\infty}a_{n+1}=\frac{a}{2}.$$

注	Stolz 方法.

【例 7】设 $A_n=\sum\limits_{k=1}^{n}a_k$ 收敛，$\{p_n\}$ 单调递增趋于 $+\infty$. 求证：$\lim\limits_{n\to\infty}\frac{p_1a_1+p_2a_2+\cdots+p_na_n}{p_n}=0$.

证明：$a_k=A_k-A_{k-1}$，则 $\lim\limits_{n\to\infty}\frac{p_1a_1+p_2a_2+\cdots+p_na_n}{p_n}=\lim\limits_{n\to\infty}\frac{\sum\limits_{k=1}^{n-1}(p_k-p_{k+1})A_k}{p_n}+A_n$.

$$=\lim_{n\to\infty}\left[\frac{(p_{n-1}-p_n)A_n}{p_n-p_{n-1}}+A_n\right]$$

$$=\lim_{n\to\infty}(A_n+A_n)=0,\text{得证}.$$

注	Stolz 方法.

1.2.20 泰勒公式

若函数 $f(x)$ 在点 x_0 存在直至 n 阶导数，则有 $f(x)=T_n(x)+o((x-x_0)^n)$，即

$$f(x)=f(x_0)+\frac{f'(x_0)}{1!}(x-x_0)+\cdots+\frac{f^{(n)}(x_0)}{n!}(x-x_0)^n+o((x-x_0)^n)$$

即函数 $f(x)$ 在点 x_0 处的泰勒公式.

泰勒公式 $x_0=0$ 的特殊情形（麦克劳林展开）：

$$f(x)=f(0)+\frac{f'(0)}{1!}x+\cdots+\frac{f^{(n)}(0)}{n!}x^n+o(x^n)$$

例如：

$$e^x=1+x+\frac{x^2}{2!}+\cdots+\frac{x^n}{n!}+o(x^n)$$

$$\sin x=x-\frac{x^3}{3!}+\frac{x^5}{5!}+\cdots+(-1)^{m-1}\frac{x^{2m-1}}{(2m-1)!}+o(x^{2m})$$

$$\cos x=1-\frac{x^2}{2!}+\frac{x^4}{4!}+\cdots+(-1)^m\frac{x^{2m}}{(2m)!}+o(x^{2m+1})$$

$$\ln(1+x)=x-\frac{x^2}{2}+\frac{x^3}{3}+\cdots+(-1)^{n-1}\frac{x^n}{n}+o(x^n)$$

$$(1+x)^\alpha=1+\alpha x+\frac{\alpha(\alpha-1)}{2!}x^2+\cdots+\frac{\alpha(\alpha-1)\cdots(\alpha-n+1)}{n!}+o(x^n)$$

$$\frac{1}{1-x}=1+x+x^2+\cdots+x^n+o(x^n)$$

$$\frac{1}{\sqrt{1+x}}=1-\frac{1}{2}x+\frac{1\cdot 3}{2\cdot 4}x^2-\frac{1\cdot 3\cdot 5}{2\cdot 4\cdot 6}x^3+\cdots,x\in(-1,1]$$

$$\frac{1}{1+x^2}=1-x^2+\cdots+(-1)^n x^{2n}+\cdots,(-1,1)$$

$$\arctan x=x-\frac{x^3}{3}+\frac{x^5}{5}-\frac{x^7}{7}+\cdots$$

$$\frac{1}{\sqrt{1-x^2}}=1+\frac{1}{2}x^2+\frac{1\cdot 3}{2\cdot 4}x^4+\cdots,\ (-1,1)$$

$$\arcsin x=x+\frac{1}{2}\cdot\frac{x^3}{3}+\frac{3}{8}\cdot\frac{x^5}{5}+\cdots+\frac{(2n-1)!!}{2^n n!}\cdot\frac{x^{2n+1}}{2n+1}+\cdots,\quad -1<x<1$$

【例 1】 计算极限 $\lim\limits_{x\to\infty}e^{-x}\left(1+\frac{1}{x}\right)^{x^2}$.

解一：令 $y=\frac{1}{x}$，由泰勒公式知

$\ln(1+y)=y-\frac{y^2}{2}+(y^2)$，则

$$\frac{1}{y^2}\ln(1+y)-\frac{1}{y}=-\frac{1}{2}+\frac{1}{y^2}\cdot o(y^2)\to-\frac{1}{2}(y\to 0),$$

因而 $\lim\limits_{x\to\infty}e^{-x}\left(1+\frac{1}{x}\right)^{x^2}=\lim\limits_{x\to\infty}e^{-x}\cdot e^{\ln\left(1+\frac{1}{x}\right)^{x^2}}=\lim\limits_{x\to\infty}e^{x^2\ln\left(1+\frac{1}{x}\right)-x}$

$$=e^{\lim\limits_{y\to 0}\left(\frac{1}{y^2}\ln(1+y)-\frac{1}{y}\right)}$$

$$=e^{-\frac{1}{2}}$$

解二：

$$\lim_{x\to\infty} e^{-x}\left(1+\frac{1}{x}\right)^{x^2} = \lim_{x\to\infty}\left(\frac{\left(1+\frac{1}{x}\right)^x}{e}\right)^x,$$

$$\text{因为} \lim_{x\to\infty}\frac{\left(1+\frac{1}{x}\right)^x - e}{\frac{1}{x}} = \lim_{x\to\infty}\frac{\left(1+\frac{1}{x}\right)^x\left(\ln\left(1+\frac{1}{x}\right)-\frac{1}{x+1}\right)}{-\frac{1}{x^2}}$$

$$= e\lim_{x\to\infty}\frac{\left(\frac{1}{x}-\frac{1}{2x^2}+o\left(\frac{1}{x^2}\right)\right)-\frac{1}{x+1}}{-\frac{1}{x^2}} = -\frac{e}{2}$$

$$\lim_{x\to\infty} e^{-x}\left(1+\frac{1}{x}\right)^{x^2} = \lim_{x\to\infty}\left(\frac{\left(1+\frac{1}{x}\right)^x}{e}\right)^x$$

$$= \lim_{x\to\infty}\left(\frac{e-\frac{e}{2x}}{e}\right)^x = \frac{1}{\sqrt{e}}.$$

知识点	（1）$\ln(1+y)$ 的泰勒展开； （2）换元法； （3）洛必达法则； （4）复合函数连续性； （5）幂指函数的导数.

【例 2】计算极限 $\lim_{x\to\infty}\frac{xe^x-\ln(1+x)}{x^2}$.

解：

$$\lim_{x\to\infty}\frac{xe^x-\ln(1+x)}{x^2}$$

$$= \lim_{x\to\infty}\frac{x(1+x+o(x))-\left(x-\frac{x^2}{2}+o(x^2)\right)}{x^2}$$

$$= \lim_{x\to\infty}\frac{x^2+o(x^2)+\frac{x^2}{2}}{x^2} = \frac{3}{2}.$$

知识点	$e^x, \ln(1+x)$ 的泰勒展开.

【例 3】计算极限 $\lim\limits_{x\to 0}\dfrac{\mathrm{e}^{x^3}-1-x^3}{\sin^6 x}$.

解：因为 $\mathrm{e}^x=1+x+\dfrac{x^2}{2}+o(x^2)$,

$$\mathrm{e}^{x^3}=1+x^3+\frac{x^6}{2}+o(x^6),$$

$$\mathrm{e}^{x^3}-1-x^3=\frac{x^6}{2}+o(x^6)$$

$$\lim_{x\to 0}\frac{\mathrm{e}^{x^3}-1-x^3}{\sin^6 x}=\lim_{x\to 0}\frac{\mathrm{e}^{x^3}-1-x^3}{x^6}$$

$$=\lim_{x\to 0}\frac{x^3+\dfrac{x^6}{2}+o(x^6)-x^3}{x^6}=\frac{1}{2}.$$

知识点	（1）等价无穷小代换； （2）换元法； （3）e^x 的泰勒展开.

【例 4】计算极限 $\lim\limits_{x\to a}\left(\dfrac{1}{f(x)-f(a)}-\dfrac{1}{(x-a)f'(a)}\right)$，其中$f'(a)\neq 0, f''(a)$存在.

解：由于 $f'(a)\neq 0, f''(a)$ 存在，从而 $f(x)$ 在$x=a$点的泰勒公式为：

$$f(x)=f(a)+f'(a)(x-a)+\frac{f''(a)}{2}(x-a)^2+o[(x-a)^2]$$

$$\lim_{x\to a}\left(\frac{1}{f(x)-f(a)}-\frac{1}{(x-a)f'(a)}\right)=\lim_{x\to a}\frac{(x-a)f'(a)-f(x)+f(a)}{[f(x)-f(a)]\cdot[(x-a)f'(a)]}$$

$$=\lim_{x\to a}\frac{-\dfrac{f''(a)}{2}(x-a)^2-o[(x-a)^2]}{\left(f'(a)\cdot(x-a)+\dfrac{f''(a)}{2}\cdot(x-a)^2+o[(x-a)^2]\right)\cdot(x-a)f'(a)}$$

$$=\lim_{x\to a}\frac{-\dfrac{f''(a)}{2}-\dfrac{o[(x-a)^2]}{(x-a)^2}}{\left(f'(a)+\dfrac{f''(a)}{2}\cdot(x-a)+\dfrac{o[(x-a)^2]}{x-a}\right)\cdot f'(a)}$$

$$=-\frac{f''(a)}{2f'(a)}.$$

知识点	（1）$f(x)$ 的泰勒展开； （2）换元法； （3）洛必达法则； （4）复合函数连续性.

【例 5】函数 $f(x)$ 在 $x=0$ 的某一邻域内有二阶导数，且 $\lim\limits_{x\to0}\left(1+x+\dfrac{f(x)}{x}\right)^{\frac{1}{x}}=\mathrm{e}^3$，试求 $f(0),f'(0),f''(0)$ 及 $\lim\limits_{x\to0}\left(1+\dfrac{f(x)}{x}\right)^{\frac{1}{x}}$.

解：因为

$\left(1+x+\dfrac{f(x)}{x}\right)^{\frac{1}{x}}=\mathrm{e}^{\frac{1}{x}\ln\left(1+x+\frac{f(x)}{x}\right)}$，则

$$\lim_{x\to0}\frac{\ln\left(1+x+\dfrac{f(x)}{x}\right)}{x}=3,$$

可得 $\lim\limits_{x\to0}\ln\left(1+x+\dfrac{f(x)}{x}\right)=0,$

故应有 $\lim\limits_{x\to0}\left(x+\dfrac{f(x)}{x}\right)=0,$ 可知，

$$\ln\left(1+x+\frac{f(x)}{x}\right)\sim x+\frac{f(x)}{x}(x\to0),$$

则利用等价无穷小代换知，

$$\lim_{x\to0}\frac{x+\dfrac{f(x)}{x}}{x}=3,$$

从而 $\dfrac{x+\dfrac{f(x)}{x}}{x}=3+\alpha(x),$

其中 $\lim\limits_{x\to0}\alpha(x)=0$. 得

$$f(x)=2x^2+\alpha x^2=2x^2+o(x^2)$$

由此得 $f(0)=0,f'(0)=0,f''(0)=2!\times2=4.$

$\lim\limits_{x\to0}\left(1+\dfrac{f(x)}{x}\right)^{\frac{1}{x}}$.有

$$\lim_{x\to0}\left(1+\frac{f(x)}{x}\right)^{\frac{1}{x}}=\lim_{x\to0}\left(1+\frac{2x^2+\alpha x^2}{x}\right)^{\frac{1}{x}}$$

$$=\lim_{x\to0}(1+2x+\alpha x)^{\frac{1}{x}}=\lim_{x\to0}\mathrm{e}^{\frac{\ln(1+2x+\alpha x)}{x}}$$

因为 $\ln(1+2x+\alpha x)\sim2x+\alpha x,(x\to0)$，

故 $\lim\limits_{x\to0}\dfrac{\ln(1+2x+\alpha x)}{x}=\lim\limits_{x\to0}\dfrac{2x+\alpha x}{x}=2$

所以 $\lim\limits_{x\to 0}\left(1+\dfrac{f(x)}{x}\right)^{\frac{1}{x}}=\mathrm{e}^2$.

知识点	（1）泰勒展开； （2）等价无穷小； （3）洛必达法则； （4）无穷小量的性质.

【例 6】 设 $f(x)$ 在 $x=0$ 处可导，且 $\lim\limits_{x\to 0}\left(\dfrac{\sin x}{x^2}+\dfrac{f(x)}{x}\right)=2$. 求 $f(0), f'(0)$ 和 $\lim\limits_{x\to 0}\dfrac{1+f(x)}{x}$.

解： $2=\lim\limits_{x\to 0}\left(\dfrac{\sin x}{x^2}+\dfrac{f(x)}{x}\right)=\lim\limits_{x\to 0}\dfrac{\sin x+xf(x)}{x^2}$

$$=\lim_{x\to 0}\frac{x+o(x^2)+x\left[f(0)+f'(0)x+o(x)\right]}{x^2}$$

$$=\lim_{x\to 0}\frac{(1+f(0))x+f'(0)x^2+o(x^2)}{x^2}$$

所以 $1+f(0)=0, f'(0)=2$，即 $f(0)=-1, f'(0)=2$

$$\lim_{x\to 0}\frac{1+f(x)}{x}=\lim_{x\to 0}\frac{1+f(0)+f'(0)x+o(x)}{x}$$

$$=\lim_{x\to 0}\frac{2x+o(x)}{x}=2.$$

知识点	（1）泰勒展开； （2）无穷小量阶的比较.

【例 7】 设 $f(x)$ 在 x_0 处二阶可导，计算极限 $\lim\limits_{h\to 0}\dfrac{f(x_0+h)-2f(x_0)+f(x_0-h)}{h^2}$.

解： $\lim\limits_{h\to 0}\dfrac{f(x_0+h)-2f(x_0)+f(x_0-h)}{h^2}$

$$=\lim_{h\to 0}\frac{\left\{\begin{array}{l}f(x_0)+f'(x_0)h+\dfrac{f''(x_0)}{2!}h^2+o_1(h^2)\\ -2f(x_0)+f(x_0)-f'(x_0)h+\dfrac{f''(x_0)}{2!}h^2+o_2(h^2)\end{array}\right\}}{h^2}$$

$$=\lim_{h\to 0}\frac{f''(x_0)h^2+o_1(h^2)+o_2(h^2)}{h^2}=f''(x_0).$$

知识点	泰勒展开.

1.2.21　定积分

定义：设 $f(x)$ 是定义在 $[a,b]$ 上的一个函数，若对任给的 $\varepsilon>0$，总存在 $\delta>0$，使得对 $[a,b]$ 的任意分割 T，以及 $\xi_i\in\Delta x_i$，$i=1,2,\cdots,n$，只要 $\|T\|<\delta$，就有

$$\left|\sum_{i=1}^{n} f(\xi_i)\Delta x_i - J\right| < \varepsilon .$$

则称函数 $f(x)$ 在 $[a,b]$ 上可积或黎曼可积．数 J 称为函数 $f(x)$ 在 $[a,b]$ 上的定积分或黎曼积分，记作：$J=\int_a^b f(x)\mathrm{d}x$.

【例 1】 计算极限 $\lim\limits_{n\to\infty}\left[\dfrac{1}{\sqrt{4n^2-1^2}}+\dfrac{1}{\sqrt{4n^2-2^2}}+\cdots+\dfrac{1}{\sqrt{4n^2-n^2}}\right]$.

解：

$$\begin{aligned}&\frac{1}{\sqrt{4n^2-1^2}}+\frac{1}{\sqrt{4n^2-2^2}}+\cdots+\frac{1}{\sqrt{4n^2-n^2}}\\&=\sum_{i=1}^{n}\frac{1}{\sqrt{4-\left(\dfrac{i}{n}\right)^2}}\cdot\frac{1}{n}\end{aligned}$$

设 $f(x)=\dfrac{1}{\sqrt{4-x^2}}$，在 $[0,1]$ 上连续，因而可积.

$$\begin{aligned}&\lim_{n\to\infty}\left[\frac{1}{\sqrt{4n^2-1^2}}+\frac{1}{\sqrt{4n^2-2^2}}+\cdots+\frac{1}{\sqrt{4n^2-n^2}}\right]\\&=\int_0^1\frac{\mathrm{d}x}{\sqrt{4-x^2}}=\arcsin\frac{x}{2}\bigg|_0^1=\frac{\pi}{6}.\end{aligned}$$

知识点	（1）定积分定义； （2）定积分换元法.

【例 2】 设 $f(x)$ 在 $[0,1]$ 上连续，$x\in(0,1), 0<f(x)<1$，则 $\lim\limits_{n\to\infty}\int_0^1 f^n(x)\mathrm{d}x=0$.

证明： $\lim\limits_{n\to\infty}\int_0^1(1-x^2)^n\mathrm{d}x=0$；$\lim\limits_{n\to\infty}\int_0^{\frac{\pi}{2}}\sin^n x\mathrm{d}x=0$；$\lim\limits_{n\to\infty}\int_0^{\frac{\pi}{2}}\cos^n x\mathrm{d}x=0$.

【例 3】 $\lim\limits_{n\to\infty}\left(\left(1+\dfrac{1}{n}\right)\left(1+\dfrac{2}{n}\right)\cdots\left(1+\dfrac{n}{n}\right)\right)^{\frac{1}{n}}$.

解： 设 $a_n=\dfrac{1}{n}\sum\limits_{i=1}^{n}\ln\left|1+\dfrac{i}{n}\right|$

$$\lim_{n\to\infty}\left(\left(1+\frac{1}{n}\right)\left(1+\frac{2}{n}\right)\cdots\left(1+\frac{n}{n}\right)\right)^{\frac{1}{n}}=\lim_{n\to\infty}\mathrm{e}^{\frac{1}{n}\sum\limits_{i=1}^{n}\ln\left|1+\frac{i}{n}\right|}.$$

则 $\lim\limits_{n\to\infty}a_n=\int_0^1\ln(1+x)\mathrm{d}x$

$$=[(1+x)\ln(1+x)-x]\big|_0^1=2\ln 2-1.$$

$$\lim_{n\to\infty}\left(\left(1+\frac{1}{n}\right)\left(1+\frac{2}{n}\right)\cdots\left(1+\frac{n}{n}\right)\right)^{\frac{1}{n}}$$

$$=\mathrm{e}^{\lim\limits_{n\to\infty} a_n}=\mathrm{e}^{2\ln 2-1}=\frac{4}{\mathrm{e}}.$$

知识点	（1）对数法； （2）定积分定义； （3）分部积分法.

【例 4】 设 $f(x)$ 在 $[0,1]$ 上连续，证明 $\lim\limits_{n\to\infty} n\int_0^1 x^n f(x)\,\mathrm{d}x=f(1)$.

证明：

（1）令 $t=x^n$，则 $n\int_0^1 x^n f(x)\,\mathrm{d}x=\int_0^1 t^{\frac{1}{n}} f\left(t^{\frac{1}{n}}\right)\mathrm{d}t$.

（2）因 $f(x)$ 在 $[0,1]$ 上连续，故 $\exists M>0$，

使得 $|f(x)|\leqslant M$，$x\in[0,1]$.

（3）$\forall\varepsilon>0$，记 $a=\dfrac{\varepsilon}{3M}$，不妨设 $0<a<1$，则

$$\left|\int_0^a t^{\frac{1}{n}} f\left(t^{\frac{1}{n}}\right)\mathrm{d}t\right|\leqslant\int_0^a t^{\frac{1}{n}}\left|f\left(t^{\frac{1}{n}}\right)\right|\mathrm{d}t$$

$$\leqslant\int_0^a M\mathrm{d}t=Ma=\frac{\varepsilon}{3}.$$

（4）
$$\left|\int_a^1 t^{\frac{1}{n}} f\left(t^{\frac{1}{n}}\right)\mathrm{d}t-f(1)\right|=\left|\int_a^1\left[t^{\frac{1}{n}} f\left(t^{\frac{1}{n}}\right)-f(1)\right]\mathrm{d}t\right|$$

$$\leqslant\int_a^1\left|t^{\frac{1}{n}} f\left(t^{\frac{1}{n}}\right)-f(1)\right|\mathrm{d}t$$

$$=\int_a^1\left|t^{\frac{1}{n}} f\left(t^{\frac{1}{n}}\right)-t^{\frac{1}{n}} f(1)+t^{\frac{1}{n}} f(1)-f(1)\right|\mathrm{d}t$$

$$\leqslant\int_a^1\left|f\left(t^{\frac{1}{n}}\right)-f(1)\right|\mathrm{d}t+|f(1)|\int_a^1\left|t^{\frac{1}{n}}-1\right|\mathrm{d}t.$$

（5）因 $f(x)$ 在 $[0,1]$ 上连续，故 $f(x)$ 在 $[0,1]$ 上一致连续，故对上述的正数 ε，$\exists\delta>0$，当 $x_1,x_2\in[0,1]$ 且 $|x_1-x_2|<\delta$ 时，有

$$|f(x_1)-f(x_2)|<\frac{\varepsilon}{3(1-a)}.$$

（6）因 $\lim\limits_{n\to\infty} a^{\frac{1}{n}}=1$，记 $\varepsilon^*=\min\left\{\delta,\dfrac{\varepsilon}{3M(1-a)}\right\}$，则存在正整数 N，使得当 $n>N$ 时，有 $\left|a^{\frac{1}{n}}-1\right|<\varepsilon^*$.

（7）当 $t\in(a,1)$ 时，有 $\left|t^{\frac{1}{n}}-1\right|=1-t^{\frac{1}{n}}\leqslant 1-a^{\frac{1}{n}}$，从而当 $n>N$ 时，有

$$\int_a^1\left|f\left(t^{\frac{1}{n}}\right)-f(1)\right|\mathrm{d}t+|f(1)|\int_a^1\left|t^{\frac{1}{n}}-1\right|\mathrm{d}t<\frac{\varepsilon}{3}+\frac{\varepsilon}{3}.$$

（8）由（3）和（7）知，当 $n>N$ 时，有

$$\left|\int_0^1 t^{\frac{1}{n}}f\left(t^{\frac{1}{n}}\right)\mathrm{d}t-f(1)\right|$$

$$\leqslant\left|\int_0^a t^{\frac{1}{n}}f\left(t^{\frac{1}{n}}\right)\mathrm{d}t\right|+\left|\int_a^1 t^{\frac{1}{n}}f\left(t^{\frac{1}{n}}\right)\mathrm{d}t-f(1)\right|<\frac{\varepsilon}{3}+\frac{2\varepsilon}{3}=\varepsilon.$$

知识点	（1）定积分换元法； （2）闭区间连续函数的有界性； （3）定积分绝对可积性； （4）一致连续性； （5）数列极限的定义.

【例 5】 设 $f(x)$ 在 $[0,1]$ 上导函数连续. 证明：$\lim\limits_{n\to\infty}n\int_0^1 x^n f(x)\mathrm{d}x=f(1)$.

证明：由于 $f'(x)$ 在 $[0,1]$ 上连续，因此存在

$$M=\max_{0\leqslant x\leqslant 1}|f'(x)|$$

$$\int_0^1 x^n f(x)\mathrm{d}x=\left[\frac{x^{n+1}}{n+1}f(x)\right]_0^1-\frac{1}{n+1}\int_0^1 x^{n+1}f'(x)\mathrm{d}x$$

$$=\frac{1}{n+1}f(x)-\frac{1}{n+1}\int_0^1 x^{n+1}f'(x)\mathrm{d}x,$$

又因

$$\left|\int_0^1 x^{n+1}f'(x)\mathrm{d}x\right|\leqslant M\int_0^1 x^{n+1}\mathrm{d}x=\frac{M}{n+2}\to 0,$$

所以

$$\lim_{n\to\infty}n\int_0^1 x^n f(x)\mathrm{d}x=\lim_{n\to\infty}\frac{n}{n+1}\left[f(1)-\int_0^1 x^{n+1}f'(x)\mathrm{d}x\right]=f(1).$$

知识点	（1）闭区间连续函数的有界性； （2）定积分分部积分法； （3）绝对可积性.

【例 6】 设 $f(x)$ 是 $[0,2\pi]$ 上的连续函数，证明：

$$\lim_{n\to\infty}\int_0^{2\pi}f(x)|\sin nx|\mathrm{d}x=\frac{2}{\pi}\int_0^{2\pi}f(x)\mathrm{d}x.$$

证明：

$$\int_0^{2\pi} f(x)|\sin nx|\mathrm{d}x=\sum_{i=1}^{n}\int_{\frac{2(i-1)\pi}{n}}^{\frac{2i\pi}{n}} f(x)|\sin nx|\mathrm{d}x$$

$$=\sum_{i=1}^{n} f(\xi_i)\int_{\frac{2(i-1)\pi}{n}}^{\frac{2i\pi}{n}}|\sin nx|\mathrm{d}x\left(\xi_i\in\left[\frac{2(i-1)\pi}{n},\frac{2i\pi}{n}\right]\right)$$

$$=\sum_{i=1}^{n}\frac{1}{n} f(\xi_i)\int_{2(i-1)\pi}^{2i\pi}|\sin t|\mathrm{d}t\quad\left(t=nx,\int_{2(i-1)\pi}^{2i\pi}|\sin t|\mathrm{d}t=4\right)$$

$$=\sum_{i=1}^{n}\frac{4}{n} f(\xi_i)=\frac{2}{\pi}\sum_{i=1}^{n} f(\xi_i)\frac{2\pi}{n}\to\frac{2}{\pi}\int_0^{2\pi} f(x)\mathrm{d}x$$

知识点	（1）定积分区间可加性； （2）第一积分中值定理； （3）周期函数的定积分； （4）闭区间连续函数的有界性； （5）定积分定义.

【小练习 1】 计算极限 $\lim\limits_{n\to\infty}\sum\limits_{k=1}^{n}\frac{n}{n^2+k^2}$.

【小练习 2】 计算极限 $\lim\limits_{n\to\infty}\sum\limits_{k=1}^{n}\sqrt{1+\frac{k}{n}}\cdot\frac{1}{n}$.

【小练习 3】 计算极限 $\lim\limits_{n\to\infty}\frac{\sqrt[n]{n!}}{n}$.

【小练习 4】 设 $x_n=\frac{1}{n^4}\prod\limits_{i=1}^{2n}(n^2+i)^{\frac{1}{n}}$，计算极限 $\lim\limits_{n\to\infty}x_n$.

1.2.22　级数

若级数 $\sum\limits_{n=1}^{\infty}u_n$ 收敛，则 $\lim\limits_{n\to\infty}u_n=0$.

【例 1】 计算极限 $\lim\limits_{n\to\infty}\frac{\mathrm{e}^n}{n!}$.

解： 考虑级数 $\sum\limits_{n=0}^{\infty}\frac{\mathrm{e}^n}{n!}$，

因为 $\lim\limits_{n\to\infty}\frac{\mathrm{e}^{n+1}n!}{(n+1)!\mathrm{e}^n}=0<1$，

所以级数 $\sum\limits_{n=0}^{\infty}\frac{\mathrm{e}^n}{n!}$ 收敛，故 $\lim\limits_{n\to\infty}\frac{\mathrm{e}^n}{n!}=0$.

知识点	（1）级数的必要条件； （2）比式判别方法.

1.2.23 其他方法

【例 1】计算极限 $\lim\limits_{n\to\infty}\int_0^{+\infty}\mathrm{e}^{-x^n}\mathrm{d}x \quad (n\in N^+)$.

解：令 $x^n=t, x=t^{\frac{1}{n}}, \mathrm{d}x=\dfrac{1}{n}t^{\frac{1}{n}-1}\mathrm{d}t$，于是

$$\lim_{n\to\infty}\int_0^{+\infty}\mathrm{e}^{-x^n}\mathrm{d}x=\lim_{n\to\infty}\frac{1}{n}\int_0^{+\infty}t^{\frac{1}{n}-1}\mathrm{e}^{-t}\mathrm{d}t$$
$$=\lim_{n\to\infty}\frac{1}{n}\Gamma\left(\frac{1}{n}\right)=\lim_{n\to\infty}\Gamma\left(\frac{1}{n}+1\right)=\Gamma(1)=1.$$

知识点	欧拉积分.

【例 2】计算极限 $|x|<1, \lim\limits_{n\to\infty}(1+x)(1+x^2)(1+x^4)\cdots(1+x^{2^n})$.

解：将分子、分母同时乘以因子 $(1-x)$，则

$$\lim_{n\to\infty}(1+x)(1+x^2)(1+x^4)\cdots(1+x^{2^n})$$
$$=\lim_{n\to\infty}\frac{(1-x)(1+x)(1+x^2)(1+x^4)\cdots(1+x^{2^n})}{1-x}$$
$$=\lim_{n\to\infty}\frac{(1-x^2)(1+x^2)(1+x^4)\cdots(1+x^{2^n})}{1-x}$$
$$=\lim_{n\to\infty}\frac{(1-x^{2^n})(1+x^{2^n})}{1-x}=\lim_{n\to\infty}\frac{1-x^{2^{n+1}}}{1-x}=\frac{1}{1-x}.$$

知识点	平方差公式.

【例 3】设 $\lim\limits_{x\to\infty}\left(kx+b-\dfrac{x^3+1}{x^2+1}\right)=0$，求常数 k 和 b.

解：因为

$$\lim_{x\to\infty}\left(kx+b-\frac{x^3+1}{x^2+1}\right)$$
$$=\lim_{x\to\infty}\frac{(k-1)x^3+bx^2+kx+b-1}{x^2+1}$$

按有理分式当 $x\to\infty$ 时的计算公式，若要上式右端的极限为零，必须分子中的 x^3,x^2 的系数为零，故 $k=1,b=0$.

知识点	（1）斜渐近线； （2）无穷大量的阶的比较.

【例 4】设 $\lim\limits_{x\to\infty}\left(\dfrac{x^2+1}{x+1}-ax-b\right)=\dfrac{1}{2}$，求常数 a,b 的值.

解：$\lim\limits_{x\to\infty}\left(\dfrac{x^2+1}{x+1}-ax-b\right)$

$$=\lim_{x\to\infty}(x-1+\frac{2}{1+x}-ax-b)$$

$$=\lim_{x\to\infty}\left[(1-a)x-1-b+\frac{2}{1+x}\right]$$

要使上述极限等于 $\frac{1}{2}$，

必须且只须 $1-a=0,-1-b=\frac{1}{2}$. 即 $a=1,b=-\frac{3}{2}$.

知识点	斜渐近线.

【例 5】 已知 $\lim_{x\to 2}\frac{x^2+ax+b}{x^2-x-2}=2$，求 a,b.

解：因为 $\lim_{x\to 2}(x^2-x-2)=0$ 且

$\lim_{x\to 2}\frac{x^2+ax+b}{x^2-x-2}=2$ 存在，所以

$\lim_{x\to 2}(x^2+ax+b)=0$, 即 $4+2a+b=0$　　（1）

又 $2=\lim_{x\to 2}\frac{x^2+ax+b}{x^2-x-2}=\lim_{x\to 2}\frac{(x-2)(x+2+a)}{(x-2)(x+1)}$

$$=\lim_{x\to 2}\frac{x+2+a}{x+1}=\frac{4+a}{3}$$

得 $a=2$, 代入（1）得 $b=-8$. 故得 $a=2,b=-8$.

知识点	无穷小的阶比较.

§1.3　连　续

知 识 要 点

1.3.1　连续的定义

设函数 f 在某 $U(x_0)$ 内有定义，若 $\lim_{x\to x_0}f(x)=f(x_0)$，则称 f 在点 x_0 连续.

1.3.2　连续与单侧连续的关系

函数 f 在点 x_0 连续 $\Leftrightarrow$ f 在点 x_0 既是右连续，又是左连续.

1.3.3　间断点的分类

（1）可去间断点

若 $\lim_{x\to x_0}f(x)=A$，而 f 在点 x_0 无定义，或有定义但 $f(x_0)\neq A$，则称 x_0 为 f 的可去间断点.

（2）跳跃间断点

若 $\lim_{x\to x_0^+}f(x),\lim_{x\to x_0^-}f(x)$ 存在，但 $f(x_0+0),f(x_0-0)$，则称点 x_0 为函数 f 的跳跃间断点.

（3）第二类间断点

函数的所有其他形式的间断点（即使得函数至少有一侧极限不存在的点）称为函数的第二类间断点.

1.3.4 闭区间连续函数的性质

（1）最大、最小值定理

若 f 在闭区间 $[a,b]$ 上连续，则 f 在 $[a,b]$ 上有最大值与最小值.

（2）有界性定理

若 f 在 $[a,b]$ 上连续，则 f 在 $[a,b]$ 上有界.

（3）介值性定理

设 f 在 $[a,b]$ 上连续，且 $f(a)\neq f(b)$. 若 μ 是介于 $f(a)$ 和 $f(b)$ 之间的任何实数，则至少存在一点 $x_0\in(a,b)$，使得 $f(x_0)=\mu$.

（4）根的存在定理（零点定理）

若 f 在 $[a,b]$ 上连续，且 $f(a)$ 和 $f(b)$ 异号（$f(a)\cdot f(b)<0$），则至少存在一点 $x_0\in[a,b]$，使得 $f(x_0)=0$.

1.3.5 一致连续

（1）定义

设 $f(x)$ 为定义在区间 I 上的函数. 若对任给的 $\varepsilon>0$，存在一个 $\delta=\delta(\varepsilon)>0$，使得对任何 $x',x''\in I$，只要 $|x'-x''|<\delta$，就有 $|f(x')-f(x'')|<\varepsilon$，则称函数 f 在区间 I 上一致连续.

（2）一致连续性定理（康托定理）

若函数 f 在闭区间 $[a,b]$ 上连续，则 f 在 $[a,b]$ 上一致连续.

（3）一致连续与数列的关系

设函数 $f(x)$ 定义在区间 I 上，$f(x)$ 在 I 上一致连续的充分必要条件为：对任何数列 $\{x_n'\},\{x_n''\}\subset I$，若 $\lim\limits_{n\to\infty}(x_n'-x_n'')=0$，则 $\lim\limits_{n\to\infty}(f(x_n')-f(x_n''))=0$.

（4）一致连续区间可加性

设区间 I_1 的右端点为 $c\in I_1$，区间 I_2 的左端点也为 $c\in I_2$（I_1,I_2 可分别为有限或无限区间）. 若 f 分别在 I_1 和 I_2 上一致连续，则 f 在 $I=I_1\cup I_2$ 上也一致连续.

典型题型

1.3.6 连续区间、间断点

【例 1】求函数 $f(x)=\begin{cases}\dfrac{x^3-1}{x-1}, & x\neq 1\\ A & x=1\end{cases}$ 的连续区间、间断点及其类型.

解：因为 $\lim\limits_{x\to1}f(x)=\lim\limits_{x\to1}\dfrac{x^3-1}{x-1}=\lim\limits_{x\to1}(x^2+x+1)=3$,

所以 $A=3$ 时，因为 $\lim\limits_{x\to1}f(x)=f(1)$,

从而 $f(x)$ 在 $x=1$ 处连续.

又因为 $x\neq1$ 时，$f(x)=\dfrac{x^3-1}{x-1}$ 为有理分式，在 $(-\infty,1)$ 及 $(1,+\infty)$ 内连续. 所以当 $A=3$ 时，$f(x)$ 的连续区间为 $(-\infty,+\infty)$；

当 $A\neq3$ 时，因为 $\lim\limits_{x\to1}f(x)\neq f(1)$，所以 $f(x)$ 在 $x=1$ 处间断，连续区间为 $(-\infty,1)$ 及 $(1,+\infty)$，$x=1$ 为可去间断点.

知识点	（1）连续的定义； （2）间断点分类； （3）讨论参数.

注：	分段函数的分段点是函数可能的间断点.

【例 2】 讨论函数 $f\left(x\right)=\operatorname{sgn}\left(\sin\dfrac{\pi}{x}\right)$ 的连续性，并指出不连续点的类型.

解：因为 $x_0\neq\dfrac{1}{n}$ 时，$\sin\dfrac{\pi}{x_0}\neq0$，故 $f(x)$ 在 $x\neq\dfrac{1}{n}$ 时连续.

又因为 $x_0=\dfrac{1}{n}$ 时，

$\sin\dfrac{\pi}{x_0}=\sin n\pi=0(n=\pm1,\pm2,\cdots)$，且

$\lim\limits_{x\to\frac{1}{n}-}f(x)=1$，$\lim\limits_{x\to\frac{1}{n}+}f(x)=-1$ （n 为奇数）;

$\lim\limits_{x\to\frac{1}{n}-}f(x)=-1$，$\lim\limits_{x\to\frac{1}{n}+}f(x)=1$ （n 为偶数），

故 $x_0=\dfrac{1}{n}$ 是第一类跳跃间断点 $(n=\pm1,\pm2,\cdots)$.

因此 $f(x)$ 在 $x\neq\dfrac{1}{n}$ 时连续，当 $x_0=\dfrac{1}{n}$ 时间断，且是第一类跳跃间断点 $(n=\pm1,\pm2,\cdots)$.

注	分段函数的分段点是函数可能的间断点.

知识点	间断点的分类.

【例 3】 设 $f(x)=\lim\limits_{n\to\infty}\dfrac{x^{4n}+ax^3+2x^2+b}{1+x^{4n}}$ 连续，求 a,b 的值.

解：因为

$$f(x)=\lim_{n\to\infty}\frac{1+\dfrac{a}{x^{4n-3}}+\dfrac{2}{x^{4n-2}}+\dfrac{b}{x^{4n}}}{1+\dfrac{1}{x^{4n}}}$$

$$=\begin{cases}1,|x|>1,\\ ax^3+2x^2+b,|x|<1,\\ \frac{1}{2}(a+b+3),x=1,\\ \frac{1}{2}(-a+b+3),x=-1.\end{cases}$$

故$\begin{cases}a+b+2=\frac{1}{2}(a+b+3)=1\\ -a+b+2=\frac{1}{2}(-a+b+3)=1\end{cases}$

$\begin{cases}a+b=-1\\ -a+b=-1\end{cases}$，$\begin{cases}a=0,\\ b=-1.\end{cases}$

注	（1）讨论 x，找出 $f(x)$； （2）分段函数的分段点是函数可能的间断点．

【例 4】讨论函数 $f(x)=\lim\limits_{t\to x}\left(\frac{\sin t}{\sin x}\right)^{\frac{x}{\tan t-\tan x}}$ 的连续性，并指出不连续点的类型．

解：因为

$$f(x)=\lim_{t\to x}\mathrm{e}^{\frac{x}{\tan t-\tan x}\cdot\ln\frac{\sin t}{\sin x}}$$

$$=\lim_{t\to x}\mathrm{e}^{x\cdot\frac{\ln\sin t-\ln\sin x}{\tan t-\tan x}}=\mathrm{e}^{x\lim\limits_{t\to x}\frac{\frac{1}{\sin t}\cdot\cos t-0}{\sec^2 t-0}}=\mathrm{e}^{\frac{x\cos^3 x}{\sin x}},$$

故 $x\neq 0,\pm n\pi(n=1,2,\cdots)$ 时 $f(x)$ 连续，

而 $x=0$ 分别是可去间断点，

$x=\pm n\pi(n=1,2,\cdots$ 第二类间断点．

注	先求出极限找出 $f(x)$，再讨论间断点．

【例 5】若 $f(x)$ 在点 x_0 连续，证明 $f^2(x)$ 也在点 x_0 连续．

证明：设 $f(x)$ 在点 x_0 连续，则

$\forall 0<\varepsilon<1,\exists\delta>0,\forall|x-x_0|<\delta$，

$|f(x)-f(x_0)|<\varepsilon$，

同时

$|f(x)+f(x_0)|\leqslant|f(x)-f(x_0)|+2|f(x_0)|$

$<1+2|f(x_0)|$

于是 $|f^2(x)-f^2(x_0)|<(1+2|f(x_0)|)\varepsilon$．

所以 $f^2(x)$ 在点 x_0 连续．

知识点	（1）连续的定义； （2）三角不等式．

1.3.7　连续函数的性质

【例 1】已知函数 $f(x)$ 在 $[0,1]$ 上非负连续，且 $f(0)=f(1)=0$，则对任一实数 $l(0<l<1)$，必有实数 $c(0\leqslant c\leqslant 1)$，使 $f(c)=f(c+l)$.

证明：作函数 $F(x)=f(x)-f(x+l)$，则

$$F(0)=f(0)-f(l)\leqslant 0$$

$$F(1-l)=f(0)-f(1)=f(1-l)\geqslant 0$$

（1）若 $F(0)=0$，则取 $c=0$，即为所求；

（2）若 $F(1-l)=0$，则取 $c=1-l$ 即为所求；

（3）若 $F(0)\neq 0, F(1-l)\neq 0$，则 $F(0)<0, F(1-l)>0$，对连续函数 $F(x)$，由介值定理，存在 $0<c<1-l<1$，使 $F(c)=f(c)-f(c+l)=0$，即

存在 $c\in[0,1-l]$，使 $f(c)=f(c+l)$.

知识点	（1）闭区间连续函数的介质性定理； （2）讨论参数．

【例 2】设 $f(x)$ 在 $[a,b]$ 上连续，且 $f(a)\leqslant a, f(b)\geqslant b$，证明至少存在一点 $c\in[a,b]$，使 $f(c)=c$.

证明：设 $F(x)=f(x)-x$

$F(a)=f(a)-a\leqslant 0$

$F(b)=f(b)-b\geqslant 0$

讨论，

（1）$F(a)=0$ 或 $F(b)=0$，取 $c=a$ 或 $c=b$；

（2）$F(a)=f(a)-a<0$，$F(b)=f(b)-b>0$.

利用闭区间连续函数的根的存在性可知 $c\in[a,b]$，使 $f(c)=c$.

知识点	闭区间连续函数的根的存在性．

【例 3】设 $f(x)$，$g(x)$ 在 $[a,b]$ 连续，且 $f(a)>g(a), f(b)<g(b)$，证明方程 $f(x)=g(x)$ 在 (a,b) 至少有一个根.

证明：令

$$F(x)=f(x)-g(x), x\in[a,b]$$

则 $F(x)$ 在 $[a,b]$ 连续，且

$F(a)=f(a)-g(a)>0, F(b)=f(b)-g(b)<0$，

故由零点存在定理，方程 $f(x)=g(x)$ 在 (a,b) 至少有一个根.

知识点	闭区间连续函数的根的存在性．

【例 4】设 n 为自然数，函数 $f(x)$ 是 $[0,n]$ 上的连续函数，且 $f(0)=f(n)$，则一定存在 $a, a+1\in[0,n]$，使 $f(a)=f(a+1)$.

证明：令 $g(x)=f(x+1)-f(x)$, 则 $g(x)$ 是 $[0,n-1]$ 上的连续函数，且

$$\sum_{k=0}^{n-1}g(k)=f(n)-f(0)=0,$$

记 $M(g)=\max\limits_{0\leqslant x\leqslant n-1}[g(x)], m(g)=\min\limits_{0\leqslant x\leqslant n-1}[g(x)]$, 则

$$m(g)\leqslant g(k)\leqslant M(g)\ (k=0,1,2,\cdots,n-1)$$

$$m(g)\leqslant \frac{1}{n}\sum_{k=0}^{n-1}g(k)\leqslant M(g),$$

由介值定理可知，存在 $a\in[0,n]$, 使

$g(a)=\frac{1}{n}\sum_{k=0}^{n-1}g(k)=0$, 即由 $g(a)=f(a+1)-f(a)=0$, 所以 $f(a)=f(a+1)$.

知识点	（1）闭区间连续函数的介质性定理； （2）闭区间连续函数的最值定理； （3）讨论参数．

【例 5】 设函数 $f(x)$ 是 $[0,2a]$ 上的连续函数，且 $f(0)=f(2a)$，证明：$\exists x_0\in[0,a]$ 使得 $f(x_0)=f(x_0+a)$.

证明：构造 $g(x)=f(x+a)-f(x)(x\in[0,a])$,

则 $g(x)\in C[0,a]$，因 $f(0)=f(2a)$，故 $g(a)=-g(0)$：

（1）若 $g(0)=0$，则取 $x_0=0$，则 $f(x_0)=f(x_0+a)$；

（2）若 $g(0)\neq 0$，则因 $g(a)g(0)=-g^2(0)<0$；

故由介值性定理知，存在 $x_0\in[0,a]$，使得 $g(x_0)=0$，

即 $f(x_0)=f(x_0+a)$.

知识点	闭区间连续函数的根的存在性定理．

【例 6】 设 $f(x)$ 在 $[a,a+2b]$ 连续，证明：至少存在 $\xi\in[a,a+b]$，使得

$$f(\xi+b)-f(\xi)=\frac{1}{2}(f(a+2b)-f(a)).$$

证明：令

$$F(x)=f(x+b)-f(x)-\frac{1}{2}(f(a+2b)-f(a)),$$

$$x\in[a,a+b],$$

则 $F(x)$ 在 $[a,a+b]$ 连续，且

$$F(a)=f(a+b)-f(a)-\frac{1}{2}(f(a+2b)-f(a))$$

$$=f(a+b)-\frac{1}{2}(f(a+2b)+f(a));$$

$$F(a+b)=f(a+2b)-f(a+b)-\frac{1}{2}(f(a+2b)-f(a))$$

$$=-\left(f(a+b)-\frac{1}{2}\big(f(a+2b)+f(a)\big)\right);$$

故 $F(a)F(b)\leqslant 0$，于是由零点存在定理，至少存在 $\xi\in[a,a+b]$，使得 $f(\xi+b)-f(\xi)=\frac{1}{2}(f(a+2b)-f(a))$.

知识点	闭区间连续函数的根的存在性定理.

【例 7】设 $f(x)$ 在 R 连续，$a,b\in R,a<b,f\left(\frac{3a+b}{2}\right)>f\left(\frac{3a-b}{2}\right),f(a+b)<f(a)$，证明：存在 $\xi\in[a,b]$ 使得 $f\left(\xi+\frac{b+a}{2}\right)=f\left(\xi-\frac{b-a}{2}\right)$.

证明：令

$$F(x)=f\left(x+\frac{b+a}{2}\right)-f\left(x-\frac{b-a}{2}\right),x\in R,$$

则 $F(x)$ 在 $\left[a,\frac{a+b}{2}\right]$ 连续，且

$$F(a)=f\left(a+\frac{b+a}{2}\right)-f\left(a-\frac{b-a}{2}\right)$$

$$=f\left(\frac{3a+b}{2}\right)-f\left(\frac{3a-b}{2}\right)>0;$$

$$F\left(\frac{b+a}{2}\right)=f\left(\frac{b+a}{2}+\frac{b+a}{2}\right)-f\left(\frac{b+a}{2}-\frac{b-a}{2}\right)$$

$$=f(a+b)-f(a)<0,$$

故由零点存在定理，存在 $\xi\in\left(a,\frac{a+b}{2}\right)\subset[a,b]$，

使得 $f\left(\xi+\frac{b+a}{2}\right)=f\left(\xi-\frac{b-a}{2}\right)$.

知识点	闭区间连续函数的根的存在性定理.

【例 8】设 $f(x)\in C[0,1],f(0)=f(1)$，证明：$\forall n\in N,\exists x_n\in[0,1]$，使得 $f(x_n)=f\left(x_n+\frac{1}{n}\right)$.

证明：当 $n=1$，取 $x_1=0$；

当 $n>1$，构造 $g(x)=f(x)-f\left(x+\frac{1}{n}\right)$，则

$$g(0)=f(0)-f\left(0+\frac{1}{n}\right),$$

$$g\left(\frac{i}{n}\right)=f\left(\frac{i}{n}\right)-f\left(\frac{i+1}{n}\right),\quad i=1,2,\cdots,n-1$$

从而 $g(0)+g\left(\frac{1}{n}\right)+\cdots+g\left(\frac{n-1}{n}\right)=f(0)-f(1)=0$

讨论 $g\left(\frac{i}{n}\right)$ 即得结论.

知识点	闭区间连续函数的根的存在性定理.

【例 9】 设 $f(x)$ 在 $[k,k+2]$ 连续，$f(k)=f(k+1)$，证明：至少存在 $\xi\in[k,k+1]$，使得 $f\left(\xi+\frac{1}{n}\right)=f(\xi)(n=1,2,\cdots)$.

证明：当 $n=1$ 时，取 $\xi=k$，则 $f\left(\xi+\frac{1}{n}\right)=f(\xi)$.

当 $n>1$ 时，令 $F(x)=f\left(x+\frac{1}{n}\right)-f(x),x\in[k,k+1]$，

则 $F(k)+F\left(k+\frac{1}{n}\right)+\cdots+F\left(k+\frac{n-1}{n}\right)$

$=\left(f\left(k+\frac{1}{n}\right)-f(k)\right)+\left(f\left(k+\frac{2}{n}\right)-f\left(k+\frac{1}{n}\right)\right)+\cdots+\left(f\left(k+\frac{n}{n}\right)-f\left(k+\frac{n-1}{n}\right)\right)$

$=f(k+1)-f(k)=0$.

若 $F(k)=0$，或 $F\left(k+\frac{1}{n}\right)=0,\cdots$，

或 $F\left(k+\frac{n-1}{n}\right)=0$，则取 $\xi=k$，或取

$\xi=k+\frac{1}{n},\cdots$，或取 $\xi=k+\frac{n-1}{n}$ 即可.

若 $F(k)\neq0$，$F\left(k+\frac{1}{n}\right)\neq0,\cdots$，$F\left(k+\frac{n-1}{n}\right)\neq0$，

则必存在 $i,j\in\{0,1,2,\cdots,n-1\}$，

使得 $F\left(k+\frac{1}{i}\right)\cdot F\left(k+\frac{1}{j}\right)<0$，

于是故由零点存在定理，

至少存在 $\xi\in\left(k+\frac{1}{i},k+\frac{1}{j}\right)$，使得

$$f\left(\xi+\frac{1}{n}\right)=f(\xi)(n=1,2,\cdots).$$

故至少存在 $\xi\in[k,k+1]$，

使得 $f\left(\xi+\frac{1}{n}\right)=f(\xi)(n=1,2,\cdots)$.

知识点	闭区间连续函数的根的存在性定理.

【例 10】 设 $f(x)$ 在 R 连续，且 $f\Big(f\Big(f\Big(f\big(f(f(x))\big)\Big)\Big)\Big)=x$，证明：至少存在 $\xi\in R$，使得 $f\big(f(f(\xi))\big)=\xi$.

证明： 令

$$F(x)=f\big(f(f(x))\big)-x,$$

若 $F(x)$ 在 R 不变号，不妨设

$$F(x)=f\big(f(f(x))\big)-x>0,\quad x\in R,$$

则 $f\big(f(f(x))\big)>x$，$x\in R$. 于是

$$f\Big(f\Big(f\Big(f\big(f(f(x))\big)\Big)\Big)\Big)>f\big(f(f(x))\big)>x,\quad x\in R.$$

此与已知矛盾. 故存在 $a,b\in R$，使得

$$F(a)=f\big(f(f(a))\big)-a>0;$$

$$F(b)=f\big(f(f(b))\big)-b<0,$$

于是由零点存在定理，至少存在 $\xi\in(a,b)$，

或 $\xi\in(b,a)$，使得 $f\big(f(f(\xi))\big)=\xi$.

知识点	闭区间连续函数的根的存在性定理.

1.3.8 一致连续

【例】 设函数 $f(x)$ 在 $[a,+\infty)$ 上一致连续，函数 $\varphi(x)$ 在 $[a,+\infty)$ 上连续，$\lim\limits_{x\to+\infty}[f(x)-\varphi(x)]=0$. 证明：$\varphi(x)$ 在 $[a,+\infty)$ 上一致连续.

证明： 因为 $\lim\limits_{x\to+\infty}[f(x)-\varphi(x)]=0$

所以由函数收敛的柯西准则可知，$\forall\varepsilon>0$，$\exists M>0$，$\forall x_1,x_2\in(M,+\infty)$，都有

$$\left|(f(x_2)-\varphi(x_2))-(f(x_1)-\varphi(x_1))\right|<\frac{\varepsilon}{2},$$

即 $\left|(\varphi(x_1)-\varphi(x_2))-(f(x_1)-f(x_2))\right|<\dfrac{\varepsilon}{2}$

于是有 $\left|\varphi(x_1)-\varphi(x_2)\right|<\left|f(x_1)-f(x_2)\right|+\dfrac{\varepsilon}{2}$

又因为函数 $f(x)$ 在 $[a,+\infty)$ 上一致连续，

所以函数 $f(x)$ 在 $(M,+\infty)$ 上一致连续，

所以，$\forall\varepsilon>0$，$\exists\delta_1>0$，$\forall x_1,x_2\in(M,+\infty)$，只要

$|x_1-x_2|<\delta_1$，就有 $\left|f(x_1)-f(x_2)\right|<\dfrac{\varepsilon}{2}$，

于是当 $|x_1-x_2|<\delta_1$ 时，有 $\left|\varphi(x_1)-\varphi(x_2)\right|<\dfrac{\varepsilon}{2}+\dfrac{\varepsilon}{2}=\varepsilon$

所以函数 $\varphi(x)$ 在 $(M,+\infty)$ 上一致连续；

又函数 $\varphi(x)$ 在 $[a,+\infty)$ 上连续，

所以函数 $\varphi(x)$ 在闭区间 $[a,M+1]$ 上连续，

所以函数 $\varphi(x)$ 在闭区间 $[a,M+1]$ 上一致连续，

所以对上述的 $\varepsilon>0$，$\exists\delta_2>0$，$\forall x',x''\in[a,M+1]$，只要 $|x'-x''|<\delta_2$，就有 $|\varphi(x')-\varphi(x'')|<\varepsilon$，

于是 $\forall\varepsilon>0$，取 $\delta=\min\{\delta_1,\delta_2,1\}$，$\forall x',x''\in[a,+\infty)$，只要 $|x'-x''|<\delta$，就有 $|\varphi(x')-\varphi(x'')|<\varepsilon$.

故 $\varphi(x)$ 在 $[a,+\infty)$ 上一致连续.

知识点	（1）函数收敛的柯西准则； （2）一致连续定义； （3）康托定理.

§1.4 完备性定理

知识要点

1.4.1 确界原理

设 S 为非空数集，若 S 有上界，则 S 必有上确界；若 S 有下界，则 S 必有下确界.

1.4.2 单调有界定理

在实数系中，有界且单调数列必有极限.

1.4.3 柯西准则

数列 $\{a_n\}$ 收敛的充分必要条件是：对任给的 $\varepsilon>0$，存在正整数 N，使得当 $n,m>N$ 时有 $|a_n-a_m|<\varepsilon$.

1.4.4 区间套定理

1.4.4.1 区间套定义

设闭区间列 $\{[a_n,b_n]\}$ 具有如下性质：

（1）$\forall n$，有 $[a_{n+1},b_{n+1}]\subset[a_n,b_n]$，

（2）$b_n-a_n\to0,\ (n\to\infty)$.

则称该闭区间序列为闭区间套，简称为区间套.

1.4.4.2 区间套定理

设 $\{[a_n,b_n]\}$ 是一闭区间套，则在实数系中存在唯一的点 ξ，使对 $\forall n$ 有 $\xi\in[a_n,b_n]$.

1.4.4.3 推论

若 $\xi \in [a_n, b_n](n=1,2,\cdots)$ 是区间套 $\{[a_n, b_n]\}$ 所确定点，则对 $\forall \varepsilon > 0, \exists N > 0$, 使当 $n > N$ 时有：$[a_n, b_n] \subset U(\xi, \varepsilon)$.

1.4.5 聚点定理（Weierstrass）

1.4.5.1 聚点定义

（1）设 E 是无穷点集．若在点 ξ（未必属于 E）的任何邻域内有 E 的无穷多个点，则称点 ξ 为 E 的一个聚点．

（2）设 E 是无穷点集．若在点 ξ（未必属于 E）的任何邻域内有 E 中异于 ξ 的一个点，则称点 ξ 为 E 的一个聚点．

（3）设 E 是无穷点集．存在各项互异的数列 $\{x_n\}$，且 $\lim\limits_{n\to\infty} x_n = \xi$，则称点 ξ 为 E 的一个聚点．

1.4.5.2 聚点定理

实轴上任一个有界无限点集至少有一个聚点．

1.4.5.3 推论（致密性定理）

任一有界数列必有收敛子列．

1.4.6 有限覆盖定理

1.4.6.1 定义

设 S 为数轴上的点集，H 为开区间的集合，若 S 中任何一点都含在 H 中至少一个开区间内，则称 H 为 S 的一个开覆盖．若 H 中开区间的个数是有限（无限）的，则称 H 为 S 的有限（无限）开覆盖．

1.4.6.2 定理

设 H 为闭区间 $[a,b]$ 的（无限）开覆盖，则从 H 中可选出有限区间覆盖 $[a,b]$．

典 型 题 型

1.4.7 六个定理的相互推导

1.4.7.1 确界原理

【例 1】 确界原理证明单调有界定理．

证明： 不妨假设数列 $\{x_n\}$ 单调增加且有上界，根据确界原理，必有上确界 $\eta = \sup\{x_n\}$，下面证明 η 正好是 $\{x_n\}$ 的极限，即 $\lim\limits_{n\to\infty} x_n = \eta$．

由上确界定义有：

（1） $x_n \leqslant \eta,(n=1,2,\cdots)$；

（2） $\forall \varepsilon > 0, \exists x_N, \eta - x_N < \varepsilon$；

由于 $\{x_n\}$ 是单调增加数列，因此当 $n > N$ 时，有 $x_n \geqslant x_N$，

从而 $\eta - x_n < \varepsilon$，也就是说，当 $n > N$ 时，有

$$0 \leqslant \eta - x_n < \varepsilon \text{ 即 } \lim_{n\to\infty} x_n = \eta .$$

知识点	（1）确界原理； （2）确界定义； （3）极限定义.
结论	单调递增数列极限为上确界；单调递减数列极限为下确界.

【例 2】 确界原理证明柯西准则.

证明：

必要性：若 $\lim_{n\to\infty} x_n = x$，则对任意的 $\varepsilon > 0$，存在正整数 N，对一切 $n > N$，有 $|x_n - x| < \frac{\varepsilon}{2}$. 于是对一切 $m,n > N$，有

$$|x_m - x_n| \leqslant |x_m - x| + |x_n - x| < \frac{\varepsilon}{2} + \frac{\varepsilon}{2} = \varepsilon .$$

充分性：现假设设 $\{x_n\}$ 满足对任意的 $\varepsilon > 0$，存在 N，对一切正整数 $n,m > N$，有 $|x_n - x_m| < \varepsilon$.

令数集 $S = \{x \mid \{x_n\}$ 中只有有限项小于 x 或 $x_n \geqslant x, \forall n\}$，明显数列 $\{x_n\}$ 的下界都属于 S，并且 $\{x_n\}$ 的上界就是 S 的上界. 由确界存在定理，令 $\xi = \sup S$.

对条件给定的 $\varepsilon > 0$ 和 N，$\xi + \varepsilon \notin S$，故 $(-\infty, \xi + \varepsilon)$ 包含 $\{x_n\}$ 中无穷多项.

由上确界的定义，存在 $\lambda \in (\xi - \varepsilon, \xi]$，使得 $\lambda \in S$，故 $(-\infty, \lambda)$ 中只包含 S 中有限多个元素. 从而我们得知 $[\lambda, \eta + \varepsilon) \subset U(\eta; \varepsilon) = (\eta - \varepsilon, \eta + \varepsilon)$ 中包含了 S 中无穷多个元素，设 $x_{n_k} \in U(\xi, \varepsilon)(k = 1,2,3,\cdots)$，则对任意正整数 $n > N$，总存在某个 $n_k > N$，故有：

$$|x_n - \xi| \leqslant |x_n - x_{n_k}| + |x_{n_k} - \xi| \leqslant \varepsilon + \varepsilon = 2\varepsilon . \text{ 从而 } \lim_{n\to\infty} x_n = \xi .$$

知识点	（1）确界原理； （2）确界定义； （3）极限定义.

【例 3】 确界原理证明区间套定理.

证明： 设 $\{[a_n, b_n]\}$ 是一个闭区间套，令数集 $S = \{a_n\}$.

由于任一 b_n 都是数列 $\{a_n\}$ 的上界，由确界原理，数集 S 有上确界，设 $\sup S = \xi$.

下面证明 ξ 属于每个闭区间 $[a_n, b_n]$，$n = 1,2,\cdots$，显然，$a_n \leqslant \xi$，$n = 1,2,\cdots$，故只需证明对任意正整数 n，都有 $\xi \leqslant b_n$，事实上，对任意正整数 n，b_n 都是 S 的上界，而上确

界是最小上界，故必有$\xi \leqslant b_n$.

所以存在实数ξ属于每个闭区间$[a_n,b_n]$，$n=1,2,\cdots$.

下面证明唯一性，假设还有另外一点$\xi' \in [a_n,b_n]$，

$|\xi-\xi'|<b_n-a_n \to 0$，则有$\xi=\xi'$，唯一性得证.

知识点	（1）确界原理； （2）确界定义.

【例4】确界原理证明聚点定理.

证明：设S为有界无限点集，则由确界原理$\xi=\inf S$,

若ξ是S的一个聚点，则命题得证.

下面设ξ不是S的聚点，令

$T=\{x|[\xi,x)$中包含S中有限个元素$\}$，因为ξ不是S的聚点，所以存在$\varepsilon_0>0$，使得$U(\xi;\varepsilon_0)=(\xi-\varepsilon_0,\ \xi+\varepsilon_0)$中只含有$S$中有限个数，故

$\xi+\varepsilon_0 \in T$，从而T非空，又S有界，所以S的所有上界就是T的上界，故T有上确界，令$\eta=\sup T$.

下面证明η是S的一个聚点，

$\forall \varepsilon>0, \eta+\varepsilon \notin S$，故$[\xi,\eta+\varepsilon)$中包含$S$中无穷多个元素，由上确界定义，存在$\lambda \in (\eta-\varepsilon,\eta]$使得$\lambda \in S$，故

$[\xi,\lambda)$中只包含S中有限多个元素，从而我们得知

$[\lambda,\eta+\varepsilon) \subset U(\eta,\varepsilon)$包含了$S$中无穷多个元素，由聚点的定义，$\eta$是$S$的一个聚点.

知识点	（1）确界原理； （2）确界定义； （3）聚点定义.

【例5】确界原理证明有限覆盖定理.

证明：欲证闭区间$[a,b]$的任一开覆盖H都有有限的子覆盖.

令$S=\{x|[a,x]$能被H中有限个开区间覆盖，$a<x \leqslant b\}$

显然S有上界，又H覆盖闭区间$[a,b]$，所以，存在一个开区间$(\alpha,\beta) \in H$，覆盖住了a，取$x \in (\alpha,\beta)$，则$[a,x]$显然能被H中有限个开区间覆盖（1个），$x \in S$，从而S非空.

由确界原理，令$\xi=\sup S$，

先证明$\xi=b$，用反证法，若$\xi \neq b$，则$a<\xi<b$，由H覆盖闭区间$[a,b]$，一定存在开区间$(\alpha_1,\beta_1) \in H$，覆盖住了ξ，取x_1,x_2，使得$\alpha_1<x_1<\xi<x_2<\beta_1, x_1 \in S$,

则$[a,x_1]$能被H中有限个开区间覆盖，把(α_1,β_1)加进去，就得到$[a,x_2]$也能被H中有限个开区间覆盖，即

$x_2 \in S$，这与$\xi=\sup S$矛盾，故$\xi=b$.

最后证明$b \in S$，设开区间$(\alpha_2,\beta_2) \in H$，覆盖住了b，由

$b=\sup S$，故存在 y 使得 $\alpha_2<y\leqslant b$ 且 $y\in S$，则 $[a,y]$ 能被 H 中有限个开区间覆盖，把 (α_2,β_2) 加进去，就得到了 $[a,b]$ 也能被 H 中有限个开区间覆盖.

知识点	（1）确界原理； （2）确界定义.

1.4.7.2　**单调有界定理**

【例 1】 单调有界定理证明确界原理.

证明： 我们不妨证明非空有上界的数集 S 必有上确界.

设 $T=\{r\mid r$ 为数集 S 的有理数上界$\}$. 明显 T 是一个可数集，所以假设：

$T=\{r_1,r_2,\cdots,r_n,\cdots\}$. 令 $x_n=\min\limits_{1\leqslant i\leqslant n}\{r_i\}$. 则得单调递减有下界的数列，由单调有界定理得，令 $\xi=\lim\limits_{n\to\infty}x_n$，

先证 ξ 是上界. 任取 $s\in S$，有 $s\leqslant r_n\leqslant x_n$，由极限的保序性，$s\leqslant\xi$.

其次对于任意的 $\varepsilon>0$，取一个有理数 $\tilde{r}\in(\xi-\varepsilon,\xi)$，它明显不是 S 的上界，否则 $\xi=\lim\limits_{n\to\infty}x_n\leqslant\tilde{r}<\xi$ 产生矛盾.

故存在 $s\in S$，使得 $s>\xi-\varepsilon$，我们证明了 ξ 是数集 S 上确界.

知识点	（1）单调有界定理； （2）极限的保序性.

【例 2】 单调有界定理证明柯西准则.

证明：

必要性：若 $\lim\limits_{n\to\infty}a_n=a$，则对任意的 $\varepsilon>0$，存在正整数 N，对一切 $n>N$，有 $|a_n-a|<\dfrac{\varepsilon}{2}$. 于是对一切 $m,n>N$，有 $|a_m-a_n|\leqslant|a_m-a|+|a_n-a|<\dfrac{\varepsilon}{2}+\dfrac{\varepsilon}{2}=\varepsilon$.

充分性：现假设 $\{a_n\}$ 满足对任意的 $\varepsilon>0$，存在 N，对一切正整数 $n,m>N$，有 $|a_n-a_m|<\varepsilon$.

先证明柯西数列是有界的. 取 $\varepsilon_0=1$，故存在某个正整数 N_0，对一切 n，有 $\left|a_n-a_{N_0+1}\right|<1$，即 $|a_n|\leqslant\left|a_{N_0+1}\right|+1$. 故 $\{x_n\}$ 有界.

可知数列 $\{a_n\}$ 有一个单调子列 $\{a_{n_k}\}$，由单调有界定理，$\{a_{n_k}\}$ 收敛，令 $\xi=\lim\limits_{k\to\infty}a_{n_k}$.

则对任意正整数 $n>N$，总存在某个 $n_k(n_k>N)$，使得 $\left|a_{n_k}-\xi\right|<\varepsilon$，故有：

$|a_n-\xi|\leqslant\left|a_n-a_{n_k}\right|+\left|a_{n_k}-\xi\right|\leqslant\varepsilon+\varepsilon=2\varepsilon$，从而 $\lim\limits_{n\to\infty}a_n=\xi$.

知识点	（1）三角不等式； （2）单调有界定理.

【例 3】 单调有界定理证明区间套定理.

证明：若$\{[a_n,b_n]\}$是一个区间套，则$\{a_n\}$为单调递增有上界的数列，由单调有界定理，令$\xi=\lim\limits_{n\to\infty}a_n$，并且容易得到$a_n\leqslant\xi(n=1,2,3,\cdots)$.

同理，单调递减有下界的数列$\{b_n\}$也有极限，并按区间套的条件有：

$\lim\limits_{n\to\infty}b_n=\lim\limits_{n\to\infty}[a_n+(b_n-a_n)]=\xi+0=\xi$，并且容易得到$b_n\geqslant\xi(n=1,2,3,\cdots)$.

所以$\xi\in[a_n,b_n](n=1,2,3,\cdots)$

然后证唯一性，假设还有另外一点ξ'，也满足$\xi'\in[a_n,b_n](n=1,2,3,\cdots)$. 则$|\xi-\xi'|<b_n-a_n\to0(n\to\infty)$，故有：$\xi=\xi'$. 唯一性得证.

知识点	（1）单调有界定理； （2）极限保序性.

【例 4】 单调有界定理证明聚点定理.

证明：设S是一有界无限点集，在S中选取一个单调$\{a_n\}$，下证数列$\{a_n\}$有聚点.

（1）如果在$\{a_n\}$的任意一项之后，总存在最大的项，设a_1后的最大项是a_{n_1}，a_{n_1}后的最大项是a_{n_2}，且显然$a_{n_2}\leqslant a_{n_1}(n_2>n_1)$；一般地，将$a_{n_k}$后的最大项记为$a_{n_{k+1}}$，则有：$a_{n_{k+1}}\leqslant a_{n_k}(k=1,2,3,\cdots)$. 这样，就得到了$\{a_n\}$的一个单调递减子列$\{a_{n_k}\}$.

（2）如果（1）不成立，则从某一项开始，任何一项都不是最大的，不妨设从第一项起，每一项都不是最大项. 于是，取$a_{n_1}=a_1$，因a_{n_1}不是最大项，所以必存在另一项$a_{n_2}>a_{n_1}(n_2>n_1)$又因为a_{n_2}也不是最大项，所以又有：

$a_{n_3}>a_{n_2}(n_3>n_2)$，这样一直做下去，就得到了$\{a_n\}$的一个单调递增子列$\{a_{n_k}\}$.

综上所述，总可以在S中可以选取一个单调数列$\{a_{n_k}\}$，利用单调有界定理，$\{a_{n_k}\}$收敛，极限就是S的一个聚点.

知识点	（1）单调有界定理； （2）聚点定义.

【例 5】 单调有界定理证明有限覆盖定理.

证明：设$T=\{r\,|\,[a,r]$可以被H的开区间有限开覆盖，且$r\in Q,r\leqslant b\}$. 容易得到T中包含无穷多个元素，并且T是一个可数集，所以假设：$T=\{r_1,r_2,\cdots,r_n,\cdots\}$. 令$x_n=\max\limits_{1\leqslant i\leqslant n}\{r_i\}$. 则得单调递增有上界的数列，由单调有界定理得$x_n$极限存在，令$\xi=\lim\limits_{n\to\infty}x_n$.

先证明$\xi=b$. 用反证法，若$\xi\neq b$，则$a<\xi<b$. 由H覆盖闭区间$[a,b]$，一定存在开区间$(\alpha_1,\beta_1)\in H$，覆盖住了ξ. 取$x_i=r_j,y$，使：$\alpha_1<x_i=r_j<\xi<y<\beta_1$，则$[a,x_1]$能被$H$中有限个开区间覆盖，把$(\alpha_1,\beta_1)$加进去，就得到$[a,y]$也能被$H$中有限个开区间覆盖，即$y\in S$，这与$\xi=\sup S$矛盾，故$\xi=b$.

最后证明$b\in S$. 设开区间$(\alpha_2,\beta_2)\in H$，覆盖住了b. 由$b=\sup S$，故存在$x_k=r_l$使得：$\alpha_2<x_k=r_l\leqslant b$. 则$[a,r_l]$能被$H$中有限个开区间覆盖，把$(\alpha_2,\beta_2)$加进去，就得到$[a,b]$也能被$H$中有限个开区间覆盖.

知识点	单调有界定理.

1.4.7.3 **柯西准则**

【例 1】 柯西准则证明确界原理.

证明：设 S 为非空有上界数集. 由实数的阿基米德性，对任何正数 α，存在整数 k_α，使得 $\lambda_\alpha = k_\alpha \alpha$ 为 S 的上界，而 $\lambda_\alpha - \alpha = (k_\alpha - 1)\alpha$ 不是 S 的上界，即存在 $\alpha' \in S$ 使得 $\alpha' > (k_\alpha - 1)\alpha$.

分别取 $\alpha = \dfrac{1}{n}(n = 1,2,3,\cdots)$，则对每一个正整数 n，存在相应的 λ_n，使得 λ_n 为 S 的上界，而 $\lambda_n - \dfrac{1}{n}$ 不是 S 的上界，故存在 $\alpha' \in S$，使得 $\alpha' > \lambda_n - \dfrac{1}{n}$.

又对正整数 m，λ_m 是 S 的上界，故有 $\lambda_m \geqslant \alpha'$. 所以 $\lambda_m \geqslant \alpha' > \lambda_n - \dfrac{1}{n}$，即有 $|\lambda_m - \lambda_n| < \dfrac{1}{m}$.

同理有 $|\lambda_m - \lambda_n| < \dfrac{1}{n}$，于是得到 $|\lambda_m - \lambda_n| < \min\left\{\dfrac{1}{m},\dfrac{1}{n}\right\}$.

于是，对任意的 $\varepsilon > 0$，存在正整数 N，使得当 $m,n > N$ 时有 $|\lambda_m - \lambda_n| < \varepsilon$.

由柯西收敛准则，数列 $\{\lambda_n\}$ 收敛. 记 $\lim\limits_{n\to\infty}\lambda_n = \lambda$，

现在证明 λ 就是 S 的上确界.

首先，对任何 $\alpha \in S$ 和正整数 n，有 $\alpha \leqslant \lambda_n$，由极限的保序性，$\alpha \leqslant \lim\limits_{n\to\infty}\lambda_n = \lambda$，故 λ 是 S 的上界；

其次，对于任意的 $\delta > 0$，存在充分的正整数 n，使得 $\dfrac{1}{n} < \dfrac{\delta}{2}$ 并且 $\lambda_n > \lambda - \dfrac{\delta}{2}$.

由于 $\lambda_n - \dfrac{1}{n}$ 不是 S 的上界，所以存在 $\alpha' \in S$，并且 $\alpha' > \lambda_n - \dfrac{1}{n}$.

于是 $\alpha' > \lambda_n - \dfrac{1}{n} > \lambda - \dfrac{\delta}{2} - \dfrac{\delta}{2} = \lambda - \delta$. 故 λ 就是 S 的上确界.

知识点	（1）柯西准则； （2）确界原理； （3）极限保序性； （4）确界定义.

【例 2】 柯西准则证明单调有界定理.

证明：设 $\{x_n\}$ 是单调有界数列，不妨假设 $\{x_n\}$ 单调递增有上界.

若 $\{x_n\}$ 发散，则由柯西收敛准则，存在 $\varepsilon_0 > 0$，对一切正整数 N，存在 $m > n > N$，使得 $|x_m - x_n| = x_m - x_n \geqslant \varepsilon_0$.

于是容易得到 $\{x_n\}$ 的子列 $\{x_{n_k}\}$，使得 $x_{n_{k+1}} - x_{n_k} \geqslant \varepsilon_0$. 进而 $x_{n_k} > x_{n_1} + (k-1)\varepsilon_0$.

故 $x_{n_k} \to +\infty (k \to \infty)$，这与 $\{x_n\}$ 是有界数列矛盾. 所有假设不成立，即 $\{x_n\}$ 收敛.

知识点	（1）柯西发散准则； （2）反证法； （3）无穷大量．

【例 3】柯西准则证明区间套定理．

证明：设$\{[a_n,b_n]\}$为闭区间套．因为$\lim\limits_{n\to\infty}|a_n-b_n|=0$，所以对任意的$\varepsilon>0$，存在正整数$N$，对一切$n>N$，有

$$|a_n-b_n|=b_n-a_n<\varepsilon$$

从而对任意的$m>n>N$，

$$|a_m-a_n|=a_m-a_n<b_n-a_n<\varepsilon;$$

$$|b_m-b_n|=b_n-b_m<b_n-a_n<\varepsilon;$$

由柯西收敛准则，$\{a_n\},\{b_n\}$均收敛，而且是同一极限，

设$\lim\limits_{n\to\infty}a_n=\lim\limits_{n\to\infty}b_n=\xi$.

由于$\{a_n\}$单调递增，$\{b_n\}$单调递减，由极限的保序性，所以$\xi\in[a_n,b_n](n=1,2,3,\cdots)$．

下面证唯一性：

假设还有另外一点ξ'，也满足$\xi'\in[a_n,b_n](n=1,2,3,\cdots)$．则$|\xi-\xi'|<b_n-a_n\to 0(n\to\infty)$，

故有：$\xi=\xi'$，唯一性得证．

知识点	（1）区间套定义； （2）极限定义； （3）极限的保序性．

【例 4】柯西准则证明聚点定理．

证明：用反证法：

假设有界无限点集S中没有聚点．设$S\subset[a,b]$.

（1）将闭区间$[a,b]$等分为两个闭区间$\left[a,\dfrac{a+b}{2}\right]$与$\left[\dfrac{a+b}{2},b\right]$，其中必有一个区间包含了点集$S$中无穷多个元素，设它为$[a_1,b_1]$，$b_1-a_1=\dfrac{b-a}{2}$；

（2）再将闭区间$[a_1,b_1]$等分为两个闭区间$\left[a_1,\dfrac{a_1+b_1}{2}\right]$与$\left[\dfrac{a_1+b_1}{2},b_1\right]$，其中必有一个区间包含了点集$S$中无穷多个元素，设它为$[a_2,b_2]$，$b_1-a_1=\dfrac{b-a}{2}$；

……

（3）不断进行下去，这样得到了一个闭区间套$\{[a_n,b_n]\}$，每个闭区间包含了点集S中无穷多个元素．

任取其中属于S中的两点x_n,y_n

因为$\lim_{n\to\infty}|a_n-b_n|=\lim_{n\to\infty}\frac{b-a}{2^n}=0$，所以对任意的$\varepsilon>0$，存在正整数$N$，对一切$n>N$，有$|a_n-b_n|=b_n-a_n<\varepsilon$

从而对任意的$m>n>N$，

$$|a_m-a_n|=a_m-a_n<b_n-a_n<\varepsilon;$$
$$|b_m-b_n|=b_n-b_m<b_n-a_n<\varepsilon.$$

由柯西收敛准则，$\{a_n\},\{b_n\}$均收敛，而且是同一极限，设$\lim_{n\to\infty}a_n=\lim_{n\to\infty}b_n=\xi.$

下面证ξ是S的一个聚点.

对任意的$\varepsilon>0$，存在正整数N，对一切$n>N$，$|a_n-\xi|,|b_n-\xi|<\varepsilon.$ 即有

$$[a_n,b_n]\subset U(\xi;\varepsilon)=(\xi-\varepsilon,\xi+\varepsilon).$$

故$U(\xi;\varepsilon)=(\xi-\varepsilon,\xi+\varepsilon)$中包含了$S$中无穷多个元素，

由聚点的定义，ξ是S的一个聚点.

知识点	（1）区间套定理； （2）柯西列； （3）聚点定义.

【例 5】柯西准则证明有限覆盖定理.

证明：若闭区间$[a,b]$可以被H中的开区间无限开覆盖. 下面证明闭区间$[a,b]$可以被H有限开覆盖. 用反证法，若闭区间$[a,b]$不能被H有限开覆盖.

将闭区间$[a,b]$等分为两个闭区间$\left[a,\frac{a+b}{2}\right]$与$\left[\frac{a+b}{2},b\right]$. 其中必有一个区间不能被$H$有限开覆盖，设它为$[a_1,b_1]$；

再将闭区间$[a_1,b_1]$等分为两个闭区间$\left[a_1,\frac{a_1+b_1}{2}\right]$与$\left[\frac{a_1+b_1}{2},b_1\right]$. 其中必有一个区间不能被$H$有限开覆盖，设它为$[a_2,b_2]$. 不断进行下去，这样得到了一个闭区间套$\{[a_n,b_n]\}$，并且$[a_n,b_n](=1,2,3,\cdots)$均不能被$H$有限开覆盖.

因为$\lim_{n\to\infty}|a_n-b_n|=\lim_{n\to\infty}\frac{b-a}{2^n}=0$，所以对任意的$\varepsilon>0$，存在正整数$N$，对一切$n>N$，有$|a_n-b_n|=b_n-a_n<\varepsilon.$

从而对任意的$m>n>N$，

$|a_m-a_n|=a_m-a_n<b_n-a_n<\varepsilon;$

$|b_m-b_n|=b_n-b_m<b_n-a_n<\varepsilon.$

由柯西收敛准则，$\{a_n\},\{b_n\}$均收敛，而且是同一极限，设$\lim_{n\to\infty}a_n=\lim_{n\to\infty}b_n=\xi$. 由于$\{a_n\}$单调递增，$\{b_n\}$单调递减，由极限的保序性，

所以$\xi\in[a_n,b_n](n=1,2,3,\cdots)$.

考虑 H 覆盖中覆盖住 ξ 的开区间 (α,β). 取 $\varepsilon<\min\{\xi-\alpha,\beta-\xi\}$, 则存在正整数 N, 对一切 $n>N$, $|a_n-\xi|,|b_n-\xi|<\varepsilon$. 即有 $[a_n,b_n]\subset U(\xi;\varepsilon)\subset(\alpha,\beta)$.

这与 $[a_n,b_n](=1,2,3,\cdots)$ 均不能被 H 有限开覆盖矛盾. 故假设不成立，即闭区间 $[a,b]$ 可以被 H 有限开覆盖.

知识点	（1）有限覆盖定理； （2）区间套定理； （3）柯西列； （4）极限保序性.

1.4.7.4　区间套定理

【例 1】 区间套定理证明确界原理.

证明：仅证有上界的数集 E 必有上确界，设 b 是 E 的一个上界， a 不是 E 的上界，则 $a<b$.

（1）令 $c_1=\dfrac{1}{2}(a+b)$,

若 c_1 是 E 的一个上界，则取 $a_1=a,b_1=c_1$;

若 c_1 不是 E 的一个上界，则取 $a_1=c_1,b_1=b$.

（2）令 $c_2=\dfrac{1}{2}(a_1+b_1)$,

若 c_2 是 E 的一个上界，则取 $a_2=a_1,b_2=c_2$;

若 c_2 不是 E 的一个上界，则取 $a_2=c_2,b_2=b_1$.

……

将上述步骤无限进行下去，得一区间套 $\{[a_n,b_n]\}$，而且具有性质：

a_n 不是 E 的上界， b_n 是 E 的一个上界， $n=1,2,\cdots$.

由区间套定理知存在 $\xi\in[a_n,b_n]$， $n=1,2,\cdots$， 且

$$\lim_{n\to\infty}a_n=\lim_{n\to\infty}b_n=\xi.$$

下面证明 $\xi=\sup E$：

（i）对任意的 $x\in E$，有 $x\leqslant b_n$， $n=1,2,\cdots$.

而 $\xi=\lim\limits_{n\to\infty}b_n\Rightarrow x\leqslant\xi$，即 ξ 是 E 的一个上界；

（ii）$\forall\xi'<\xi$，因为 $\lim\limits_{n\to\infty}a_n=\xi$，所以当 n 充分大时，有 $a_n>\xi'$，而 a_n 不是 E 的上界 $\Rightarrow\xi'$ 不是 E 的上界，这就证明了 $\xi=\sup E$.

知识点	（1）区间套定理； （2）二分法； （3）确界定义.

【例 2】 区间套定理证明单调有界定理.

证明：设$\{x_n\}$单调递增有上界，则有

$$\exists M>0,\forall n\in N,x_n\leqslant M,$$

若$x_1=M$，从而极限存在. 否则

（1）等分区间$[x_1,M]$为两个子区间，若右半区间含有$\{x_n\}$中的点，则记右半区间为$[a_1,b_1]$，否则记左半区间为$[a_1,b_1]$；

（2）再等分区间$[a_1,b_1]$为两个子区间，若右半区间含有$\{x_n\}$中的点，则记右半区间为$[a_2,b_2]$，否则记左半区间为$[a_2,b_2]$；

……

（3）照此继续做下去，可得到一个区间套$\{[a_n,b_n]\}$，且满足$\exists x_N\in[a_n,b_n]$，由区间套定理，存在唯一点

$$\xi\in[a_n,b_n],\quad n=1,2,\cdots,\text{且}\lim_{n\to\infty}a_n=\lim_{n\to\infty}b_n=\xi.$$

由单调性，$n>N,a_n\leqslant x_N\leqslant x_n\leqslant b_n$，利用迫敛性可知

$\lim\limits_{n\to\infty}x_n=\xi.$

知识点	（1）区间套定理； （2）二分法； （3）迫敛性.

【例 3】 区间套定理证明柯西准则.

证明：

必要性：若$\lim\limits_{n\to\infty}x_n=x$，则对任意的$\varepsilon>0$，存在正整数$N$，对一切$n>N$，有$|x_n-x|<\dfrac{\varepsilon}{2}$. 于是对一切$m,n>N$，有$|x_m-x_n|\leqslant|x_m-x|+|x_n-x|<\dfrac{\varepsilon}{2}+\dfrac{\varepsilon}{2}=\varepsilon$.

充分性：现假设$\{x_n\}$满足对任意的$\varepsilon>0$，存在N，对一切正整数$n,m>N$，有$|x_n-x_m|<\varepsilon$.

先证明柯西数列是有界的. 取$\varepsilon_0=1$，故存在某个正整数N_0，对一切n，有$\left|x_n-x_{N_0+1}\right|<1$，即$|a_n|\leqslant\left|a_{N_0+1}\right|+1$. 故$\{x_n\}$有界.

取一个闭区间$[a,b]$，使得$[a,b]$包含所有$\{x_n\}$中的项.

将闭区间$[a,b]$等分为两个闭区间$\left[a,\dfrac{a+b}{2}\right]$与$\left[\dfrac{a+b}{2},b\right]$. 其中必有一个区间包含了$\{x_n\}$中无穷多项，设它为$[a_1,b_1]$；

再将闭区间$[a_1,b_1]$等分为两个闭区间$\left[a_1,\dfrac{a_1+b_1}{2}\right]$与$\left[\dfrac{a_1+b_1}{2},b_1\right]$. 其中必有一个区间包含了$\{x_n\}$中无穷多项，设它为$[a_2,b_2]$. 不断进行下去，这样得到了一个闭区间套$\{[a_n,b_n]\}$，并且每个闭区间$[a_n,b_n]$都包含$\{x_n\}$中无穷多项.

由区间套定理得存在 ξ 属于所有的闭区间 $[a_n,b_n](n=1,2,3,\cdots)$

现在取一个子列 $\left\{x_{n_k}\right\}$，满足 $x_{n_k}\in[a_k,b_k](k=1,2,3,\cdots)$．因为 $\lim\limits_{n\to\infty}a_n=\lim\limits_{n\to\infty}b_n=\xi$ 和夹逼定理，$\lim\limits_{k\to\infty}x_{n_k}=\xi$.

则对任意正整数 $n>N$，总存在某个 $n_k(n_k>N)$，使得 $\left|x_{n_k}-\xi\right|<\varepsilon$，故有：

$$\left|x_n-\xi\right|\leqslant\left|x_n-x_{n_k}\right|+\left|x_{n_k}-\xi\right|\leqslant\varepsilon+\varepsilon=2\varepsilon.\text{从而}\lim_{n\to\infty}x_n=\xi.$$

知识点	（1）区间套定理； （2）迫敛性； （3）三角不等式.

【例 4】 区间套证明致密性定理.

证明： 设 $\{x_n\}$ 为有界数列，则存在 a,b，使得

$a<x_n<b$，$n=1,2,\cdots$.

（1）等分区间 $[a,b]$ 为两个子区间，则至少有一个区间含有 $\{x_n\}$ 的无穷多项，把这个子区间记为 $[a_1,b_1]$；

（2）再等分区间 $[a_1,b_1]$ 为两个子区间，则至少有一个区间含有 $\{x_n\}$ 的无穷多项，把这个子区间记为 $[a_2,b_2]$;

……

（3）照此继续做下去，可得到一个区间套 $\{[a_n,b_n]\}$，而且具有性质：每一个 $[a_n,b_n]$ 含有 $\{x_n\}$ 的无穷多项，由区间套定理，存在唯一点 $\xi\in[a_n,b_n]$，$n=1,2,\cdots$，且 $\lim\limits_{n\to\infty}a_n=\lim\limits_{n\to\infty}b_n=\xi$.

在区间 $[a_1,b_1]$ 中任取 $\{x_n\}$ 中的一项，记为 x_{n_1}，即 $\{x_n\}$ 的第 n_1 项；由于 $[a_2,b_2]$ 含有 $\{x_n\}$ 的无穷多项，则它必含有 x_{n_1} 以后的无穷多项，任取一项，记为 x_{n_2}，则 $n_2>n_1$；继续在每一个 $[a_k,b_k]$ 中都这样取出一个 x_{n_k}，其中

$n_1<n_2<\cdots<n_k<\cdots$，且 $a_k\leqslant x_{n_k}\leqslant b_k$ 令 $k\to\infty$，因为

$\lim\limits_{k\to\infty}a_k=\lim\limits_{k\to\infty}b_k=\xi$，则 $\lim\limits_{k\to\infty}x_{n_k}=\xi$，得证.

知识点	（1）有界性； （2）二分法； （3）区间套定理； （4）构造数列； （5）迫敛性.

【例 5】 用区间套定理证明有限覆盖定理.

证明： 用反证法：

设 $[a,b]$ 不能被 H 中的有限个开区间覆盖，

（1）等分 $[a,b]$ 为两个子区间，则至少有一个不能被 H 中的有限个开区间覆盖，把这

个子区间记为$[a_1,b_1]$；

（2）再等分$[a_1,b_1]$，记不能被H中的有限个开区间覆盖的子区间为$[a_2,b_2]$；

……

（3）照此继续做下去，可得到一个区间套$\{[a_n,b_n]\}$，而且具有性质：每一个$[a_n,b_n]$不能被H中的有限个开区间覆盖，由区间套定理，存在唯一点$\xi\in[a_n,b_n]$，$n=1,2,\cdots$，且$\lim\limits_{n\to\infty}a_n=\lim\limits_{n\to\infty}b_n=\xi$，因为$H$覆盖$[a,b]$，且$\xi\in[a,b]$,

所以必有开区间$(\alpha,\beta)\in H$，使得$\xi\in(\alpha,\beta)$；

又因为$\lim\limits_{n\to\infty}a_n=\lim\limits_{n\to\infty}b_n=\xi$，故存在$N,n>N$时，有

$\alpha<a_n<b_n<\beta$,即当$n>N$时，$[a_n,b_n]\subset(\alpha,\beta)$，这与$[a_n,b_n]$不能被$H$中的有限个开区间覆盖矛盾，从而得证.

知识点	（1）区间套定理； （2）二分法； （3）极限定义； （4）区间套定理的推理.

1.4.7.5　**聚点定理**

【例1】 聚点定理证明确界原理.

证明：仅证明非空有上界的数集S必有上确界.

取一个闭区间$[a,b]$，使得$[a,b]$包含S中的元素，并且b为S的上界.

将闭区间$[a,b]$等分为两个闭区间$\left[a,\dfrac{a+b}{2}\right]$与$\left[\dfrac{a+b}{2},b\right]$. 若$\dfrac{a+b}{2}$为数集$S$的上界，则取$[a_1,b_1]=\left[a,\dfrac{a+b}{2}\right]$，否则取$[a_1,b_1]=\left[\dfrac{a+b}{2},b\right]$.

再将闭区间$[a_1,b_1]$等分为两个闭区间$\left[a_1,\dfrac{a_1+b_1}{2}\right]$与$\left[\dfrac{a_1+b_1}{2},b_1\right]$. 若$\dfrac{a_1+b_1}{2}$为数集$S$的上界，则取$[a_2,b_2]=\left[a_1,\dfrac{a_1+b_1}{2}\right]$，否则取$[a_2,b_2]=\left[\dfrac{a_1+b_1}{2},b_1\right]$. 不断进行下去，这样得到了一个闭区间套$\{[a_n,b_n]\}$.

由于$\{b_n\}$明显有界，所以它有聚点ξ.

对任意$\varepsilon>0,s\in S$，设$b_k\in U(\xi;\varepsilon)=(\xi-\varepsilon,\xi+\varepsilon)$，则$s\leqslant b_k<\xi+\varepsilon$. 由$\varepsilon$的任意性，$s\leqslant\xi$，故$\xi$是$S$的一个上界. 其次，对任意$\varepsilon>0$，取$a_k\in U(\xi;\varepsilon)=(\xi-\varepsilon,\xi+\varepsilon)$，设$s\in S$包含于闭区间$[a_k,b_k]$，则$s\geqslant a_k>\xi-\varepsilon$. 从而我们证明了$\xi$是$S$的一个上确界.

知识点	（1）有界； （2）柯西列； （3）致密性定理； （4）极限不等式性.

【例 2】聚点定理证明单调有界定理.

证明：设$\{x_n\}$是单调有界数列，则它一定存在聚点ξ．下证：$\lim\limits_{n\to\infty} x_n=\xi$．

对任意的$\varepsilon>0$，由聚点的定义，$U(\xi;\varepsilon)=(\xi-\varepsilon,\xi+\varepsilon)$中包含$\{x_n\}$中的无穷多项，设$\{x_{n_k}\}\subset U(\xi;\varepsilon)=(\xi-\varepsilon,\xi+\varepsilon)$.

则取$N=n_1$，对一切正整数$n>N=n_1$，假设$n<n_k$.

利用$\{x_n\}$是单调的，x_n介于x_{n_1}与x_{n_k}之间，

所以由$x_{n_1},x_{n_k}\in U(\xi;\varepsilon)$，可知$x_n\in U(\xi;\varepsilon)$，

从而由极限的定义，$\lim\limits_{n\to\infty} x_n=\xi$.

知识点	（1）聚点定义； （2）极限定义.

【例 3】致密性定理证明柯西准则.

证明：先证明柯西列一定有界.

已知$\{x_n\}$是柯西列，则对$\varepsilon=1$，$\exists N$，当$n,m>N$时，有$|x_n-x_m|<1$，取$m=N+1$，则当$n>N$时，有

$|x_n|\leqslant|x_n-x_{N+1}|+|x_{N+1}|<|x_{N+1}|+1$，令

$M=\max\{|x_1|,|x_2|,\cdots,|x_N|,|x_N|+1\}$，

则对于一切n，成立$|x_n|\leqslant M$.

由致密性定理，数列$\{x_n\}$必有收敛的子列$\{x_{n_k}\}$，设

$\lim\limits_{k\to\infty} x_{n_k}=\xi$，

因为$\{x_n\}$是柯西列，所以$\forall\varepsilon>0,\exists N,$当$n,m>N$时，有

$$|x_n-x_m|<\frac{\varepsilon}{2},$$

在上式中取$x_m=x_{n_k}$，其中k充分大，满足$n_k>N$，并且令$k\to\infty$，于是得到

$$|x_n-\xi|\leqslant\frac{\varepsilon}{2}<\varepsilon,$$

此即表明数列$\{x_n\}$收敛.

知识点	（1）有界； （2）柯西列； （3）致密性定理； （4）极限不等式性.

【例 4】聚点定理证明区间套定理.

证明：设$S=\{a_n\}\cup\{b_n\}$，则S是有界无限点集，由聚点定理得数集S聚点ξ. 若存在某个正整数n_0，使得$\xi\notin[a_{n_0},b_{n_0}]$，不妨假设$a_{n_0}<b_{n_0}<\xi$．取$\varepsilon_0=\xi-b_{n_0}$，则对一切$n>n_0$，有$a_n<b_n\leqslant b_{n_0}=\xi-\varepsilon_0$.

于是$U(\xi;\varepsilon_0)=(\xi-\varepsilon_0,\xi+\varepsilon_0)$中只包含$S$中有限个点，这与$\xi$是数集$S$的聚点矛盾.

故 $\xi\in[a_n,b_n](n=1,2,3,\cdots)$

以下证唯一性：假设还有另外一点 ξ'，也满足 $\xi'\in[a_n,b_n](n=1,2,3,\cdots)$．则 $|\xi-\xi'|<b_n-a_n\to 0(n\to\infty)$，故有：$\xi=\xi'$．唯一性得证．

知识点	（1）聚点定理； （2）反证法．

【例 5】聚点定理证明有限覆盖定理．

证明：若闭区间 $[a,b]$ 不能被 H 有限开覆盖．

将闭区间 $[a,b]$ 等分为两个闭区间 $\left[a,\dfrac{a+b}{2}\right]$ 与 $\left[\dfrac{a+b}{2},b\right]$．其中必有一个区间不能被 H 有限开覆盖，设它为 $[a_1,b_1]$；

再将闭区间 $[a_1,b_1]$ 等分为两个闭区间 $\left[a_1,\dfrac{a_1+b_1}{2}\right]$ 与 $\left[\dfrac{a_1+b_1}{2},b_1\right]$．其中必有一个区间不能被 H 有限开覆盖，设它为 $[a_2,b_2]$．不断进行下去，这样得到了一个闭区间套 $\{[a_n,b_n]\}$，并且 $[a_n,b_n](=1,2,3,\cdots)$ 均不能被 H 有限开覆盖．

显然，$\{a_n\}$ 是有界的，故它存在聚点 ξ．明显 $\xi\in[a,b]$．考虑 H 覆盖中覆盖住 ξ 的开区间 (α,β)．取 $\varepsilon<\min\{\xi-\alpha,\beta-\xi\}$，则在 $U(\xi;\varepsilon)=(\xi-\varepsilon,\xi+\varepsilon)$ 中包含了 $\{a_n\}$ 中的无穷多项，设 $\{a_{n_k}\}\subset U(\xi;\varepsilon)=(\xi-\varepsilon,\xi+\varepsilon)$．又

$$b_n-a_n=\frac{b-a}{2^n}\to 0(n\to+\infty)$$

于是存在某个 n_{k_0}，使得 $b_{n_{k_0}}-a_{n_{k_0}}<\beta-\xi-\varepsilon$，

故 $a_{n_0}>\xi-\varepsilon>\alpha$；

$$b_{n_0}<a_{n_0}+\beta-\xi-\varepsilon<(\xi+\varepsilon)+\beta-\xi-\varepsilon=\beta\ .$$

故 $[a_{n_0},b_{n_0}]\subset[\alpha,\beta]$．这与 $[a_n,b_n](=1,2,3,\cdots)$ 均不能被 H 有限开覆盖矛盾．故假设不成立，即闭区间 $[a,b]$ 可以被 H 有限开覆盖．

知识点	（1）区间套定理； （2）聚点定理．

1.4.7.6 有限覆盖定理

【例 1】有限覆盖定理证明确界原理．

证明：反证法．

不妨设 S 为非空有上界的数集，我们证明 S 有上确界．

设 b 为 S 的一个上界，下面用反证法来证明 S 一定存在上确界．

假设 S 不存在上确界，取 $a\in S$．对任一 $x\in[a,b]$，依下述方法确定一个相应的邻域（开区间）$U_x=U(x;\delta_x)=(x-\delta_x,x+\delta_x)$．

（1）若 x 不是 S 的上界，则至少存在一点 $x'\in S$，使 $x'>x$，这时取 $\delta_x=x'-x$．

（2）若x是S的上界，由假设S不存在上确界，故有$\delta_x>0$，使得$(x-\delta_x,\delta_x]$中不包含S中的点．此时取$U_x=(x-\delta_x,x+\delta_x)$，可知它也不包含$S$中的点．

于是我们得到了$[a,b]$的一个开覆盖：

$$H=\{U_x=(x-\delta_x,x+\delta_x)\mid x\in[a,b]\}$$

根据有限覆盖定理，$[a,b]$可以被H中有限个开区间$\{U_{x_i}\}_{i=1}^n$覆盖．

很明显（1）的开区间右端点属于S，（2）的开区间中不包含S中的点．

显然a所属的开区间是属于（1）的，b所属的开区间是属于（2）的，所以至少有一个（1）中的开区间与某个（2）中的开区间相交，这是不可能的．

知识点	（1）有限覆盖定理； （2）反证法．

【例2】有限覆盖定理证明单调有界定理．

证明：设$\{x_n\}p$是单调有界数列，不妨设其为单调递增且有上界．任取b为$\{x_n\}$的一个上界以及$\{x_n\}$中某项x_t，构造出闭区间$[x_t,b]$，对任意的$x\in[x_t,b]$，依下述方法确定一个相应的邻域（开区间）：

$$U_x=U(x;\delta_x)=(x-\delta_x,x+\delta_x).$$

（1）若x不是$\{x_n\}$的上界，则$\{x_n\}$中至少存在一项x_i，使$x_i>x$，这时取$\delta_x=x'-x$．

（2）若x是$\{x_n\}$的上界，由假设$\{x_n\}$发散，故不会收敛到x．即存在某个$\varepsilon_0>0$，对任何正整数N，存在$n>N$，使得$x_n\notin U(x;\varepsilon_0)=(x-\varepsilon_0,x+\varepsilon_0)$．

由于$\{x_n\}$递增，有上界x，所以$\{x_n\}$中的所有项均不落在$U(x;\varepsilon_0)=(x-\varepsilon_0,x+\varepsilon_0)$中．此时取$\delta_x=\varepsilon_0$．

于是我们得到了$[x_t,b]$的一个开覆盖：

$$H=\{U_x=(x-\delta_x,x+\delta_x)\mid x\in[x_t,b]\}.$$

根据有限覆盖定理，$[x_t,b]$可以被H中有限个开区间$\{U_{x_i}\}_{i=1}^n$覆盖．

很明显（1）的开区间右端点属于$\{x_n\}$，（2）的开区间中不包含$\{x_n\}$中的项．显然x_t所属的开区间是属于（1）的，b所属的开区间是属于（2）的，所以至少有一个（1）中的开区间与某个（2）中的开区间相交，这是不可能的．

知识点	有限覆盖定理．

【例3】有限覆盖定理证明柯西准则．

证明：

必要性：若$\lim\limits_{n\to\infty}x_n=x$，则对任意的$\varepsilon>0$，存在正整数$N$，对一切$n>N$，有$|x_n-x|<\dfrac{\varepsilon}{2}$.

于是对一切$m,n>N$，有$|x_m-x_n|\leqslant|x_m-x|+|x_n-x|<\dfrac{\varepsilon}{2}+\dfrac{\varepsilon}{2}=\varepsilon.$

充分性：（使用反证法）现假设$\{x_n\}$满足对任意的$\varepsilon>0$，存在N，对一切正整数

$n,m>N$，有$|x_n-x_m|<\varepsilon$.

先证明柯西数列是有界的. 取$\varepsilon_0=1$，故存在某个正整数N_0，对一切n，有$\left|x_n-x_{N_0+1}\right|<1$，即$|a_n|\leqslant\left|a_{N_0+1}\right|+1$. 故$\{x_n\}$有界.

假设$\{x_n\}\subset[a,b]$. 若$\{x_n\}$发散，则对任意的$x\in[a,b]$，可以找到一个$U_x=(x-\delta_x,x+\delta_x)$，使得$\{x_n\}$中只有有限项落在$U(x;\varepsilon_0)$中. 否则对任何$\delta>0$，$(x-\delta,x+\delta)$中均包含$\{x_n\}$中无限项，则可以证明$\{x_n\}$收敛.

这样得到了$[a,b]$的一个开覆盖：

$$H=\{U_x=(x-\delta_x,x+\delta_x)\mid x\in[a,b]\}.$$

根据有限覆盖定理，$[a,b]$可以被H中有限个开区间$\left\{U_{x_i}\right\}_{i=1}^{n}$覆盖. 所以$[a,b]\subset\bigcup\limits_{i=1}^{n}U_{x_i}$也只包含了$\{x_n\}$中的有限项，矛盾. 故假设不成立，$\{x_n\}$收敛.

知识点	有限覆盖定理.

【例 4】有限覆盖定理证明区间套定理.

证明：用反证法. 假设$\{[a_n,b_n]\}(n=1,2,3,\cdots)$没有公共点，则对任意一点$x\in[a_1,b_1]$，它都不会是$\{[a_n,b_n]\}(n=1,2,3,\cdots)$的公共点，从而存在正整数$n_x$，使得$x\notin[a_{n_x},b_{n_x}]$. 故总存在一个开区间$U_x=(x-\delta_x,x+\delta_x)$，使得$(x-\delta_x,x+\delta_x)\cap[a_{n_x},b_{n_n}]=\varnothing$，于是我们得到了$[a_1,b_1]$的一个开覆盖：

$$H=\{U_x=(x-\delta_x,x+\delta_x)\mid x\in[a_1,b_1]\}.$$

根据有限覆盖定理，$[a_1,b_1]$可以被H中有限个开区间$\left\{U_{x_i}\right\}_{i=1}^{k}$覆盖.

注意到闭区间套之间的包含关系，则所有$\left\{U_{x_i}\right\}_{i=1}^{k}$一定和某个最小的闭区间

$[a_{n_0},b_{n_0}]=\bigcup\limits_{i=1}^{k}[a_{n_i},b_{n_i}]$无交.

从而，

$$[a_1,b_1]\cap[a_{n_0},b_{n_0}]\subset\left\{\bigcup_{i=1}^{k}U_{x_i}\right\}\cap[a_{n_0},b_{n_0}]$$

$$=\bigcap_{i=1}^{k}\left\{U_{x_i}\cap[a_{n_0},b_{n_0}]\right\}=\varnothing.$$ 产生矛盾.

知识点	有限覆盖定理.

【例 5】有限覆盖定理证明致密性定理.

证明：设$\{x_n\}$为有界数列，则存在a,b，使得$a<x_n<b$，于是下列两种情形之一成立：

（1）存在$x_0\in[a,b]$，使得在x_0的任何邻域中都有$\{x_n\}$的无穷多项；

（2）对任何$x\in[a,b]$都存在x的一个邻域$(x-\delta_x,x+\delta_x)$使得其中只包含有$\{x_n\}$的就是"有限多项".

如果（2）成立，则开区间$\{(x-\delta_x,x+\delta_x)|x\in[a,b]\}$构成了$[a,b]$的一个开覆盖，于是由有限覆盖定理可知，其中必存在有限子覆盖，由于每个开区间都只含有$\{x_n\}$的有限多项，故有限个开区间的并集也只含有$\{x_n\}$的有限多项，但是另一方面又应该包含$\{x_n\}$的所有项，矛盾，这表明（2）不成立，即必有（1）成立：

考查x_0的邻域序列$\left\{\left(x_0-\frac{1}{n},x_0+\frac{1}{n}\right)\right\}$，由（1）知，每个邻域中都含有$\{x_n\}$的无穷多项，首先在$(x_0-1,x_0+1)$中取一项，记为$x_{n_1}$，因为$\left(x_0-\frac{1}{2},x_0+\frac{1}{2}\right)$中含有$\{x_n\}$的无穷多项，故可在其中取得下标大于$n_1$的一项，记为$x_{n_2}$，按照此方法继续做下去，可以得到子列$\{x_n\}$满足条件：

$\left|x_0-x_{n_k}\right|<\frac{1}{k},k=1,2,\cdots$，于是$\lim\limits_{k\to\infty}x_{n_k}=x_0$，即$\{x_n\}$为数列$\{x_n\}$的收敛的子列.

知识点	（1）有界性； （2）有限覆盖定理； （3）构造数列.

【例6】有限覆盖定理证明聚点定理.

证明：设点集S是有界无限点集. 设$S\subset[a,b]$. 用反证法，假设S没有聚点. 利用聚点定义，对任意的$x\in[a,b]$，存在一个领域$U_x=(x-\delta_x,x+\delta_x)$，使得$U_x$中只包含点集$S$中有限个点.

这样得到了$[a,b]$的一个开覆盖：

$$H=\{U_x=(x-\delta_x,x+\delta_x)\,|\,x\in[a,b]\}.$$

根据有限覆盖定理，$[a,b]$可以被H中有限个开区间$\{U_{x_i}\}_{i=1}^n$覆盖. 由于每个U_x中只包含点集S中有限个点，所以$[a,b]\subset\bigcup\limits_{i=1}^{n}U_{x_i}$也只包含了$S$中有限个点，这与$S$是无限点集相矛盾. 故假设不成立，即$S$有聚点.

知识点	（1）聚点定义； （2）有限覆盖定理.

1.4.7.7 其他例题

【例1】设函数$f(x)$在$[a,b]$上单调增加，且有$f(a)\geqslant a,f(b)\leqslant b$，证明：存在$x_0\in[a,b]$，使$f(x_0)=x_0$，即$f(x)$在$[a,b]$上有不动点.

证明：若$f(a)=a$或$f(b)=b$，则结论成立.

故设$f(a)>a,f(b)<b$，记$[a_1,b_1]=[a,b]$，

$c_1=\frac{1}{2}(a_1+b_1)$，若$f(c_1)=c_1$，则已得证；

若$f(c_1)<c_1$，则记$a_2=a_1,b_2=c_1$；

若$f(c_1)>c_1$，则记$a_2=c_1,b_2=b_1$；

按此方式继续下去，得到区间套$\{[a_n,b_n]\}$，而且具有性质：$f(a_n)>a_n, f(b_n)<b_n$，$n=1,2,\cdots$.

若在此过程中某一中点c_n使$f(c_n)=c_n$，则已得证.

否则，由区间套定理，存在$x_0\in[a_n,b_n]$，$n=1,2,\cdots$，

下面证明$f(x_0)=x_0$：

因为$a_n\leqslant x_0\leqslant b_n$，且由$f(x)$在$[a,b]$上单调增加，所以

$$a_n<f(a_n)\leqslant f(x_0)\leqslant f(b_n)<b_n\text{，而}\lim_{n\to\infty}a_n=\lim_{n\to\infty}b_n=x_0\text{，}$$

由迫敛性可知$f(x_0)=x_0$.

知识点	（1）区间套定理； （2）二分法； （3）迫敛性.

【例 2】一个数列如果不是无穷大数列，就一定有收敛的子列.

证明：设有数列$\{a_n\}$，它不是无穷大，则有

$\exists G_0>0,\forall N,\exists n>N$，有$|a_n|\leqslant G_0$.

现在对$N=1,\exists n_1>N$，有$|a_{n_1}|\leqslant G_0$；

对$N=n_1,\exists n_2>N$，有$|a_{n_2}|\leqslant G_0$；

……

继续做下去，可以得到数列$\{a_n\}$的一个有界子列$\{a_{n_k}\}$：

$|a_{n_k}|\leqslant G_0$，$k=1,2,\cdots$.

再对$\{a_{n_k}\}$应用致密性定理，得到$\{a_{n_k}\}$的一个收敛的子列$\{a'_{n_k}\}$，它也是$\{a_n\}$的一个子列，这样就找到了$\{a_n\}$的一个收敛的子列$\{a'_{n_k}\}$.

知识点	（1）无穷大定义； （2）致密性定理.

【例 3】若$\{a_n\}$是无界数列，则存在子列$\{a_{n_k}\}$，使得$\lim\limits_{k\to\infty}a_{n_k}=\infty$.

证明：因为$\{a_n\}$是无界数列，则$\forall M>0,\exists n'$，使得$|a_{n'}|>M$；

取$M=1,\exists n_1$，使得$|a_{n_1}|>1$；

取$M=2,\exists n_2>n_1$，使得$|a_{n_2}|>2$；

……

这样继续做下去，可以得到子列$\{n_k\}$，满足

$n_1<n_2<n_3<\cdots<n_k<\cdots$使得$|a_{n_k}|>k$，$k=1,2,\cdots$，

这样就证明了$\lim\limits_{k\to\infty}a_{n_k}=\infty$.

知识点	（1）构造数列； （2）无穷大定义.

Lesson 2

第2讲　一元函数微分学

知识结构

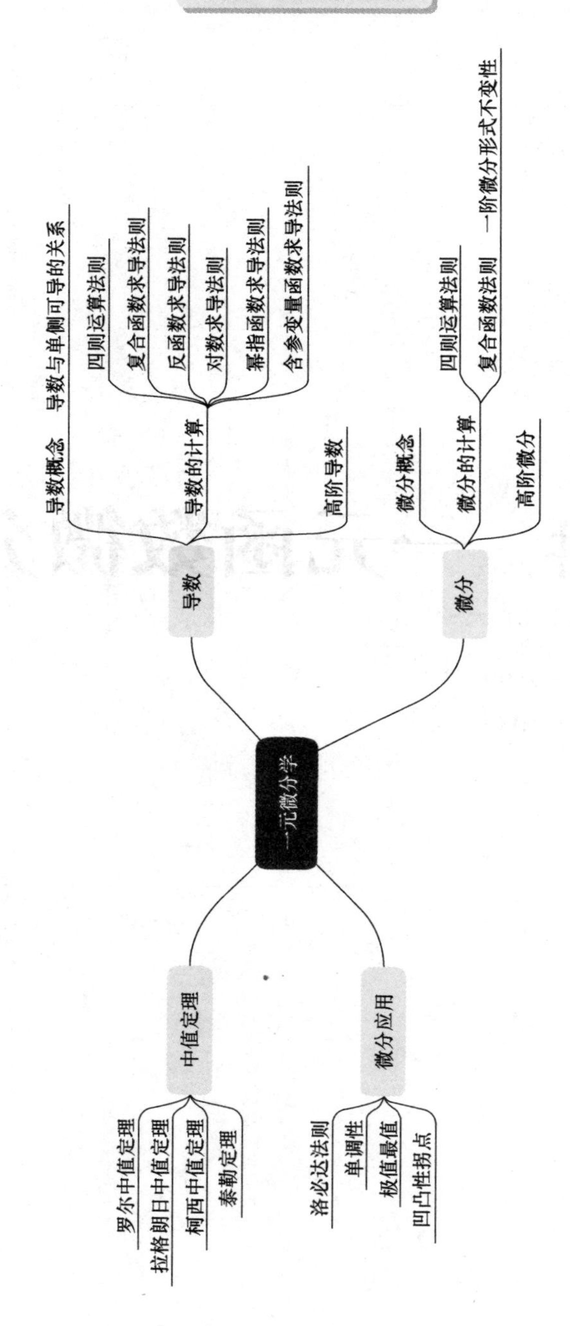
一元微分学
导数
导数概念
导数与单侧可导的关系
导数的计算
四则运算法则
复合函数求导法则
反函数求导法则
对数求导法则
幂指函数求导法则
含参变量函数求导法则
高阶导数
微分
微分概念
微分的计算
四则运算法则
复合函数法则
一阶微分形式不变性
高阶微分
中值定理
罗尔中值定理
拉格朗日中值定理
柯西中值定理
泰勒定理
微分应用
洛必达法则
单调性
极值最值
凹凸性拐点

§2.1　导数和微分

知识要点

2.1.1　导数

2.1.1.1　定义

（1）导数的定义

设函数 $y=f(x)$ 在某邻域内有定义，若极限 $\lim\limits_{\Delta x\to 0}\dfrac{\Delta y}{\Delta x}$ 存在，则称函数在 x_0 处可导，并称该极限为 f 在点 x_0 处的导数，记作 $f'(x_0)$．即

$$f'(x_0)=\lim_{x\to x_0}\frac{f(x)-f(x_0)}{x-x_0}.$$

（2）单侧导数的定义

设函数 $y=f(x)$ 在点 x_0 的某右邻域 $(x_0, x_0+\delta)$ 上有定义，若右极限

$$\lim_{\Delta x\to 0^+}\frac{\Delta y}{\Delta x}=\lim_{\Delta x\to 0^+}\frac{f(x_0+\Delta x)-f(x_0)}{\Delta x}$$

存在，则称该极限为 f 在点 x_0 的右导数，记作 $f'_+(x_0)$．

左导数为 $f'_-(x_0)=\lim\limits_{\Delta x\to 0^-}\dfrac{\Delta y}{\Delta x}$．

2.1.1.2　可导与单侧可导的关系

若函数 $y=f(x)$ 在点 x_0 的某邻域内有定义，则存在 $f'(x_0)\Leftrightarrow f'_+(x_0)$，$f'_-(x_0)$ 都存在，且 $f'_+(x_0)=f'_-(x_0)$．

2.1.1.3　求导法则

（1）和的导数

若 $u(x)$、$v(x)$ 在点 x_0 可导，则函数 $f(x)=u(x)\pm v(x)$ 在点 x_0 可导，且 $f'(x_0)=u'(x_0)\pm v'(x_0)$，即 $(u(x)\pm v(x))'(x_0)=u'(x_0)\pm v'(x_0)$．

（2）积的导数

若 $u(x)$、$v(x)$ 在点 x_0 可导，则函数 $f(x)=u(x)v(x)$ 在点 x_0 可导，且 $f'(x_0)=u'(x_0)v(x_0)+u(x_0)v'(x_0)$，即 $(u(x)v(x))'(x_0)=u'(x_0)v(x_0)+u(x_0)v'(x_0)$．

推论 1：$(uvw)'=u'vw+uv'w+uvw'$．

推论 2：若函数 $v(x)$ 在 x_0 可导，C 为常数，则 $(Cv(x))'_{x=x_0}=C\cdot v'(x_0)$.

（3）商的导数

若函数 $u(x)$、$v(x)$ 在点 x_0 都可导，且 $v(x_0)\neq 0$，则 $f(x)=\dfrac{u(x)}{v(x)}$ 在点 x_0 也可导，且

$$f'(x_0)=\left(\frac{u(x)}{v(x)}\right)'(x_0)=\frac{u'(x_0)v(x_0)-u(x_0)v'(x_0)}{(v(x_0))^2}.$$

（4）复合函数的导数

设 $u=\phi(x)$ 在点 x_0 可导，$y=f(u)$ 在点 $u_0=\phi(x_0)$ 可导，则复合函数 $y=f(\phi(x))$ 在点 x_0 可导，且 $f'(\phi(x_0))=f'(u_0)\phi'(x_0)=f'(\phi(x_0))\phi'(x_0)$.

（5）反函数的导数

设 $y=f(x)$ 为 $x=\varphi(y)$ 的反函数，若 $\varphi(y)$ 在点 y_0 的某邻域内连续，严格单调且 $\varphi'(y_0)\neq 0$，则 $f(x)$ 在点 x_0（$x_0=\varphi(y_0)$）可导，且 $f'(x_0)=\dfrac{1}{\varphi'(y_0)}$.

（6）参数方程所确定的函数的求导

设函数 $y=y(x)$ 由参数方程 $\begin{cases}x=\varphi(t)\\ y=\psi(t)\end{cases}$ 确定，其中 t 是参数，则

$$y'(x)=\frac{y'(t)}{x'(t)} \text{ 或 } \frac{\mathrm{d}y}{\mathrm{d}x}=\frac{\frac{\mathrm{d}y}{\mathrm{d}t}}{\frac{\mathrm{d}x}{\mathrm{d}t}}.$$

（7）隐函数求导法则

由方程 $F(x,y)=0$ 所确定的隐函数 $y=f(x)$ 的导函数为

$$f'(x)=-\frac{F_x(x,y)}{F_y(x,y)}.$$

2.1.2 微分

2.1.2.1 定义

函数 $y=f(x)$ 定义在点 x_0 的某邻域 $u(x_0)$ 内．当给 x_0 一个增量 Δx，$x_0+\Delta x\in U(x_0)$ 时，相应地得到函数的增量为 $\Delta y=f(x_0+\Delta x)-f(x_0)$．如果存在常数 A，使得 Δy 能有

$$\Delta y=A\Delta x+o(\Delta x)$$

则称函数 $f(x)$ 在点 x_0 可微，并称 $A\Delta x$ 为 $f(x)$ 在点 x_0 的微分．记作

$$\mathrm{d}y\big|_{x=x_0}=f'(x_0)\mathrm{d}x$$

$$\mathrm{d}f(x)=f'(x)\mathrm{d}x.$$

2.1.2.2　一元微分学概念之间的关系

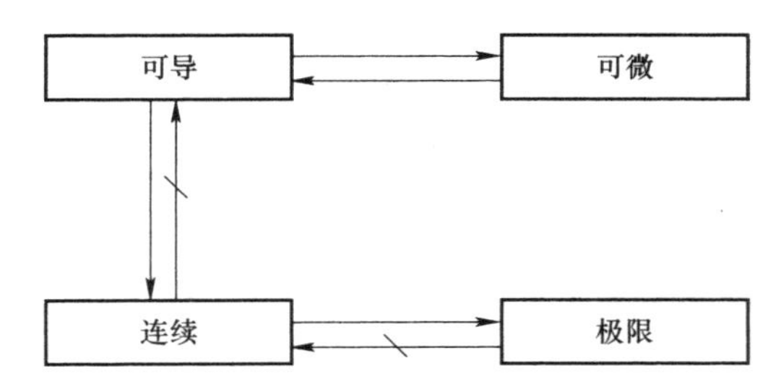

2.1.2.3　微分的运算法则

（1）$d[u(x)\pm v(x)]=du(x)\pm dv(x)$；

（2）$d[u(x)v(x)]=v(x)du(x)+u(x)dv(x)$；

（3）$d\left[\dfrac{u(x)}{v(x)}\right]=\dfrac{v(x)du(x)-u(x)dv(x)}{v^2(x)}$；

（4）$d[f(g(x))]=f'(u)\cdot g'(x)dx$，其中 $u=g(x)$.

典 型 题 型

2.1.3　导数定义

【例1】 设 $f(x)=(x-a)g(x)$，且 $g(x)$ 在 $x=a$ 连续，求 $f'(a)$.

解：因为 $g(x)$ 在 $x=a$ 连续，故 $\lim\limits_{x\to a}g(x)=g(a)$，又

$$f'(a)=\lim_{x\to a}\frac{f(x)-f(a)}{x-a}$$

$$=\lim_{x\to a}\frac{(x-a)g(x)-0}{x-a}=\lim_{x\to a}g(x)=g(a).$$

注意：下面的解法是错误的．因为

$$f'(x)=[(x-a)g(x)]'=g(x)+(x-a)g'(x)$$

所以

$$f'(a)=g(a)+(a-a)g'(a)=g(a).$$

因为题中并未假定 $g(x)$ 可导.

知识点	（1）连续定义； （2）导数定义.

【例2】 设 $f(x)=\begin{cases}g(x)\sin\dfrac{1}{x}, & x\neq 0\\ 0 & x=0\end{cases}$，且 $g(0)=g'(0)=0$，证明 $f'(0)=0$.

证明：

$$f'(0)=\lim_{x\to 0}\frac{f(x)-f(0)}{x-0}$$
$$=\lim_{x\to 0}\frac{g(x)-g(0)}{x-0}\sin\frac{1}{x}=0\,.$$

知识点	（1）导数定义； （2）无穷小乘以有界量仍为无穷小．

【例 3】设$f(x)$在$x=x_0$点附近可导，而且$\alpha_n<x_0<\beta_n,(n=1,2,\cdots)$，$\alpha_n\to x_0$，$\beta_n\to x_0(n\to\infty)$，求证 $\lim\limits_{n\to\infty}\frac{f(\beta_n)-f(\alpha_n)}{\beta_n-\alpha_n}=f'(x_0)$.

证明：

$$\frac{f(\beta_n)-f(\alpha_n)}{\beta_n-\alpha_n}$$
$$=\frac{f(\beta_n)-f(x_0)}{\beta_n-x_0}\frac{\beta_n-x_0}{\beta_n-\alpha_n}-\frac{f(\alpha_n)-f(x_0)}{\alpha_n-x_0}\frac{\alpha_n-x_0}{\beta_n-\alpha_n}$$
$$=\frac{f(\beta_n)-f(x_0)}{\beta_n-x_0}\left(1+\frac{\alpha_n-x_0}{\beta_n-\alpha_n}\right)-\frac{f(\alpha_n)-f(x_0)}{\alpha_n-x_0}\frac{\alpha_n-x_0}{\beta_n-\alpha_n}$$
$$=\frac{f(\beta_n)-f(x_0)}{\beta_n-x_0}+\left[\frac{f(\beta_n)-f(x_0)}{\beta_n-x_0}-\frac{f(\alpha_n)-f(x_0)}{\alpha_n-x_0}\right]\frac{\alpha_n-x_0}{\beta_n-\alpha_n}$$

又 $0<\frac{\alpha_n-x_0}{\beta_n-\alpha_n}<1$，且 $f(x)$ 在 $x=x_0$ 处可导，

所以 $\lim\limits_{n\to\infty}\frac{f(\beta_n)-f(\alpha_n)}{\beta_n-\alpha_n}=f'(x_0)$．

知识点	（1）导数定义； （2）无穷小乘以有界量仍为无穷小； （3）极限的四则运算．

【小练习 1】 设 $f(x)=\begin{cases}\frac{\sqrt{x+1}-1}{\sqrt{x}}, & x\neq 0\\ 0 & x=0\end{cases}$，求 $f'(0)$．

【小练习 2】 若 $f(x)=x\begin{cases}x^2 & x\leqslant 0\\ x^2+1, & 0<x<1\\ \frac{3}{x}-1 & x\geqslant 0\end{cases}$ 在 $x=a$ 连续，但不可导，求 a．

【小练习 3】 设 $f(x)$ 在 $x=a$ 处可导，且 $f(a)\neq 0$，求 $\lim\limits_{n\to\infty}\left(\frac{f\left(a+\frac{1}{n}\right)}{f(a)}\right)^n$．

2.1.4　本身与绝对值的关系

（1）极限：本身极限→绝对极限（上册 P_{29}、P_{49}）[1]；

（2）连续：本身连续→绝对连续（上册 P_{75}）[2]；

（3）可导：$f(x)$ 在 x_0 连续，绝对可导→本身可导；

$f(x)$ 在 x_0 连续且 $f(x_0)\neq 0$，绝对可导↔本身可导↔平方可导；

（4）可积：本身可积绝对可积（上册 P_{218}，下册 P_{198}、P_{216}）[3]；

（5）收敛：绝对收敛→本身收敛（上册 P_{278}，下册 P_{19}）[4].

【例】 $f(x)$ 在 x_0 连续，$|f(x)|$ 在 x_0 可导，则 $f(x)$ 在 x_0 可导.

证明：

（1）若 $f(x_0)=0$，利用定义显然成立，且 $f'(x_0)=0$；

（2）若 $f(x_0)\neq 0$，不妨设 $f(x_0)>0$，由连续的局部保号性可知 $\exists U(x_0)$，$\forall x\in U(x_0)$，$f(x)>0$，

利用导数的定义

$$\lim_{x\to x_0}\frac{f(x)-f(x_0)}{x-x_0}=\lim_{x\to x_0}\frac{|f(x)|-|f(x_0)|}{x-x_0}=\left[|f(x)|\right]'_{x=x_0}.$$

知识点	（1）连续的局部保号性； （2）导数的定义.

2.1.5　导数无第一类间断点

【例】 设函数 $f(x)$ 在 (a,b) 处处有导数 $f'(x)$，证明 $f(x)$ 在 (a,b) 中的点或者为 $f'(x)$ 的连续点，或者为 $f'(x)$ 的第二类间断点.

证明： 因为函数 $f(x)$ 在 (a,b) 处处有导数，

所以 $\forall x_0\in(a,b)$，

$$f'(x_0)=f'_+(x_0)=\lim_{x\to x_0^+}\frac{f(x)-f(x_0)}{x-x_0}$$

$$=\lim_{x\to x_0^+}\frac{f'(\xi)(x-x_0)}{x-x_0}=\lim_{x\to x_0^+}f'(\xi)$$

故当 $f'(x)$ 在 x_0 处有右极限值，必有

$$f'(x_0)=\lim_{x\to x_0^+}f'(\xi)=f'(x_0+0),$$

同理，当 $f'(x)$ 在 x_0 处有左极限值

$$f'(x_0)=\lim_{x\to x_0^-}f'(\xi)=f'(x_0-0),$$

因此在 (a,b) 任一点处，除非至少一侧 $f'(x)$ 无极限，不然 $f'(x)$ 在此处连续.

---

[1]～[4]见华东师范大学数学系编写的《数学分析》上下、册。

知识点	（1）中值定理； （2）单侧极限．

2.1.6 高阶导数

【例 1】 证明勒让德多项式 $P_n(x)=\dfrac{1}{2^n n!}\dfrac{\mathrm{d}^n}{\mathrm{d}x^n}(x^2-1)^n$，满足方程

$$(1-x^2)P_n''(x)-2xP_n'(x)+n(n+1)P_n(x)=0$$

证明： 设 $y=(x^2-1)^n$，则 $P_n(x)=\dfrac{1}{2^n n!}y^{(n)}$

$y'=2nx(x^2-1)^{n-1}$ 即 $(x^2-1)y'=2nxy$

上式两边对 x 求 $n+1$ 阶导数，

根据莱布尼兹公式，有

$$(x^2-1)y^{(n+2)}+(n+1)y^{(n+1)}2x+n(n+1)y^{(n)}=2n(y^{(n)}+y^{(n+1)}x)$$

两边同时乘以 $\dfrac{-1}{2^n n!}$ 得，

$$(x^2-1)\frac{-1}{2^n n!}y^{(n+2)}+(n+1)\frac{-1}{2^n n!}y^{(n+1)}2x+\frac{-1}{2^n n!}n(n+1)y^{(n)}=2n\frac{-1}{2^n n!}(y^{(n)}+y^{(n+1)}x)$$

整理便得

$(1-x^2)P_n''(x)-2xP_n'(x)+n(n+1)P_n(x)=0$．

知识点	莱布尼兹公式．

【例 2】 设 $f(x)=(\arcsin x)^2$，求 $f^{(n)}(0)$．

解： 由于 $f'(x)=2\dfrac{\arcsin x}{\sqrt{1-x^2}}$，

即
$$(1-x^2)(f'(x))^2=4f(x) \tag{1}$$

再求一次导数整理得，

$$-xf'(x)+(1-x^2)f''(x)=2, \tag{2}$$

利用莱布尼兹公式对（2）两端同时求 n 阶导数可得

$$-xf^{(n+1)}(x)-nf^{(n)}(x)+(1-x^2)f^{(n+2)}(x)-2nxf^{(n+1)}(x)-n(n-1)f^{(n)}(x)=0 \tag{3}$$

在（3）中,令 $x=0$ 可得

$$f'(0)=0, f''(0)=2, f^{(n+2)}(0)=n^2 f^{(n)}(0)$$

从而 $f^{(2k+1)}(0)=0$

$$f^{(2k)}(0)=(2k-2)^2\cdot(2k-4)^2\cdots(2)^2\cdot 2.$$

知识点	莱布尼兹公式.

【例 3】设 $f(x)=\dfrac{x^2}{1-x^2}$，求 $f^{(n)}(0)$.

解：由于 $f(x)=-1+\dfrac{1}{2}\cdot\dfrac{1}{1-x}+\dfrac{1}{2}\cdot\dfrac{1}{1+x}$，

$$f^{(n)}(x)=\frac{1}{2}\cdot\frac{n!}{(1-x)^{n+1}}+\frac{1}{2}\cdot\frac{(-1)^n}{(1+x)^{n+1}},$$

$$f^{(2k+1)}(0)=0,\ k=0,1,2,\cdots;$$

$$f^{2k}(0)=n!,k=0,1,2,\cdots.$$

知识点	高阶导数.

§2.2 中值定理

知识要点

2.2.1 罗尔中值定理

若函数 $f(x)$ 满足如下条件：（1）$f(x)$ 在闭区间 $[a,b]$ 上连续；（2）$f(x)$ 在开区间 (a,b) 内可导；（3）$f(a)=f(b)$；则在 (a,b) 内至少存在一点 ξ，使得 $f'(\xi)=0$.

2.2.2 拉格朗日中值定理

若函数 $f(x)$ 满足如下条件：（1）$f(x)$ 在闭区间 $[a,b]$ 上连续；（2）$f(x)$ 在开区间 (a,b) 内可导；则在 (a,b) 内至少存在一点 ξ，使得 $f'(\xi)=\dfrac{f(b)-f(a)}{b-a}$.

推论 1　若函数 $f(x)$ 在区间 I 上可导，且 $f'(x)\equiv 0$，$x\in I$，则 $f(x)$ 为 I 上的一个常量函数.

推论 2　若函数 $f(x)$ 和 $g(x)$ 均在 I 上可导，且 $f'(x)\equiv g'(x)$，$x\in I$，则在区间 I 上 $f(x)$ 与 $g(x)$ 只差一个常数，即存在常数 C，使得 $f(x)=g(x)+C$.

推论 3（导数极限定理）　设函数 $f(x)$ 在点 x_0 的某邻域 $U(x_0)$ 内连续，在 $U(x_0)$ 内可导，且 $\lim\limits_{x\to x_0}f'(x)$ 存在，则 $f(x)$ 在点 x_0 可导，且 $f'(x_0)=\lim\limits_{x\to x_0}f'(x)$.

2.2.3 柯西中值定理

若函数 $f(x)$，$g(x)$ 满足如下条件：（1）$f(x)$，$g(x)$ 在闭区间 $[a,b]$ 上连续；（2）$f(x)$，$g(x)$ 在 (a,b) 内可导；（3）$g'(x)\neq 0$；（4）$g(a)\neq g(b)$；则存在 $\xi\in(a,b)$，使得

$$\frac{f'(\xi)}{g'(\xi)}=\frac{f(b)-f(a)}{g(b)-g(a)}$$

2.2.4 泰勒公式

（1）若函数 $f(x)$ 在点 x_0 存在直至 n 阶导数，则有 $f(x)=T_n(x)+o((x-x_0)^n)$，即

$$f(x)=f(x_0)+\frac{f'(x_0)}{1!}(x-x_0)+\cdots+\frac{f^{(n)}(x_0)}{n!}(x-x_0)^n+o((x-x_0)^n).$$

（2）若函数 $f(x)$ 在 $[a,b]$ 上存在直到 n 阶的连续导函数，在 (a,b) 内存在 $n+1$ 阶导函数，则对任意给定的 $x,x_0\in[a,b]$，至少存在一点 $\xi\in(a,b)$ 使得：

$$f(x)=f(x_0)+\frac{f'(x_0)}{1!}(x-x_0)+\cdots+\frac{f^{(n)}(x_0)}{n!}(x-x_0)^n+\frac{f^{(n+1)}(\xi)}{(n+1)!}(x-x_0)^{n+1}.$$

典 型 题 型

2.2.5 中值定理

【例 1】 设 $f(x)$ 在[0,1]上连续，在（0,1）内可导，且 $f(0)=f(1)=0, f\left(\frac{1}{2}\right)=1$，证明：存在 $\xi\in(0,1)$，使 $f'(\xi)=1$.

证明：设 $F(x)=f(x)-x$，则

$$F\left(\frac{1}{2}\right)=f\left(\frac{1}{2}\right)-\frac{1}{2}=1-\frac{1}{2}=\frac{1}{2}>0$$

$$F(1)=f(1)-1=0-1=-1<0$$

由介值定理存在 $t\in\left(\frac{1}{2},1\right)$，使 $F(t)=0$，

又 $F(0)=f(0)-0=0$，在 $[0,t]$ 上 $F(x)$ 满足罗尔中值定理的条件，

故存在 $\xi\in(0,t)\subset(0,1)$，使得

$F'(\xi)=0$，即 $f'(\xi)=1$.

知识点	（1）罗尔中值定理； （2）介值性定理.

解题思想	（1）构造函数； （2）构造区间.

【例 2】 证明：若 $f(x)$ 和 $g(x)$ 在 $[a,b]$ 上连续，在 (a,b) 内可导，且 $g'(x)\neq 0$，

则存在 $\xi\in(a,b)$，使得 $\dfrac{f'(\xi)}{g'(\xi)}=\dfrac{f(\xi)-f(a)}{g(b)-g(\xi)}$.

证明：令 $\varphi(x)=f(x)g(x)-f(x)g(b)-f(a)g(x)$，

它在 $[a,b]$ 上连续，在 (a,b) 内可导，且

$$\varphi(a)=\varphi(b)=-f(a)g(b),$$

由罗尔中值定理，存在 $\xi\in(a,b)$，使得

$$\varphi'(\xi)=f'(\xi)g(\xi)+f(\xi)g'(\xi)-f'(\xi)g(b)-f(a)g'(\xi)=0$$

即 $f'(\xi)[g(b)-g(\xi)]=g'(\xi)[f(\xi)-f(a)]$.

由于 $g'(\xi)\neq 0$，$g(b)\neq g(\xi)$，（根据 $g'(x)\neq 0$ 和导函数具有介值性，推知 $g'(x)$ 恒正或恒负，故 $g(x)$ 严格单调），因此可把上式化为结论式

$$\frac{f'(\xi)}{g'(\xi)}=\frac{f(\xi)-f(a)}{g(b)-g(\xi)}.$$

知识点	罗尔中值定理.

【小练习 1】设 $f(x)\in C[0,1],f(x)\in D(0,1)$，且 $f(0)=f(1)=0$，证明：

$$\exists\xi\in(0,1),f'(\xi)=-\frac{f(\xi)}{\xi}.$$

分析：构造函数 $F(x)=xf(x)$.

【小练习 2】设 $f(x)\in C[a,b],f(x)\in D(a,b),a>0$ 且 $f(a)=0$，

证明：$\exists\xi\in(a,b),f(\xi)=\dfrac{b-\xi}{a}f'(\xi)$.

分析：构造函数 $F(x)=(b-x)^{a}f(x)$.

【小练习 3】设 $f(x)$，$g(x)\in D^2[a,b],f(a)=f(b)=g(a)=g(b)$，$g''(x)\neq 0$，

证明：$\exists\xi\in(a,b),\dfrac{f''(\xi)}{g''(\xi)}=\dfrac{f(\xi)}{g(\xi)}$.

分析：构造函数 $F(x)=f(x)g'(x)-f'(x)g(x)$.

【小练习 4】设 $f(x)\in D^3[0,1]$，且 $f(0)=-1,f(1)=0,f'(0)=0$，

证明：$\forall x\in(0,1),\exists\xi\in(0,1),f(x)=-1+x^2+\dfrac{x^2(x-1)}{3!}f'''(\xi)$.

分析：构造函数 $g(t)=f(t)+1-t^2-\dfrac{f(x)+1-x^2}{x^2(x-1)}t^2(t-1)$.

【小练习 5】设 $f(x)\in D^2[a,b]$，且 $f(a)=f(b)=0$，

证明：$\forall x\in(a,b),\exists\xi\in(a,b),f(x)=\dfrac{f''(\xi)}{2}(x-a)(x-b)$.

分析：构造函数 $g(t)=f(t)-\dfrac{f(x)}{(x-a)(x-b)}(t-a)(t-b)$.

【小练习 6】设 $f(x)\in D[a,b],a,b$ 同号且 $a<b$，证明：$\exists\xi\in(a,b)$，使得

$$f(\xi)-\xi f'(\xi)=\frac{af(b)-bf(a)}{a-b}.$$

分析：构造函数 $F(x)=\dfrac{f(x)}{x}$，$G(x)=\dfrac{1}{x}$．

【小练习 7】若 $0<a<b$，证明：$\exists\xi\in(a,b),(1-\xi)\mathrm{e}^{\xi}(a-b)=a\mathrm{e}^{b}-b\mathrm{e}^{a}$．

分析：构造函数 $F(x)=\dfrac{\mathrm{e}^{x}}{x}$，$G(x)=\dfrac{1}{x}$．

【例 3】如果函数 $f(x)\in D[0,1]$,且 $f(0)=0,f(1)=1$，证明：$\forall a,b>0$

$\exists\xi,\eta\in(0,1),\xi\neq\eta,\dfrac{a}{f'(\xi)}+\dfrac{b}{f'(\eta)}=a+b$．

证明：设 $0<a\leqslant b$，令 $c_0=\dfrac{a}{a+b},0\leqslant c_0\leqslant 1$，

因为 $f(0)=0,f(1)=1$，且 $f(x)\in D[0,1]$，

由介值性定理存在 $c\in(0,1)$,使得 $f(c)=c_0$.

分别在 $[0,c]$ 和 $[c,1]$ 上利用拉格朗日中值定理，

$\exists\xi\in[0,c]$ 和 $\eta\in[c,1]$

$$f'(\xi)=\frac{f(c)-f(0)}{c-0}=\frac{c_0}{c-0}=\frac{a}{(a+b)c},$$

$$f'(\eta)=\frac{f(1)-f(c)}{1-c}=\frac{1-c_0}{1-c}=\frac{b}{(a+b)(1-c)},$$

从而 $\dfrac{a}{f'(\xi)}+\dfrac{b}{f'(\eta)}=a+b$．

知识点	（1）拉格朗日中值定理； （2）介值性定理．

【例 4】如果函数 $f(x)\in C[a,b],f(x)\in D(a,b)$,且$f'(x)\neq 0$,证明：

$$\exists\xi,\eta\in(a,b),\frac{f'(\xi)}{f'(\eta)}=\frac{\mathrm{e}^{b}-\mathrm{e}^{a}}{b-a}\mathrm{e}^{-\eta}.$$

【例 5】如果函数 $f(x)$ 在 $[0,+\infty)$ 上可导，且 $f'(x)<-1$，$f(0)=1$，试证：在区间 $(0,1)$ 内存在唯一的 ξ，使得 $f(\xi)=0$．

证明：由已知，$f(x)$ 在 $[0,1]$ 上可导，在 $[0,1]$ 上应用拉格朗日中值定理，得

$$f(1)-f(0)=f'(\xi_1)\cdot f(0)，\ \xi_1\in(0,1),$$

$$f(1)=f(0)+f'(\xi_1)f(0)<f(0)-f(0)=0,$$

由零点存在定理，存在 $\xi\in(0,1)$，使 $f(\xi)=0$．

再证零点唯一，只要证函数 $f(x)$ 在 $[0,+\infty)$ 上单调，而由 $f'(x)<-1<0$，即知 $f(x)$ 在 $[0,+\infty)$ 上严格单调减少，从而上述 ξ 是唯一的．

知识点	（1）拉格朗日中值定理； （2）零点定理； （3）单调性．

【例 6】设 $a_1,a_2,\cdots,a_n\in R$，且 $a_1+\frac{a_2}{3}+\frac{a_3}{5}+\cdots+\frac{a_n}{2n-1}=0$，证明：方程 $a_1\sin x+a_2\sin 3x+\cdots+a_n\sin(2n-1)x=0$ 在 $\left(0,\frac{\pi}{2}\right)$ 至少有一个根.

证明：令

$$f(x)=a_1\cos x+\frac{a_2}{3}\cos 3x+\cdots+\frac{a_n}{2n-1}\cos(2n-1)x,$$

则 $f(x)$ 满足条件：

（1）在 $\left[0,\frac{\pi}{2}\right]$ 连续；（2）在 $\left(0,\frac{\pi}{2}\right)$ 可导；（3）$f(0)=f\left(\frac{\pi}{2}\right)$；

故由罗尔中值定理,方程 $f'(x)=0$ 在 $\left(0,\frac{\pi}{2}\right)$ 至少有一个根，即

$$a_1\sin x+a_2\sin 3x+\cdots+a_n\sin(2n-1)x=0,$$

在 $\left(0,\frac{\pi}{2}\right)$ 至少有一个根.

知识点	罗尔中值定理.

【例 7】设在 $[0,a]$ 上有 $|f''(x)|\leqslant M$，且 $f(x)$ 在 $(0,a)$ 内存在最大值. 证明：$|f'(0)|+|f'(a)|\leqslant aM$.

证明：设 $f(x)$ 在 $c\in(0,a)$ 取得最大值，则 $f(c)$ 也是一个极大值，故 $f'(c)=0$. 由微分中值公式得到

$$f'(0)=f'(c)+f''(\xi_1)(0-c)=-cf''(\xi_1),\xi_1\in(0,c),$$
$$f'(a)=f'(c)+f''(\xi_2)(0-c)=-cf''(\xi_2),\xi_2\in(0,c),$$

从而又有

$$|f'(0)|=c|f''(\xi_1)|\leqslant cM$$
$$|f'(a)|=(a-c)|f''(\xi_2)|\leqslant(a-c)M,$$

由此立即证得 $|f'(0)|+|f'(a)|\leqslant aM$.

知识点	（1）拉格朗日中值定理； （2）最值与极值的关系.

【例 8】设 $f(x)$，$g(x)$ 在 $[a,b]$ 连续，在 (a,b) 可导，且 $f'(x)g(x)-f(x)g'(x)\neq 0$，若 $f(x)$ 在 (a,b) 有两个零点，证明：在这两个零点间，$g(x)$ 至少有一个零点.

证明：设 $f(x_1)=0$，$f(x_2)=0$，$x_1,x_2\in(a,b)$，则由条件

$$f'(x)g(x)-f(x)g'(x)\neq 0$$

知 $g(x_1)\neq 0$，$g(x_2)\neq 0$.

若 $g(x)$ 在 (x_1,x_2) 内均不等于 0，则 $h(x)=\frac{f(x)}{g(x)}$ 在 $[x_1,x_2]$ 满足罗尔中值定理条件，故

存在 $\xi\in(x_1,x_2)$，使得 $h'(\xi)=0$，即 $\dfrac{f'(\xi)g(\xi)-f(\xi)g'(\xi)}{g^2(\xi)}=0$，于是

$$f'(\xi)g(\xi)-f(\xi)g'(\xi)=0.$$

此与 $f'(x)g(x)-f(x)g'(x)\neq 0(x\in(a,b))$ 矛盾.

因此, $g(x)$ 在 (x_1,x_2) 内至少有一个零点.

知识点	罗尔中值定理.

【例 9】 设 $f(x),g(x)$ 在 R 可导，证明：在 $g(x)$ 任何两个零点之间，方程

$$g'(x)+g(x)(4xf(x)+2x^2f'(x))=0$$

至少存在一个根.

证明：设 $x_1,x_2(x_1<x_2)$ 为 $g(x)$ 两个零点,

令 $F(x)=g(x)\mathrm{e}^{2x^2f(x)}$,则 $F(x)$ 满足条件：

（1）在 $[x_1,x_2]$ 连续；

（2）在 (x_1,x_2) 可导；

（3） $F(x_1)=F(x_2)$；

于是由罗尔中值定理,至少存在 $\xi\in(x_1,x_2)$,使得 $F'(\xi)=0$.

而 $F'(x)=g'(x)\mathrm{e}^{2x^2f(x)}+g(x)\mathrm{e}^{2x^2f(x)}\cdot(4xf(x)+2x^2f'(x))$

$$=\mathrm{e}^{2x^2f(x)}\left(g'(x)+g(x)(4xf(x)+2x^2f'(x))\right),$$

故 $g'(\xi)+g(\xi)(4\xi f(\xi)+2\xi^2f'(\xi))=0$.

即方程

$$g'(x)+g(x)(4xf(x)+2x^2f'(x))=0$$

在 (x_1,x_2) 内至少存在一个根.

知识点	利用罗尔中值定理.

【例 10】 设 $f(x)$ 在 $[a,b]$ 连续,在 (a,b) 可导, $x_k\in(a,b)$ $(k=1,2,\cdots,n)$,且 $x_i\neq x_j$ $(i,j=1,2,\cdots,n)$, $f(x_1)+f(x_2)+\cdots+f(x_n)=nf(b)$,证明：至少存在 $\xi\in(a,b)$,使得 $f'(\xi)=0$.

证明：因为 $f(x)$ 在 $[a,b]$ 连续,故由最值性定理, $f(x)$ 在 $[a,b]$ 存在最大值和最小值.

令 $M=\max\limits_{[a,b]}F(x),m=\min\limits_{[a,b]}F(x)$,

则

$$m\leqslant\frac{f(x_1)+f(x_2)+\cdots+f(x_n)}{n}\leqslant M.$$

故由介值性定理至少存在 $\eta\in[a,b]$,使得

$$f(\eta)=\frac{f(x_1)+f(x_2)+\cdots+f(x_n)}{n}.$$

因此, $f(x)$ 满足条件：

（1）在 $[\eta,b]$ 连续；

（2）在(η,b)可导；

（3）$f(\eta)=f(b)$；于是由罗尔中值定理,至少存在$\xi\in(\eta,b)$,使得$f'(\xi)=0$.

知识点	（1）最值定理； （2）介值性定理； （3）利用罗尔中值定理.

【例 11】设$f(x)$在$[0,a]\left(a>\dfrac{1}{n},n\in N\right)$上可导,且

$$f^2(a)=n\int_0^{\frac{1}{n}}e^{x^3-ax^2}f^2(x)dx,\ f(x)\neq 0,x\in[0,a],$$

证明：至少存在$\xi\in(0,a)$,使得$\xi(3\xi-2a)f(\xi)+2f'(\xi)=0$.

证明：由积分中值定理,至少存在$\eta\in(0,a)$,使得

$$f^2(a)=n\int_0^{\frac{1}{n}}e^{x^3-ax^2}f^2(x)\,dx=e^{\eta^3-a\eta^2}f^2(\eta)\cdot$$

令$F(x)=e^{x^3-ax^2}f^2(x)$,则$F(x)$满足条件：

（1）在$[\eta,a]$连续；

（2）在(η,a)可导；

（3）$F(\eta)=F(a)$；于是由罗尔中值定理,至少存在$\xi\in(0,a)$,使得$F'(\xi)=0$.

而$F'(x)=(3x^2-2ax)e^{x^3-ax^2}f^2(x)+e^{x^3-ax^2}\cdot 2f(x)f'(x)$

$\quad=e^{x^3-ax^2}f(x)\big((3x^2-2ax)f(x)+2f'(x)\big)$.

故$e^{\xi^3-a\xi^2}f(\xi)\big((3\xi^2-2a\xi)f(\xi)+2f'(\xi)\big)=0$,

于是至少存在$\xi\in(0,a)$,使得

$(3\xi^2-2a\xi)f(\xi)+2f'(\xi)=0$.

知识点	（1）积分中值定理； （2）罗尔中值定理.

【例 12】设$f(x)$在(a,b)存在$n+1$阶导数,$x_k\in(a,b)(k=1,2,\cdots,n+1)$,且$x_i\neq x_j(i,j=1,2,\cdots,n)$,$f(x_1)=f(x_2)=\cdots=f(x_{n+1})$,证明：至少存在一点$\xi\in(a,b)$,使得$f^{(n)}(\xi)=0$.

证明：不妨设$x_1<x_2<x_3<\cdots<x_{n+1}$,则$f(x)$满足条件：

（1）在$[x_k,x_{k+1}]$连续；

（2）在(x_k,x_{k+1})可导；

（3）$f(x_k)=f(x_{k+1})$.

故由罗尔中值定理,至少存在$\xi_k\in(x_{k-1},x_k)$,使得$f'(\xi_k)=0\ (k=1,2,\cdots,n)$.

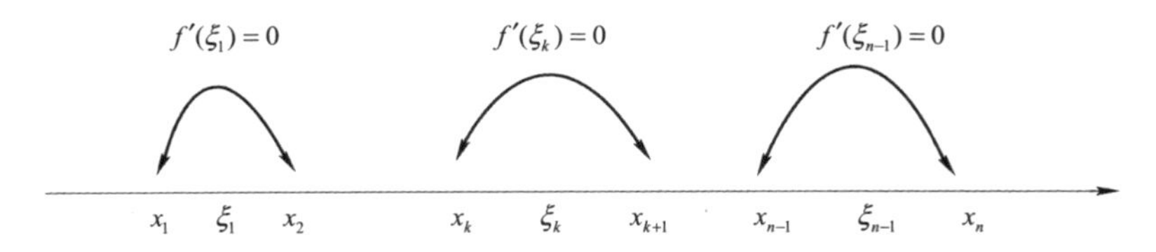

又 $f'(x)$ 满足条件：

（1）在 $[\xi_k,\xi_{k+1}]$ 连续；

（2）在 (ξ_k,ξ_{k+1}) 可导；

（3）$f'(\xi_k)=f'(\xi_{k+1})$.

故由罗尔中值定理,至少存在 $\eta_k\in(\xi_{k-1},\xi_k)$,使得 $f''(\eta_k)=0$ $(k=1,2,\cdots,n-2)$.

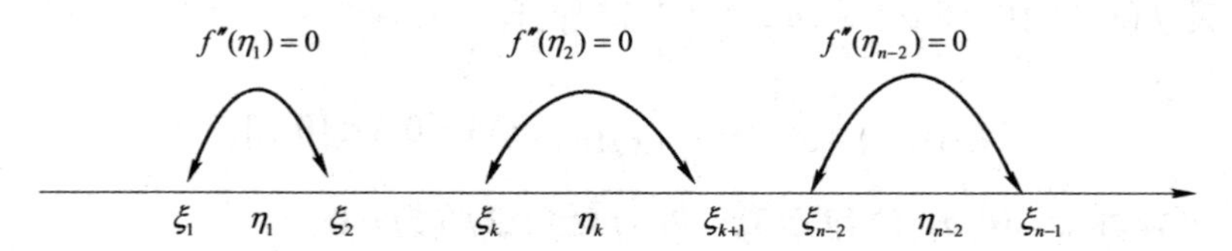

……

又因 $f^{(n-1)}(x)$ 满足条件：

（1）在 $[\zeta_1,\zeta_2]$ 连续；

（2）在 (ζ_1,ζ_2) 可导；

（3）$f^{(n-1)}(\zeta_1)=f^{(n-1)}(\zeta_2)$.

故由罗尔中值定理,至少存在 $\xi\in(\zeta_1,\zeta_2)\subset(a,b)$,使得 $f^{(n)}(\xi)=0$.

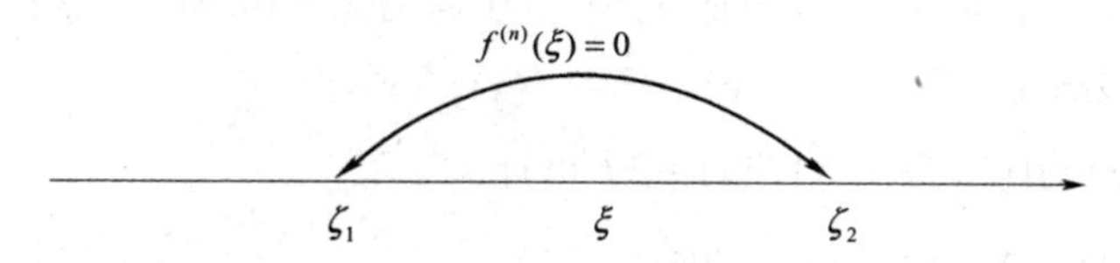

知识点	反复利用罗尔中值定理.

【例 13】 设 $f(x)$ 在 (a,b) 非负或非正、存在 $n+1$ 阶导数,且在 (a,b) 内存在 n 个互异实根,证明：至少存在 $\xi\in(a,b)$,使得 $f^{(n)}(\xi)=0$.

证明：设 $f(x)$ 在 (a,b) 存在的 n 个互异实根为

$x_k(k=1,2,\cdots,n)$,且 $x_1<x_2<x_3<\cdots<x_n$,

则 $f(x_1)=0,f(x_2)=0,\cdots,f(x_n)=0$.

由于 $f(x)$ 在 (a,b) 非负或非正,故

$f(x_1),f(x_2),\cdots,f(x_n)$

是 $f(x)$ 在 (a,b) 的极小值或极大值,

于是 $f'(x_1)=f'(x_2)=\cdots=f'(x_n)=0$.

令 $F(x)=f'(x),x\in(a,b)$,

则 $F(x)$ 在 (a,b) 存在 n 阶导数,且

$F(x_1)=F(x_2)=\cdots=F(x_n)$,

故，至少存在 $\xi\in(a,b)$，使得 $F^{(n-1)}(\xi)=0$,

即至少存在 $\xi\in(a,b)$，使得 $f^{(n)}(\xi)=0$.

知识点	（1）极值的概念； （2）罗尔中值定理．

【例 14】 设 $f(x)$ 在 $[0,a]$ 存在 n 阶导数，且 $f(a)=0$，证明：至少存在 $\xi\in(0,a)$，使 $F^{(n)}(\xi)=0$，其中 $F(x)=x^n f(x)$．

证明：因 $F(x)$ 满足条件：

（1）在 $[0,a]$ 连续；

（2）在 $(0,a)$ 内可导；

（3）$F(0)=F(a)$.

故由罗尔中值定理，至少存在 $\xi_1\in(0,a)$，使得 $F'(\xi_1)=0$．

又因 $F'(x)=nx^{n-1}f(x)+x^n f'(x)$，故 $F'(x)$ 满足条件：

（1）在 $[0,\xi_1]$ 上连续；

（2）在 $(0,\xi_1)$ 内可导；

（3）$F'(0)=F'(\xi_1)$．

故由罗尔中值定理，至少存在 $\xi_2\in(0,\xi_1)$，使得 $F''(\xi_2)=0$．

……

再因 $F^{(n-2)}(x)=\sum\limits_{k=0}^{n-2}C_{n-2}^{k}(x^n)^{(k)}f^{(n-k)}(x)$，故 $F^{(n-1)}(x)$ 满足条件：

（1）在 $[0,\xi_{n-2}]$ 连续；

（2）在 $(0,\xi_{n-2})$ 可导；

（3）$F'(0)=F'(\xi_{n-2})$．

故由罗尔中值定理，至少存在 $\xi_{n-1}\in(0,\xi_{n-2})$，使得 $F^{(n-1)}(\xi_{n-1})=0$．

而 $F^{(n-1)}(x)=\sum\limits_{k=0}^{n-1}C_{n-1}^{k}(x^n)^{(k)}f^{(n-k)}(x)$，故 $F^{(n-1)}(x)$ 满足条件：

（1）在 $[0,\xi_{n-1}]$ 连续；

（2）在 $(0,\xi_{n-1})$ 可导；

（3）$F^{(n-1)}(0)=F^{(n-1)}(\xi_{n-1})$．

故由罗尔中值定理，至少存在 $\xi_n\in(0,\xi_{n-1})$，使得 $F^{(n)}(\xi_n)=0$．

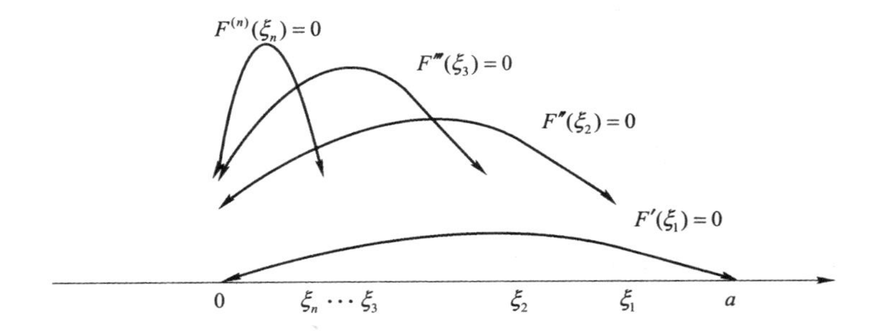

知识点	（1）反复利用罗尔中值定理； （2）莱布尼兹公式．

【例 15】设 $f(x)$ 在 (a,b) 存在 n 阶导数，$a_k\in(a,b)(k=1,2,\cdots,n)$，且 $a_i\neq a_j(i,j=1,2,\cdots,n)$，$f(a_1)=f(a_2)=\cdots=f(a_n)=0$，证明：$\forall x\in(a,b)(x\neq a_1,a_2,\cdots,a_n)$，至少存在 $\xi\in(a,b)$，使得

$$f(x)=\frac{f^{(n-1)}(\xi)}{n!}(x-a_1)(x-a_2)\cdots(x-a_n).$$

证明：不妨设 $a_1<a_2<a_3<\cdots<a_n$，令 $F(t)$

$$=f(t)-\frac{f(x)}{(x-a_1)(x-a_2)\cdots(x-a_n)}(t-a_1)(t-a_2)\cdots(t-a_n),$$

则 $F(t)$ 在 (a,b) 内存在 n 阶导数，且当 $x\neq a_k(k=1,2,\cdots,n)$

$$F(a_1)=F(a_2)=\cdots=F(a_n)=F(x)=0.$$

故至少存在 $\xi\in(a,b)$，使得 $F^{(n)}(\xi)=0$．而

$$F^{(n)}(t)=f^{(n)}(t)-\frac{f(x)}{(x-a_1)(x-a_2)\cdots(x-a_n)}\cdot n!,$$

于是至少存在 $\xi\in(a,b)$，使得

$$f(x)=\frac{f^{(n)}(\xi)}{n!}(x-a_1)(x-a_2)\cdots(x-a_n).$$

知识点	反复利用罗尔中值定理．

【例 16】设 $f(x)$ 在 $(-\infty,+\infty)$ 有界且导数连续，$\forall x\in R,\left|f(x)+f'(x)\right|\leqslant 1$，证明：$\left|f(x)\right|\leqslant 1$．

证明：构造函数

$$F(x)=\mathrm{e}^x f(x),F'(x)=\mathrm{e}^x(f(x)+f'(x))$$

$$\left|F'(x)\right|=\left|\mathrm{e}^x(f(x)+f'(x))\right|\leqslant \mathrm{e}^x,-\mathrm{e}^x\leqslant F'(x)\leqslant \mathrm{e}^x$$

故 $-\int_{-\infty}^{x}\mathrm{e}^x\mathrm{d}x\leqslant\int_{-\infty}^{x}F'(x)\mathrm{d}x\leqslant\int_{-\infty}^{x}\mathrm{e}^x\mathrm{d}x$，即

$-\mathrm{e}^x\leqslant \mathrm{e}^x f(x)-\lim\limits_{x\to-\infty}\mathrm{e}^x f(x)\leqslant \mathrm{e}^x$，所以有

$-1\leqslant f(x)\leqslant 1$．

知识点	（1）积分不等式性质； （2）指数函数的应用．

【例 17】设 $f(x)$ 在 $[0,+\infty)$ 可导 $0\leqslant f'(x)\leqslant f(x),f(0)=0$，证明：$f(x)\equiv 0$．

证明：分析构造函数：

$F(x)=\mathrm{e}^{-x}f(x)$，$F(0)=0$

$F'(x)=\mathrm{e}^{-x}(-f(x)+f'(x))<0$，

$F(x)$ 在 $[0,+\infty)$ 单调递减，

所以当 $x>0$ 时，$F(x)\leqslant F(0)=0$，即 $f(x)\leqslant 0$，

又由已知条件 $f(x)\geqslant 0$，从而可知 $f(x)\equiv 0$．

知识点	（1）指数函数的应用； （2）单调性．

【例 18】 设 $f(x)$在$(a,+\infty)$上可微，$\lim\limits_{x\to+\infty} f(x)$和 $\lim\limits_{x\to+\infty} f'(x)$存在，证明：$\lim\limits_{x\to+\infty} f'(x)=0$．

证明： 记 $\lim\limits_{x\to+\infty} f(x)=A$ （有限）； $\lim\limits_{x\to+\infty} f'(x)=B$ （有限）；

$$A=\lim_{x\to+\infty} f(x)=\lim_{x\to+\infty}\frac{e^x f(x)}{e^x}$$

$$=\lim_{x\to+\infty}\frac{e^x f(x)+e^x f'(x)}{e^x}=A+B,$$

从而 $B=0$，所以 $\lim\limits_{x\to+\infty} f'(x)=0$．

知识点	指数函数的应用．

【例 19】 设 $f(x)$ 在 $[a,b]$ 上，存在 $n+1$ 且满足 $f^{(k)}(a)=f^{(k)}(b)=0$ ，$k=0,1,\cdots,n$，证明：$\exists\xi\in[a,b]$ 使得 $f(\xi)=f^{(n+1)}(\xi)$．

证明：（1）当 $n=0$ 时，令 $h(x)=e^{-x}f(x)$，则

$$h'(x)=e^{-x}(f'(x)-f(x)),\text{因为}h(a)=h(b)=0,$$

所以 $\exists\xi\in[a,b]$ 使得 $f(\xi)=f'(\xi)$．

（2）当 $n>0$ 时，令 $g(x)=\sum\limits_{k=0}^{n}f^{(k)}(x)$，则 $g(a)=g(b)=0$

当 $\exists\xi\in[a,b]$，使得 $g(\xi)=g'(\xi)$

$$g(x)-g'(x)=f(x)-f^{(n+1)}(x),\ \text{故}f(\xi)=f^{(n+1)}(\xi).$$

知识点	指数函数的应用．

【例 20】 证明：若函数 $f(x)$ 在 $(0,+\infty)$ 内可微，且 $\lim\limits_{x\to+\infty} f'(x)=0$，则 $\lim\limits_{x\to+\infty}\dfrac{f(x)}{x}=0$．

证明： 因为 $\lim\limits_{x\to+\infty} f'(x)=0$，所以，对任给的 $\varepsilon>0$，总存在 $M_1>0$，使得当 $x>M_1$ 时，有 $|f'(x)-0|<\dfrac{\varepsilon}{2}$，即 $|f'(x)|<\dfrac{\varepsilon}{2}$，

又因为函数 $f(x)$ 在 $(0,+\infty)$ 内可微，

所以函数 $f(x)$ 在 $[M_1,x]$ 上可微，

于是由拉格朗日中值定理知，至少存在一点 $\xi\in(M_1,x)$，使得 $f(x)-f(M_1)=f'(\xi)(x-M_1)$，

于是

$$\left|\frac{f(x)}{x}\right|=\left|\frac{f(M_1)+[f(x)-f(M_1)]}{x}\right|$$

$$=\left|\frac{f(M_1)+f'(\xi)(x-M_1)}{x}\right|$$

$$=\left|\frac{f(M_1)}{x}\right|+\left|\frac{f'(\xi)(x-M_1)}{x}\right|$$

$$=\frac{|f(M_1)|}{x}+|f'(\xi)|\frac{x-M_1}{x}<\frac{|f(M_1)|}{x}+\frac{\varepsilon}{2}$$

又 $\lim\limits_{x\to+\infty}\dfrac{|f(M_1)|}{x}=0$,

所以，对上述的 $\varepsilon>0$，总存在 $M_2>0$，使得当 $x>M_2$ 时，有 $\dfrac{|f(M_1)|}{x}<\dfrac{\varepsilon}{2}$，

取 $M=\max\{M_1,M_2\}$,

则当 $x>M$ 时，有 $\left|\dfrac{f(x)}{x}\right|<\dfrac{\varepsilon}{2}+\dfrac{\varepsilon}{2}=\varepsilon$,

故 $\lim\limits_{x\to+\infty}\dfrac{f(x)}{x}=0$.

知识点：	（1）极限定义； （2）拉格朗日中值定理．

【小练习 1】 设$f(x)$可微，证明：$\forall\lambda$，在$f(x)$的两个零点之间必存在 $\lambda f(x)+f'(x)$ 的零点．

分析构造函数：$F(x)=\mathrm{e}^{\lambda x}f(x),F'(x)=\mathrm{e}^{\lambda x}(\lambda f(x)+f'(x))$

【小练习 2】 设 $f(x)\in D^3[a,b],f'(a)=f'(b)=0,$ 且存在 $c\in(a,b),$ 有$f(c)=\max\limits_{a\leqslant x\leqslant b}f(x),$ 证明：$f'''(x)$在(a,b)有零点．

分析构造函数：$F(x)=\mathrm{e}^{\lambda x}f(x),F'(x)=\mathrm{e}^{\lambda x}(\lambda f(x)+f'(x))$.

2.2.6 泰勒定理

【例 1】 设 $f(x)$ 在 $(0,+\infty)$ 内两次可微，且对任意的 $x\in(0,+\infty)$ 有 $|f(x)|\leqslant A,|f''(x)|\leqslant B$, A,B 为大于 0 的常数，证明：$|f'(x)|\leqslant 2\sqrt{AB},(x>0)$.

证明一：对任意的 $x\in(0,+\infty),h>0,$ 由泰勒公式

$$f(x+h)=f(x)+f'(x)h+\frac{1}{2}f''(x+\theta h)h^2,0<\theta<1,$$

可得

$$|f'(x)|=\left|\frac{f(x+h)-f(x)-\frac{1}{2}f''(x+\theta h)h^2}{h}\right|$$

$$\leqslant\frac{2|f(x+h)|+2|f(x)|+|f''(x+\theta h)|h^2}{2h},$$

取 $h=2\sqrt{\dfrac{A}{B}}$, 得

$$|f'(x)|\leqslant\frac{4A+B\cdot 4\left(\sqrt{\dfrac{A}{B}}\right)^2}{4\sqrt{\dfrac{A}{B}}}=2\sqrt{AB}.$$

证明二：若 $B=0$，则可相继推出：

$f''(x)\equiv 0 \Rightarrow f'(x)\equiv C \Rightarrow f(x)=Cx+D$，

再由 $|f(x)|\leqslant A$，可知 $C=0\Rightarrow f'(x)\equiv 0$，

结论成立. 同理，当 $A=0$ 时结论同样成立.

现设 $A>0$，$B>0$. 利用泰勒公式，

$\exists \xi\in\left(x,x+2\sqrt{\dfrac{A}{B}}\right)$，使

$$f\left(x+2\sqrt{\frac{A}{B}}\right)=f(x)+2\sqrt{\frac{A}{B}}f'(x)\frac{1}{2}\cdot\frac{4A}{B}f''(\xi).$$

由此得到

$$2\sqrt{\frac{A}{B}}\,|f'(x)|=\left|f\left(x+2\sqrt{\frac{A}{B}}\right)-f(x)-\frac{2A}{B}f''(\xi)\right|$$

$$\leqslant A+A+\frac{2A}{B}B=4A,$$

于是证得 $|f'(x)|\leqslant\dfrac{1}{2}\sqrt{A}\cdot 4A=2\sqrt{AB}$.

知识点	（1）泰勒公式； （2）三角不等式.

【例 2】 设 $f(x)$ 在 $[a,b]$ 上二阶可导，$f_+'(a)=f_-'(b)=0$. 证明：$\exists\xi\in(a,b)$，使得 $|f''(\xi)|\geqslant\dfrac{4}{(b-a)^2}|f(b)-f(a)|$.

证明：将 $f\left(\dfrac{a+b}{2}\right)$ 分别在点 a 与 b 作泰勒展开：

$$f\left(\frac{a+b}{2}\right)=f(a)+\frac{f''(\xi_1)}{2!}\left(\frac{b-a}{2}\right)^2,\xi_1\in\left(a,\frac{a+b}{2}\right),$$

$$f\left(\frac{a+b}{2}\right)=f(b)+\frac{f''(\xi_2)}{2!}\left(\frac{b-a}{2}\right)^2,\xi_2\in\left(\frac{a+b}{2},b\right),$$

以上两式相减后得到

$$f(b)-f(a)=\frac{1}{2}\left(\frac{b-a}{2}\right)^2[f''(\xi_1)-f''(\xi_2)].$$

设 $|f''(\xi)|=\max\{|f''(\xi_1)|,|f''(\xi_2)|\}$，则有

$$|f(b)-f(a)|\leqslant\frac{1}{2}\left(\frac{b-a}{2}\right)^2(|f''(\xi_1)|+|f''(\xi_2)|)\leqslant\left(\frac{b-a}{2}\right)^2|f''(\xi)|,$$

于是证得结论：$|f''(\xi)|\geqslant\dfrac{4}{(b-a)^2}|f(b)-f(a)|$.

2.2.7 证明不等式

（1）利用导数定义；

（2）中值定理（构造函数，利用中值定理，去掉中值）；

（3）单调性（构造函数，利用单调性定义）；

（4）极值（构造函数，找出极值，利用定义）；

（5）凹凸性（构造函数，判断凹凸性，利用定义、定理）；

（6）泰勒定理（构造函数，利用定理）.

【例 1】 当 $0<x<\dfrac{\pi}{2}$ 时，证明 $\dfrac{2}{\pi}x<\sin x<x$.

证明：（1）设 $f(x)=x-\sin x$

因为 $f'(x)=1-\cos x>0\left(0<x<\dfrac{\pi}{2}\right)$, 故 $f(x)$ 在 $\left(0,\dfrac{\pi}{2}\right)$ 内单调增加. 又因为 $f(0)=0$, 所以在 $\left(0,\dfrac{\pi}{2}\right)$ 内，$f(x)>0$, 即 $\sin x<x$.

（2）设 $g(x)=\sin x-\dfrac{2}{\pi}x$.

由于 $g(0)=g\left(\dfrac{\pi}{2}\right)=0$, 此函数在 $\left[0,\dfrac{\pi}{2}\right]$ 上不是单调的，因为

$$g'(x)=\cos x-\frac{2}{\pi}, g''(x)=-\sin x<0\left(0<x<\frac{\pi}{2}\right),$$

这表示曲线 $y=g(x)$ 在 $\left[0,\dfrac{\pi}{2}\right]$ 内是凸的，且在端点的值均为零，因此，在 $\left(0,\dfrac{\pi}{2}\right)$ 内 $g(x)>0$, 即

$\sin x>\dfrac{2}{\pi}x\left(0<x<\dfrac{\pi}{2}\right)$（也可用极值理论证明），

由（1）（2）即得结论.

知识点	（1）单调性； （2）凹凸性.

【例 2】 试证 $3x<\tan x+2\sin 2\left(0<x<\dfrac{\pi}{2}\right)$.

证明：设 $f(x)=\tan x+2\sin x-3x$，只需证明 $f(x)>0$.

$$f'(x)=\sec^2 x+2\cos x-3$$

$$f''(x)=2\tan x\sec^2 x(1-\cos^2 x)>0\left(0<x<\frac{\pi}{2}\right).$$

故 $f'(x)$ 单调增加，又 $f'(0)=0$，故 $f'(x)>0$，

从而 $f(x)$ 也单调增加，又 $f(0)=0$，

于是 $f(x)>0\left(0<x<\dfrac{\pi}{2}\right)$，结论得证.

知识点	（1）中值定理； （2）零点定理； （3）单调性．

【例3】设 $x>0$，且 $x\neq 1$，则 $\dfrac{\ln x}{x-1}<\dfrac{1}{\sqrt{x}}$．

证明：设 $f(x)=\sqrt{x}\ln x-x+1, x>0$，则 $f(1)=0$，

$$f'(x)=\frac{1}{2\sqrt{x}}\ln x+\frac{1}{\sqrt{x}}-1=\frac{\ln x+2-2\sqrt{x}}{2\sqrt{x}}.$$

令 $g(x)=\ln x+2-2\sqrt{x}$，

则 $g'(x)=\dfrac{1}{x}-\dfrac{1}{\sqrt{x}}=\dfrac{1-\sqrt{x}}{x}$，令 $g'(x)=0, x=1.$

（1）当 $x\in(0,1)$ 时，$g'(x)>0, g(x)$ 在 $(0,1)$ 单调增加，

对 $\forall x\in(0,1), g(x)<g(1)=0$，

从而 $f'(x)<0, f(x)$ 在 $(0,1)$ 单调减少，

对 $\forall x\in(0,1), f(x)>f(1)=0$，

所以 $\sqrt{x}\ln x>x-1$，即在 $(0,1)$ 上，$\dfrac{\ln x}{x-1}<\dfrac{1}{\sqrt{x}}$．

（2）当 $x\in(1,+\infty)$ 时，$g'(x)<0, g(x)$ 在 $(1,+\infty)$ 单调减少，

对 $\forall x\in(1,+\infty), g(x)<g(1)=0$，

从而 $f'(x)<0, f(x)$ 在 $(1,+\infty)$ 单调减少，

对 $\forall x\in(1,+\infty), f(x)<f(1)=0$，

所以 $\sqrt{x}\ln x<x-1$，即在 $(1,+\infty)$ 上，$\dfrac{\ln x}{x-1}<\dfrac{1}{\sqrt{x}}$．

综上所述，当 $x>0$，且 $x\neq 1$ 时，有 $\dfrac{\ln x}{x-1}<\dfrac{1}{\sqrt{x}}$．

知识点	单调性．

【例4】证明当 $0<x<2$ 时，$4x\ln x>x^2+2x-4$．

证明：令 $f(x)=4x\ln x-x^2-2x+4$，则

$$f'(x)=4\ln x-2x+2$$

$$f''(x)=\frac{2(2-x)}{x}>0 \quad (0<x<2),$$

故 $f'(x)$ 单调增加，而 $f'(1)=0$，

于是当 $0<x<1$ 时，$f'(x)<f'(1)=0$，

当 $1<x<2$ 时，$f'(x)>f'(1)=0$，

故 $x=1$ 为 $f(x)$ 在 $0<x<2$ 内唯一的极小值点，

也是最小值点，最小值 $f(1)=1>0,$

故 $f(x)>0$，结论得证.

知识点	极值.

【例 5】设 $\lim\limits_{x\to 0}\dfrac{f(x)}{x}=1$, 且 $f''(x)>0$, 证明： $f(x)\geqslant x$.

证明：

方法 1：因为 $f(x)$ 连续，

所以由 $\lim\limits_{x\to 0}\dfrac{f(x)}{x}=1$, 知 $f(0)=0$, 又

$$f'(0)=\lim_{x\to 0}\frac{f(x)-f(0)}{x}=\lim_{x\to 0}\frac{f(x)}{x}=1,$$

由泰勒公式得

$$f(x)=f(0)+f'(0)x+\frac{1}{2}f''(\xi)x^2=x+\frac{1}{2}f''(\xi)x^2,$$

（ξ 在 0 与 x 之间）

因为 $f''(\xi)>0$, 所以 $f(x)\geqslant x$.

方法 2：通上可得 $f(0)=0, f'(0)=1$.

令 $F(x)=f(x)-x$, 则 $F(0)=0$,

$F'(0)=0$, 又由 $F''(x)=f''(x)>0$,

知 $F(0)$ 是 $F(x)$ 的极小值和 $F'(x)$ 单调，

所以 $F(x)$ 只有一个驻点 $x=0$, 从而 $F(0)$ 也是 $F(x)$ 的最小值，因此 $F(x)\geqslant F(0)=0$, 即 $f(x)\geqslant x$.

知识点	（1）连续性； （2）泰勒公式； （3）单调性.

【例 6】设 $f(x)$ 在 $[a,b]$ 上可导，$f\left(\dfrac{a+b}{2}\right)=0$ 且 $|f'(x)|\leqslant M$, 证明：

$$\left|\int_a^b f(x)\mathrm{d}x\right|\leqslant\frac{M}{4}(b-a)^2.$$

证：因 $f(x)$ 在 $[a,b]$ 可导，则由拉格朗日中值定理，

$\exists\xi\in(a,b)$ 使 $f(x)-f\left(\dfrac{a+b}{2}\right)=f'(\xi)\left(x-\dfrac{a+b}{2}\right)$

即有 $\left|\int_a^b f(x)\mathrm{d}x\right|=\left|\int_a^b f'(\xi)\left(x-\dfrac{a+b}{2}\right)\mathrm{d}x\right|$

$$\leqslant M\left[\int_a^{\frac{a+b}{2}}\left(\frac{a+b}{2}-x\right)\mathrm{d}x+\int_{\frac{a+b}{2}}^b\left(x-\frac{a+b}{2}\right)\mathrm{d}x\right]=\frac{M}{4}(b-a)^2.$$

知识点	拉格朗日中值定理.

【例 7】设函数 $f(x)$ 在含有 $[a,b]$ 的某个开区间内二次可导且 $f'(a)=f'(b)=0$，则存在

$\xi\in(a,b)$ 使得 $\left|f''(\xi)\right|\geqslant\dfrac{4}{(b-a)^2}\left|f(b)-f(a)\right|$.

证明：利用泰勒定理

对 $x=\dfrac{a+b}{2}\in(a,b)$，有

$$f(x)=f(a)+f'(a)(x-a)+\frac{1}{2!}f''(\xi_1)(x-a)^2$$

而 $f'(a)=f'(b)=0$，故有

$$|f(b)-f(a)|=\frac{1}{2!}|f''(\xi_1)(x-a)^2-f''(\xi_2)(x-b)^2|$$

令 $|f(\xi)|=\max\{|f''(\xi_1)|,|f''(\xi_2)|\}$，

则有 $|f(b)-f(a)|\leqslant\dfrac{1}{2!}|f''(\xi)2\left(\dfrac{b-a}{2}\right)^2\leqslant|f''(\xi)|\dfrac{(b-a)^2}{4}$

即 $|f''(\xi)|\geqslant\dfrac{4}{(b-a)^2}|f(b)-f(a)|$.

知识点	泰勒定理.

2.2.8　微分的应用

【例】 设 $0\leqslant x<+\infty$ 时，$f''(x)>0, f(0)=0$，证明函数 $F(x)=\dfrac{f(x)}{x}$ 在 $(0,+\infty)$ 单调增加.

证明：$F'(x)=\dfrac{xf'(x)-f(x)}{x^2}$，令

$h(x)=xf'(x)-f(x), h(0)=0$，由于

$$h'(x)=xf''(x)>0\qquad(0<x<+\infty)$$

从而 $h(x)$ 单调增加，于是 $h(x)>h(0)=0$，

可知 $F'(x)>0$，从而 $F(x)=\dfrac{f(x)}{x}$ 在 $(0,+\infty)$ 单调增加.

知识点	单调性.

Lesson 3

第 3 讲　一元函数积分学

知识结构

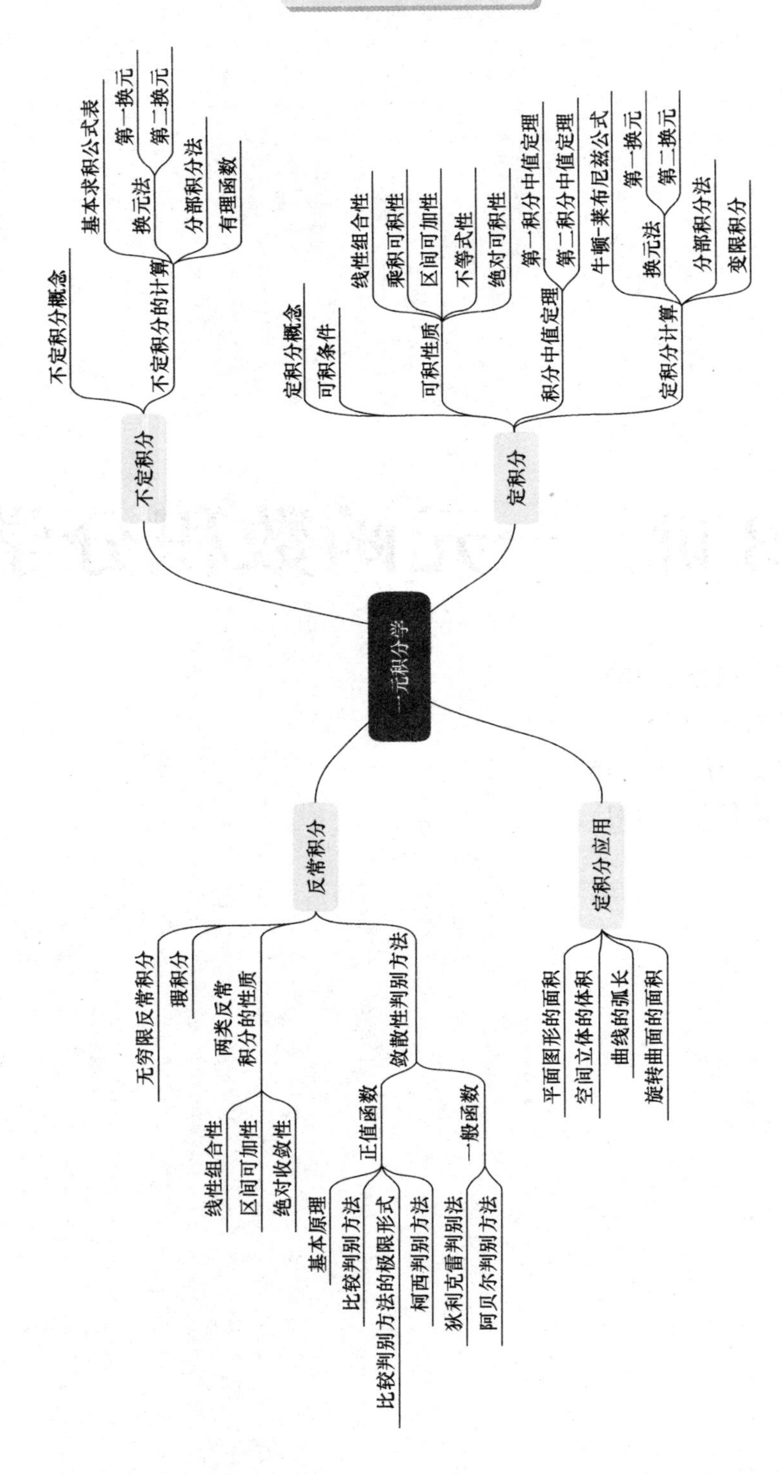
一元积分学
不定积分
不定积分概念
不定积分的计算
基本求积公式表
换元法
第一换元
第二换元
分部积分法
有理函数
定积分
定积分概念
可积条件
可积性质
线性组合性
乘积可积性
区间可加性
不等式性
绝对可积性
积分中值定理
第一积分中值定理
第二积分中值定理
定积分计算
牛顿-莱布尼兹公式
换元法
第一换元
第二换元
分部积分法
变限积分
反常积分
无穷限反常积分
瑕积分
两类反常积分的性质
线性组合性
区间可加性
绝对收敛性
敛散性判别方法
正值函数
基本原理
比较判别方法
比较判别方法的极限形式
柯西判别方法
一般函数
狄利克雷判别法
阿贝尔判别方法
定积分应用
平面图形的面积
空间立体的体积
曲线的弧长
旋转曲面的面积

§3.1 不定积分

知识要点

3.1.1 定义

设函数 $f(x)$ 与 $F(x)$ 在区间 I 上有定义．若 $F'(x)=f(x)$，$x\in I$，则称 $F(x)$ 为 $f(x)$ 在区间 I 上的一个原函数．

函数 $f(x)$ 在区间 I 上的原函数的全体称为 $f(x)$ 在 I 上的不定积分．

3.1.2 第一类换元法（凑微分法）

设 $g(u)$ 在 $[\alpha,\beta]$ 上有定义，$u=\varphi(x)$ 在 $[a,b]$ 上可导，且 $\alpha\leqslant\varphi(x)\leqslant\beta$，$x\in[a,b]$，记 $f(x)=g(\varphi(x))\varphi'(x)$，$x\in[a,b]$．

若 $g(u)$ 在 $[\alpha,\beta]$ 上存在原函数 $G(x)$，则 $f(x)$ 在 $[a,b]$ 上也存在原函数 $F(x)$，且有 $F(x)=G(\varphi(x))+C$，即

$$\int f(x)\mathrm{d}x=\int g(\varphi(x))\varphi'(x)\mathrm{d}x=\int g(u)\mathrm{d}u=G(u)+C=G(\varphi(x))+C.$$

也可写为：

$$\int g(\varphi(x))\varphi'(x)\mathrm{d}x=\int g(\varphi(x))\mathrm{d}\varphi(x)=（令\ \varphi(x)=u）=\int g(u)\mathrm{d}u=G(u)+C$$

$$=（代回\ u=\varphi(x)）\ G(\varphi(x))+C.$$

$$\int g(x)\mathrm{d}x\xrightarrow{拆}\int f(\varphi(x))\varphi'(x)\mathrm{d}x\overset{凑}{=\!=\!=}\int f(\varphi(x))\mathrm{d}\varphi(x)$$

$$\underset{令\ u=\varphi(x)}{\overset{换}{=\!=\!=}}\int f(u)\mathrm{d}u\overset{积}{=\!=\!=}F(u)+C\underset{u=\varphi(x)}{\overset{代}{=\!=\!=}}F(\varphi(x))+C$$

3.1.2.1 抽象函数的凑微分公式

$$\left(f(x^{\alpha+1})\right)'=(\alpha+1)f'(x^{\alpha+1})\cdot x^{\alpha}$$

$$\Rightarrow\int f'(x^{\alpha+1})x^{\alpha}\mathrm{d}x=\frac{1}{\alpha+1}\int f'(x^{\alpha+1})\mathrm{d}(x^{\alpha+1})=\frac{f(x^{\alpha+1})}{\alpha+1}+C$$

$$\left(f^{\alpha+1}(x)\right)'=(\alpha+1)f^{\alpha}(x)f'(x)$$

$$\Rightarrow\int f^{\alpha}(x)f'(x)\mathrm{d}x=\int f^{\alpha}(x)\mathrm{d}f(x)=\frac{f^{\alpha+1}(x)}{\alpha+1}+C$$

$$\left(f(\ln x)\right)'=\frac{f'(\ln x)}{x}\Rightarrow\int\frac{f'(\ln x)}{x}\mathrm{d}x=\int f'(\ln x)\mathrm{d}(\ln x)=f(\ln x)+C$$

$$\left(\ln|f(x)|\right)'=\frac{f'(x)}{f(x)}\Rightarrow\int\frac{f'(x)}{f(x)}\mathrm{d}x=\int\frac{1}{f(x)}\mathrm{d}f(x)=\ln|f(x)|+C$$

$$\left(f(a^x)\right)'=f'(a^x)a^x\ln a\Rightarrow\int f'(a^x)a^x\mathrm{d}x=\frac{1}{\ln a}\int f'(a^x)\mathrm{d}(a^x)=\frac{1}{\ln a}f(a^x)+C$$

$$\left(a^{f(x)}\right)'=a^{f(x)}f'(x)\ln a\Rightarrow\int a^{f(x)}f'(x)\mathrm{d}x=\int a^{f(x)}\mathrm{d}f(x)=\frac{1}{\ln a}a^{f(x)}+C$$

$$\left(f(\mathrm{e}^x)\right)'=f'(\mathrm{e}^x)\mathrm{e}^x\Rightarrow\int f'(\mathrm{e}^x)\mathrm{e}^x\mathrm{d}x=\int f'(\mathrm{e}^x)\mathrm{d}(\mathrm{e}^x)=f(\mathrm{e}^x)+C$$

$$(\mathrm{e}^{f(x)})'=\mathrm{e}^{f(x)}f'(x)\Rightarrow\int\mathrm{e}^{f(x)}f'(x)\mathrm{d}x=\int\mathrm{e}^{f(x)}\mathrm{d}f(x)=\mathrm{e}^{f(x)}+C$$

$$\left(f(\sin x)\right)'=f'(\sin x)\cdot\cos x$$
$$\Rightarrow\int f'(\sin x)\cdot\cos x\mathrm{d}x=\int f'(\sin x)\mathrm{d}(\sin x)=f(\sin x)+C$$

$$\left(\sin f(x)\right)'=\cos f(x)\cdot f'(x)$$
$$\Rightarrow\int\cos f(x)\cdot f'(x)\mathrm{d}x=\int\cos f(x)\mathrm{d}f(x)=\sin f(x)+C$$

$$\left(f(\cos x)\right)'=-f'(\cos x)\cdot\sin x$$
$$\Rightarrow\int f'(\cos x)\cdot\sin x\mathrm{d}x=-\int f'(\cos x)\mathrm{d}(\cos x)=f(\cos x)+C$$

$$\left(\cos f(x)\right)'=-\sin f(x)\cdot f'(x)$$
$$\Rightarrow\int\sin f(x)\cdot f'(x)\mathrm{d}x=\int\sin f(x)\mathrm{d}f(x)=-\cos f(x)+C$$

$$\left(f(\tan x)\right)'=f'(\tan x)\cdot\sec^2 x$$
$$\Rightarrow\int f'(\tan x)\cdot\sec^2 x\mathrm{d}x=\int f'(\tan x)\mathrm{d}(\tan x)=f(\tan x)+C$$

$$\left(\tan f(x)\right)'=\sec^2 f(x)\cdot f'(x)$$
$$\Rightarrow\int\sec^2 f(x)\cdot f'(x)\mathrm{d}x=\int\sec^2 f(x)\mathrm{d}f(x)=\tan f(x)+C$$

$$\left(f(\cot x)\right)'=-f'(\cot x)\cdot\csc^2 x$$
$$\Rightarrow\int f'(\cot x)\cdot\csc^2 x\mathrm{d}x=-\int f'(\cot x)\mathrm{d}(\cot x)=f(\cot x)+C$$

$$\left(\cot f(x)\right)'=-\csc^2 f(x)\cdot f'(x)$$
$$\Rightarrow\int\csc^2 f(x)\cdot f'(x)\mathrm{d}x=\int\csc^2 f(x)\mathrm{d}f(x)=-\cot f(x)+C$$

$$\left(f(\sec x)\right)'=f'(\sec x)\cdot\sec x\tan x$$
$$\Rightarrow\int f'(\tan x)\cdot\sec x\tan x\mathrm{d}x=\int f'(\sec x)\mathrm{d}(\sec x)=f(\sec x)+C$$

$$\left(\sec f(x)\right)'=\sec f(x)\cdot\tan f(x)\cdot f'(x)$$
$$\Rightarrow\int\sec f(x)\cdot\tan f(x)\cdot f'(x)\mathrm{d}x=\int\sec f(x)\cdot\tan f(x)\mathrm{d}f(x)=\sec f(x)+C$$

$$(f(\csc x))'=-f'(\csc x)\cdot\csc x\cot x$$

$$\Rightarrow\int f'(\csc x)\cdot\csc x\cot x\mathrm{d}x=-\int f'(\csc x)\mathrm{d}(\csc x)=-f(\csc x)+C$$

$$(\csc f(x))'=-\csc f(x)\cot f(x)\cdot f'(x)$$

$$\Rightarrow\int\csc f(x)\cot f(x)\cdot f'(x)\mathrm{d}x=\int\csc f(x)\cot f(x)\mathrm{d}f(x)=-\csc f(x)+C$$

$$(f(\arcsin x))'=\frac{f'(\arcsin x)}{\sqrt{1-x^2}}$$

$$\Rightarrow\int\frac{f'(\arcsin x)}{\sqrt{1-x^2}}\mathrm{d}x=\int f'(\arcsin x)\mathrm{d}(\arcsin x)=f(\arcsin x)+C$$

$$(\arcsin f(x))'=\frac{f'(x)}{\sqrt{1-f^2(x)}}$$

$$\Rightarrow\int\frac{f'(x)}{\sqrt{1-f^2(x)}}\mathrm{d}x=\int\frac{1}{\sqrt{1-f^2(x)}}\mathrm{d}f(x)=\arcsin f(x)+C$$

$$\left(\sqrt{1-f^2(x)}\right)'=\frac{-f(x)f'(x)}{\sqrt{1-f^2(x)}}\Rightarrow\int\frac{f(x)f'(x)}{\sqrt{1-f^2(x)}}\mathrm{d}x=\int\frac{f(x)}{\sqrt{1-f^2(x)}}\mathrm{d}f(x)$$

$$=-\frac{1}{2}\int\frac{1}{\sqrt{1-f^2(x)}}\mathrm{d}(1-f^2(x))=-\sqrt{1-f^2(x)}+C$$

$$(f(\arctan x))'=\frac{f'(\arctan x)}{1+x^2}$$

$$\Rightarrow\int\frac{f'(\arctan x)}{1+x^2}\mathrm{d}x=\int f'(\arctan x)\mathrm{d}(\arctan x)=f(\arctan x)+C$$

$$(\arctan f(x))'=\frac{f'(x)}{1+f^2(x)}$$

$$\Rightarrow\int\frac{f'(x)}{1+f^2(x)}\mathrm{d}x=\int\frac{1}{1+f^2(x)}\mathrm{d}f(x)=\arctan f(x)+C$$

$$\left(\ln(1+f^2(x))\right)'=\frac{2f(x)f'(x)}{1+f^2(x)}\Rightarrow\int\frac{f(x)f'(x)}{1+f^2(x)}\mathrm{d}x=\int\frac{f(x)}{1+f^2(x)}\mathrm{d}f(x)$$

$$=\frac{1}{2}\int\frac{1}{1+f^2(x)}\mathrm{d}(1+f^2(x))=\ln(1+f^2(x))+C$$

3.1.2.2 常见的凑微形式

（1）分子比分母低一次的，把分子凑入微分号，凑成分母的形式；函数外比函数内低一次的，把函数外的凑入微分号，凑成函数内的形式；

（2）只含有三角函数的，通常要降次，或者直接将部分项凑入微分号；

（3）分子分母同时乘以一个函数；

（4）被积函数中有 e^x 和 $\ln x$，找相应的 e^x 和 $\frac{1}{x}$；

（5）复杂函数与简单函数在一起的，把简单函数凑入微分号，凑成复杂函数一部分的形式.

3.1.3 第二换元积分法

设 $g(u)$ 在 $[\alpha,\beta]$ 上有定义，$u=\varphi(x)$ 在 $[a,b]$ 上可导，且 $\alpha\leqslant\varphi(x)\leqslant\beta$，$x\in[a,b]$，记 $f(x)=g(\varphi(x))\varphi'(x)$，$x\in[a,b]$.

若 $\varphi'(x)\neq 0$，$x\in[a,b]$，则当 $f(x)$ 在 $[a,b]$ 存在原函数 $F(x)$ 时，$g(u)$ 在 $[\alpha,\beta]$ 上也存在原函数 $G(u)$，且 $G(u)=F(\varphi^{-1}(u))+C$，即

$$\begin{aligned}&\int g(u)\mathrm{d}u \quad（令\ u=\varphi(x)）\\&=\int g(\varphi(x))\varphi'(x)\mathrm{d}x=\int f(x)\mathrm{d}x=F(x)+C\\&=F(\varphi^{-1}(u))+C \quad（代回\ x=\varphi^{-1}(u)）\end{aligned}$$

常见的变量替换形式如下。

（1）三角代换

被积函数中含有 $\sqrt{a^2-x^2}$ 利用 $x=a\sin t$；

被积函数中含有 $\sqrt{a^2+x^2}$ 利用 $x=a\tan t$；

被积函数中含有 $\sqrt{x^2-a^2}$ 利用 $x=a\sec t$.

（2）根号代换或无理代换

（3）倒代换

（4）万能公式代换

3.1.4 分部积分法

若 $u(x)$ 与 $v(x)$ 可导，不定积分 $\int u'(x)v(x)\mathrm{d}x$ 存在，则不定积分 $\int u(x)v'(x)\mathrm{d}x$ 也存在，且 $\int u(x)v'(x)\mathrm{d}x=u(x)v(x)-\int u'(x)v(x)\mathrm{d}x$.

常见的分部积分形式如下。

（1）降幂

型如 $\int 幂函数\cdot\dfrac{指数函数}{三角函数}\mathrm{d}x$，令 u=幂函数，将指数函数和三角函数凑入微分号；

（2）升幂

型如 $\int 幂函数\cdot\dfrac{对数函数}{反三角函数}\mathrm{d}x$，令 $u=\begin{cases}对数函数\\反三角函数\end{cases}$，将幂函数凑入微分号；

（3）循环

型如 $\int 指数函数\cdot三角函数\mathrm{d}x$，将指数函数凑入积分号，连续利用分部积分，构造循环式，解出原积分.

典型题型

3.1.5　凑微分

【例 1】计算积分 $\int \frac{1}{1-x^2}\ln\frac{1+x}{1-x}\mathrm{d}x$.

解：$\int \frac{1}{1-x^2}\ln\frac{1+x}{1-x}\mathrm{d}x$

$=\frac{1}{2}\int \ln\frac{1+x}{1-x}\mathrm{d}\ln\frac{1+x}{1-x}=\frac{1}{4}\left(\ln\frac{1+x}{1-x}\right)^2+c.$

知识点	凑微分.

【例 2】计算积分 $\int \frac{1}{1+x^2}\arctan\frac{1+x}{1-x}\mathrm{d}x$.

解：

$$\int \frac{1}{1+x^2}\arctan\frac{1+x}{1-x}\mathrm{d}x$$
$$=\int \arctan\frac{1+x}{1-x}\mathrm{d}\arctan\frac{1+x}{1-x}=\frac{1}{2}\left(\arctan\frac{1+x}{1-x}\right)^2+c.$$

知识点	凑微分.

【例 3】计算积分 $\int \frac{\cos x+\sin x+1}{(1+\cos x)^2}\cdot\frac{1+\sin x}{1+\cos x}\mathrm{d}x$.

解：

$$\int \frac{\cos x+\sin x+1}{(1+\cos x)^2}\cdot\frac{1+\sin x}{1+\cos x}\mathrm{d}x$$
$$=\int \frac{1+\sin x}{1+\cos x}\mathrm{d}\frac{1+\sin x}{1+\cos x}=\frac{1}{2}\left(\frac{1+\sin x}{1+\cos x}\right)^2+c.$$

知识点	凑微分.

【例 4】计算积分 $\int \frac{\mathrm{d}x}{x(x^8+1)}$.

解：方法一：$\int \frac{\mathrm{d}x}{x(x^8+1)}=\int \frac{x^7\mathrm{d}x}{x^8(x^8+1)}$

$$=-\int x^7\left(\frac{1}{x^8}-\frac{1}{x^8+1}\right)\mathrm{d}x$$
$$=\int \frac{\mathrm{d}x}{x}-\frac{1}{8}\int \frac{\mathrm{d}(1+x^8)}{1+x^8}=\ln|x|-\frac{1}{8}\ln(1+x^8)+c$$
$$=-\frac{1}{8}\ln\left(1+\frac{1}{x^8}\right)+c.$$

方法二：令 $x=\frac{1}{t}$，

$$\int\frac{\mathrm{d}x}{x(x^8+1)}=\int\frac{-\frac{1}{t^2}}{\frac{1}{t}\left(\frac{1}{t^8}+1\right)}\mathrm{d}t$$

$$=-\int\frac{t^7\mathrm{d}t}{t^8+1}=-\frac{1}{8}\ln(1+t^8)+c$$

$$=-\frac{1}{8}\ln\left(1+\frac{1}{x^8}\right)+c.$$

知识点	（1）凑微分； （2）倒代换.

【例 5】计算积分 $\int\frac{1+\sin x}{1+\sin x+\cos x}\mathrm{d}x$.

解：

$$\int\frac{1+\sin x}{1+\sin x+\cos x}\mathrm{d}x$$

$$=\int\frac{\frac{1}{2}(1+\sin x+\cos x)+\frac{1}{2}(\sin x-\cos x)+\frac{1}{2}}{1+\sin x+\cos x}\mathrm{d}x$$

$$=\frac{1}{2}\int\mathrm{d}x-\frac{1}{2}\int\frac{\cos x-\sin x}{1+\sin x+\cos x}\mathrm{d}x+\frac{1}{2}\int\frac{1}{1+\sin x+\cos x}\mathrm{d}x$$

$$=\frac{1}{2}x-\frac{1}{2}\int\frac{\mathrm{d}(1+\sin x+\cos x)}{1+\sin x+\cos x}+\frac{1}{2}\int\frac{1}{2\sin\frac{x}{2}\cos\frac{x}{2}+2\cos^2\frac{x}{2}}\mathrm{d}x$$

$$=\frac{1}{2}x-\frac{1}{2}\ln|1+\sin x+\cos x|+\frac{1}{2}\int\frac{1}{\tan\frac{x}{2}+1}\mathrm{d}\tan\frac{x}{2}$$

$$=\frac{1}{2}x-\frac{1}{2}\ln|1+\sin x+\cos x|+\frac{1}{2}\ln\left|\tan\frac{x}{2}+1\right|+c.$$

知识点	（1）线性组合性； （2）凑微法.

3.1.6 第二换元积分法

【例 1】计算积分 $\int\frac{\mathrm{d}x}{(x+1)^2\sqrt{x^2+2x+2}}$.

解：

$$\int\frac{\mathrm{d}x}{(x+1)^2\sqrt{x^2+2x+2}}$$

$$=\int\frac{\mathrm{d}(x+1)}{(x+1)^2\sqrt{(x+1)^2+1}}$$

$$\overset{\text{令}x+1=\tan t}{=\!=\!=\!=} \int \frac{\frac{dt}{\cos^2 t}}{\tan^2 t\sec t}$$

$$=\int \frac{\cos t dt}{\sin^2 t}=-\frac{1}{\sin t}+c=-\frac{\sqrt{x^2+2x+2}}{x+1}+c.$$

知识点	三角代换.

【例 2】计算积分 $\int \frac{dx}{x^4\sqrt{1+x^2}}$.

解：令 $x=\tan t$

$$\int \frac{dx}{x^4\sqrt{1+x^2}}=\int \frac{\frac{dt}{\cos^2 t}}{\tan^4 t\sec t}$$

$$=\int \frac{\cos^3 t}{\sin^4 t}dt=\int \frac{d\sin t}{\sin^4 t}-\int \frac{d\sin t}{\sin^2 t}$$

$$=-\frac{1}{3\sin^3 t}+\frac{1}{\sin t}+c$$

$$=-\frac{1}{3}\left(\frac{\sqrt{1+x^2}}{x}\right)^3+\frac{\sqrt{1+x^2}}{x}+c.$$

知识点	三角代换.

【例 3】计算积分 $\int \frac{dx}{(2x^2+1)\sqrt{1+x^2}}$.

解：令 $x=\tan t$

$$\int \frac{dx}{(2x^2+1)\sqrt{1+x^2}}=\int \frac{\sec^2 t}{(2\tan^2 t+1)\sec t}dt$$

$$=\int \frac{\cos t}{2\sin^2 t+\cos^2 t}dt=\int \frac{d\sin t}{1+\sin^2 t}$$

$$=\arctan\sin t+c=\arctan\frac{x}{\sqrt{1+x^2}}+c.$$

知识点	三角代换.

【例 4】计算积分 $\int \frac{x^2dx}{\sqrt{a^2-x^2}}$ （$a>0$）.

解：令 $x=a\sin t$

$$\int \frac{x^2dx}{\sqrt{a^2-x^2}}=\int \frac{a^2\sin^2 t\cdot a\cos t dt}{a\cos t}$$

$$=a^2\int \frac{1-\cos 2t}{2}dt=\frac{1}{2}a^2t-\frac{1}{4}a^2\sin 2t+c$$

$$=\frac{a^2}{2}\left(\arcsin\frac{x}{a}-\frac{x}{a^2}\sqrt{a^2-x^2}\right)+c.$$

知识点	三角代换.

【例 5】计算积分 $\int\sqrt{(1-x^2)^3}\mathrm{d}x$.

解：令 $x=\sin t$

$$\int\sqrt{(1-x^2)^3}\mathrm{d}x=\int\cos^4 t\mathrm{d}t=\int\frac{(1+\cos 2t)^2}{4}\mathrm{d}t$$
$$=\int\frac{1+2\cos 2t+\cos^2 2t}{4}\mathrm{d}t$$
$$=\frac{1}{4}t+\frac{1}{4}\sin 2t+\frac{1}{8}\int(1+\cos 4t)\mathrm{d}t$$
$$=\frac{3}{8}t+\frac{1}{4}\sin 2t+\frac{1}{32}\sin 4t+c$$
$$=\frac{3}{8}t+\frac{1}{4}\sin 2t\left(1+\frac{1}{4}\cos 2t\right)+c$$
$$=\frac{3}{8}t+\frac{1}{4}2\sin t\cos t\left(\frac{4+1-2\sin^2 t}{4}\right)+c$$
$$=\frac{3}{8}\arcsin x+\frac{1}{8}x\sqrt{1-x^2}(5-2x^2)+c.$$

知识点	三角代换.

【例 6】计算积分 $\int\frac{x+1}{x^2\sqrt{x^2-1}}\mathrm{d}x$.

解：令 $x=\sec t$, $\mathrm{d}x=\sec t\tan t\mathrm{d}t$

$$\int\frac{x+1}{x^2\sqrt{x^2-1}}\mathrm{d}x=\int\frac{\sec t+1}{\sec^2 t\tan t}\sec t\tan t\mathrm{d}t$$
$$=\int(1+\cos t)\mathrm{d}t=t+\sin t+c$$
$$=\arccos\frac{1}{x}+\frac{\sqrt{x^2-1}}{x}+c.$$

知识点	三角代换.

【例 7】计算积分 $\int\frac{\sqrt{x^2-1}}{x^4}\mathrm{d}x$.

解：令 $x=\frac{1}{t}$,

$$\int\frac{\sqrt{x^2-1}}{x^4}\mathrm{d}x=\int\frac{\sqrt{\frac{1-t^2}{t^2}}}{\frac{1}{t^4}}\left(-\frac{1}{t^2}\right)\mathrm{d}t$$
$$=-\int t\sqrt{1-t^2}\mathrm{d}t$$
$$\underline{\underline{令 t=\sin u}}-\int\sin u\cos^2 u\mathrm{d}u$$

$$=\frac{1}{3}\cos^3 u+c=\frac{\sqrt{(x^2-1)^3}}{3x^3}+c.$$

知识点	（1）倒代换； （2）三角代换．

【例 8】计算积分 $\int\frac{e^{3x}+e^x}{e^{4x}-e^{2x}+1}dx$.

解：

$$\int\frac{e^{3x}+e^x}{e^{4x}-e^{2x}+1}dx=\int\frac{e^x+e^{-x}}{e^{2x}-1+e^{-2x}}dx$$

$$=\int\frac{d(e^x-e^{-x})}{(e^x-e^{-x})^2+1}=\arctan(e^x-e^{-x})+c.$$

知识点	指数代换．

【例 9】计算积分 $\int\frac{dx}{2^x(1+4^x)}$.

解：令 $t=2^x$，$dx=\frac{dt}{t\ln 2}$,

$$\int\frac{dx}{2^x(1+4^x)}=\int\frac{dt}{t^2(1+t^2)\ln 2}$$

$$=\frac{1}{\ln 2}\int\left(\frac{1}{t^2}-\frac{1}{1+t^2}\right)dt=-\frac{1}{t\ln 2}-\frac{\arctan t}{\ln 2}+c$$

$$=-\frac{1}{\ln 2}(2^{-x}+\arctan 2^x)+c.$$

知识点	（1）指数代换； （2）拆项．

【例 10】计算积分 $\int\frac{dx}{x\sqrt{1+x^4}}$.

解：

$$\int\frac{dx}{x\sqrt{1+x^4}}\overset{令x=1/t}{=\!=\!=}\int\frac{-\frac{1}{t^2}dt}{\frac{1}{t}\sqrt{\frac{t^4+1}{t^4}}}$$

$$=-\int\frac{tdt}{\sqrt{1+t^4}}=-\frac{1}{2}\int\frac{dt^2}{\sqrt{1+(t^2)^2}}$$

$$\overset{令t^2=\tan u}{=\!=\!=}-\frac{1}{2}\int\frac{\sec^2 u}{\sec u}du$$

$$=-\frac{1}{2}\ln|\tan u+\sec u|+c=-\frac{1}{2}\ln\frac{1+\sqrt{x^4}}{x^2}+c.$$

知识点	（1）倒代换； （2）三角代换．

【例 11】计算积分 $\int x\sqrt{\frac{x}{2a-x}}\mathrm{d}x$ （$a>0$）.

解：$\int x\sqrt{\frac{x}{2a-x}}\mathrm{d}x \xlongequal{令u=\sqrt{x}} 2\int\frac{u^4}{\sqrt{2a-u^2}}\mathrm{d}u$

$\xlongequal{令u=\sqrt{2a}\sin t} 8a^2\int\sin^4 t\mathrm{d}t$

$=8a^2\int\frac{(1-\cos 2t)^2}{4}\mathrm{d}t=2a^2\int(1-2\cos 2t+\cos^2 2t)\mathrm{d}t$

$=2a^2t-2a^2\sin 2t+2a^2\int\frac{1+\cos 4t}{2}\mathrm{d}t$

$=3a^2t-2a^2\sin 2t+\frac{a^4}{4}\sin 4t+c$

$=3a^2t-4a^2\sin t\cos t+a^2\sin t\cos t(1-2\sin^2 t)+c$

$=3a^2t-3a^2\sin t\cos t-2a^2\sin^3 t\cos t+c$

$=3a^2\arcsin\sqrt{\frac{x}{2a}}-3a^2\sqrt{\frac{x}{2a}}\sqrt{\frac{2a-x}{2a}}-2a^2\frac{x}{2a}\sqrt{\frac{x}{2a}}\sqrt{\frac{2a-x}{2a}}+c$

$=3a^2\arcsin\sqrt{\frac{x}{2a}}-\frac{3a+x}{2}\sqrt{x(2a-x)}+c.$

知识点	（1）根号代换； （2）三角代换.

3.1.7 分部积分法

【例 1】计算积分 $\int\frac{x^5}{(x-2)^{100}}\mathrm{d}x.$

解：

$$\int\frac{x^5}{(x-2)^{100}}\mathrm{d}x=-\frac{1}{99}\int x^5\mathrm{d}(x-2)^{-99}$$

$$=-\frac{x^5}{99(x-2)^{99}}+\frac{5}{99}\int x^4(x-2)^{-99}\mathrm{d}x$$

$$=-\frac{x^5}{99(x-2)^{99}}-\frac{5x^4}{99\times 98(x-2)^{98}}+\frac{5\cdot 4}{99\cdot 98}\int x^3(x-2)^{-98}\mathrm{d}x$$

$$=-\frac{x^5}{99(x-2)^{99}}-\frac{5x^4}{99\cdot 98(x-2)^{98}}-\frac{5\cdot 4x^3}{99\cdot 98\cdot 97(x-2)^{97}}-\frac{5\cdot 4\cdot 3x^2}{99\cdot 98\cdot 97\cdot 96(x-2)^{96}}$$

$$=-\frac{5\cdot 4\cdot 3\cdot 2x}{99\cdot 98\cdot 97\cdot 96\cdot 95(x-2)^{95}}-\frac{5\cdot 4\cdot 3\cdot 2\cdot}{99\cdot 98\cdot 97\cdot 96\cdot 95(x-2)^{94}}+c.$$

知识点	分部积分法.

【例 2】计算积分 $\int x\cos^2 x\mathrm{d}x$.

解：

$$\begin{aligned}\int x\cos^2 x\mathrm{d}x&=\frac{1}{2}\int x(1+\cos 2x)\mathrm{d}x\\&=\frac{1}{4}x^2+\frac{1}{4}\int x\mathrm{d}\sin 2x\\&=\frac{1}{4}x^2+\frac{1}{4}x\sin 2x-\frac{1}{4}\int\sin 2x\mathrm{d}x\\&=\frac{1}{4}x^2+\frac{1}{4}x\sin 2x+\frac{1}{8}\cos 2x+c.\end{aligned}$$

知识点	（1）分部积分法； （2）降幂.

【例 3】计算积分 $\int\frac{(\ln x)^3}{x^2}\mathrm{d}x$.

解：

$$\begin{aligned}&\int\frac{(\ln x)^3}{x^2}\mathrm{d}x=-\int(\ln x)^3\mathrm{d}\frac{1}{x}\\&=-\frac{1}{x}(\ln x)^3+\int\frac{3(\ln x)^2}{x^2}\mathrm{d}x\\&=-\frac{(\ln x)^3}{x}-\frac{3(\ln x)^2}{x}+\int\frac{6\ln x}{x^2}\mathrm{d}x\\&=-\frac{(\ln x)^3}{x}-\frac{3(\ln x)^2}{x}-\frac{6\ln x}{x}+\int\frac{6}{x^2}\mathrm{d}x\\&=-\frac{(\ln x)^3}{x}-\frac{3(\ln x)^2}{x}-\frac{6\ln x}{x}-\frac{6}{x}+c.\end{aligned}$$

知识点	（1）分部积分法； （2）降幂； （3）换元法.

【例 4】计算积分 $\int\sec^3 x\mathrm{d}x$.

解：

$$\begin{aligned}\int\sec^3 x\mathrm{d}x&=\int\sec x\mathrm{d}\tan x\\&=\sec x\tan x-\int\tan x\sec x\tan x\mathrm{d}x\\&=\sec x\tan x-\int(\sec^2 x-1)\sec x\mathrm{d}x\\&=\sec x\tan x+\ln|\sec x+\tan x|-\int\sec^3 x\mathrm{d}x\end{aligned}$$

$$\int\sec^3 x\mathrm{d}x=\frac{1}{2}\sec x\tan x+\frac{1}{2}\ln|\sec x+\tan x|+c.$$

知识点	（1）分部积分法； （2）循环法.

【例 5】计算积分 $\int\cos(\ln x)\mathrm{d}x$.

解：

$$\int\cos(\ln x)\mathrm{d}x = x\cos(\ln x)+\int\sin(\ln x)\mathrm{d}x$$
$$= x[\cos(\ln x)+\sin(\ln x)]-\int\cos(\ln x)\mathrm{d}x$$
$$\int\cos(\ln x)\mathrm{d}x = \frac{x}{2}[\cos(\ln x)+\sin(\ln x)]+c.$$

知识点	（1）分部积分法； （2）循环法．

【例 6】计算积分 $\int\frac{x\cos^4\frac{x}{2}}{\sin^3 x}\mathrm{d}x$.

解：

$$\int\frac{x\cos^4\frac{x}{2}}{\sin^3 x}\mathrm{d}x = \frac{1}{8}\int\frac{x\cos^4\frac{x}{2}}{\sin^3\frac{x}{2}\cos^3\frac{x}{2}}\mathrm{d}x$$
$$= -\frac{1}{8}\int x\mathrm{d}\sin^{-2}\frac{x}{2} = -\frac{1}{8}x\sin^{-2}\frac{x}{2}+\frac{1}{8}\int\sin^{-2}\frac{x}{2}\mathrm{d}x$$
$$= -\frac{1}{8}x\sin^{-2}\frac{x}{2}+\frac{1}{4}\int\sin^{-2}\frac{x}{2}\mathrm{d}\frac{x}{2}$$
$$= -\frac{1}{8}x\sin^{-2}\frac{x}{2}-\frac{1}{4}\cot\frac{x}{2}+c.$$

知识点	（1）分部积分法； （2）降幂．

【例 7】计算积分 $\int\frac{x\arctan x}{\sqrt{1+x^2}}\mathrm{d}x$.

解：

$$\int\frac{x\arctan x}{\sqrt{1+x^2}}\mathrm{d}x = \int\arctan x\mathrm{d}\sqrt{1+x^2}$$
$$= \sqrt{1+x^2}\arctan x-\int\frac{\sqrt{1+x^2}}{1+x^2}\mathrm{d}x$$
$$= \sqrt{1+x^2}\arctan x-\int\frac{1}{\sqrt{1+x^2}}\mathrm{d}x$$
$$= \sqrt{1+x^2}\arctan x-\ln\left(x+\sqrt{1+x^2}\right)+c.$$

知识点	（1）分部积分法； （2）升幂法； （3）三角代换．

【例 8】计算积分 $\int \frac{x\ln\left(x+\sqrt{1+x^2}\right)}{(1-x^2)^2}\mathrm{d}x$.

解：

$$\int \frac{x\ln\left(x+\sqrt{1+x^2}\right)}{(1-x^2)^2}\mathrm{d}x = \frac{1}{2}\int \ln\left(x+\sqrt{1+x^2}\right)\mathrm{d}\frac{1}{1-x^2}$$

$$= \frac{1}{2}\ln\left(x+\sqrt{1+x^2}\right)\frac{1}{1-x^2} - \frac{1}{2}\int \frac{1}{1-x^2}\cdot\frac{1}{\sqrt{1+x^2}}\mathrm{d}x$$

$$\underline{\underline{令x=\tan t}}\ \frac{\ln\left(x+\sqrt{1+x^2}\right)}{2(1-x^2)} - \frac{1}{2}\int \frac{1}{1-\tan^2 t}\cdot\frac{1}{\sec t}\cdot\sec^2 t\mathrm{d}t$$

$$= \frac{\ln\left(x+\sqrt{1+x^2}\right)}{2(1-x^2)} - \frac{1}{2}\int \frac{\cos t}{1-2\sin^2 t}\mathrm{d}t$$

$$= \frac{\ln\left(x+\sqrt{1+x^2}\right)}{2(1-x^2)} - \frac{1}{2\sqrt{2}}\int \frac{\mathrm{d}\sqrt{2}\sin t}{1-2\sin^2 t}$$

$$= \frac{\ln\left(x+\sqrt{1+x^2}\right)}{2(1-x^2)} - \frac{1}{4\sqrt{2}}\ln\frac{1+\sqrt{2}\sin t}{1-\sqrt{2}\sin t} + c$$

$$= \frac{\ln\left(x+\sqrt{1+x^2}\right)}{2(1-x^2)} - \frac{1}{4\sqrt{2}}\ln\frac{\sqrt{1+x^2}+\sqrt{2}x}{\sqrt{1+x^2}-\sqrt{2}x} + c.$$

知识点	（1）分部积分法； （2）升幂法．

【例 9】计算积分 $\int \frac{\arctan \mathrm{e}^x}{\mathrm{e}^{2x}}\mathrm{d}x$.

解：

$$\int \frac{\arctan \mathrm{e}^x}{\mathrm{e}^{2x}}\mathrm{d}x = -\frac{1}{2}\int \arctan \mathrm{e}^x \mathrm{d}\mathrm{e}^{-2x}$$

$$= -\frac{1}{2}\mathrm{e}^{-2x}\arctan \mathrm{e}^x + \frac{1}{2}\int \mathrm{e}^{-2x}\frac{\mathrm{e}^x}{1+\mathrm{e}^{2x}}\mathrm{d}x$$

$$= -\frac{1}{2}\mathrm{e}^{-2x}\arctan \mathrm{e}^x + \frac{1}{2}\int \frac{\mathrm{e}^{-x}}{1+\mathrm{e}^{2x}}\mathrm{d}x$$

$$= -\frac{1}{2}\mathrm{e}^{-2x}\arctan \mathrm{e}^x + \frac{1}{2}\int \frac{1}{\mathrm{e}^x(1+\mathrm{e}^{2x})}\mathrm{d}x$$

$$= -\frac{1}{2}\mathrm{e}^{-2x}\arctan \mathrm{e}^x + \frac{1}{2}\int \left(\frac{1}{\mathrm{e}^x} - \frac{\mathrm{e}^x}{1+\mathrm{e}^{2x}}\right)\mathrm{d}x$$

$$= -\frac{1}{2}(\mathrm{e}^{-2x}\arctan \mathrm{e}^x + \mathrm{e}^{-x} + \arctan x) + c.$$

知识点	分部积分法．

3.1.8 三角线性分式

【例 1】计算积分 $\int \frac{c\sin x + d\cos x}{a\sin x + b\cos x}\mathrm{d}x$.

解：设分子为

$$c\sin x + d\cos x = A(a\sin x + b\cos x) + B(a\sin x + b\cos x)',$$

$\sin x$ 的系数：$c = Aa - Bb$,

$\cos x$ 的系数：$d = Ab + Ba$,

联立解得

$$A = \frac{ac + bd}{a^2 + b^2},\quad B = \frac{ad - bc}{a^2 + b^2},$$

则

$$\begin{aligned}&\int \frac{c\sin x + d\cos x}{a\sin x + b\cos x}\mathrm{d}x \\ &= \int \frac{A(a\sin x + b\cos x) + B(a\sin x + b\cos x)'}{a\sin x + b\cos x}\mathrm{d}x \\ &= \int A\mathrm{d}x + \int \frac{B(a\sin x + b\cos x)'}{a\sin x + b\cos x}\mathrm{d}x \\ &= Ax + B\ln|a\sin x + b\cos x| + C.\end{aligned}$$

知识点	三角线性分式．

【例 2】计算积分 $\int \frac{\sin x}{\sin x + \cos x}\mathrm{d}x$.

【例 3】计算积分 $\int \frac{3\sin x - 6\cos x}{5\sin x + 7\cos x}\mathrm{d}x$.

3.1.9 综合类

【例 1】设 $f(x) = \begin{cases} x\ln(1 + x^2) - 3 & x \geqslant 0 \\ (x^2 + 2x - 3)\mathrm{e}^{-x} & x < 0 \end{cases}$，计算积分 $\int f(x)\mathrm{d}x$.

解：

$$\begin{aligned}\int f(x)\mathrm{d}x &= \begin{cases} \int (x\ln(1 + x^2) - 3)\mathrm{d}x \\ \int (x^2 + 2x - 3)\mathrm{e}^{-x}\mathrm{d}x \end{cases} \\ &= \begin{cases} \frac{1}{2}x^2\ln(1 + x^2) - \frac{1}{2}[x^2 - \ln(1 + x^2)] - 3x + c & x \geqslant 0 \\ -(x^2 + 4x + 1)\mathrm{e}^{-x} + c_1 & x < 0 \end{cases},\end{aligned}$$

考虑连续性，所以

$$c=-1+c_1,\ c_1=1+c,$$

$$\int f(x)\mathrm{d}x=\begin{cases}\frac{1}{2}x^2\ln(1+x^2)-\frac{1}{2}[x^2-\ln(1+x^2)]-3x+c, & x\geqslant 0\\ -(x^2+4x+1)\mathrm{e}^{-x}+1+c, & x<0\end{cases}.$$

知识点	分段函数.

【例 2】 计算积分 $\int\frac{\sqrt{x-1}\arctan\sqrt{x-1}}{x}\mathrm{d}x$.

解： 令

$t=\arctan\sqrt{x-1},\ \tan t=\sqrt{x-1},$

$x=\sec^2 t,\quad \mathrm{d}x=2\sec^2 t\ \tan t,$

$$\begin{aligned}\int\frac{\sqrt{x-1}\arctan\sqrt{x-1}}{x}\mathrm{d}x&=\int\frac{t\ \tan t}{\sec^2 t}2\sec^2 t\ \tan t\ \mathrm{d}t\\&=2\int t\ \tan^2 t\ \mathrm{d}t=2\int t(\sec^2 t-1)\mathrm{d}t\\&=2\int t\sec^2 t\mathrm{d}t-\int 2t\ \mathrm{d}t=2\int t\ \mathrm{d}\tan t-t^2\\&=2t\tan t-2\int\tan t\ \mathrm{d}t-t^2\\&=2t\tan t+2\ln|\cos t|-t^2+c\\&=2\sqrt{x-1}\ \arctan\sqrt{x-1}-\ln|x|-(\arctan\sqrt{x-1})^2+c.\end{aligned}$$

知识点	（1）换元法； （2）分部积分法； （3）降幂.

§3.2　定　积　分

知 识 要 点

3.2.1　定义

设 $f(x)$ 是定义在 $[a,b]$ 上的一个函数，对于 $[a,b]$ 的一个分割

$$a=x_0<\ x_1<x_2<\cdots<x_{n-1}<x_n=b,\quad T=\{\Delta x_1,\Delta x_2,\cdots,\Delta x_n\},$$

任取点 $\xi_i\in\Delta x_i$，$i=1,2,\cdots,n$，并作和式 $\sum_{i=1}^{n}f(\xi_i)\Delta x_i$. 设 J 是一个确定的实数，若对任给的 $\varepsilon>0$，总存在 $\delta>0$，使得对 $[a,b]$ 的任意分割 T，以及 $\xi_i\in\Delta x_i$，$i=1,2,\cdots,n$，只要 $\|T\|<\delta$，就有

$$\left|\sum_{i=1}^{n}f(\xi_i)\Delta x_i-J\right|<\varepsilon.$$

则称函数 $f(x)$ 在 $[a,b]$ 上可积或黎曼可积. 数 J 称为函数 $f(x)$ 在 $[a,b]$ 上的定积分或黎曼积分，记作

$$J=\int_a^b f(x)\mathrm{d}x$$

其中 $f(x)$ 称为被积函数，x 称为积分变量，$[a,b]$ 称为积分区间，$f(x)\mathrm{d}x$ 称为被积表达式，a,b 分别称为积分的下限和上限.

3.2.2 可积条件

3.2.2.1 可积的必要条件

若函数 $f(x)$ 在 $[a,b]$ 上可积，则 $f(x)$ 在 $[a,b]$ 上必有界.

3.2.2.2 可积的充分必要条件

（1）函数 $f(x)$ 在 $[a,b]$ 上可积 $\Leftrightarrow \forall\varepsilon>0$，$\exists T$，使得 $S(T)-s(T)<\varepsilon$.

（2）函数 $f(x)$ 在 $[a,b]$ 上可积 $\Leftrightarrow \forall\varepsilon>0$，$\exists T$，使得 $\sum\limits_{i=1}^{n}\omega_i\Delta x_i<\varepsilon$.

3.2.2.3 可积函数类

（1）若函数 $f(x)$ 为 $[a,b]$ 上的连续函数，则 $f(x)$ 在 $[a,b]$ 上可积.

（2）若 $f(x)$ 是区间 $[a,b]$ 上只有有限个间断点的有界函数，则 $f(x)$ 在 $[a,b]$ 上可积.

① 若 $f(x)$ 是区间 $[a,b]$ 上只有有限个第一类间断点的函数，则 $f(x)$ 在 $[a,b]$ 上可积.

② 若 $f(x)$ 和 $g(x)$ 在区间 $[a,b]$ 上除了有限个点外都相等，且 $g(x)$ 在 $[a,b]$ 上可积，则 $f(x)$ 在 $[a,b]$ 上可积.

（3）若 $f(x)$ 是区间 $[a,b]$ 上的单调函数，则 $f(x)$ 在 $[a,b]$ 上可积.

3.2.3 可积性质

3.2.3.1 线性组合性

（1）若函数 $f(x)$ 在 $[a,b]$ 上可积，k 为常数，则 $kf(x)$ 在 $[a,b]$ 上也可积，且

$$\int_a^b kf(x)\mathrm{d}x=k\int_a^b f(x)\mathrm{d}x.$$

（2）若函数 $f(x)$、$g(x)$ 都在 $[a,b]$ 上可积，则 $f(x)\pm g(x)$ 在 $[a,b]$ 上也可积，且有

$$\int_a^b[f(x)\pm g(x)]\mathrm{d}x=\int_a^b f(x)\mathrm{d}x\pm\int_a^b g(x)\mathrm{d}x.$$

3.2.3.2 乘积可积性

若函数 $f(x)$、$g(x)$ 都在 $[a,b]$ 上可积，则 $f(x)\cdot g(x)$ 在 $[a,b]$ 上也可积.

注意：一般地

$$\int_a^b f(x)g(x)\mathrm{d}x\neq\int_a^b f(x)\mathrm{d}x\int_a^b g(x)\mathrm{d}x.$$

3.2.3.3 区间可加性

函数 $f(x)$ 在 $[a,b]$ 上可积 $\Leftrightarrow \forall c\in(a,b)$，$f(x)$ 在 $[a,c]$ 与 $[c,b]$ 上都可积，此时有

$$\int_a^b f(x)\mathrm{d}x=\int_a^c f(x)\mathrm{d}x+\int_c^b f(x)\mathrm{d}x.$$

规定 1：当 $a=b$ 时，$\int_a^a f(x)\mathrm{d}x=0.$

规定 2：当 $a>b$ 时，$\int_a^b f(x)\mathrm{d}x=-\int_b^a f(x)\mathrm{d}x.$

3.2.3.4　不等式性质

（1）若函数 $f(x)$ 在 $[a,b]$ 上可积，且 $f(x)\geqslant 0$，$x\in[a,b]$，则 $\int_a^b f(x)\mathrm{d}x\geqslant 0.$

（2）若函数 $f(x)$ 和 $g(x)$ 均在 $[a,b]$ 上可积，且 $f(x)\leqslant g(x)$，$x\in[a,b]$，则

$$\int_a^b f(x)\mathrm{d}x\leqslant\int_a^b g(x)\mathrm{d}x.$$

（3）若函数 $f(x)$ 在 $[a,b]$ 上连续，存在最大值 M 和最小值 m，则有

$$m(b-a)\leqslant\int_a^b f(x)\mathrm{d}x\leqslant M(b-a).$$

3.2.3.5　绝对可积性

若函数 $f(x)$ 在 $[a,b]$ 上可积，则 $|f(x)|$ 也在 $[a,b]$ 上可积，且

$$\left|\int_a^b f(x)\mathrm{d}x\right|\leqslant\int_a^b|f(x)|\mathrm{d}x.$$

3.2.3.6　积分第一中值定理

（1）若 $f(x)$ 在 $[a,b]$ 上连续，则至少存在一点 $\xi\in[a,b]$，使得

$$\int_a^b f(x)\mathrm{d}x=f(\xi)(b-a).$$

（2）推广的积分第一中值定理：若 $f(x)$ 和 $g(x)$ 都在 $[a,b]$ 上连续，且 $g(x)$ 在 $[a,b]$ 上不变号，则至少存在一点 $\xi\in[a,b]$，使得 $\int_a^b f(x)g(x)\mathrm{d}x=f(\xi)\int_a^b g(x)\mathrm{d}x.$

3.2.3.7　积分第二中值定理

设 $f(x)$ 在 $[a,b]$ 上可积，

（1）若函数 $g(x)$ 在 $[a,b]$ 上单调递减，且 $g(x)\geqslant 0$，则 $\exists\xi\in[a,b]$，使得

$$\int_a^b f(x)g(x)\mathrm{d}x=g(a)\int_a^\xi f(x)\mathrm{d}x.$$

（2）若函数 $g(x)$ 在 $[a,b]$ 上单调递增，且 $g(x)\geqslant 0$，则 $\exists\eta\in[a,b]$，使得

$$\int_a^b f(x)g(x)\mathrm{d}x=g(b)\int_\eta^b f(x)\mathrm{d}x.$$

（3）推论：设函数 $f(x)$ 在 $[a,b]$ 上可积，函数 $g(x)$ 在 $[a,b]$ 上单调，则 $\exists\xi\in[a,b]$，使得

$$\int_a^b f(x)g(x)\mathrm{d}x=g(a)\int_a^\xi f(x)\mathrm{d}x+g(b)\int_\xi^b f(x)\mathrm{d}x.$$

3.2.4 计算方法

3.2.4.1 牛顿—莱布尼兹公式

若函数 $f(x)$ 在 $[a,b]$ 上连续，且存在原函数 $F(x)$，则 $f(x)$ 在 $[a,b]$ 上可积，且

$$\int_a^b f(x)\mathrm{d}x = F(b) - F(a).$$

3.2.4.2 换元法

若函数 $f(x)$ 在 $[a,b]$ 上连续，$\varphi(x)$ 在 $[\alpha,\beta]$ 上连续可微，且满足 $\varphi(\alpha)=a$，$\varphi(\beta)=b$，$a\leqslant\varphi(t)\leqslant b$，$t\in[\alpha,\beta]$，则有定积分的换元积分公式：

$$\int_a^b f(x)\mathrm{d}x = \int_\alpha^\beta f(\varphi(t))\mathrm{d}\varphi(t) = \int_\alpha^\beta f(\varphi(t))\varphi'(t)\mathrm{d}t.$$

3.2.4.3 定积分的分部积分法

若 $u(x)$、$v(x)$ 为 $[a,b]$ 上的连续可微函数，则有定积分的分部积分公式

$$\int_a^b u(x)v'(x)\mathrm{d}x = u(x)v(x)\Big|_a^b - \int_a^b u'(x)v(x)\mathrm{d}x,$$

或

$$\int_a^b u(x)\mathrm{d}v(x) = u(x)v(x)\Big|_a^b - \int_a^b v(x)\mathrm{d}u(x).$$

3.2.4.4 原函数存在定理

（1）若函数 $f(x)$ 在 $[a,b]$ 上连续，则 $\varPhi(x)=\int_a^x f(t)\mathrm{d}t$ 在 $[a,b]$ 上处处可导，且

$$\varPhi'(x) = \frac{\mathrm{d}}{\mathrm{d}x}\int_a^x f(t)\mathrm{d}t = f(x), \quad x\in[a,b].$$

（2）若函数 $f(x)$ 在 $[a,b]$ 上连续，$u(x),v(x)$ 在 $[a,b]$ 上可导，则 $\int_{v(x)}^{u(x)} f(t)\mathrm{d}t$ 在 $[a,b]$ 上处处可导，且

$$\frac{\mathrm{d}}{\mathrm{d}x}\int_{v(x)}^{u(x)} f(t)\mathrm{d}t = f(u(x))u'(x) - f(v(x))v'(x), \quad x\in[a,b].$$

典型题型

3.2.5 计算定积分

【例 1】计算定积分 $\int_0^{\frac{\pi}{2}}\sqrt{1-\sin 2x}\mathrm{d}x$.

解：
$$\int_0^{\frac{\pi}{2}}\sqrt{1-\sin 2x}\mathrm{d}x = \int_0^{\frac{\pi}{2}}|\sin x - \cos x|\mathrm{d}x$$
$$= \int_0^{\frac{\pi}{4}}(\cos x - \sin x)\mathrm{d}x + \int_{\frac{\pi}{4}}^{\frac{\pi}{2}}(\sin x - \cos x)\mathrm{d}xc$$

$$=2\sqrt{2}-2.$$

知识点	（1）升幂； （2）去掉绝对值； （3）区间可加性.

【例 2】 计算定积分 $I=\int_0^{\frac{\pi}{2}}\frac{\sin x}{\sin x+\cos x}\mathrm{d}x$.

解：设 $x=\frac{\pi}{2}-t$，

$$I=\int_0^{\frac{\pi}{2}}\frac{\sin x}{\sin x+\cos x}\mathrm{d}x=\int_0^{\frac{\pi}{2}}\frac{\cos x}{\sin x+\cos x}\mathrm{d}x,$$

故得 $2I=\frac{\pi}{2}$，即 $I=\frac{\pi}{4}$.

知识点：	（1）定积分换元法； （2）线性组合性.

【例 3】 设 λ 为任意实数，证明：$I=\int_0^{\frac{\pi}{2}}\frac{1}{1+(\tan x)^{\lambda}}\mathrm{d}x=\int_0^{\frac{\pi}{2}}\frac{1}{1+(\cot x)^{\lambda}}\mathrm{d}x=\frac{\pi}{4}$.

证明：先证

$$\int_0^{\frac{\pi}{2}}\frac{f(\sin x)}{f(\sin x)+f(\cos x)}\mathrm{d}x=\frac{\pi}{4}=\int_0^{\frac{\pi}{2}}\frac{f(\cos x)}{f(\sin x)+f(\cos x)}\mathrm{d}x.$$

令 $t=\frac{\pi}{2}-x$，所以

$$\int_0^{\frac{\pi}{2}}\frac{f(\sin x)}{f(\sin x)+f(\cos x)}\mathrm{d}x=\int_{\frac{\pi}{2}}^{0}\frac{f(\cos t)}{f(\cos t)+f(\sin t)}\mathrm{d}(-t)$$

$$\int_0^{\frac{\pi}{2}}\frac{f(\cos t)}{f(\cos t)+f(\sin t)}\mathrm{d}t=\int_0^{\frac{\pi}{2}}\frac{f(\cos x)}{f(\cos x)+f(\sin x)}\mathrm{d}x$$

于是

$$2\int_0^{\frac{\pi}{2}}\frac{f(\sin x)}{f(\sin x)+f(\cos x)}\mathrm{d}x$$

$$=\int_0^{\frac{\pi}{2}}\frac{f(\sin x)}{f(\sin x)+f(\cos x)}\mathrm{d}x+\int_0^{\frac{\pi}{2}}\frac{f(\cos x)}{f(\cos x)+f(\sin x)}\mathrm{d}x$$

$$=\int_0^{\frac{\pi}{2}}\frac{f(\sin x)+f(\cos x)}{f(\sin x)+f(\cos x)}\mathrm{d}x=\int_0^{\frac{\pi}{2}}\mathrm{d}x=\frac{\pi}{2}$$

所以

$$\int_0^{\frac{\pi}{2}}\frac{f(\sin x)}{f(\sin x)+f(\cos x)}\mathrm{d}x=\frac{\pi}{4}=\int_0^{\frac{\pi}{2}}\frac{f(\cos x)}{f(\sin x)+f(\cos x)}\mathrm{d}x$$

所以

$$I=\int_0^{\frac{\pi}{2}}\frac{1}{1+(\tan x)^{\lambda}}\mathrm{d}x=\int_0^{\frac{\pi}{2}}\frac{1}{1+\left(\dfrac{\sin x}{\cos x}\right)^{\lambda}}\mathrm{d}x=\int_0^{\frac{\pi}{2}}\frac{(\cos x)^{\lambda}}{(\cos x)^{\lambda}+(\sin x)^{\lambda}}=\frac{\pi}{4}$$

同理 $$I=\int_0^{\frac{\pi}{2}}\frac{1}{1+(\cot x)^{\lambda}}\mathrm{d}x=\frac{\pi}{4}.$$

知识点	（1）定积分换元法； （2）线性组合性．

【例 4】 计算定积分 $\int_0^{\ln 2}\sqrt{1-\mathrm{e}^{-2x}}\mathrm{d}x$.

解： 设 $\mathrm{e}^{-x}=\sin t$,

$$x=-\ln\sin t,\ \mathrm{d}x=-\frac{\cos t}{\sin t}\mathrm{d}t.$$

故得，原式 $=\int_{\frac{\pi}{2}}^{\frac{\pi}{6}}\cos t\left(-\dfrac{\cos t}{\sin t}\right)\mathrm{d}t=\int_{\frac{\pi}{6}}^{\frac{\pi}{2}}\dfrac{\cos^2 t}{\sin t}\mathrm{d}t$

$$=\int_{\frac{\pi}{6}}^{\frac{\pi}{2}}\frac{\mathrm{d}t}{\sin t}-\int_{\frac{\pi}{6}}^{\frac{\pi}{2}}\sin t\mathrm{d}t=\ln(2+\sqrt{3})-\frac{\sqrt{3}}{2}.$$

知识点	（1）定积分换元法； （2）线性组合性．

【例 5】 计算定积分 $\int_{-2}^{2}\min\left\{\dfrac{1}{|x|},x^2\right\}\mathrm{d}x$.

解： 因为 $\min\left\{\dfrac{1}{|x|},x^2\right\}=\begin{cases}x^2, & |x|\leqslant 1\\ \dfrac{1}{|x|}, & |x|>1\end{cases}$ 是偶函数，

原式 $=2\int_0^2\min\left\{\dfrac{1}{|x|},x^2\right\}\mathrm{d}x$

$$=2\int_0^1 x^2\mathrm{d}x+2\int_1^2\frac{1}{x}\mathrm{d}x=\frac{2}{3}+2\ln 2.$$

知识点	（1）区间可加性； （2）对称性．

【例 6】 计算定积分 $I=\int_0^1\mathrm{sgn}[\sin(\ln x)]\mathrm{d}x$.

解：

$$I=\left[\int_{\mathrm{e}^{-\pi}}^{1}+\int_{\mathrm{e}^{-2\pi}}^{\mathrm{e}^{-\pi}}+\int_{\mathrm{e}^{-3\pi}}^{\mathrm{e}^{-2\pi}}+\cdots\right]\mathrm{sgn}[\sin(\ln x)]\mathrm{d}x,$$

$$=\int_{\mathrm{e}^{-\pi}}^{1}(-1)\mathrm{d}x+\int_{\mathrm{e}^{-2\pi}}^{\mathrm{e}^{-\pi}}1\mathrm{d}x+\int_{\mathrm{e}^{-3\pi}}^{\mathrm{e}^{-2\pi}}(-1)\mathrm{d}x+\cdots$$

$$=-(1-\mathrm{e}^{-\pi})+\mathrm{e}^{-\pi}(1-\mathrm{e}^{-\pi})-\mathrm{e}^{-2\pi}(1-\mathrm{e}^{-\pi})+\cdots$$

$$=(1-\mathrm{e}^{-\pi})(-1+\mathrm{e}^{-\pi}-\mathrm{e}^{-2\pi}+\mathrm{e}^{-3\pi}-\cdots)$$

$$=\frac{-1}{1+e^{-\pi}}(1-e^{-\pi}).$$

知识点	（1）区间可加性； （2）符号函数； （3）级数求和．

【例 7】 计算定积分 $I=\int_0^6 [x]\sin\frac{\pi x}{6}dx.$

解：

$$I=\int_1^2 \sin\frac{\pi x}{6}dx+\int_2^3 2\sin\frac{\pi x}{6}dx+\cdots+\int_5^6 5\sin\frac{\pi x}{6}dx$$
$$=\frac{30}{\pi}.$$

知识点	（1）区间可加性； （2）取整函数．

【例 8】 计算定积分 $I=\int_1^n \frac{[x]}{x}dx.$

解：

$$I=\sum_{k=1}^{n-1}\int_k^{k+1}\frac{k}{x}dx=\sum_{k=1}^{n-1}k[\ln(k+1)-\ln k]$$
$$=\ln\frac{\prod_{i=2}^{n} i^{i-1}}{\prod_{i=2}^{n-1} i^{i}}=\ln\frac{n^n}{n!}.$$

知识点	（1）区间可加性； （2）取整函数．

【例 9】 证明：$\int_0^{2n} x\,\text{sgn}(\sin\pi x)dx=-n, n\in Z^+.$

证明：

$$\int_0^{2n} x\,\text{sgn}(\sin\pi x)dx$$
$$=\sum_{k=0}^{n-1}\int_{2k}^{2k+1} x\,\text{sgn}(\sin\pi x)dx+\sum_{k=1}^{n}\int_{2k-1}^{2k} x\,\text{sgn}(\sin\pi x)dx$$
$$=\sum_{k=0}^{n-1}\int_{2k}^{2k+1} xdx+\sum_{k=1}^{n}\int_{2k-1}^{2k}(-x)dx$$
$$=\frac{1}{2}\sum_{k=0}^{n-1}(4k+1)-\frac{1}{2}\sum_{k=1}^{n}(4k-1)$$
$$=\frac{1}{2}\sum_{k=0}^{n-1}(4k+1)-\frac{1}{2}\sum_{k=0}^{n-1}[4(k+1)-1)=\frac{1}{2}\sum_{k=0}^{n-1}(-2)=-n.$$

知识点	（1）区间可加性； （2）符号函数．

【例 10】设 $f(x)=\begin{cases} xe^{-x^2} & x\geqslant 0 \\ \dfrac{1}{1+\cos x} & -1<x<0 \end{cases}$，计算定积分 $\int_1^4 f(x-2)\mathrm{d}x$.

解：设 $x-2=t$，则 $\mathrm{d}x=\mathrm{d}t$，

$$\int_1^4 f(x-2)\mathrm{d}x=\int_{-1}^2 f(t)\mathrm{d}t=\int_{-1}^0\frac{\mathrm{d}t}{1+\cos t}+\int_0^2 t\mathrm{e}^{-t^2}\mathrm{d}t$$

$$=\left[\tan\frac{t}{2}\right]_{-1}^0-\left[\frac{1}{2}\mathrm{e}^{-t^2}\right]_0^2=\tan\frac{1}{2}-\frac{1}{2}\mathrm{e}^{-4}+\frac{1}{2}.$$

知识点	（1）区间可加性； （2）定积分换元法．

【小练习 1】计算定积分 $\int_2^4\frac{\sqrt{\ln(9-x)}}{\sqrt{\ln(9-x)}+\sqrt{\ln(3+x)}}\mathrm{d}x$.

【小练习 2】计算定积分 $\int_0^1 t|t-x|\mathrm{d}t$.

【小练习 3】设 $f(x)=\begin{cases}\sin x, 0\leqslant x\leqslant 1\\ x\ln x, 1<x\leqslant 2\\ 1, \quad x>2\end{cases}$，求 $\int_0^x f(t)\mathrm{d}t$.

3.2.6 对称性（奇零偶倍）

设 $f(x)$ 在 $[-a,a]$ 上可积，证明：

（1）若 $f(x)$ 为奇函数，则 $\int_{-a}^a f(x)\mathrm{d}x=0$；

（2）若 $f(x)$ 为偶函数，则 $\int_{-a}^a f(x)\mathrm{d}x=2\int_0^a f(x)\mathrm{d}x$.

【例 1】设 $a>0$，$f(x)$ 是定义在 $[-a,a]$ 上的连续的偶函数，则

$$\int_{-a}^a\frac{f(x)}{1+\mathrm{e}^x}\mathrm{d}x=\int_{-a}^a f(x)\mathrm{d}x.$$

证明：因为 $f(x)$ 是定义在 $[-a,a]$ 上的连续的偶函数，所以 $f(-x)=f(x)$，从而令 $x=-t$，有

$$\int_{-a}^a\frac{f(x)}{1+\mathrm{e}^x}\mathrm{d}x=\int_a^{-a}\frac{f(-t)}{1+\mathrm{e}^{-t}}(-\mathrm{d}t)=\int_{-a}^a\frac{\mathrm{e}^t f(t)}{1+e^t}\mathrm{d}t,$$

从而 $2I=\int_{-a}^a f(x)\mathrm{d}x=2\int_0^a f(x)\mathrm{d}x$,

得证.

知识点	（1）换元法； （2）对称性．

【例 2】计算定积分 $I=\int_{-\frac{1}{2}}^{\frac{1}{2}}\left[\frac{\sin x}{x^8+1}+\sqrt{\ln^2(1-x)}\right]\mathrm{d}x$.

解：设 $I=0+\int_{-\frac{1}{2}}^{\frac{1}{2}}|\ln(1-x)|\mathrm{d}x$

$$=\int_{-\frac{1}{2}}^{0}\ln(1-x)\mathrm{d}x-\int_{0}^{\frac{1}{2}}\ln(1-x)\mathrm{d}x$$

$$=\frac{3}{2}\ln\frac{3}{2}+\ln\frac{1}{2}.$$

知识点	（1）对称性； （2）区间可加性．

【例 3】计算定积分 $I=\int_{-1}^{1}x\left[x^5+(\mathrm{e}^x-\mathrm{e}^{-x})\ln\left(x+\sqrt{x^2+1}\right)\right]\mathrm{d}x.$

解：（1）因为 $f_1(-x)=\mathrm{e}^{-x}-\mathrm{e}^{x}=-f_1(x)$,

所以 $f_1(x)=\mathrm{e}^x-\mathrm{e}^{-x}$ 是奇函数；

（2）因为 $f_2(-x)=\ln\left(-x+\sqrt{x^2+1}\right)=\ln\frac{(x^2+1)-x^2}{x+\sqrt{x^2+1}}$

$$=\ln 1-\ln(x+\sqrt{x^2+1})=-f_2(x),$$

$f_2(x)=\ln\left(x+\sqrt{x^2+1}\right)$ 是奇函数；

因此，$x(\mathrm{e}^x-\mathrm{e}^{-x})\ln\left(x+\sqrt{x^2+1}\right)$ 是奇函数，

于是，$I=\int_{-1}^{1}x^6\mathrm{d}x+0=2\int_{0}^{1}x^6\mathrm{d}x=\frac{2}{7}$.

知识点	对称性．

【小练习 1】计算定积分 $\int_{-1}^{1}\frac{1}{1+2^{\frac{1}{x}}}\mathrm{d}x.$

【小练习 2】计算定积分 $\int_{0}^{\pi}\frac{\pi+\cos x}{x^2-\pi x+2020}\mathrm{d}x.$

【小练习 3】计算定积分 $\int_{-1}^{1}x(1+x^{2021})(\mathrm{e}^x-\mathrm{e}^{-x})\mathrm{d}x.$

【小练习 4】计算定积分 $\int_{-1}^{1}\ln\left(x+\sqrt{1+x^2}\right)\mathrm{d}x.$

3.2.7　利用定积分求极限

定义：若 $f(x)$ 在 $[a,b]$ 可积，则对 $[a,b]$ 任意的分法 $T:a=x_0<x_1<x_2<\cdots<x_n=b$,对任意的 $\xi_k\in[x_{k-1},x_k]$,令 $\|T\|=\max\limits_{1\leqslant k\leqslant n}\{\Delta x_k\}$,有

$$\lim_{\|T\|\to 0}\sum_{k=1}^{n}f(\xi_k)\Delta x_k=\int_a^b f(x)\mathrm{d}x.$$

3.2.7.1　等分

若 $T:a=x_0<x_1<x_2<\cdots<x_n=b$ 将 $[a,b]$ 分成 n 等份,则

$$x_k = a + k\cdot\frac{b-a}{n}, \Delta x_k = \frac{b-a}{n} \quad (k=0,1,2,\cdots,n),\ \|T\|\to 0 \Leftrightarrow n\to\infty.$$

（1）取 $\xi_k = x_k = a + k\cdot\dfrac{b-a}{n} \in [x_{k-1}, x_k]$，则

$$\lim_{n\to\infty}\frac{b-a}{n}\sum_{k=1}^{n} f\left(a+k\cdot\frac{b-a}{n}\right)=\int_a^b f(x)\mathrm{d}x.$$

（2）取 $\xi_k = x_{k-1} = a + (k-1)\cdot\dfrac{b-a}{n} \in [x_{k-1}, x_k]$，则

$$\lim_{n\to\infty}\frac{b-a}{n}\sum_{k=1}^{n} f\left(a+(k-1)\cdot\frac{b-a}{n}\right)=\int_a^b f(x)\mathrm{d}x.$$

特别

$$\lim_{n\to\infty}\frac{1}{n}\sum_{k=1}^{n} f\left(\frac{k}{n}\right)=\int_0^1 f(x)\mathrm{d}x.$$

$$\lim_{n\to\infty}\frac{1}{n}\sum_{k=1}^{n} f\left(\frac{k-1}{n}\right)=\int_0^1 f(x)\mathrm{d}x.$$

3.2.7.2 介点选择端点的均值

若 $T: a = x_0 < x_1 < x_2 < \cdots < x_n = b$ 将 $[a,b]$ 分成 n 等份，则

（1）取 $\xi_k = \sqrt{x_{k-1}x_k} \in [x_{k-1}, x_k]$，则

$$\lim_{\|T\|\to 0}\sum_{k=1}^{n} f\left(\sqrt{x_{k-1}x_k}\right)\Delta x_k=\int_a^b f(x)\mathrm{d}x.$$

（2）取 $\xi_k = \dfrac{x_{k-1}+x_k}{2} \in [x_{k-1}, x_k]$，则

$$\lim_{\|T\|\to 0}\sum_{k=1}^{n} f\left(\frac{x_{k-1}+x_k}{2}\right)\Delta x_k=\int_a^b f(x)\mathrm{d}x.$$

3.2.7.3 等比分割

若 $T: a = x_0 < x_1 < x_2 < \cdots < x_n = b$ 将 $[a,b]$ 分成 n 等份，使分点构成等比数列，则

$$x_k = aq^k, \Delta x_k = aq^{k-1}(q-1) \quad (k=0,1,2,\cdots,n), \|T\|\to 0 \Leftrightarrow q\to 1, q=\sqrt[n]{\frac{b}{a}}.$$

（1）取 $\xi_k = x_k = aq^k \in [x_{k-1}, x_k]$，则

$$\lim_{q\to 1}\sum_{k=1}^{n} f(aq^k)q^{k-1}(q-1)=\frac{1}{a}\int_a^b f(x)\mathrm{d}x.$$

（2）取 $\xi_k = x_{k-1} = aq^{k-1} \in [x_{k-1}, x_k]$，则

$$\lim_{q\to 1}\sum_{k=1}^{n} f(aq^{k-1})q^{k-1}(q-1)=\frac{1}{a}\int_a^b f(x)\mathrm{d}x.$$

【例 1】 计算极限 $\lim\limits_{n\to\infty}\dfrac{1^\alpha+2^\alpha+\cdots+n^\alpha}{n^{\alpha+1}}, (\alpha\neq -1)$.

解： $\lim\limits_{n\to\infty}\dfrac{1^\alpha+2^\alpha+\cdots+n^\alpha}{n^{\alpha+1}}$

$$=\lim_{n\to\infty}\frac{1}{n}\sum_{k=1}^{n}\left(\frac{k}{n}\right)^{\alpha}=\int_0^1 x^{\alpha}\mathrm{d}x=\frac{1}{\alpha+1}.$$

知识点	定积分定义.

【例 2】计算极限 $\lim\limits_{n\to\infty}\sum\limits_{k=1}^{n}\left(\frac{k^2}{n^3}+2\frac{k}{n^2}\right)\cdot\mathrm{e}^{\frac{k^3+3nk^2+2n^3}{3n^3}}$.

解：$\left|\left(f(a)+f(b)\right)-2f\left(\frac{a+b}{2}\right)\right|$

$$=\lim_{n\to\infty}\sum_{k=1}^{n}\left(\left(\frac{k}{n}\right)^2+2\frac{k}{n}\right)\cdot\mathrm{e}^{\frac{1}{3}\left(\frac{k}{n}\right)^3+\left(\frac{k}{n}\right)^2+\frac{2}{3}}\cdot\frac{1}{n}$$

$$=\int_0^1(x^2+2x)\cdot\mathrm{e}^{\frac{1}{3}x^3+x^2+\frac{2}{3}}\mathrm{d}x=\mathrm{e}^{\frac{1}{3}x^3+x^2+\frac{2}{3}}\Big|_0^1=\mathrm{e}^2-\mathrm{e}^{\frac{2}{3}}.$$

知识点	定积分定义.

【例 3】计算极限 $\lim\limits_{n\to\infty}\sum\limits_{k=1}^{n}\frac{k^2-n^2}{nk^2+n^3}$.

解：
$$\lim_{n\to\infty}\sum_{k=1}^{n}\frac{k^2-n^2}{nk^2+n^3}=\lim_{n\to\infty}\sum_{k=1}^{n}\frac{\left(\frac{k}{n}\right)^2-1}{\left(\frac{k}{n}\right)^2+1}\cdot\frac{1}{n}$$

$$=\int_0^1\frac{x^2-1}{x^2+1}\mathrm{d}x=(x-2\arctan x)\Big|_0^1=1-\frac{\pi}{2}.$$

知识点	定积分定义.

【例 4】证明：$\lim\limits_{n\to\infty}\frac{(1^{\alpha}+2^{\alpha}+3^{\alpha}+\cdots+n^{\alpha})^{\beta+1}}{(1^{\beta}+2^{\beta}+3^{\beta}+\cdots+n^{\beta})^{\alpha+1}}=\frac{(\beta+1)^{\alpha+1}}{(\alpha+1)^{\beta+1}}$, $(\alpha,\beta\neq-1)$.

证明：令

$$I_n=\frac{(1^{\alpha}+2^{\alpha}+3^{\alpha}+\cdots+n^{\alpha})^{\beta+1}}{(1^{\beta}+2^{\beta}+3^{\beta}+\cdots+n^{\beta})^{\alpha+1}},$$

则

$$\lim_{n\to\infty}I_n=\lim_{n\to\infty}\frac{\dfrac{(1^{\alpha}+2^{\alpha}+3^{\alpha}+\cdots+n^{\alpha})^{\beta+1}}{n^{\alpha\beta+\alpha}}}{\dfrac{(1^{\beta}+2^{\beta}+3^{\beta}+\cdots+n^{\beta})^{\alpha+1}}{n^{\alpha\beta+\beta}}}\cdot\frac{n^{\alpha\beta+\alpha}}{n^{\alpha\beta+\beta}}$$

$$=\lim_{n\to\infty}\frac{\left(\left(\left(\frac{1}{n}\right)^{\alpha}+\left(\frac{2}{n}\right)^{\alpha}+\left(\frac{3}{n}\right)^{\alpha}+\cdots+\left(\frac{n}{n}\right)^{\alpha}\right)\cdot\frac{1}{n}\right)^{\beta+1}}{\left(\left(\left(\frac{1}{n}\right)^{\beta}+\left(\frac{2}{n}\right)^{\beta}+\left(\frac{3}{n}\right)^{\beta}+\cdots+\left(\frac{n}{n}\right)^{\beta}\right)\cdot\frac{1}{n}\right)^{\alpha+1}}$$

$$=\frac{\left(\int_0^1 x^{\alpha}\mathrm{d}x\right)^{\beta+1}}{\left(\int_0^1 x^{\beta}\mathrm{d}x\right)^{\alpha+1}}=\frac{(\beta+1)^{\alpha+1}}{(\alpha+1)^{\beta+1}}.$$

故 $\lim\limits_{n\to\infty} I_n=\dfrac{(\beta+1)^{\alpha+1}}{(\alpha+1)^{\beta+1}}$.

知识点	定积分定义.

【例 5】 证明：$\lim\limits_{n\to\infty}\left(a^{\frac{1}{n}}-1\right)\sum\limits_{k=1}^{n}a^{\frac{k-1}{n}}\mathrm{e}^{\frac{2k-1}{2n}}=\mathrm{e}^{a}-1\ (a>1)$.

证明： 分法

$$T:1=x_0=a^{\frac{0}{n}}<x_1=a^{\frac{1}{n}}<x_2=a^{\frac{2}{n}}<\cdots<x_n=a^{\frac{n}{n}}=a,$$

将 $[1,a]$ 分成 n 份，其中

$$\Delta x_k=x_k-x_{k-1}=a^{\frac{k}{n}}-a^{\frac{k-1}{n}}=a^{\frac{k-1}{n}}\left(a^{\frac{1}{n}}-1\right)\leqslant a\left(a^{\frac{1}{n}}-1\right),$$

$$\|T\|=\max_{1\leqslant k\leqslant n}\{\Delta x_k\}\to 0\Leftrightarrow n\to\infty.$$

取 $\xi_k=\sqrt{a^{\frac{k-1}{n}}a^{\frac{k}{n}}}=a^{\frac{2k-1}{2n}}\in[x_{k-1},x_k]$，则

$$\lim_{n\to\infty}\left(a^{\frac{1}{n}}-1\right)\sum_{k=1}^{n}a^{\frac{k-1}{n}}\mathrm{e}^{\frac{2k-1}{2n}}$$

$$=\lim_{n\to\infty}\sum_{k=1}^{n}\mathrm{e}^{\frac{2k-1}{2n}}a^{\frac{k-1}{n}}\left(a^{\frac{1}{n}}-1\right)=\int_1^a \mathrm{e}^x\mathrm{d}x=\mathrm{e}^a-\mathrm{e}.$$

知识点	定积分定义.

【例 6】 证明：$\lim\limits_{n\to\infty}\left(1\cdot\dfrac{a^{\left(\frac{1}{n}\right)^2}}{n^2+n}+2\cdot\dfrac{a^{\left(\frac{2}{n}\right)^2}}{n^2+\frac{n}{2}}+\cdots+n\cdot\dfrac{a^{\left(\frac{n}{n}\right)^2}}{n^2+\frac{n}{n}}\right)=\dfrac{a-1}{2\ln a}\ (a>1)$.

证明： 令

$$I_n=1\cdot\frac{a^{\left(\frac{1}{n}\right)^2}}{n^2+n}+2\cdot\frac{a^{\left(\frac{2}{n}\right)^2}}{n^2+\frac{n}{2}}+\cdots+n\cdot\frac{a^{\left(\frac{n}{n}\right)^2}}{n^2+\frac{n}{n}},$$

则

$$I_n=\frac{1}{n}\cdot\frac{a^{\left(\frac{1}{n}\right)^2}}{n+1}+\frac{2}{n}\cdot\frac{a^{\left(\frac{2}{n}\right)^2}}{n+\frac{1}{2}}+\cdots+\frac{n}{n}\cdot\frac{a^{\left(\frac{n}{n}\right)^2}}{n+\frac{1}{n}}=\sum_{k=1}^{n}\frac{k}{n}\cdot\frac{\mathrm{e}^{\left(\frac{k}{n}\right)^2}}{n+\frac{1}{k}},$$

故

$$\left(\sum_{k=1}^{n}\frac{k}{n}\cdot a^{\left(\frac{k}{n}\right)^2}\cdot\frac{1}{n}\right)\frac{n}{n+1}=\sum_{k=1}^{n}\frac{k}{n}\cdot\frac{a^{\left(\frac{k}{n}\right)^2}}{n+1}\leqslant I_n\leqslant\sum_{k=1}^{n}\frac{k}{n}\cdot a^{\left(\frac{k}{n}\right)^2}\cdot\frac{1}{n}.$$

又

$$\lim_{n\to\infty}\sum_{k=1}^{n}\frac{k}{n}\cdot a^{\left(\frac{k}{n}\right)^2}\cdot\frac{1}{n}=\int_0^1 xa^{x^2}\mathrm{d}x=\frac{a-1}{2},$$

$$\lim_{n\to\infty}\left(\sum_{k=1}^{n}\frac{k}{n}\cdot a^{\left(\frac{k}{n}\right)^2}\cdot\frac{1}{n}\right)\frac{n}{n+1}=\int_0^1 xa^{x^2}\mathrm{d}x=\frac{a-1}{2\ln a},$$

故 $\lim\limits_{n\to\infty}I_n=\dfrac{a-1}{2\ln a}$.

知识点	（1）定积分定义； （2）凑微法； （3）迫敛性.

【例 7】 计算极限 $\lim\limits_{n\to\infty}\int_n^{n+1}x^2\mathrm{e}^{-x^2}\mathrm{d}x$.

解： 原式 $=\lim\limits_{\xi\to+\infty}\xi^2\mathrm{e}^{-\xi^2}$

$$=\lim_{x\to+\infty}x^2\mathrm{e}^{-x^2}=\lim_{x\to+\infty}\frac{x^2}{\mathrm{e}^{x^2}},$$

$$=\lim_{x\to+\infty}\frac{(x^2)'}{\mathrm{e}^{x^2}(x^2)'}=\lim_{x\to+\infty}\frac{1}{\mathrm{e}^{x^2}}=0.$$

从而 $2I=\int_{-a}^{a}f(x)\mathrm{d}x=2\int_0^a f(x)\mathrm{d}x$,

得证.

知识点	（1）中值定理； （2）洛必达法则.

【例 8】 设函数 $f(x)$ 和 $g(x)$ 在 $[a,b]$ 内可积，证明：对 $[a,b]$ 内任意分割 $T:a=x_0<x_1<\cdots<x_n=b,\forall\xi_i,\eta_i\in[x_i,x_{i+1}],i=0,1,2,\cdots$ 有

$$\lim_{\|T\|\to0}\sum_{i=0}^{n-1}f(\xi_i)g(\eta_i)\Delta x_i=\int_a^b f(x)g(x)\mathrm{d}x.$$

证明：根据定义

$$\int_a^b f(x)g(x)\mathrm{d}x=\lim_{|\Delta|\to0}\sum_{i=0}^{n-1}f(\xi_i)g(\xi_i)\Delta x_i$$

因为

$$\left|\sum_{i=0}^{n-1}f(\xi_i)g(\xi_i)\Delta x_i-\sum_{i=0}^{n-1}f(\xi_i)g(\eta_i)\Delta x_i\right|$$

$$=\left|\sum_{i=0}^{n-1}f(\xi_i)[g(\xi_i)-g(\eta_i)]\Delta x_i\right|$$

$$\leqslant \max_{i}\{|f(\xi_i)|\}\sum_{i=0}^{n-1}|g(\xi_i)-g(\eta_i)|\Delta x_i,$$

因为 $g(x)$ 在 $[a,b]$ 内可积，

$$\sum_{i=0}^{n-1}|g(\xi_i)-g(\eta_i)|\Delta x_i \leqslant \sum_{i=0}^{n-1}\omega_i \Delta x_i \to 0$$

ω_i 为振幅,所以

$$\lim_{\|T\|\to 0}\left|\sum_{i=0}^{n-1}f(\xi_i)g(\xi_i)\Delta x_i-\sum_{i=0}^{n-1}f(\xi_i)g(\eta_i)\Delta x_i\right|=0.$$

知识点	（1）定积分定义； （2）极限定义； （3）三角不等式.

【例 9】 设 $f(x),g(x)\in I[a,b],g(x)\geqslant 0,f(x)>c>0$,则

$$\lim_{n\to\infty}\int_a^b g(x)\sqrt[n]{f(x)}\mathrm{d}x=\int_a^b g(x)\mathrm{d}x.$$

证明：由于 $f(x)\in I[a,b]$, 可知 $f(x)$ 有界，则设

$M=\sup\limits_{x\in[a,b]}\{f(x)\},m=\inf\limits_{x\in[a,b]}\{f(x)\}$, 则有

$M\geqslant m\geqslant c>0$, 且 $\forall x\in[a,b]$, 有 $m\leqslant f(x)\leqslant M$,

因而 $g(x)\sqrt[n]{m}\leqslant g(x)\sqrt[n]{f(x)}\leqslant g(x)\sqrt[n]{M}$

$$\sqrt[n]{m}\int_a^b g(x)\mathrm{d}x\leqslant \int_a^b g(x)\sqrt[n]{f(x)}\mathrm{d}x\leqslant \sqrt[n]{M}\int_a^b g(x)\mathrm{d}x,$$

因为 $\lim\limits_{n\to\infty}\sqrt[n]{m}=\lim\limits_{n\to\infty}\sqrt[n]{M}=1$, 由迫敛性得证.

知识点	（1）可积的必要条件； （2）确界原理； （3）定积分不等式性； （4）迫敛性.

【例 10】 设 $f(x)\in C[A,B],A<a<b<B$, 证明：

$$\lim_{h\to 0}\frac{1}{h}\int_a^b[f(x+h)-f(x)]\mathrm{d}x=f(b)-f(a).$$

证明：$\lim\limits_{h\to 0}\dfrac{1}{h}\int_a^b[f(x+h)-f(x)]\mathrm{d}x$

$$=\lim_{h\to 0}\frac{1}{h}\left[\int_a^b f(x+h)\mathrm{d}x-\int_a^b f(x)\mathrm{d}x\right]$$

$$=\lim_{h\to 0}\frac{1}{h}\left[\int_{a+h}^{b+h} f(u)\mathrm{d}u-\int_a^b f(x)\mathrm{d}x\right]$$

$$=\lim_{h\to 0}[f(b+h)-f(a+h)]=f(b)-f(a).$$

知识点	（1）定积分线下组合性； （2）定积分换元法； （3）洛必达法则； （4）变限积分导数.

【例 11】 设 $f(x)\in C[0,1]$，证明：$\lim\limits_{n\to\infty} n\int_0^1 x^n f(x)\mathrm{d}x = f(1)$.

证明： 由 $f(x)\in C[0,1]$,有$M=\max\limits_{x\in[0,1]}\{|f(x)|\}$.

又 $\lim\limits_{x\to 1} f(x)=f(1)$,

$\forall\varepsilon>0,\exists\delta>0,\forall x\in[1-\delta,1],|f(x)-f(1)|<\dfrac{\varepsilon}{2}$,

又因为 $\lim\limits_{n\to\infty} 2M\dfrac{n}{n+1}(1-\delta^{n+1})=0$, 即

$\exists N,n>N,2M\dfrac{n}{n+1}(1-\delta^{n+1})<\dfrac{\varepsilon}{2}$,

$$
\begin{aligned}
&\left|n\int_0^1 x^n[f(x)-f(1)]\mathrm{d}x\right| \\
&\leqslant n\int_0^{1-\delta} x^n\left|f(x)-f(1)\right|\mathrm{d}x + n\int_{1-\delta}^1 x^n\left|f(x)-f(1)\right|\mathrm{d}x \\
&\leqslant n2M\int_0^{1-\delta} x^n\mathrm{d}x + n\frac{\varepsilon}{2}\int_{1-\delta}^1 x^n\mathrm{d}x \\
&= 2M\frac{n}{n+1}x^{n+1}\Big|_0^{1-\delta} + \frac{\varepsilon}{2}\frac{n}{n+1}x^{n+1}\Big|_{1-\delta}^1 \\
&\leqslant 2M\frac{n}{n+1}(1-\delta^{n+1}) + \frac{\varepsilon}{2}\frac{n}{n+1}[1-(1-\delta^{n+1})] \\
&\leqslant \frac{\varepsilon}{2}+\frac{\varepsilon}{2}=\varepsilon,
\end{aligned}
$$

即 $\lim\limits_{n\to\infty} n\int_0^1 x^n[f(x)-f(1)]\mathrm{d}x=0$,

$$\lim_{n\to\infty} n\int_0^1 x^n f(1)\mathrm{d}x = \lim_{n\to\infty} f(1)n\frac{x^{n+1}}{n+1}\Big|_0^1 = f(1),$$

$$\lim_{n\to\infty} n\int_0^1 x^n f(x)\mathrm{d}x = f(1) .$$

知识点	（1）最值性； （2）极限定义； （3）区间可加性； （4）绝对可积性.

【例 12】 设 $f(x)\in C[0,1]$，证明：$\lim\limits_{n\to\infty} n\int_0^1 x^n f(x)\mathrm{d}x = f(1)$.

证明： 由 $f'(x)\in C[0,1]$,有$M=\max\limits_{x\in[0,1]}\{|f'(x)|\}$.

$$
\begin{aligned}
\int_0^1 x^n f(x)\mathrm{d}x &= \left[\frac{x^{n+1}}{n+1}f(x)\right]_0^1 - \frac{1}{n+1}\int_0^1 x^{n+1}f'(x)\mathrm{d}x , \\
&= \frac{1}{n+1}f(1) - \frac{1}{n+1}\int_0^1 x^{n+1}f'(x)\mathrm{d}x ,
\end{aligned}
$$

又因为 $\left|\int_0^1 x^{n+1}f'(x)\mathrm{d}x\right| \leqslant M\int_0^1 x^{n+1}\mathrm{d}x = \dfrac{M}{n+2}\to 0$

$$\lim_{n\to\infty} n\int_0^1 x^n f(x)\mathrm{d}x$$
$$=\lim_{n\to\infty}\frac{n}{n+1}\left[f(1)-\int_0^1 x^{n+1}f'(x)\mathrm{d}x\right]=f(1).$$

知识点	（1）闭区间上连续函数的最值性； （2）分部积分法； （3）绝对可积性．

3.2.8 变限积分的导数

【例 1】 计算极限 $\lim\limits_{x\to 0}\dfrac{\int_{\sin x}^{0}\ln(1+t)\,\mathrm{d}t}{x^2}$.

解： 利用洛必达法则

$$\lim_{x\to 0}\frac{\int_{\sin x}^{0}\ln(1+t)\,\mathrm{d}t}{x^2}$$
$$=-\lim_{x\to 0}\frac{-\cos x\ln(1+\sin x)}{2x}$$
$$=\lim_{x\to 0}(-\cos x)\lim_{x\to 0}\frac{\sin x}{2x}=(-1)\cdot\frac{1}{2}=-\frac{1}{2}.$$

知识点	（1）变限积分的导数； （2）洛必达法则．

【例 2】 设函数 $f(x)$ 连续，$f(0)\neq 0$，计算极限 $\lim\limits_{x\to 0}\dfrac{\int_0^x (x-t)f(t)\mathrm{d}t}{x\int_0^x f(x-t)\mathrm{d}t}$.

解： 原式 $=\lim\limits_{x\to 0}\dfrac{x\int_0^x f(t)\mathrm{d}t-\int_0^x tf(t)\mathrm{d}t}{x\int_0^x f(u)\mathrm{d}u}$

$$=\lim_{x\to 0}\frac{\int_0^x f(t)\mathrm{d}t+xf(x)-xf(x)}{\int_0^x f(u)\mathrm{d}u+xf(x)}$$

$$=\lim_{\substack{x\to 0\\(\xi\to 0)}}\frac{xf(\xi)}{xf(\xi)+xf(x)}$$ （ξ 在 0 和 x 之间）

$$=\frac{f(0)}{f(0)+f(0)}=\frac{1}{2}.$$

知识点	（1）变限积分的导数； （2）洛必达法则； （3）定积分第一中值定理； （4）连续定义．

【例 3】 设 $f(x)=\int_0^{a-x}\mathrm{e}^{t(2a-t)}\mathrm{d}t$，计算积分 $I=\int_0^a f(x)\mathrm{d}x$.

解：利用分部积分法

$$
\begin{aligned}
I&=xf(x)\Big|_0^a-\int_0^a xf'(x)\mathrm{d}x\\
&=-\int_0^a x\mathrm{e}^{(a-x)[2a-(a-x)]}(-1)\mathrm{d}x\\
&=\int_0^a x\mathrm{e}^{(a^2-x^2)}\mathrm{d}x=-\frac{1}{2}\int_0^a \mathrm{e}^{(a^2-x^2)}\mathrm{d}(a^2-x^2)\\
&=-\frac{1}{2}\mathrm{e}^{(a^2-x^2)}\Big|_0^a=\frac{1}{2}(\mathrm{e}^{a^2}-1).
\end{aligned}
$$

知识点	（1）分部积分法； （2）变限积分的导数； （3）凑微法．

【例 4】 设 $f(x)=\int_0^x \mathrm{e}^{-y^2+2y}\mathrm{d}y$，计算积分 $\int_0^1(x-1)^2 f(x)\mathrm{d}x$.

证明：

$$
\begin{aligned}
\int_0^1(x-1)^2 f(x)\mathrm{d}x&=\int_0^1(x-1)^2\left[\int_0^x \mathrm{e}^{-y^2+2y}\mathrm{d}y\right]\mathrm{d}x\\
&=\left[\frac{1}{3}(x-1)^3\int_0^x \mathrm{e}^{-y^2+2y}\mathrm{d}y\right]_0^1-\int_0^1\frac{1}{3}(x-1)^3\mathrm{e}^{-x^2+2x}\mathrm{d}x\\
&=-\frac{1}{6}\int_0^1(x-1)^2\mathrm{e}^{-(x-1)^2+1}\mathrm{d}[(x-1)^2]\\
&\overset{令(x-1)^2=u}{=}-\frac{\mathrm{e}}{6}\int_1^0 u\mathrm{e}^{-u}\mathrm{d}u=-\frac{1}{6}(\mathrm{e}-2).
\end{aligned}
$$

知识点	（1）分部积分法； （2）变限积分的导数； （3）凑微法．

【例 5】 设 $f(x)\in C[0,1]$，且 $\int_0^1 f(x)\mathrm{d}x=A$，计算积分 $\int_0^1\left[\int_x^1 f(x)f(y)\mathrm{d}y\right]\mathrm{d}x$.

证明：

$$
\begin{aligned}
&\int_0^1\left[\int_x^1 f(x)f(y)\mathrm{d}y\right]\mathrm{d}x\\
&=\int_0^1\left[\int_x^1 f(y)\mathrm{d}y\right]f(x)\mathrm{d}x\\
&=\left[\int_x^1 f(y)\mathrm{d}y\right]\left[\int_0^x f(t)\mathrm{d}t\right]\Bigg|_0^1+\int_0^1\left[\int_0^x f(t)\mathrm{d}t\right]f(x)\mathrm{d}x\\
&=\int_0^1\left[\int_0^x f(t)\mathrm{d}t\right]\mathrm{d}\left[\int_0^x f(t)\mathrm{d}t\right]=\frac{1}{2}\left[\int_0^x f(t)\mathrm{d}t\right]^2\Bigg|_0^1=\frac{A^2}{2}.
\end{aligned}
$$

知识点	（1）分部积分法； （2）变限积分的导数； （3）凑微法．

3.2.9 等式证明

【例 1】 设 $f(x)$ 在 $[0,a]$ 上连续 $(a>0)$，且 $\int_0^a f(x)\mathrm{d}x=0$, 证明：在 $(0,a)$ 内至少存在一点 c，使 $f(a-c)=-f(c)$.

证明：令 $x=a-t$, 则 $\int_0^a f(x)\mathrm{d}x=\int_0^a f(a-x)\mathrm{d}x=0$, 故

$$\int_0^a [f(a-x)+f(x)]\mathrm{d}x=0,$$

设 $F(x)=\int_0^x [f(a-t)+f(t)]\mathrm{d}t$，则

$F(0)=F(a)=0$, 由罗尔中值定理，在 $(0,a)$ 内至少存在一点 c，使 $F'(c)=0$, 即 $f(a-c)=-f(c)$.

知识点	（1）换元法； （2）罗尔中值定理．

【例 2】 设 $f(x)$ 在[1,4]上可导，且 $\frac{1}{2}\int_2^4 \frac{f(x)}{x}\mathrm{d}x=f(1)$, 证明：在（1,4）内至少存在一点 c，使 $f'(c)=\frac{f(c)}{c}$.

证明：设 $F(x)=\frac{f(x)}{x}$, 由积分中值定理，

$$\frac{1}{2}\int_2^4 \frac{f(x)}{x}\mathrm{d}x=\frac{f(\xi)}{\xi}\ (2\leqslant\xi\leqslant 4),$$

从而 $\frac{f(\xi)}{\xi}=f(1)$,

又 $F(1)=f(1)=\frac{f(\xi)}{\xi}=F(\xi)$,

故 $F(x)$ 在 $[1,\xi]$ 上满足罗尔中值定理的条件，

所以至少存在一点 $c\in(1,\xi)\subset(1,4)$，

使得 $F'(c)=0$, 即 $\frac{cf'(c)-f(c)}{c}=0$,

亦即 $f'(c)=\frac{f(c)}{c}$.

知识点	（1）定积分中值定理； （2）罗尔中值定理．

【例 3】 设 $f(x)$ 在 $[0,\pi]$ 连续，证明：$\int_0^\pi \frac{xf(\sin x)}{1+\cos^2 x}\mathrm{d}x=\frac{\pi}{2}\int_0^\pi \frac{f(\sin x)}{1+\cos^2 x}\mathrm{d}x$.

证明：令 $x=\pi-t$, $\mathrm{d}x=-\mathrm{d}t$,

$$左=\int_\pi^0 \frac{(\pi-t)f(\sin t)}{1+\cos^2 t}(-\mathrm{d}t)=\int_0^\pi \frac{(\pi-x)f(\sin x)}{1+\cos^2 x}\mathrm{d}x$$

$$=\pi\int_0^\pi \frac{f(\sin x)}{1+\cos^2 x}\mathrm{d}x-\int_0^\pi \frac{xf(\sin x)}{1+\cos^2 x}\mathrm{d}x$$

即 $2\int_0^{\pi}\frac{xf(\sin x)}{1+\cos^2 x}\mathrm{d}x=\pi\int_0^{\pi}\frac{f(\sin x)}{1+\cos^2 x}\mathrm{d}x.$

知识点	（1）定积分换元法； （2）线性组合性．

【例 4】若 $f(x)\in C[a,b]$，证明：对于任意选定的连续函数 $\varPhi(x)$，均有

$$\int_a^b f(x)\varPhi(x)\mathrm{d}x=0\text{，则 } f(x)\equiv 0\text{ .}$$

证明：假设 $f(\xi)\neq 0,a<\xi<b$，不妨假设 $f(\xi)>0$．因为 $f(x)\in C[a,b]$，所以存在 $\delta>0$，使得在 $[\xi-\delta,\xi+\delta]$ 上 $f(x)>0$．令 $m=\min\limits_{\xi-\delta\leqslant x\leqslant\xi+\delta}f(x)$．按以下方法定义 $[a,b]$ 上 $\varPhi(x)$：在 $[\xi-\delta,\xi+\delta]$ 上 $\varPhi(x)=\sqrt{\delta^2-(x-\xi)^2}$，其他地方 $\varPhi(x)=0$. 所以

$$\int_a^b f(x)\varPhi(x)\mathrm{d}x=\int_{\xi-\delta}^{\xi+\delta}f(x)\varPhi(x)\mathrm{d}x\geqslant m\frac{\pi\delta^2}{2}>0,$$

和 $\int_a^b f(x)\varPhi(x)\mathrm{d}x=0$ 矛盾．所以 $f(x)\equiv 0$.

知识点	（1）局部保号性； （2）连续函数的最值性．

【小练习 1】设 $f(x)\in C[a,b]$，证明：$\int_a^b f(x)\mathrm{d}x=(b-a)\int_0^1 f(a+(b-a)x)\mathrm{d}x.$

【小练习 2】设 $f(x)\in C[0,1]$，证明：$\int_0^{\pi}xf(\sin x)\mathrm{d}x=\pi\int_0^{\frac{\pi}{2}}f(\sin x)\mathrm{d}x.$

【小练习 3】设 $f(x)\in C[0,1]$，证明：$\int_0^{\frac{\pi}{2}}f(|\cos x|)\mathrm{d}x=\frac{1}{4}\int_0^{2\pi}f(|\cos x|)\mathrm{d}x.$

3.2.10　不等式证明

【例 1】设 $f(x)$ 在 $[a,b]$ 上连续，且 $f(x)>0$，证明：$\int_a^b f(x)\mathrm{d}x\int_a^b\frac{1}{f(x)}\mathrm{d}x\geqslant(b-a)^2$，进而求证 $\int_0^{\frac{\pi}{2}}\sqrt{x\sin x}\mathrm{d}x\leqslant\frac{\pi}{2\sqrt{2}}$.

证明：先证明 Cauchy-Schwarz 不等式.

若 $f(x)$ 和 $g(x)$ 都在 $[a,b]$ 上可积，则有

$$\left(\int_a^b f(x)g(x)\mathrm{d}x\right)^2\leqslant\left(\int_a^b f^2(x)\mathrm{d}x\right)\left(\int_a^b g^2(x)\mathrm{d}x\right).$$

证法一：对任意实数 λ

$$\int_a^b[f(x)+\lambda g(x)]^2\mathrm{d}x=\int_a^b f^2(x)\mathrm{d}x+2\lambda\int_a^b f(x)g(x)\mathrm{d}x+\lambda^2\int_a^b g^2(x)\mathrm{d}x\geqslant 0,$$

上式右端是 λ 的二次三项式，则其判别式非正，即

$$\left(\int_a^b f(x)g(x)\mathrm{d}x\right)^2-\left(\int_a^b f^2(x)\mathrm{d}x\right)\left(\int_a^b g^2(x)\mathrm{d}x\right)\leqslant 0,$$

故原式得证.

证法二：令

$$\varphi(t)=\int_a^t f^2(x)\mathrm{d}x\cdot\int_a^t g^2(x)\mathrm{d}x-\left(\int_a^t f(x)g(x)\mathrm{d}x\right)^2,$$

且 $\varphi(a)=0$,

$$\begin{aligned}\varphi(t)&=f^2(t)\int_a^t g^2(x)\mathrm{d}x+g^2(t)\int_a^t f^2(x)\mathrm{d}x-2f(t)g(t)\int_a^t f(x)g(x)\mathrm{d}x\\&=\int_a^t[f^2(t)g^2(x)+g^2(t)f^2(x)]\mathrm{d}x-2\int_a^t f(t)g(t)f(x)g(x)\mathrm{d}x\\&\geqslant 2\int_a^t f(t)g(x)g(t)f(x)\mathrm{d}x-2\int_a^t f(t)g(t)f(x)g(x)\mathrm{d}x\\&=0,\end{aligned}$$

所以 $\varphi(t)$ 在 $[a,b]$ 上单调递增，$\varphi(b)\geqslant\varphi(a)=0$,

即 $\left(\int_a^b f(x)g(x)\mathrm{d}x\right)^2\leqslant\left(\int_a^b f^2(x)\mathrm{d}x\right)\left(\int_a^b g^2(x)\mathrm{d}x\right)$.

再证 $\int_a^b f(x)\mathrm{d}x\int_a^b\frac{1}{f(x)}\mathrm{d}x\geqslant(b-a)^2$,

$$\begin{aligned}\int_a^b f(x)\mathrm{d}x\int_a^b\frac{1}{f(x)}\mathrm{d}x&\geqslant\left[\int_a^b\sqrt{f(x)}\cdot\frac{1}{\sqrt{f(x)}}\mathrm{d}x\right]^2\\&=\left[\int_a^b\mathrm{d}x\right]^2=(b-a)^2.\end{aligned}$$

由上面的不等式可得

$$\left(\int_0^{\frac{\pi}{2}}\sqrt{x\sin x}\mathrm{d}x\right)^2\leqslant\left(\int_0^{\frac{\pi}{2}}x\mathrm{d}x\right)\left(\int_0^{\frac{\pi}{2}}\sin x\mathrm{d}x\right)=\frac{\pi^2}{8}.$$

两边开方即得证.

知识点	（1）Cauchy-Schwarz 不等式； （2）常数变异法； （3）单调性； （4）变限积分的导数.

【例 2】 设函数 $f(x)$ 在 $[0,1]$ 上可微，且当 $x\in(0,1)$ 时，$0<f'(x)<1, f(0)=0$. 证明：$\left(\int_0^1 f(x)\mathrm{d}x\right)^2>\int_0^1 f^3(x)\mathrm{d}x$.

证明：

证法一：令 $F(x)=\left(\int_0^x f(t)\mathrm{d}t\right)^2-\int_0^x f^3(t)\mathrm{d}t$,

则 $F'(x)=2\int_0^x f(t)\mathrm{d}t\cdot f(x)-f^3(x)$,

$=f(x)\left[2\int_0^x f(t)\mathrm{d}t-f^2(x)\right]$, 且 $F(0)=0$,

再令 $G(x)=2\int_0^x f(t)\mathrm{d}t-f^2(x)$,

则 $G'(x)=2f(x)-2f(x)f'(x)$,

$=2f(x)[1-f'(x)]$, 且 $G(0)=0-f^2(0)=0$,

因为当 $x\in(0,1)$ 时，$0<f'(x)<1$，所以函数 $f(x)$ 在 $(0,1)$ 内严格单调递增，所以

$f(x)>f(0)=0$，而 $1-f'(x)>0$，则 $G'(x)>0$，因此 $G(x)$ 在 $(0,1)$ 内也严格单调递增，即 $G(x)>G(0)=0$，所以 $F'(x)>0$，则 $F(x)$ 在 $(0,1)$ 内严格单调递增，又函数 $F(x)$ 在 $[0,1]$ 上连续，

故 $F(1)>F(0)=0$，即 $\left(\int_0^1 f(x)\mathrm{d}x\right)^2>\int_0^1 f^3(x)\mathrm{d}x.$

证法二：因 $0<f'(x)<1, f(0)=0,$ 故当 $0<x\leqslant 1$ 时，$f(x)>0.$

设 $F(x)=\left[\int_0^x f(t)\mathrm{d}t\right]^2, G(x)=\int_0^x f^3(t)\mathrm{d}t.$

在[0,1]上应用柯西中值定理，有

$$\frac{F(1)-F(0)}{G(1)-G(0)}=\frac{F'(\xi)}{G'(\xi)}(0<\xi<1),$$

即 $\dfrac{\left[\int_0^1 f(x)\mathrm{d}x\right]^2}{\int_0^1 f^3(x)\mathrm{d}x}=\dfrac{2f(\xi)\int_0^\xi f(x)\mathrm{d}x}{f^3(\xi)}=\dfrac{2\int_0^\xi f(x)\mathrm{d}x}{f^2(\xi)},$

再用一次柯西中值定理有

$$\frac{2\int_0^\xi f(x)\mathrm{d}x-0}{f^2(\xi)-0}=\frac{2f(\eta)}{2f(\eta)f'(\eta)}=\frac{1}{f'(\eta)}\geqslant 1\,(0<\eta<\xi),$$

因而 $\dfrac{\left[\int_0^1 f(x)\mathrm{d}x\right]^2}{\int_0^1 f^3(x)\mathrm{d}x}\geqslant 1,$

即 $\left[\int_0^1 f(x)\mathrm{d}x\right]^2\geqslant\int_0^1 f^3(x)\mathrm{d}x.$

知识点	（1）常数变异法； （2）单调性； （3）变限积分的导数； （4）柯西中值定理.

【例 3】 设函数 $f'(x)$ 在 $[a,b]$ 上连续，且 $f(a)=0$ 则

（1）$\max\limits_{x\in[a,b]}|f(x)|\leqslant\sqrt{b-a}\left(\int_a^b|f'(t)|^2\,\mathrm{d}t\right)^{\frac{1}{2}}$，（2）$\int_a^b f^2(x)\mathrm{d}x\leqslant\frac{1}{2}(b-a)^2\int_a^b|f'(t)|^2\,\mathrm{d}t.$

证明：设 $\max\limits_{x\in[a,b]}|f(x)|=|f(x_0)|$，则由牛顿—莱布尼兹公式有

$$|f(x_0)|=|f(a)|+\int_a^{x_0}|f(t)|\,\mathrm{d}t=\int_a^{x_0}|f(t)|\,\mathrm{d}t,$$

即 $|f(x_0)|^2=\left(\int_a^{x_0}|f(t)|\,\mathrm{d}t\right)^2$

$$\leqslant\int_a^{x_0}|f(t)|^2\,\mathrm{d}t\int_a^{x_0}1\mathrm{d}t=(x_0-a)\int_a^{x_0}|f(t)|^2\,\mathrm{d}t$$

$\leqslant (b-a)\int_a^b |f(t)|^2\,dt$,两边开平方得证.

(2) 同理，由牛顿—莱布尼兹公式得，

$f(x)=f(a)+\int_a^x f'(t)dt=\int_a^x f'(t)dt$,即

$$f^2(x)=(\int_a^x f'(t)dt)^2\leqslant\int_a^x f'^2(t)dt\int_a^x 1^2\,dt,$$

等式两边 x 从 a 到 b 积分有

$$\begin{aligned}\int_a^b f^2(x)dx &\leqslant \int_a^b\left[(x-a)\int_a^x f'^2(t)dt\right]dx\\ &=\int_a^b\left[\int_a^x f'^2(t)dt\right]d\frac{(x-a)^2}{2}\\ &=\int_a^x f'^2(t)dt\frac{(x-a)^2}{2}\Bigg|_a^b-\int_a^b f'^2(x)\frac{(x-a)^2}{2}dx\end{aligned}$$

$\leqslant\dfrac{(b-a)^2}{2}\int_a^b f'^2(x)dx$，得证.

知识点	(1) 牛顿—莱布尼兹公式; (2) 绝对可积性; (3) 定积分不等式性; (4) 分部积分法; (5) Cauchy-Schwarz 不等式.

注	典型的最大值在不等号小于号一边的证明方法.

【例 4】 设函数 $g(x)$ 在 $[0,a]$ 上连续，且 $g(0)=0$ 则 $\int_0^a|g(x)g'(x)|dx\leqslant\dfrac{a}{2}\cdot\int_0^a|g'(x)|^2\,dx$.

证明：由牛顿—莱布尼兹公式有

$$g(x)=g(0)+\int_0^x g'(t)dt,$$

$$|g(x)|=\left|\int_0^x g'(t)dt\right|\leqslant\int_0^x|g'(t)|dt,$$

于是有

$$\begin{aligned}\int_0^a|g(x)g'(x)|dx&\leqslant\int_0^a\left|g'(x)\int_0^x|g'(t)|dt\right|dx\\ &\leqslant\int_0^a\left\{\int_0^x|g'(t)|dt\right\}|g'(x)|dx\\ &=\int_0^a\left\{\int_0^x|g'(t)|dt\right\}d\left\{\int_0^x|g'(t)|dt\right\}\\ &=\frac{1}{2}\left(\int_0^a|g'(x)|dx\right)^2\leqslant\frac{a}{2}\cdot\int_0^a|g'(x)|^2dx.\end{aligned}$$

知识点	(1) 牛顿—莱布尼兹公式; (2) 绝对可积性; (3) 定积分不等式性;

知识点	（4）凑微法； （5）Cauchy-Schwarz 不等式．

【例 5】设 $f(x)\geqslant 0, f''(x)\leqslant 0$，求证：$f(x)\leqslant \dfrac{2}{b-a}\int_a^b f(x)\mathrm{d}x$.

证明：设 $t\in[a,b]$，在点 t 处将 $f(x)$ 展开成泰勒公式：

$$f(x)=f(t)+f'(t)(x-t)+\frac{1}{2}f''(\xi_t)(x-t)^2$$

$\leqslant f(t)+f'(t)(x-t)$，对 t 积分得

$$\begin{aligned}(b-a)f(x)&\leqslant \int_a^b f(t)\mathrm{d}t+\int_a^b (x-t)f'(t)\mathrm{d}t\\&=2\int_a^b f(t)\mathrm{d}t+(x-b)f(b)+(a-x)f(a)\\&\leqslant 2\int_a^b f(t)\mathrm{d}t\ (\text{因为}(x-b)f(x)\leqslant 0,(a-x)f(a)\leqslant 0).\end{aligned}$$

知识点	（1）泰勒公式； （2）定积分不等式性； （3）分部积分法．

【例 6】设 $f(x)$ 在 $[a,b]$ 连续且单调增加，证明：$\int_a^b xf(x)\mathrm{d}x\geqslant \dfrac{a+b}{2}\cdot\int_a^b f(x)\mathrm{d}x$.

证明：

证法一：设 $g(x)=\int_a^x tf(t)\mathrm{d}t-\dfrac{a+x}{2}\cdot\int_a^x f(t)\mathrm{d}t$,

则 $g(a)=0$，并且

$$\begin{aligned}g'(x)&=xf(x)-\frac{1}{2}\int_a^x f(t)\mathrm{d}t-\frac{a+t}{2}f(x)\\&=\frac{x-a}{2}f(x)-\frac{x-a}{2}f(\xi)\geqslant 0.\end{aligned}$$

证法二：

$$\begin{aligned}&\int_a^b\left(x-\frac{a+b}{2}\right)f(x)\mathrm{d}x\\&=\int_a^{\frac{a+b}{2}}\left(x-\frac{a+b}{2}\right)f(x)\mathrm{d}x+\int_{\frac{a+b}{2}}^b\left(x-\frac{a+b}{2}\right)f(x)\mathrm{d}x,\end{aligned}$$

并利用第一积分中值定理．

知识点	（1）常数变异法； （2）单调性； （3）第一积分中值定理．

【例 7】$f(x)\in C[a,b], f(a)=f(b)=0,\ M=\max\limits_{a\leqslant x\leqslant b}\left|f'(x)\right|$，证明：$\left|\int_a^b f(x)\mathrm{d}x\right|\leqslant \dfrac{M}{4}(b-a)^2$.

证明：将 $f(x)$ 分别在点 a,b 处展成泰勒公式可得

$$|f(x)| = |f'(\xi)(x-a)| \leqslant M(x-a),$$
$$|f(x)| = |f'(\eta)(x-b)| \leqslant M(b-x),$$

所以

$$\int_a^{\frac{a+b}{2}} |f(x)| \mathrm{d}x \leqslant M \int_a^{\frac{a+b}{2}} (x-a) \mathrm{d}x = \frac{(b-a)^2}{8} M,$$
$$\int_{\frac{a+b}{2}}^b |f(x)| \mathrm{d}x \leqslant M \int_{\frac{a+b}{2}}^b (x-a) \mathrm{d}x = \frac{(b-a)^2}{8} M.$$

知识点	（1）泰勒公式； （2）区间性； （3）定积分不等式性； （4）牛顿—莱布尼兹公式.

【例 8】设 $f(x) \in D[a,b], f\left(\frac{a+b}{2}\right) = 0, |f'(x)| \leqslant M$，证明：$\left|\int_a^b f(x) \mathrm{d}x\right| \leqslant \frac{M}{4}(b-a)^2$.

证明：因为 $f(x) \in D[a,b]$，利用拉格朗日中值定理：

$$\exists \xi \in (a,b), f(x) - f\left(\frac{a+b}{2}\right) = f'(\xi)\left(x - \frac{a+b}{2}\right),$$

即有

$$\left|\int_a^b f(x) \mathrm{d}x\right| = \left|\int_a^b f'(\xi)\left(x - \frac{a+b}{2}\right) \mathrm{d}x\right|,$$
$$\leqslant \int_a^b \left|f'(\xi)\left(x - \frac{a+b}{2}\right)\right| \mathrm{d}x,$$
$$\leqslant M\left[\int_a^{\frac{a+b}{2}} \left(\frac{a+b}{2} - x\right) \mathrm{d}x + \int_{\frac{a+b}{2}}^b \left(x - \frac{a+b}{2}\right) \mathrm{d}x\right]$$
$$= \frac{M}{4}(b-a)^2.$$

知识点	（1）泰勒公式； （2）区间性； （3）定积分不等式性； （4）牛顿—莱布尼兹公式.

【例 9】设 $f(x) \in C^2[a,b], f(a) = f(b) = 0$，$M = \max\limits_{a \leqslant x \leqslant b} |f''(x)|$，证明：$\left|\int_a^b f(x) \mathrm{d}x\right| \leqslant \frac{M}{12}(b-a)^3$.

证明：$f(x)$ 在 t 处展开成泰勒公式，有

$$f(x) = f(t) + f'(t)(x-t) + \frac{1}{2} f''(\xi)(x-t)^2,$$

当 $x = a$ 时，

$$0 = f(a) = f(t) + f'(t)(a-t) + \frac{1}{2} f''(\xi)(a-t)^2,$$

$$\int_a^b f(t)\mathrm{d}t=-\int_a^b[f'(t)(a-t)+\frac{1}{2}f''(\xi)(a-t)^2]\mathrm{d}t$$

$$=-f(t)(a-t)\Big|_a^b-\int_a^b f(t)\mathrm{d}t-\frac{1}{2}\int_a^b f''(\xi)(a-t)^2\,\mathrm{d}t$$

$$\left|\int_a^b f(t)\mathrm{d}t\right|\leqslant\frac{M}{4}\int_a^b(a-t)^2\,\mathrm{d}t=\frac{M}{12}(b-a)^3.$$

知识点	（1）泰勒公式； （2）线性组合性； （3）分部积分法．

【例 10】 设 $f(x)\in C[0,1]$，则：$\int_0^1|f(x)|\mathrm{d}x\leqslant\max\left(\int_0^1|f'(x)|\mathrm{d}x,\left|\int_0^1 f(x)\mathrm{d}x\right|\right)$.

证明： 当 $\int_0^1|f(x)|\mathrm{d}x>\left|\int_0^1 f(x)\mathrm{d}x\right|$ 时，

必存在 $x_0\in[0,1]$ 使 $f(x_0)=0$，

于是 $|f(x)|=\left|\int_{x_0}^x f'(t)\mathrm{d}t\right|\leqslant\int_0^1|f'(t)|\mathrm{d}t$，

再对 x 积分即证.

知识点	（1）绝对可积性； （2）牛顿—莱布尼兹公式； （3）定积分不等式性．

【例 11】 设 $f(x)\in C[0,1]$，$\int_0^1 x^k f(x)\mathrm{d}x=0(0\leqslant k\leqslant n-1),\int_0^1 x^n f(x)\mathrm{d}x=1$，证明：$\exists\xi\in(0,1)$，使 $|f(\xi)|\geqslant 2^n(n+1)$.

证明：（反证）假定对任意 $x\in[0,1]$，$|f(x)|<2^n(n+1)$，则由最值定理 $M=\max\limits_{a\leqslant x\leqslant b}|f(x)|<2^n(n+1)$.

又由题设条件得到

$$1=\left|\int_0^1 f(x)\left(x-\frac{1}{2}\right)^n\mathrm{d}x\right|$$

$$\leqslant M\int_0^1\left|\left(x-\frac{1}{2}\right)^n\right|\mathrm{d}x=\frac{M}{2^n(n+1)}<1,$$ 矛盾.

知识点	（1）泰勒公式； （2）最值定理； （3）绝对可积性．

【例 12】 若在 $[0,\ 2\pi]$ 上连续，且 $f'(x)\geqslant 0,\forall n,\left|\int_0^{2\pi}f(x)\sin nx\mathrm{d}x\right|\leqslant\frac{2[f(2\pi)-f(0)]}{n}$.

证明： $\int_0^{2\pi}f(x)\sin nx\mathrm{d}x=-\frac{1}{n}\int_0^{2\pi}f(x)\mathrm{d}\cos nx.$

$$=-\frac{1}{n}(f(2\pi)-f(0))+\frac{1}{n}\int_0^{2\pi}f'(x)\cos nx\mathrm{d}x,$$

$$\left|\int_0^{2\pi} f(x)\sin nx\mathrm{d}x\right| \leqslant \frac{f(2\pi)-f(0)}{n}+\frac{1}{n}\int_0^{2\pi} f'(x)\mathrm{d}x$$
$$=\frac{2}{n}[f(2\pi)-f(0)].$$

知识点	（1）分部积分法； （2）单调性； （3）绝对可积性．

【例 13】设 $f(x)\in C^1[a,b]$，且$f(a)=f(b)=0,\int_a^b f^2(x)\mathrm{d}x=1$，证明：$\left(\int_a^b [f'(x)]^2\,\mathrm{d}x\right)\left(\int_a^b x^2 f^2(x)\mathrm{d}x\right)\geqslant\frac{1}{4}$.

证明：

$$\left(\int_a^b [f'(x)]^2\,\mathrm{d}x\right)\left(\int_a^b x^2 f^2(x)\mathrm{d}x\right)\geqslant\left[\int_a^b xf(x)f'(x)\mathrm{d}x\right]^2$$
$$=\left[\frac{1}{2}\int_a^b x\mathrm{d}\left[f^2(x)\right]\right]^2=\left[\frac{1}{2}xf^2(x)\Big|_a^b-\frac{1}{2}\int_a^b f^2(x)\mathrm{d}x\right]^2,$$
$$=\left[\frac{1}{2}\int_a^b f^2(x)\mathrm{d}x\right]^2=\frac{1}{4}.$$

知识点	（1）Cauchy-Schwarz 不等式； （2）分部积分法．

【例 14】已知 $f(x)\in C[0,1]$，对任意 x,y 都有 $|f(x)-f(y)|<M|x-y|$，证明

$$\left|\int_0^1 f(x)\mathrm{d}x-\frac{1}{n}\sum_{k=1}^n f\left(\frac{k}{n}\right)\right|\leqslant\frac{M}{2n}.$$

证明： $\int_0^1 f(x)\mathrm{d}x=\sum_{k=1}^n\int_{\frac{k-1}{n}}^{\frac{k}{n}} f(x)\mathrm{d}x,$

$$\frac{1}{n}\sum_{k=1}^n f\left(\frac{k}{n}\right)=\sum_{k=1}^n\int_{\frac{k-1}{n}}^{\frac{k}{n}} f\left(\frac{k}{n}\right)\mathrm{d}x,$$

$$\left|\int_0^1 f(x)\mathrm{d}x-\frac{1}{n}\sum_{k=1}^n f\left(\frac{k}{n}\right)\right|=\left|\sum_{k=1}^n\int_{\frac{k-1}{n}}^{\frac{k}{n}}\left[f(x)-f\left(\frac{k}{n}\right)\right]\mathrm{d}x\right|$$

$$\leqslant\sum_{k=1}^n\int_{\frac{k-1}{n}}^{\frac{k}{n}}\left|f(x)-f\left(\frac{k}{n}\right)\right|\mathrm{d}x\leqslant\sum_{k=1}^n\int_{\frac{k-1}{n}}^{\frac{k}{n}}M\left|\left(x-\frac{k}{n}\right)\right|\mathrm{d}x$$

$$=M\sum_{k=1}^n\int_{\frac{k-1}{n}}^{\frac{k}{n}}\left(\frac{k}{n}-x\right)\mathrm{d}x=\frac{M}{2}\sum_{k=1}^n\frac{1}{n^2}=\frac{M}{2n}.$$

【例 15】设 $I_n=\int_0^{\frac{\pi}{4}}\tan^n x\mathrm{d}x$，$n$ 为大于 1 的正整数，证明：$\frac{1}{2(n+1)}<I_n<\frac{1}{2(n-1)}$.

证明： 令 $t=\tan x$，则 $I_n=\int_0^{\frac{\pi}{4}}\tan^n x\mathrm{d}x=\int_0^1\frac{t^n}{1+t^2}\mathrm{d}t$.

因为 $\left(\dfrac{t}{1+t^2}\right)'=\dfrac{1-t^2}{(1+t^2)^2}>0\,(0<t<1)$，所以

$\dfrac{t}{1+t^2}<\dfrac{1}{1+1^2}=\dfrac{1}{2}$,

于是 $\dfrac{1}{2}\int_0^1 t^n\mathrm{d}t<\int_0^1\dfrac{t^n}{1+t^2}\mathrm{d}t<\dfrac{1}{2}\int_0^1 t^{n-1}\mathrm{d}t$,

立即得到 $\dfrac{1}{2(n+1)}<I_n<\dfrac{1}{2n}<\dfrac{1}{2(n-1)}$.

§3.3　定积分应用

知识要点

3.3.1　平面图形的面积

3.3.1.1　直角坐标

（1）连续曲线 $y=f(x)\,(\geqslant 0)$ 与直线 $x=a$, $x=b\,(b>a)$, x 轴所围成的曲边梯形的面积为：

$$A=\int_a^b f(x)\mathrm{d}x.$$

（2）若 $y=f(x)$ 在 $[a,b]$ 上不都是非负的，则所围成的面积为

$$A=\int_a^b |f(x)|\,\mathrm{d}x.$$

（3）由两条连续曲线 $y_1=f_1(x)$, $y_2=f_2(x)$ 及直线 $x=a$, $x=b\,(b>a)$ 所围成的平面图形的面积为

$$A=\int_a^b \left|f_2(x)-f_1(x)\right|\mathrm{d}x.$$

（4）有两条连续曲线 $x_1=g_1(y)$, $x_2=g_2(y)$ 及直线 $y=c$, $x=d(d>c)$ 所围成的平面图形的面积为

$$A=\int_c^d \left|g_2(y)-g_1(y)\right|\mathrm{d}y.$$

3.3.1.2　参数方程形式下的面积公式

若所给的曲线方程为参数形式：$\begin{cases}x=x(t)\\y=y(t)\end{cases}$（$\alpha\leqslant t\leqslant\beta$），其中 $y(t)$ 是连续函数，$x(t)$ 是连续可微函数，$x'(t)\geqslant 0$ 且 $x(\alpha)=a$ ，$x(\beta)=b$ ，那么由 $\begin{cases}x=x(t)\\y=y(t)\end{cases}$，$x$ 轴及直线

$x=a, x=b(b>a)$，所围图形的面积 A 的公式为 $A=\int_\alpha^\beta |y(t)|x'(t)\mathrm{d}t$ （$\alpha<\beta$）.

3.3.1.3　极坐标下的面积公式

（1）设曲线的极坐标方程是：$r=r(\theta)$，$\alpha\leqslant\theta\leqslant\beta$，$r(\theta)\in C[\alpha,\beta]$，则由曲线 $r=r(\theta)$，射线 $\theta=\alpha$ 及 $\theta=\beta$ 所围的扇形面积 A 等于

$$A=\frac{1}{2}\int_\alpha^\beta r^2(\theta)\mathrm{d}\theta.$$

（2）设曲线的极坐标方程是：$r=r_1(\theta)$，$r=r_2(\theta)$，$\alpha\leqslant\theta\leqslant\beta$，$r_1(\theta),r_2(\theta)\in C[\alpha,\beta]$，则由曲线 $r=r_1(\theta)$，$r=r_2(\theta)$，射线 $\theta=\alpha$ 及 $\theta=\beta$ 所围图形的面积 A 等于

$$A=\frac{1}{2}\int_\alpha^\beta \left|r_1^2(\theta)-r_2^2(\theta)\right|\mathrm{d}\theta.$$

3.3.2　求空间立体的体积公式

3.3.2.1　由截面面积函数求空间立体的体积公式

设空间立体夹在平行平面 $x=a$ 和 $x=b$ $(a<b)$ 之间，用垂直于 x 轴的平面去截此空间立体，设截面与 x 轴交点为 $(x,0)$，可得的截面面积为 $A(x)$，如果 $A(x)$ 是 $[a,b]$ 上的可积函数，则该几何体的体积公式为

$$V=\int_a^b A(x)\mathrm{d}x.$$

3.3.2.2　旋转体体积公式

（1）绕 x 轴

由 $y=f(x)\,(\geqslant 0)$ 与直线 $x=a$，$x=b\,(b>a)$，x 轴所围成曲边梯形，绕 x 轴产生旋转体的截面积为 $S(x)=\pi f^2(x)$，则

$$V=\int_a^b S(x)\mathrm{d}x=\pi\int_a^b f^2(x)\mathrm{d}x.$$

（2）柱壳法

由平面图形 $0\leqslant a\leqslant x\leqslant b, 0\leqslant y\leqslant f(x)$ 绕 y 轴旋转所成旋转体的体积为

$$V=2\pi\int_a^b xf(x)\mathrm{d}x.$$

3.3.3　曲线的弧长

3.3.3.1　参数方程

曲线 C：$\begin{cases}x=x(t)\\ y=y(t)\end{cases}$ （$\alpha\leqslant t\leqslant\beta$），且 $x(t)$，$y(t)$ 在 $[\alpha,\beta]$ 上可微且导数 $x'(t)$，$y'(t)$ 在 $[\alpha,\beta]$ 上可积，曲线 C 在 $[\alpha,\beta]$ 无自交点，则曲线 C 的弧长 s 为

$$s=\int_\alpha^\beta \sqrt{x'^2(t)+y'^2(t)}\mathrm{d}t.$$

3.3.3.2　直角坐标

设 $y=y(x)$ 在 $[a,b]$ 上可微且导数 $y'(x)$ 可积，则曲线 $y=y(x)(a\leqslant x\leqslant b)$ 的弧长 s 为

$$s=\int_a^b\sqrt{1+y'(x)}\mathrm{d}x.$$

3.3.3.3　极坐标

若曲线极坐标方程 $r=r(\theta)$，$\alpha\leqslant\theta\leqslant\beta$，则当 $r(\theta)$ 在 $[\alpha,\beta]$ 上可微，且 $r'(\theta)$ 可积时，弧长公式为

$$s=\int_\alpha^\beta\sqrt{r^2+r'^2}\mathrm{d}\theta.$$

3.3.3.4　空间曲线

若空间曲线的参数方程为 $\begin{cases}x=x(t)\\y=y(t)\\z=z(t)\end{cases}$（$\alpha\leqslant t\leqslant\beta$），弧长公式为

$$s=\int_\alpha^\beta\sqrt{x'^2(t)+y'^2(t)+z'^2(t)}\mathrm{d}t.$$

其中 $x(t),y(t),z(t)$ 在 $[\alpha,\beta]$ 上可微，导数 $x'(t)$，$y'(t)$，$z'(t)$ 在 $[\alpha,\beta]$ 上可积且曲线 C 在 $[\alpha,\beta]$ 无自交点.

3.3.4　旋转曲面的面积

设 $y=y(x)$ 在 $[a,b]$ 上非负，且连续可微，该曲线绕 x 轴旋转后所得的旋转面的侧面积为

$$S=2\pi\int_a^b y\sqrt{1+y'^2}\mathrm{d}x.$$

典 型 题 型

【例 1】 过抛物线 $y=x^2$ 上一点 $P(a,a^2)$ 作切线，a 为何值时，所作切线与抛物线 $y=-x^2+4x-1$ 所围成的图形的面积最小？

解： 过曲线 $y=x^2$ 上点 $P(a,a^2)$ 的切线方程为

$$y=2a(x-a)+a^2,$$

设切线与 $y=-x^2+4x-1$ 的交点横坐标为 $\alpha,\beta\,(\alpha<\beta)$，则 α,β 是

$$2a(x-a)+a^2=-x^2+4x-1,$$

即 $-x^2-2(a-2)x+a^2-1=0$ 的根.

而切线与抛物线 $y=-x^2+4x-1$ 所围成的面积为

$$\begin{aligned}S&=\int_\alpha^\beta[-x^2-2(a-2)x+a^2-1]\mathrm{d}x\\&=-\frac{\beta^3-\alpha^3}{3}-(a-2)(\beta^2-\alpha^2)+(a^2-1)(\beta-\alpha),\end{aligned}$$

由根与系数的关系可得：$\beta+\alpha=2(2-a),\alpha\beta=1-a^2$，可导出 $\beta-\alpha=2\sqrt{2a^2-4a+3}$，将上述关系式代入面积 S 的表示式中，整理后可得

$$S=\frac{4}{3}(2a^2-4a+3)^{\frac{3}{2}}=\frac{4}{3}[2(a-1)^2+1]^{\frac{3}{2}},$$

从而得当 $a=1$ 时，$S=\frac{4}{3}$，值最小.

知识点	（1）切线方程； （2）平面图形面积； （3）定积分换元法.

【例 2】求由曲线 $x^2-2y=0$ 和 $2x+2y-3=0$ 所围成的平面图形绕 x 轴旋转所成的旋转体体积.

解：联立解方程组

$$\begin{cases}x^2-2y=0\\2x+2y-3=0\end{cases},$$

求得两曲线的交点为 $A\left(-3,\frac{9}{2}\right)$ 及 $B\left(1,\frac{1}{2}\right)$，于是所求体积为

$$V=\pi\int_{-3}^{1}\left[\left(\frac{3}{2}-x\right)^2-\left(\frac{x^2}{2}\right)^2\right]\mathrm{d}x$$

$$=\pi\int_{-3}^{1}\left(x-\frac{3}{2}\right)^2\mathrm{d}x-\frac{\pi}{4}\int_{-3}^{1}x^4\mathrm{d}x$$

$$=\frac{\pi}{3}\left(x-\frac{3}{2}\right)^3\Big|_{-3}^{1}-\frac{\pi}{4}\left(\frac{x^5}{5}\right)\Big|_{-3}^{1}=\frac{272}{15}\pi.$$

知识点	旋转体体积公式.

【例 3】设函数 $f(x)$ 在区间 $[a,b]$ 上连续，且在 (a,b) 内有 $f'(x)>0$，证明在 (a,b) 内存在唯一的点 ξ，使曲线 $y=f(x)$ 与两直线 $y=f(\xi),x=a$ 所围的面积 S_1 是曲线 $y=f(x)$ 与两直线 $y=f(\xi),x=b$ 所围的面积 S_2 的 3 倍 $(a<b)$.

证明：$S_1=\int_a^{\xi}[f(\xi)-f(x)]\mathrm{d}x,S_2=\int_{\xi}^{b}[f(x)-f(\xi)]\mathrm{d}x$，

$S_1=3S_2$.

令 $F(t)=\int_a^t[f(t)-f(x)]\mathrm{d}x-3\int_t^b[f(x)-f(t)]\mathrm{d}x$，

只需证明 $F(t)$ 在 (a,b) 内有且仅有一个根 ξ 即可.

存在性证明：

$F(a)=-3\int_a^b[f(x)-f(a)]\mathrm{d}x<0$，（因为 $f'(x)>0$，所以单增）

$F(b)=\int_a^b[f(b)-f(x)]\mathrm{d}x>0$，

故必存在一点 $\xi\in(a,b)$, 使 $F(\xi)=0$, 即 $S_1=3S_2$.

唯一性证明：

$F'(t)=f'(t)[3b-a-2t]>0$，故 $F(t)$ 单调增加，这就表明 ξ 是唯一的.

知识点	（1）面积公式； （2）根的存在性定理； （3）单调性.

【例 4】 求由曲线 $y=4-x^2$ 与 $y=0$ 所围成的图形绕直线 $x=3$ 旋转所成的旋转体体积.

解：将坐标轴 y 平移至 $x=3$，在新坐标系下，曲线的方程可表示为

$y=4-(x-3)^2$, 即 $x=3\pm\sqrt{4-y}$.

于是，问题变为求由曲线 $x=3\pm\sqrt{4-y}$ 与 $y=0$ 所围成的图形绕 y 轴旋转所形成的旋转体体积，从而得

$$\begin{aligned}V&=\pi\int_0^4[(3+\sqrt{4-y})^2-(3-\sqrt{4-y})^2]\mathrm{d}y\\&=12\pi\int_0^4\sqrt{4-y}\mathrm{d}y=-12\pi\int_0^4\sqrt{4-y}\mathrm{d}(4-y)\\&=-8\pi(4-y)^{\frac{3}{2}}\Big|_0^4=64\pi.\end{aligned}$$

知识点	（1）坐标平移； （2）旋转体体积公式； （3）凑微法.

【例 5】 设两曲线 $x^2-2x+y^2=0$ 与 $x=ay^2\ (a>0)$ 有不在原点的两个交点 A 和 B，将线段 AB 和曲线 $x=ay^2$ 所围成的图形绕 x 轴旋转一周，求所得旋转体的体积，a 为何值时，其体积为最大，求出最大值.

解：先求交点的横坐标，解联立方程组得

$x_1=0,x_2=\dfrac{2a-1}{a}$，于是，两曲线交点的横坐标为

$x=\dfrac{2a-1}{a}$ 且必须 $a>\dfrac{1}{2}$,

故所求旋转体体积为

$$V(a)=\int_0^{\frac{2a-1}{a}}\pi y^2\mathrm{d}x=\int_0^{\frac{2a-1}{a}}\pi\cdot\frac{x}{a}\mathrm{d}x=\frac{\pi}{2a^3}(2a-1)^2.$$

令 $V'(a)=0$ 得 $a=\dfrac{3}{2}$ 即为所求.

$$V_{\max}=\frac{16}{27}\pi.$$

知识点	（1）旋转体体积公式； （2）最值计算方法.

【例 6】计算曲线 $y=\sin x(0\leqslant x\leqslant \pi)$ 和 x 轴所围成的图形绕 y 轴旋转所得旋转体的体积.

解：方法 1：$V=\pi[\int_0^1(\pi-\arcsin y)^2\mathrm{d}y-\int_0^1(\arcsin y)^2\mathrm{d}y]$

$$=\pi\int_0^1(\pi^2-2\pi\arcsin y)\mathrm{d}y=\pi^3-2\pi^2\int_0^1\arcsin y\mathrm{d}y$$

$$=\pi^3-2\pi^2[y\arcsin y+\sqrt{1-y^2}]_0^1$$

$$=\pi^3-2\pi^2\left(\frac{\pi}{2}-1\right)=2\pi^2.$$

方法 2：$V=2\pi\int_a^b xf(x)\mathrm{d}x=2\pi\int_0^\pi x\sin x\mathrm{d}x$

$$=-2\pi[x\cos x|_0^\pi-\sin x|_0^\pi]=2\pi^2.$$

知识点	（1）旋转体体积公式； （2）柱壳法.

【例 7】在星形线 $x=a\cos^3 t, y=a\sin^3 t$ 上已知 $A(a,0)$ 及 $B(0,a)$，求 M 点使 $\overset{\frown}{AM}=\frac{1}{4}\overset{\frown}{AB}$.

解：A,B 分别对应 $t=0$ 及 $t=\frac{\pi}{2}$,

$$\sqrt{x_t'^2+y_t'^2}=3a|\sin t\cos t|,$$

$$\overset{\frown}{AB}=\int_0^{\frac{\pi}{2}}3a\sin t\cos t\mathrm{d}t=\frac{3}{2}a,$$

设 M 点对应 t_0，则

$$\frac{1}{4}\cdot\frac{3}{2}a=\overset{\frown}{AM}=\int_0^{t_0}3a\sin t\cos t\mathrm{d}t=\frac{3}{2}a\sin^2 t_0,$$

得 $\quad\frac{1}{4}=\sin^2 t_0,\sin t_0=\frac{1}{2},t_0=\frac{\pi}{6}.$

所以 $M\left(\frac{3}{8}\sqrt{3}a,\frac{1}{8}a\right)$.

知识点	（1）弧长公式； （2）凑微法.

【例 8】求曲线 $x=a\cos^3 t, y=a\sin^3 t(a>0)$ 绕直线 $y=x$ 旋转所成的曲面的表面积.

解：这是星形线，充分考虑到对称性 $x=0,y=0,x=y,x=-y$ 有

$$\mathrm{S}=2\int_{\frac{\pi}{4}}^{\frac{3\pi}{4}}2\pi\frac{|a\cos^3 t-a\sin^3 t|}{\sqrt{2}}\sqrt{x'^2(t)+y'^2(t)}\mathrm{d}t$$

$$=6\sqrt{2}\pi a^2\left[\int_{\frac{\pi}{4}}^{\frac{\pi}{2}}(-\cos^3 t+\sin^3 t)\sin t\cos t\mathrm{d}t+\int_{\frac{\pi}{2}}^{\frac{3\pi}{4}}(\cos^3 t-\sin^3 t)\sin t\cos t\mathrm{d}t\right]$$

$$=6\sqrt{2}\pi a^2\frac{2-2\left(\frac{1}{\sqrt{2}}\right)^5}{5}=\frac{12\sqrt{2}-3}{5}\pi a^2.$$

知识点	（1）对称性； （2）旋转曲面面积公式； （3）定积分区间可加性．

§3.4 反常积分

知识要点

3.4.1 定义

3.4.1.1 无穷限反常积分

设函数 $f(x)$ 定义在无穷区间 $[a,+\infty)$ 上，且在任何有限区间 $[a,u]$ 上可积，如果存在极限 $\lim\limits_{u\to+\infty}\int_a^u f(x)\mathrm{d}x=J$，则称此极限 J 为函数 $f(x)$ 在 $[a,+\infty)$ 上的无穷限反常积分（简称无穷积分），记作 $J=\int_a^{+\infty}f(x)\mathrm{d}x$, 并称 $\int_a^{+\infty}f(x)\mathrm{d}x$ 收敛．

类似的定义：

$$\int_{-\infty}^{b}f(x)\mathrm{d}x=\lim_{u\to-\infty}\int_u^b f(x)\mathrm{d}x\text{，}\quad\int_{-\infty}^{+\infty}f(x)\mathrm{d}x=\int_{-\infty}^{a}f(x)\mathrm{d}x+\int_a^{+\infty}f(x)\mathrm{d}x.$$

3.4.1.2 瑕积分

设函数 $f(x)$ 定义在 $(a,b]$ 上，在点 a 的任一右邻域内无界，但在任何内闭区间 $(u,b]\in(a,b]$ 上有界且可积，如果存在极限 $\lim\limits_{u\to a+}\int_u^b f(x)\mathrm{d}x=J$，则称此极限为无界函数 $f(x)$ 在 $(a,b]$ 上的反常积分，记作 $\int_a^b f(x)\mathrm{d}x$，并称反常积分 $\int_a^b f(x)\mathrm{d}x$ 收敛．

瑕点为 b 时的瑕积分：$\int_a^b f(x)\mathrm{d}x=\lim\limits_{u\to b^-}\int_a^u f(x)\mathrm{d}x.$

瑕点为 c 时的瑕积分：

$$\int_a^b f(x)\mathrm{d}x=\int_a^c f(x)\mathrm{d}x+\int_c^b f(x)\mathrm{d}x=\lim_{u\to c^-}\int_a^u f(x)\mathrm{d}x+\lim_{v\to c^+}\int_v^b f(x)\mathrm{d}x.$$

3.4.2 反常积分的性质

3.4.2.1 线性组合性

若 $\int_a^{+\infty}f_1(x)\mathrm{d}x$与$\int_a^{+\infty}f_2(x)\mathrm{d}x$ 都收敛 k_1,k_2 为任意的实数，则 $\int_a^{+\infty}[k_1f_1(x)+k_2f_2(x)]\mathrm{d}x$ 也收敛，且

$$\int_a^{+\infty}[k_1f_1(x)+k_2f_2(x)]\mathrm{d}x=k_1\int_a^{+\infty}f_1(x)\mathrm{d}x+k_2\int_a^{+\infty}f_2(x)\mathrm{d}x.$$

3.4.2.2 区间可加性

若 $f(x)$ 在任何有限区间 $[a,u]$ 上可积，则 $\int_a^{+\infty} f(x)\mathrm{d}x$ 与 $\int_b^{+\infty} f(x)\mathrm{d}x$ 同时收敛同时发散，且 $\int_a^{+\infty} f(x)\mathrm{d}x = \int_a^b f(x)\mathrm{d}x + \int_b^{+\infty} f(x)\mathrm{d}x$.

3.4.2.3 绝对收敛性

若 $f(x)$ 在任何有限区间 $[a,u]$ 上可积，$\int_a^{+\infty} |f(x)|\mathrm{d}x$ 收敛则 $\int_a^{+\infty} f(x)\mathrm{d}x$ 收敛，且 $\left|\int_a^{+\infty} f(x)\mathrm{d}x\right| \leqslant \int_a^{+\infty} |f(x)|\mathrm{d}x$.

3.4.3 无穷限反常积分敛散性判断方法

3.4.3.1 基本原理

设定义在 $[a,+\infty)$ 上的非负函数 $f(x)$ 在任何有限区间 $[a,u]$ 上可积，则 $\int_a^{+\infty} f(x)\mathrm{d}x$ 收敛的充分必要条件是 $\exists M>0$, 使 $\forall u \in [a,+\infty)$, $\left|\int_a^u f(x)\mathrm{d}x\right| \leqslant M$.

3.4.3.2 比较判别方法

设定义在 $[a,+\infty)$ 上的非负函数 $f(x), g(x)$ 在任何有限区间 $[a,u]$ 上可积，且满足 $f(x) \leqslant g(x), x \in [a,+\infty)$, 则

$\int_a^{+\infty} g(x)\mathrm{d}x$ 收敛时 $\int_a^{+\infty} f(x)\mathrm{d}x$ 也收敛；$\int_a^{+\infty} f(x)\mathrm{d}x$ 发散时 $\int_a^{+\infty} g(x)\mathrm{d}x$ 也发散.

3.4.3.3 比较判别方法的极限形式

设定义在 $[a,+\infty)$ 上的非负函数 $f(x), g(x)$ 在任何有限区间 $[a,u]$ 上可积，且满足 $\lim\limits_{x\to+\infty} \frac{f(x)}{g(x)} = c$. 则

当 $0 < c < +\infty$ 时, $\int_a^{+\infty} f(x)\mathrm{d}x$ 与 $\int_a^{+\infty} g(x)\mathrm{d}x$ 同敛态；

当 $c = 0$ 时，由 $\int_a^{+\infty} g(x)\mathrm{d}x$ 收敛可得 $\int_a^{+\infty} f(x)\mathrm{d}x$ 收敛；

当 $c = +\infty$ 时，由 $\int_a^{+\infty} g(x)\mathrm{d}x$ 发散可得 $\int_a^{+\infty} f(x)\mathrm{d}x$ 发散.

3.4.3.4 柯西判别方法

设定义在 $[a,+\infty)$ 上的非负函数 $f(x)$ 在任何有限区间 $[a,u]$ 上可积，若 $f(x) \leqslant \frac{1}{x^p}\ (p>1)$，则 $\int_a^{+\infty} f(x)\mathrm{d}x$ 收敛；

若 $f(x) > \frac{1}{x^p}\ (p \leqslant 1)$，则 $\int_a^{+\infty} f(x)\mathrm{d}x$ 发散.

3.4.3.5 柯西判别方法的极限形式

设定义在 $[a,+\infty)$ 上的非负函数 $f(x)$ 在任何有限区间 $[a,u]$ 上可积，若满足 $\lim\limits_{x\to+\infty} x^p f(x) = \lambda$, 则

当 $p>1, 0\leqslant\lambda<+\infty$ 时，$\int_a^{\infty}f(x)\mathrm{d}x$ 收敛；

当 $p\leqslant 1, 0<\lambda\leqslant+\infty$ 时，$\int_a^{\infty}f(x)\mathrm{d}x$ 发散.

3.4.3.6 狄利克雷判别方法

$F(u)=\int_a^u f(x)\mathrm{d}x$ 在 $[a,+\infty)$ 上有界，$g(x)$ 在 $[a,+\infty)$ 上当 $x\to+\infty$ 时趋于0，则 $\int_a^{+\infty}f(x)g(x)\mathrm{d}x$ 收敛.

3.4.3.7 阿贝尔判别方法

若 $\int_a^{+\infty}f(x)\mathrm{d}x$ 收敛，$g(x)$ 在 $[a,+\infty)$ 上单调有界，则 $\int_a^{+\infty}f(x)g(x)\mathrm{d}x$ 收敛.

典型题型

3.4.4 反常积分

【例 1】 设 $\int_a^{+\infty}f(x)\mathrm{d}x$ 收敛，且 $f(x)$ 在 $[a,+\infty)$ 上一致连续，证明：$\lim\limits_{x\to+\infty}f(x)=0$.

证明： 因为 $f(x)$ 在 $[a,+\infty)$ 上一致连续，故 $\forall\varepsilon>0$，$\exists\delta>0$，使得当 $t_1,t_2\in[a,+\infty)$ 且 $|t_1-t_2|<\delta$ 时，有 $|f(t_1)-f(t_2)|<\frac{\varepsilon}{2}$，令 $u_n=\int_{a+(n-1)\delta}^{a+n\delta}f(x)\mathrm{d}x$，则由积分第一中值定理得，

$\exists x_n\in[a+(n-1)\delta, a+n\delta]$，使得

$$u_n=\int_{a+(n-1)\delta}^{a+n\delta}f(x)\mathrm{d}x=\delta f(x_n).$$

因 $\int_a^{+\infty}f(x)\mathrm{d}x$ 收敛，故级数 $\sum\limits_{n=1}^{\infty}u_n$ 收敛，从而 $u_n\to0$，即 $\delta f(x_n)\to0$，也即 $f(x_n)\to0$，

故对上述的 ε，存在 $N\in Z^+$，使得

当 $n>N$ 时，$|f(x_n)|<\frac{\varepsilon}{2}$.

取 $X=a+N\delta$，则当 $x>X$ 时，因

$$x\in[a,\infty)=\bigcup_{k=0}^{\infty}[a+(k-1)\delta, a+k\delta),$$

故存在唯一的 $k\in Z^+$，使得 $x\in[a+(k-1)\delta, a+k\delta]$，易见 $k>N$，且 $|x-x_k|<\delta$，从而

$$|f(x)|\leqslant|f(x_k)|+|f(x)-f(x_k)|<\frac{\varepsilon}{2}+\frac{\varepsilon}{2}=\varepsilon.$$

知识点	（1）一致连续； （2）第一积分中值定理； （3）三角不等式； （4）极限定义.

【例 2】 设 $f(x)$ 在 $[a,+\infty)$ 上连续，$\int_0^{+\infty}\varphi(x)\mathrm{d}x$ 绝对收敛，证明：

$$\lim_{x\to\infty}\int_0^{\sqrt{n}} f\left(\frac{x}{n}\right)\varphi(x)\mathrm{d}x = f(0)\int_0^{+\infty}\varphi(x)\mathrm{d}x.$$

证明：因为$\int_0^{+\infty}\varphi(x)\mathrm{d}x$绝对收敛，当$n$足够大的时候，$\int_0^{\sqrt{n}}\varphi(x)\mathrm{d}x-\int_0^{+\infty}\varphi(x)\mathrm{d}x<\varepsilon$，设$f(x)$在$[a,+\infty)$上连续，

当n足够大的时候，$f\left(\frac{x}{n}\right)-f(0)<\varepsilon$，

$$\left|\int_0^{\sqrt{n}} f\left(\frac{x}{n}\right)\varphi(x)\mathrm{d}x - f(0)\int_0^{+\infty}\varphi(x)\mathrm{d}x\right|$$

$$\leqslant\left|\int_0^{\sqrt{n}}[f\left(\frac{x}{n}\right)-f(0)]\varphi(x)\mathrm{d}x\right|+f(0)\varepsilon$$

$$<\varepsilon\int_0^{+\infty}\left|\varphi(x)\right|\mathrm{d}x+f(0)\varepsilon.$$

由ε的任意性，得结论成立.

知识点	（1）反常积分收敛的定义； （2）连续的定义； （3）极限的定义.

【例 3】判断$\int_1^{+\infty}\frac{\sin^2 x}{x}\mathrm{d}x$的敛散性.

解：$$\int_1^{+\infty}\frac{\sin^2 x}{x}\mathrm{d}x=\int_1^{+\infty}\frac{1-\cos 2x}{2x}\mathrm{d}x$$

$$=\int_1^{+\infty}\frac{1}{2x}\mathrm{d}x+\int_1^{+\infty}\frac{\sin 2\left(x-\frac{\pi}{4}\right)}{2\left(x-\frac{\pi}{4}\right)+\frac{\pi}{2}}\mathrm{d}\left(x-\frac{\pi}{4}\right)$$

$$=\int_1^{+\infty}\frac{1}{2x}\mathrm{d}x+\int_{1-\frac{\pi}{4}}^{+\infty}\frac{\sin 2x}{2x+\frac{\pi}{2}}\mathrm{d}x，发散.$$

知识点	（1）降幂； （2）连续的定义； （3）极限的定义.

Lesson 4

第4讲　级数

知识结构

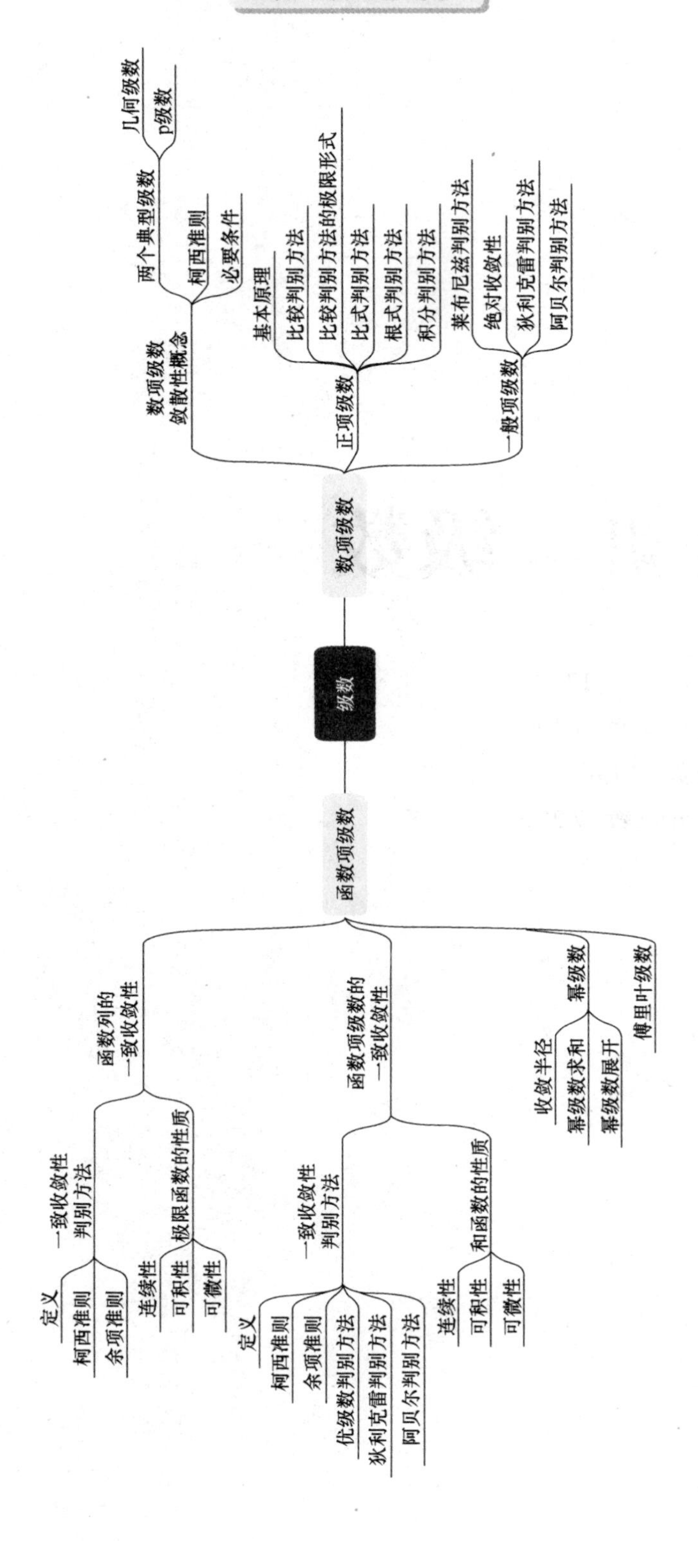
级数
数项级数
数项级数敛散性概念
两个典型级数
几何级数
p级数
柯西准则
必要条件
正项级数
基本原理
比较判别方法
比较判别方法的极限形式
比式判别方法
根式判别方法
积分判别方法
一般项级数
莱布尼兹判别方法
绝对收敛性
狄利克雷判别方法
阿贝尔判别方法
函数项级数
函数列的一致收敛性
一致收敛性判别方法
定义
柯西准则
余项准则
极限函数的性质
连续性
可积性
可微性
函数项级数的一致收敛性
一致收敛性判别方法
定义
柯西准则
余项准则
优级数判别方法
狄利克雷判别方法
阿贝尔判别方法
和函数的性质
连续性
可积性
可微性
幂级数
收敛半径
幂级数求和
幂级数展开
傅里叶级数

§4.1 数项级数

知识要点

4.1.1 定义

4.1.1.1 敛散性定义

若数项级数 $\sum_{n=1}^{\infty}u_n$ 的部分和数列 $\{S_n\}$ 收敛于 S（即 $\lim_{n\to\infty}S_n=S$），则称数项级数 $\sum_{n=1}^{\infty}u_n$ 收敛，称 S 为数项级数 $\sum_{n=1}^{\infty}u_n$ 的和，记作

$$S=\sum_{n=1}^{\infty}u_n=u_1+u_2+u_3+\cdots+u_n+\cdots.$$

4.1.1.2 必要条件

若级数 $\sum_{n=1}^{\infty}u_n$ 收敛，则 $\lim_{n\to\infty}u_n=0.$

4.1.1.3 级数的性质

（1）线性组合性：若级数 $\sum_{n=1}^{\infty}u_n$ 与 $\sum_{n=1}^{\infty}v_n$ 都有收敛，则对任意常数 c,d，级数 $\sum_{n=1}^{\infty}(cu_n+dv_n)$ 也收敛，且

$$\sum_{n=1}^{\infty}(cu_n+dv_n)=c\sum_{n=1}^{\infty}u_n+d\sum_{n=1}^{\infty}v_n.$$

（2）去掉、增加或改变级数的有限个项并不改变级数的敛散性.

（3）在收敛级数的项中任意加括号，既不改变级数的收敛性，也不改变它的和.

4.1.2 正项级数敛散性判别方法

4.1.2.1 基本原理

正项级数 $\sum_{n=1}^{\infty}u_n$ 收敛 $\Leftrightarrow$ 部分和数列 $\{S_n\}$ 有界.

4.1.2.2 比较原则

设 $\sum_{n=1}^{\infty}u_n$ 和 $\sum_{n=1}^{\infty}v_n$ 均为正项级数，如果存在某个正数 N，使得对 $\forall n>N$ 都有

$$u_n\leqslant v_n,$$

则 （1）若级数 $\sum_{n=1}^{\infty} v_n$ 收敛，则级数 $\sum_{n=1}^{\infty} u_n$ 也收敛；

（2）若级数 $\sum_{n=1}^{\infty} u_n$ 发散，则级数 $\sum_{n=1}^{\infty} v_n$ 也发散.

4.1.2.3 比较判别法的极限形式

设 $\sum_{n=1}^{\infty} u_n$ 和 $\sum_{n=1}^{\infty} v_n$ 是两个正项级数，若 $\lim\limits_{n\to\infty}\dfrac{u_n}{v_n}=l$,

则 （1）当 $0<l<+\infty$ 时，级数 $\sum_{n=1}^{\infty} u_n$ 、$\sum_{n=1}^{\infty} v_n$ 同时收敛或同时发散；

（2）当 $l=0$ 且级数 $\sum_{n=1}^{\infty} v_n$ 收敛时，级数 $\sum_{n=1}^{\infty} u_n$ 也收敛；

（3）当 $l=+\infty$ 且 $\sum_{n=1}^{\infty} v_n$ 发散时，级数 $\sum_{n=1}^{\infty} u_n$ 也发散.

4.1.2.4 达朗贝尔判别法（或称比式判别法）

设 $\sum u_n$ 为正项级数，且存在某个正整数 N_0 及常数 $q\in(0,1)$：

（1）若对 $\forall n>N_0$，有 $\dfrac{u_{n+1}}{u_n}\leqslant q$，则级数 $\sum u_n$ 收敛；

（2）若对 $\forall n>N_0$，有 $\dfrac{u_{n+1}}{u_n}\geqslant 1$，则级数 $\sum u_n$ 发散.

4.1.2.5 比式判别法的极限形式

设 $\sum u_n$ 为正项级数，且 $\lim\limits_{n\to\infty}\dfrac{u_{n+1}}{u_n}=q$,

则 （1）当 $q<1$ 时，级数 $\sum u_n$ 收敛；

（2）当 $q>1$（可为 $+\infty$）时，级数 $\sum u_n$ 发散；

（3）当 $q=1$ 时，级数 $\sum u_n$ 可能收敛，也可能发散.

4.1.2.6 柯西判别法（或称根式判别法）

设 $\sum u_n$ 为正项级数，且存在某个正整数 N_0 及正常数 l，

（1）若对 $\forall n>N_0$，有 $\sqrt[n]{u_n}\leqslant l<1$，则级数 $\sum u_n$ 收敛；

（2）若对 $\forall n>N_0$，有 $\sqrt[n]{u_n}\geqslant 1$，则级数 $\sum u_n$ 发散.

4.1.2.7 根式判别法的极限形式

设 $\sum u_n$ 为正项级数，且 $\lim\limits_{n\to\infty}\sqrt[n]{u_n}=l$,

则 （1）当 $l<1$ 时，级数 $\sum u_n$ 收敛；

（2）当 $l>1$（可为 $+\infty$）时，级数 $\sum u_n$ 发散；

（3）当 $q=1$ 时，级数 $\sum u_n$ 可能收敛，也可能发散.

4.1.2.8 积分判别方法

设 $f(x)$ 为$[1,+\infty)$上非负减函数，则正项级数 $\sum f(n)$ 与反常积分 $\int_1^{+\infty} f(x)\mathrm{d}x$ 同时收敛或同时发散.

4.1.2.9 正项级数的判敛程序

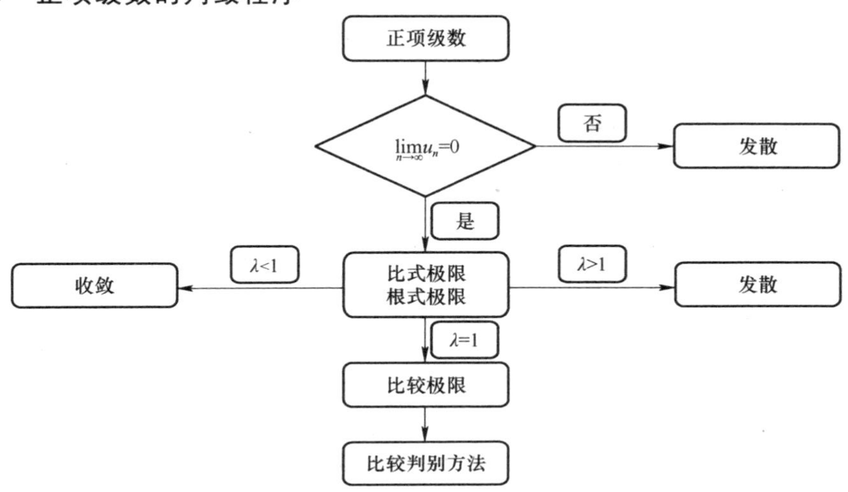

4.1.3 一般项级数

4.1.3.1 莱布尼兹判别法

若交错级数 $\sum\limits_{n=1}^{\infty}(-1)^{n+1}u_n$ 满足下述两个条件：

（1）数列 $\{u_n\}$ 单调递减；

（2）$\lim\limits_{n\to\infty}u_n=0$.

则级数 $\sum\limits_{n=1}^{\infty}(-1)^{n+1}u_n$ 收敛.

4.1.3.2 绝对收敛性

绝对收敛的级数一定收敛.

4.1.3.3 阿贝尔判别法

若 $\{a_n\}$ 为单调有界数列，且级数 $\sum\limits_{n=1}^{\infty}b_n$ 收敛，则级数

$$\sum_{n=1}^{\infty}a_nb_n=a_1b_1+a_2b_2+\cdots+a_nb_n+\cdots \text{收敛}.$$

4.1.3.4 狄利克雷判别法

若 $\{a_n\}$ 为单调递减数列，且 $\lim\limits_{n\to\infty}a_n=0$，又级数 $\sum\limits_{n=1}^{\infty}b_n$ 的部分和数列有界，则级数

$$\sum_{n=1}^{\infty}a_nb_n=a_1b_1+a_2b_2+\cdots+a_nb_n+\cdots \text{收敛}.$$

4.1.3.5　一般项级数的判敛程序

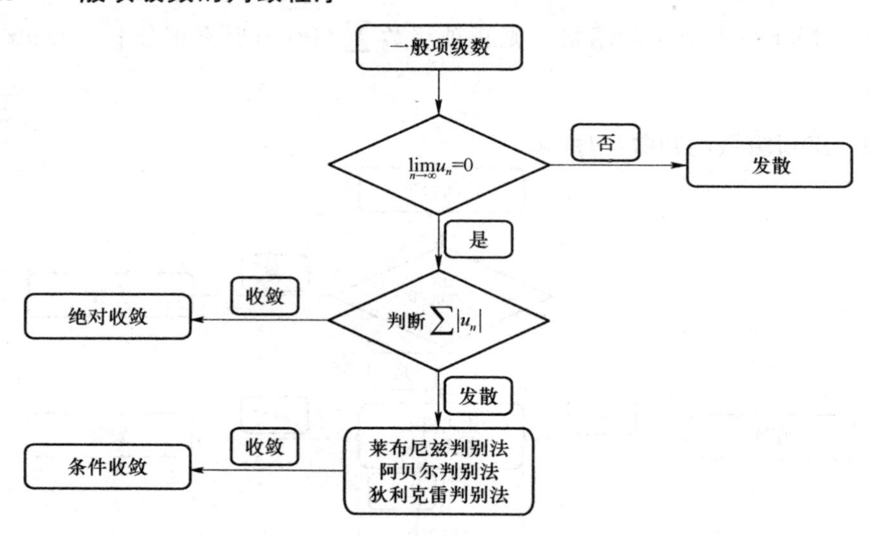

典 型 题 型

【例 1】设级数$\sum_{n=1}^{\infty}a_n$收敛，$\lim_{n\to\infty}na_n=a$，证明：$\sum_{n=1}^{\infty}n(a_n-a_{n+1})=\sum_{n=1}^{\infty}a_n-a$.

证明：记$\sum_{n=1}^{\infty}n(a_n-a_{n+1})$的前$n$项部分和为$s_n$，则

$$\begin{aligned}s_n&=a_1-a_2+2(a_2-a_3)+3(a_3-a_4)+\cdots+n(a_n-a_{n+1})\\&=a_1+a_2+a_3+\cdots+a_n-na_{n+1}\\&=a_1+a_2+a_3+\cdots+a_n+a_{n+1}-(n+1)a_{n+1}\\&=\sum_{k=1}^{n+1}a_k-(n+1)a_{n+1},\end{aligned}$$

所以$\lim_{n\to\infty}s_n=\lim_{n\to\infty}\sum_{k=1}^{n+1}a_k-\lim_{n\to\infty}(n+1)a_{n+1}=\sum_{n=1}^{\infty}a_n-a$，

即$\sum_{n=1}^{\infty}n(a_n-a_{n+1})=\sum_{n=1}^{\infty}a_n-a$.

知识点	级数敛散性的定义.

【例 2】设级数$\sum_{n=1}^{\infty}a_n$收敛，$a_n>0$，且数列$\{a_n\}$单调递减．试证：$\lim_{n\to+\infty}na_n=0$.

证明：因为正项级数$\sum_{n=1}^{\infty}a_n$收敛，所以由级数收敛的柯西准则可知，

对任给的$\varepsilon>0$，总存在正整数N，使得当$n>N$时，有$0<a_{N+1}+a_{N+2}+\cdots+a_n<\frac{\varepsilon}{2}$.

又因为数列$\{a_n\}$单调递减，所以当$n>N$时，$a_{N+1}\geqslant a_{N+2}\geqslant\cdots\geqslant a_n$.

于是当$n>N$时，有

$$0<(n-N)a_n\leqslant a_{N+1}+a_{N+2}+\cdots+a_n<\frac{\varepsilon}{2}.$$

取$n>2N$，则有

$$0<\frac{n}{2}a_n<(n-N)a_n\leqslant a_{N+1}+a_{N+2}+\cdots+a_n<\frac{\varepsilon}{2},$$

即$0<na_n<\varepsilon$（当$n>2N$时），

故$\lim\limits_{n\to+\infty}na_n=0$.

知识点	（1）级数收敛的柯西准则； （2）数列极限定义.

【例 3】 判断级数$\sum\limits_{n=1}^{\infty}\left(\left(1+\frac{1}{n^2}\right)^{n^3}+\frac{1}{n}\sin\frac{2n^2+2n}{4n^3+2n+1}\right)$的敛散性.

解： 因为$\lim\limits_{n\to\infty}\sqrt[n]{\left(1+\frac{1}{n^2}\right)^{n^3}}=\lim\limits_{n\to\infty}\left(1+\frac{1}{n^2}\right)^{n^2}=\mathrm{e}>1$，

故$\sum\limits_{n=1}^{\infty}\left(1+\frac{1}{n^2}\right)^{n^3}$发散.

又由于$\left|\frac{1}{n}\sin\frac{2n^2+2n}{4n^3+2n+1}\right|\leqslant\frac{1}{n}\cdot\frac{2n^2+2n}{4n^3+2n+1}\leqslant\frac{1}{n^2}$，故$\sum\limits_{n=1}^{\infty}\frac{1}{n}\sin\frac{2n^2+2n}{4n^3+2n+1}$收敛.

故$\sum\limits_{n=1}^{\infty}\left(\left(1+\frac{1}{n^2}\right)^{n^3}+\frac{1}{n}\sin\frac{2n^2+2n}{4n^3+2n+1}\right)$发散.

知识点	（1）根式判别法； （2）比较判别方法； （3）重要极限； （4）线性组合性.

【例 4】 判断级数$\sum\limits_{n=1}^{\infty}\left(\frac{n\cos^3\frac{n\pi}{3}}{3^n}-(-1)^n\frac{1}{\sqrt{n}}\arctan(n+1)\sqrt{n^2+1}\right)$的敛散性.

解： 因为$\left|\frac{n\cos^3\frac{n\pi}{3}}{3^n}\right|\leqslant\frac{n}{3^n}$，且

$\lim\limits_{n\to\infty}\sqrt[n]{\frac{n}{3^n}}=\lim\limits_{n\to\infty}\frac{\sqrt[n]{n}}{3}=\frac{1}{3}<1$，于是$\sum\limits_{n=1}^{\infty}\frac{n\cos^3\frac{n\pi}{3}}{3^n}$收敛.

又$\left|\arctan(n+1)\sqrt{n^2+1}\right| \leqslant \dfrac{\pi}{2}$，故

$\left\{\arctan(n+1)\sqrt{n^2+1}\right\}$单调有界，

$\sum\limits_{n=1}^{\infty}(-1)^n\dfrac{1}{\sqrt{n}}$收敛，于是根据阿贝尔判别法

$\sum\limits_{n=1}^{\infty}(-1)^n\dfrac{1}{\sqrt{n}}\arctan(n+1)\sqrt{n^2+1}$收敛.

故$\sum\limits_{n=1}^{\infty}\left(\dfrac{n\cos^3\dfrac{n\pi}{3}}{3^n}-(-1)^n\dfrac{1}{\sqrt{n}}\arctan(n+1)\sqrt{n^2+1}\right)$收敛.

知识点	（1）根式判别法； （2）比较判别方法； （3）线性组合性； （4）阿贝尔判别法.

【例 5】 若$\sum\limits_{n=1}^{\infty}a_n$是收敛的正项级数,且$\sum\limits_{n=1}^{\infty}b_n^2$收敛，证明：当$\alpha>\dfrac{1}{2}$时，$\sum\limits_{n=1}^{\infty}\left(\dfrac{\sqrt{a_n}}{n^{\alpha}}+b_n\sin\dfrac{1}{n^{4\alpha^2-2\alpha+\frac{1}{2}}}\right)$绝对收敛.

证明：因为 $0\leqslant\dfrac{\sqrt{a_n}}{n^{\alpha}}\leqslant\dfrac{1}{2}\left(a_n+\dfrac{1}{n^{2\alpha}}\right)$，

$$\left|b_n\sin\frac{1}{n^{4\alpha^2-2\alpha+\frac{1}{2}}}\right|\leqslant b_n\left|\frac{1}{n^{4\alpha^2-2\alpha+\frac{1}{2}}}\right|$$

$$=b_n\cdot\frac{1}{n^{4\alpha^2-2\alpha+\frac{1}{2}}}\leqslant\frac{1}{2}\left(b_n^2+\frac{1}{n^{8\alpha^2-4\alpha+1}}\right),$$

故当$\alpha>\dfrac{1}{2}$时，$\sum\limits_{n=1}^{\infty}\left(\dfrac{\sqrt{a_n}}{n^{\alpha}}+b_n\sin\dfrac{1}{n^{4\alpha^2-2\alpha+\frac{1}{2}}}\right)$绝对收敛.

知识点	（1）比较判别方法； （2）线性组合性； （3）几何平均数不大于算术平均数.

【例 6】 设$\lim\limits_{n\to\infty}\left(n^{kn^2\sin\frac{1}{n^2}}a_n\right)=1$，证明：当$k>\dfrac{4}{3}$时，$\sum\limits_{n=1}^{\infty}a_n$收敛.

证明：由已知条件$\lim\limits_{n\to\infty}\dfrac{a_n}{n^{-kn^2\sin\frac{1}{n^2}}}=1$，$\sum\limits_{n=1}^{\infty}a_n$是正项级数.

又 $0 \leqslant n^{-kn^2 \sin\frac{1}{n^2}} = \left(\frac{1}{n^k}\right)^{n^2 \sin\frac{1}{n^2}} = \left(\frac{1}{n^k}\right)^{\frac{\sin\frac{1}{n^2}}{\frac{1}{n^2}}}$，

且 $\lim\limits_{n\to\infty} \dfrac{\sin\frac{1}{n^2}}{\frac{1}{n^2}} = 1$，

故对 $\varepsilon = \dfrac{1}{4} > 0$，存在 $N > 0$，当 $n > N$ 时，$\left|\dfrac{\sin\frac{1}{n^2}}{\frac{1}{n^2}} - 1\right| < \dfrac{1}{4}$，

即当

$$n > N\text{时，}\ \frac{3}{4} \leqslant \frac{\sin\frac{1}{n^2}}{\frac{1}{n^2}} \leqslant \frac{5}{4}.$$

于是,当 $n > N$ 时，

$$0 \leqslant n^{-kn^2 \sin\frac{1}{n^2}} = \left(\frac{1}{n^k}\right)^{n^2 \sin\frac{1}{n^2}} = \left(\frac{1}{n^k}\right)^{\frac{\sin\frac{1}{n^2}}{\frac{1}{n^2}}} \leqslant \left(\frac{1}{n^k}\right)^{\frac{3}{4}} \leqslant \frac{1}{n^{\frac{3k}{4}}}.$$

故当 $k > \dfrac{4}{3}$ 时，$\sum\limits_{n=1}^{\infty} n^{-kn^2 \sin\frac{1}{n^2}}$ 收敛，

于是当 $k > \dfrac{4}{3}$ 时，$\sum\limits_{n=1}^{\infty} a_n$ 收敛.

知识点	（1）比较判别法； （2）比较判别方法极限形式； （3）极限定义； （4）重要极限.

【例 7】 判定下列级数是条件收敛还是绝对收敛.

（1）$\sum\limits_{n=1}^{\infty} (-1)^n \left(\sqrt{n+1} - \sqrt{n}\right) \ln \dfrac{n+3}{n+1}$；

（2）$\sum\limits_{n=1}^{\infty} (-1)^n \mathrm{e}^{n^5 - \frac{n^3}{2}} \left(1 - \dfrac{1}{n^2}\right)^{-n^7}$.

解：（1）设 $u_n = \left(\sqrt{n+1} - \sqrt{n}\right) \ln \dfrac{n+3}{n+1}$，

$$\left|(-1)^n u_n\right| = \left|\left(\sqrt{n+1} - \sqrt{n}\right) \ln \frac{n+3}{n+1}\right|$$

$$=\frac{1}{\sqrt{n+1}+\sqrt{n}}\ln\left(1+\frac{2}{n+1}\right)\sim\frac{1}{\sqrt{n+1}+\sqrt{n}}\frac{2}{n+1},$$

而

$$\lim_{n\to\infty}\frac{\frac{1}{\sqrt{n+1}+\sqrt{n}}\cdot\frac{2}{n+1}}{\frac{1}{n^{\frac{3}{2}}}}=\lim_{n\to\infty}\frac{n^{\frac{3}{2}}}{\sqrt{n+1}+\sqrt{n}}\cdot\frac{2}{n+1}=1,$$

故 $\sum\limits_{n=1}^{\infty}\frac{1}{\sqrt{n+1}+\sqrt{n}}\cdot\frac{2}{n+1}$ 收敛.

于是 $\sum\limits_{n=1}^{\infty}(-1)^n(\sqrt{n+1}-\sqrt{n})\ln\frac{n+3}{n+1}$ 绝对收敛.

（2）因为

$$\sqrt[n]{e^{n^5-\frac{n^3}{2}}\left(1-\frac{1}{n^2}\right)^{-n^7}}=e^{n^4-\frac{n^2}{2}}\left(1-\frac{1}{n^2}\right)^{-n^6}$$

$$=e^{n^4-\frac{n^2}{2}}e^{-n^6\ln\left(1-\frac{1}{n^2}\right)}=e^{n^4-\frac{n^2}{2}}e^{-n^6\left(\frac{1}{n^2}-\frac{1}{2n^4}+\frac{1}{6n^6}+o\left(\frac{1}{n^6}\right)\right)}$$

$$=e^{n^4-\frac{n^2}{2}-n^4+\frac{n^2}{2}-\frac{1}{6}-n^6o\left(\frac{1}{n^6}\right)}=e^{-\frac{1}{6}-n^6o\left(\frac{1}{n^6}\right)},$$

故 $\lim\limits_{n\to\infty}\sqrt[n]{e^{n^5-\frac{n^3}{2}}\left(1-\frac{1}{n^2}\right)^{-n^7}}=e^{-\frac{1}{6}}<1$,

于是 $\sum\limits_{n=1}^{\infty}(-1)^n e^{n^5-\frac{n^3}{2}}\left(1-\frac{1}{n^2}\right)^{-n^7}$ 绝对收敛.

知识点	（1）绝对收敛性； （2）等价无穷小代换； （3）比较判别方法极限形式； （4）根式判别方法； （5）泰勒定理.

【例 8】判定 $\sum\limits_{n=1}^{\infty}\frac{(-1)^n}{(n^4+3n^2-1)^{\frac{\lambda^2}{4}+\frac{\lambda}{2}+\frac{1}{4}}}$ 是条件收敛还是绝对收敛.

解：（1）当 $\lambda=-1$ 时，$\sum\limits_{n=1}^{\infty}\frac{(-1)^n}{(n^4+3n^2-1)^{\frac{\lambda^2}{4}+\frac{\lambda}{2}+\frac{1}{4}}}$ 发散.

（2）当 $\lambda\neq-1$ 时，

$$u_n=\frac{1}{(n^4+3n^2-1)^{\frac{\lambda^2}{4}+\frac{\lambda}{2}+\frac{1}{4}}}=\frac{1}{(n^4+3n^2-1)^{\frac{1}{4}(\lambda+1)^2}}$$

单减趋于 0.

故 $\sum_{n=1}^{\infty}\frac{(-1)^n}{(n^4+3n^2-1)^{\frac{\lambda^2}{4}+\frac{\lambda}{2}+\frac{1}{4}}}$ 收敛.

（3）因为

$$\frac{1}{(4n)^{4\cdot\frac{1}{4}(\lambda+1)^2}}\leqslant\frac{1}{(n^4+3n^2-1)^{\frac{1}{4}(\lambda+1)^2}}\leqslant\frac{1}{n^{4\cdot\frac{1}{4}(\lambda+1)^2}},$$

$$\frac{1}{(4n)^{(\lambda+1)^2}}\leqslant\frac{1}{(n^4+3n^2-1)^{\frac{1}{4}(\lambda+1)^2}}\leqslant\frac{1}{n^{(\lambda+1)^2}},$$

故当 $\lambda\in(-\infty,-2)\cup(0,+\infty)$ 时，

$\sum_{n=1}^{\infty}\frac{(-1)^n}{(n^4+3n^2-1)^{\frac{\lambda^2}{4}+\frac{\lambda}{2}+\frac{1}{4}}}$ 绝对收敛；

当 $\lambda\in[-2,-1)\cup(-1,0]$ 时，

$\sum_{n=1}^{\infty}\frac{(-1)^n}{(n^4+3n^2-1)^{\frac{\lambda^2}{4}+\frac{\lambda}{2}+\frac{1}{4}}}$ 条件收敛.

知识点	（1）讨论参数； （2）莱布尼兹判别方法； （3）比较判别方法.

【例 9】 证明：当 $p>1$ 时，$\sum_{n=2}^{\infty}\frac{\tan\left(\pi\sqrt{n^2+1}\right)}{(\ln n)^p}$ 收敛.

证明： 因为

$$|u_n|=\left|\frac{\tan\left(\pi\sqrt{n^2+1}-\pi n\right)}{(\ln n)^p}\right|=\frac{\left|\tan\frac{\pi}{\sqrt{n^2+1}+n}\right|}{(\ln n)^p},$$

而

$$\lim_{n\to\infty}\frac{|u_n|}{\frac{1}{n(\ln n)^p}}=\lim_{n\to\infty}\frac{\frac{\left|\tan\frac{\pi}{\sqrt{n^2+1}+n}\right|}{(\ln n)^p}}{\frac{1}{n(\ln n)^p}}$$

$$=\lim_{n\to\infty}n\cdot\left|\tan\frac{\pi}{\sqrt{n^2+1}+n}\right|$$

$$=\lim_{n\to\infty}\left|\frac{\tan\dfrac{\pi}{\sqrt{n^2+1}+n}}{\dfrac{\pi}{\sqrt{n^2+1}+n}}\right|\cdot\frac{\dfrac{\pi}{\sqrt{n^2+1}+n}}{1}\cdot n=\frac{\pi}{2},$$

又因为 $\int_2^{+\infty}\frac{1}{x(\ln x)^p}\mathrm{d}x=\int_2^{+\infty}\frac{1}{(\ln x)^p}\mathrm{d}\ln x$，当 $p>1$ 时，收敛，所以利用积分判别方法 $\sum_{n=2}^{\infty}\frac{1}{n(\ln n)^p}$ 级数收敛，从而利用比较判别方法的极限形式可知：级数 $\sum_{n=2}^{\infty}\frac{\tan\left(\pi\sqrt{n^2+1}\right)}{(\ln n)^p}$，当 $p>1$ 时收敛.

知识点	（1）绝对收敛性； （2）比较判别方法极限形式； （3）积分判别方法.

【例 10】 证明：$p<\frac{1}{2}$ 时，$\sum_{n=1}^{\infty}n^p\left(\sqrt{n+k+1}-2\sqrt{n+k}+\sqrt{n+k-1}\right)$ 绝对收敛.

证明： 令 $u_n=n^p\left(\sqrt{n+k+1}-2\sqrt{n+k}+\sqrt{n+k-1}\right)$，则因

$$\begin{aligned}&\sqrt{n+k+1}-2\sqrt{n+k}+\sqrt{n+k-1}\\&=\left(\sqrt{n+k+1}-\sqrt{n+k}\right)-\left(\sqrt{n+k}-\sqrt{n+k-1}\right)\\&=\frac{1}{\sqrt{n+k+1}+\sqrt{n+k}}-\frac{1}{\sqrt{n+k}+\sqrt{n+k-1}}\\&=\frac{\sqrt{n+k-1}-\sqrt{n+k+1}}{\left(\sqrt{n+k+1}+\sqrt{n+k}\right)\left(\sqrt{n+k}+\sqrt{n+k-1}\right)}\\&=-\frac{2}{\left(\left(\sqrt{n+k+1}+\sqrt{n+k}\right)\left(\sqrt{n+k}+\sqrt{n+k-1}\right)\left(\sqrt{n+k-1}+\sqrt{n+k+1}\right)\right)}\\&=-\frac{2}{\left(n^{\frac{3}{2}}\left(\sqrt{1+\frac{k+1}{n}}+\sqrt{1+\frac{k}{n}}\right)\left(\sqrt{1+\frac{k}{n}}+\sqrt{1+\frac{k-1}{n}}\right)\left(\sqrt{1+\frac{k-1}{n}}+\sqrt{1+\frac{k+1}{n}}\right)\right)}\end{aligned}$$

而

$$|u_n|=\frac{2}{\left(n^{\frac{3}{2}-p}\left(\sqrt{1+\frac{k+1}{n}}+\sqrt{1+\frac{k}{n}}\right)\left(\sqrt{1+\frac{k}{n}}+\sqrt{1+\frac{k-1}{n}}\right)\left(\sqrt{1+\frac{k-1}{n}}+\sqrt{1+\frac{k+1}{n}}\right)\right)}$$

于是 $\lim_{n\to\infty}\frac{|u_n|}{\frac{1}{n^{\frac{3}{2}-p}}}=\frac{1}{4}$，

故当 $\frac{3}{2}-p>1$ 时，即 $p<\frac{1}{2}$ 时，$\sum_{n=1}^{\infty}u_n$ 绝对收敛.

知识点	（1）分子有理化； （2）比较判别方法极限形式.

【例 11】证明：$p>1$ 时，$\frac{1}{p}+\frac{p+1}{p^2}+\frac{p+2}{p^3}+\cdots+\frac{p+n-1}{p^n}+\cdots$ 收敛.

证明：令

$$S_n=\frac{1}{p}+\frac{p+1}{p^2}+\frac{p+2}{p^3}+\frac{p+3}{p^4}+\frac{p+4}{p^5}+\cdots+\frac{p+n-2}{p^{n-1}}+\frac{p+n-1}{p^n},$$

则

$$pS_n=1+\frac{p+1}{p}+\frac{p+2}{p^2}+\frac{p+3}{p^3}+\frac{p+4}{p^4}+\cdots+\frac{p+n-2}{p^{n-2}}+\frac{p+n-1}{p^{n-1}},$$

故

$$(p-1)S_n=1+1+\frac{1}{p^2}+\frac{1}{p^3}+\frac{1}{p^4}+\cdots+\frac{1}{p^{n-2}}+\frac{1}{p^{n-1}}-\frac{p+n-1}{p^n},$$

$$S_n=\frac{1}{p-1}\left(2+\frac{1}{p(p-1)}\left(1-\frac{1}{p^{n-3}}\right)-\frac{p+n-1}{p^n}\right).$$

于是，$p>1$ 时，$\lim\limits_{n\to\infty}S_n=\frac{2p^2-2p+1}{p(p-1)^2}$，故 $p>1$ 时，

$\frac{1}{p}+\frac{p+1}{p^2}+\frac{p+2}{p^3}+\cdots+\frac{p+n-1}{p^n}+\cdots$ 收敛.

知识点	（1）错位相消法； （2）敛散性定义.

【例 12】证明：$|p|<1$ 时，$p\sin\alpha+p^2\sin2\alpha+p^3\sin3\alpha+\cdots+p^n\sin n\alpha+\cdots$ 收敛.

证明：令

$$S_n=p\sin\alpha+p^2\sin2\alpha+p^3\sin3\alpha+\cdots+p^n\sin n\alpha,$$

则

$$2p\cos\alpha\cdot S_n=p^2\cdot2\cos\alpha\cdot\sin\alpha+p^3\cdot2\cos\alpha\cdot\sin2\alpha+\cdots+p^{n+1}\cdot2\cos\alpha\cdot\sin n\alpha,$$

$$\begin{aligned}2p\cos\alpha\cdot S_n&=p^2\sin2\alpha+p^3(\sin3\alpha+\sin\alpha)+\cdots+p^{n+1}\left(\sin(n+1)\alpha+\sin(n-1)\alpha\right)\\&=S_n-p\sin\alpha+p^2(S_n-p^n\sin n\alpha)+p^{n+1}\sin(n+1)\alpha,\end{aligned}$$

于是 $S_n=\frac{p\sin\alpha+p^{n+2}\sin n\alpha-p^{n+1}\sin(n+1)\alpha}{1+p^2-2p\cos\alpha}$，

故 $\lim\limits_{n\to\infty}S_n=\frac{p\sin\alpha}{1+p^2-2p\cos\alpha}$.

因此，$|p|<1$ 时，

$$p\sin\alpha+p^2\sin2\alpha+p^3\sin3\alpha+\cdots+p^n\sin n\alpha+\cdots$$

收敛.

知识点	（1）积化和差； （2）敛散性定义.

【例 13】设 $f(x)$ 在 $x=0$ 处三阶可导,且 $f(0)=0$, $\lim\limits_{x\to 0}\dfrac{f'(x)}{x}=0$,证明:
$\sum\limits_{n=1}^{\infty}\left(a\left|f\left(\dfrac{1}{n}\right)\right|+b\left|f\left(\dfrac{1}{\sqrt{n}}\right)\right|\right)(a,b\in R)$ 收敛.

证明: 由 $\lim\limits_{x\to 0}\dfrac{f'(x)}{x}=0$,得 $f'(0)=0$,故

$$f''(0)=\lim_{x\to 0}\frac{f'(x)-f'(0)}{x-0}=\lim_{x\to 0}\frac{f'(x)}{x}=0,$$

于是

$$\begin{aligned}f(x)&=f(0)+f'(0)x+\frac{1}{2!}f''(0)x^2+\frac{1}{3!}f'''(0)x^3+o(x^3)\\&=\frac{1}{3!}f'''(0)x^3+o(x^3).\end{aligned}$$

故 $\lim\limits_{x\to 0}\dfrac{f(x)}{x^3}=\dfrac{1}{3!}f'''(0)$. 因此

$$\lim_{n\to\infty}\left|\frac{f\left(\frac{1}{n}\right)}{\left(\frac{1}{n}\right)^3}\right|=\frac{1}{3!}\left|f'''(0)\right|\neq+\infty,$$

$$\lim_{n\to\infty}\left|\frac{f\left(\frac{1}{\sqrt{n}}\right)}{\left(\frac{1}{\sqrt{n}}\right)^3}\right|=\frac{1}{3!}\left|f'''(0)\right|\neq+\infty.$$

于是 $\sum\limits_{n=1}^{\infty}\left|f\left(\dfrac{1}{n}\right)\right|$ 收敛, $\sum\limits_{n=1}^{\infty}\left|f\left(\dfrac{1}{\sqrt{n}}\right)\right|$ 收敛,

故 $\sum\limits_{n=1}^{\infty}\left(a\left|f\left(\dfrac{1}{n}\right)\right|+b\left|f\left(\dfrac{1}{\sqrt{n}}\right)\right|\right)(a,b\in R)$.

知识点	(1)导数定义; (2)泰勒定理; (3)比较判别方法极限形式; (4)线性组合性.

【例 14】判断级数 $\sum\left[\mathrm{e}-\left(1+\dfrac{1}{1!}+\dfrac{1}{2!}+\cdots+\dfrac{1}{n!}\right)\right]$ 与 $\sum\left[\mathrm{e}-\left(1+\dfrac{1}{n}\right)^n\right]$ 的敛散性.

解: $u_n=\sum\limits_{k=0}^{\infty}\dfrac{1}{k!}-\sum\limits_{k=0}^{n}\dfrac{1}{k!}=\sum\limits_{k=n+1}^{\infty}\dfrac{1}{k!}<\sum\limits_{k=n+1}^{\infty}\dfrac{1}{k(k-1)(k-2)}$

$$=\frac{1}{2}\sum_{k=n+1}^{\infty}\left[\frac{1}{(k-1)(k-2)}-\frac{1}{k(k-1)}\right]=\frac{1}{2n(n-1)},$$

由比较法知第一个级数收敛.

设 $f(x)=\mathrm{e}-\left(1+\frac{1}{x}\right)^{\frac{1}{x}}$，则 $\lim\limits_{x\to0}f(x)=0$,

$$f'(x)=-\frac{\left(1+\frac{1}{x}\right)^{\frac{1}{x}}}{(1+x)}\cdot\frac{x-(1+x)\ln(1+x)}{x^2}\xrightarrow{x\to0}\frac{1}{2},$$

故 u_n 与 $\frac{1}{n}$ 同阶，从而第二个级数发散.

知识点	（1）比较判别方法； （2）比较判别方法极限形式； （3）同阶无穷小； （4）线性组合性.

【例 15】设 $\varphi(x)$ 是 $(-\infty,+\infty)$ 上连续的周期函数，周期为 1，并且 $\int_0^1\varphi(x)\mathrm{d}x=0$，$f(x)\in C^1[0,1]$, $a_n=\int_0^1 f(x)\varphi(nx)\mathrm{d}x(n=1,2,\cdots)$. 证明：$\sum a_n^2$ 收敛.

证明：因为 $\int_0^1\varphi(x)\mathrm{d}x=0$, 则 $\int_0^n\varphi(x)\mathrm{d}x=n\int_0^1\varphi(x)\mathrm{d}x=0$,

所以 $f\left(\frac{k}{n}\right)\int_1^n\varphi(t)\mathrm{d}t=0$，利用换元法 $nx=t$,

$$\begin{aligned}|a_n|&=\left|\frac{1}{n}\int_0^n f\left(\frac{t}{n}\right)\varphi(t)\,\mathrm{d}t\right|\\&=\left|\frac{1}{n}\sum_{k=1}^{n}\int_{k-1}^{k}\left[f\left(\frac{t}{n}\right)-f\left(\frac{k}{n}\right)\right]\varphi(t)\mathrm{d}t\right|\\&=\left|\frac{1}{n^2}\sum_{k=1}^{n}\int_{k-1}^{k}f'(\xi_k)\frac{t-k}{n}\varphi(t)\mathrm{d}t\right|\\&\leqslant\frac{M}{n^2}\sum_{k=1}^{n}\int_{k-1}^{k}|\varphi(t)|\mathrm{d}t=\frac{M}{n}\int_0^1|\varphi(t)|\mathrm{d}t,\end{aligned}$$

故 $a_n^2\leqslant\frac{G}{n^2}$，则 $\sum a_n^2$ 收敛.

知识点	（1）定积分换元法； （2）拉格朗日中值定理； （3）区间可加性； （4）周期函数的定积分； （5）比较判别方法.

【例 16】设 $a_n>0,\sum a_n$ 发散，$S_n=\sum\limits_{k=1}^{n}a_k$，求证：级数 $\sum\frac{a_n}{S_n^p}$ 当 $p\leqslant1$ 时收敛；当 $p>1$ 时发散.

解：先讨论

当 $p=1$ 时，$\sum_{k=n}^{m}\frac{a_k}{S_k}=\sum_{k=n}^{m}\frac{S_k-S_{k-1}}{S_k}\geqslant\frac{1}{S_m}\sum_{k=n}^{m}(S_k-S_{k-1})$

$=\frac{S_m-S_{n-1}}{S_m}\xrightarrow{m\to\infty}1$，由柯西准则 $\sum\frac{a_n}{S_n}$ 发散；

当 $p<1$ 时，$\frac{a_n}{S_n^p}\geqslant\frac{a_n}{S_n}$ $(S_n\geqslant 1)$，则 $\sum\frac{a_n}{S_n^p}$ 发散；

当 $p>1$ 时

$$\sum_{k=2}^{n}\frac{a_k}{S_k^p}=\sum_{k=2}^{n}\int_{S_{k-1}}^{S_k}\frac{1}{S_k^p}\mathrm{d}x\leqslant\sum_{k=2}^{n}\int_{S_{k-1}}^{S_k}\frac{1}{x^p}\mathrm{d}x$$
$$=\int_{a_1}^{S_n}\frac{1}{x^p}\mathrm{d}x<\int_{a_1}^{\infty}\frac{1}{x^p}\mathrm{d}x<+\infty.$$

知识点	（1）柯西发散准则； （2）比较判别方法； （3）定积分不等式性质； （4）反常积分的敛散性.

§4.2　函数项级数

知识要点

4.2.1　函数列

4.2.1.1　函数列极限的 $\varepsilon-N$ 定义

对每一个固定的 $x\in D$，对 $\forall\varepsilon>0$，$\exists N>0$，使得当 $n>N$ 时，总有

$$|f_n(x)-f(x)|<\varepsilon.$$

使函数列 $\{f_n(x)\}$ 收敛的全体收敛点的集合，称为函数列 $\{f_n(x)\}$ 的收敛域.

4.2.1.2　函数列一致收敛的定义

设函数列 $\{f_n\}$ 与函数 f 定义在同一数集 D 上，若对任给的正数 ε，总存在某一正整数 N，使得当 $n>N$ 时，对一切的 $x\in D$，都有

$$|f_n(x)-f(x)|<\varepsilon,$$

则称函数列 $\{f_n(x)\}$ 在 D 上一致收敛于 $f(x)$，记作：$f_n(x)\rightrightarrows f(x)$，$(n\to\infty)$，$x\in D$.

4.2.1.3　函数列一致收敛的柯西准则

函数列 $\{f_n\}$ 在数集 D 上一致收敛的充要条件是：对任给的正数 ε，总存在正数 N，使得当 $n,m>N$ 时，对一切 $x\in D$，都有 $|f_n(x)-f(x)|<\varepsilon$.

4.2.1.4　余项准则

函数列$\{f_n\}$在区间D上一致收敛于f的充要条件是：

$$\lim_{n\to\infty}\sup_{x\in D}\left|f_n(x)-f(x)\right|=0.$$

4.2.2　函数项级数

4.2.2.1　函数项级数一致收敛性定义

设$\{S_n(x)\}$是函数项级数$\sum_{n=1}^{\infty}u_n(x)$的部分和函数列．若$\{S_n(x)\}$在数集$D$上一致收敛于函数$S(x)$，则称函数项级数$\sum_{n=1}^{\infty}u_n(x)$在$D$上一致收敛于函数$S(x)$，或称$\sum_{n=1}^{\infty}u_n(x)$在$D$上一致收敛．

4.2.2.2　函数项级数一致收敛的柯西准则

函数项级数$\sum_{n=1}^{\infty}u_n(x)$在$D$上一致收敛$\Leftrightarrow \forall\varepsilon>0$，$\exists N$，使得当$n>N$时，对一切$x\in D$和一切正整数$p$，都有$\left|S_{n+p}(x)-S_n(x)\right|<\varepsilon$，即

$$\left|u_{n+1}(x)+u_{n+2}(x)+\cdots+u_{n+p}(x)\right|<\varepsilon.$$

4.2.2.3　函数项级数一致收敛的必要条件

函数项级数$\sum_{n=1}^{\infty}u_n(x)$在$D$上一致收敛的必要条件是函数列$\{u_n(x)\}$在$D$上一致收敛于0．

4.2.2.4　余项准则

函数项级数$\sum_{n=1}^{\infty}u_n(x)$在$D$上一致收敛于$S(x)\Leftrightarrow$

$$\lim_{n\to\infty}\sup_{x\in D}\left|R_n(x)\right|=\lim_{n\to\infty}\sup_{x\in D}\left|S(x)-S_n(x)\right|=0.$$

4.2.2.5　魏尔斯特拉斯判别法（也称M判别法或优级数判别法）

设函数项级数$\sum_{n=1}^{\infty}u_n(x)$定义在数集$D$上，$\sum_{n=1}^{\infty}M_n$为收敛的正项级数，若$\forall x\in D$，有$\left|u_n(x)\right|\leqslant M_n$，$n=1,2,\cdots$，则函数项级数$\sum_{n=1}^{\infty}u_n(x)$在$D$上一致收敛．

4.2.2.6　狄利克雷判别方法

设　（1）级数$\sum_{n=1}^{\infty}u_n(x)$的部分和函数列$\sum_{k=1}^{n}u_k(x)$在区间$D$上一致有界；

（2）对于每一个$x\in D$，数列$v_n(x)$单调；

（3）在区间D上函数列$\{v_n(x)\}$一致收敛于零，则级数$\sum_{n=1}^{\infty}u_n(x)v_n(x)$在区间$D$上一致

收敛.

4.2.2.7 阿贝尔判别方法

设 （1）级数 $\sum_{n=1}^{\infty}u_n(x)$ 在区间 D 上一致收敛；

（2）对于每一个 $x\in D$，数列 $v_n(x)$ 单调；

（3）在区间 D 上函数列 $\{v_n(x)\}$ 一致收敛有界，则级数 $\sum_{n=1}^{\infty}u_n(x)v_n(x)$ 在区间 D 上一致收敛.

4.2.3 性质

4.2.3.1 函数列极限交换次序

设函数列 $\{f_n(x)\}$ 在 $(a,x_0)\cup(x_0,b)$ 上一致收敛于 $f(x)$，且对 $\forall n$，$\lim\limits_{x\to x_0}f_n(x)=a_n$，则 $\lim\limits_{n\to\infty}a_n$、$\lim\limits_{x\to x_0}f(x)$ 均存在，且相等，即

$$\lim_{n\to\infty}\lim_{x\to x_0}f_n(x)=\lim_{x\to x_0}\lim_{n\to\infty}f_n(x).$$

4.2.3.2 函数列极限函数的连续性

若函数列 $\{f_n(x)\}$ 在区间 D 上一致收敛于 $f(x)$，且对 $\forall n$，$f_n(x)$ 在 D 上连续，则 $f(x)$ 在 D 上也连续.

4.2.3.3 函数列极限函数的可积性

若函数列 $\{f_n(x)\}$ 在 $[a,b]$ 上一致收敛，且每一项都连续，则

$$\int_a^b\lim_{n\to\infty}f_n(x)\mathrm{d}x=\lim_{n\to\infty}\int_a^b f_n(x)\mathrm{d}x.$$

4.2.3.4 函数列极限函数的可微性

设 $\{f_n(x)\}$ 为定义在 $[a,b]$ 上的函数列，若 $x_0\in[a,b]$ 为 $\{f_n(x)\}$ 的收敛点，$\{f_n(x)\}$ 的每一项在 $[a,b]$ 上有连续的导数，且 $\{f_n'(x)\}$ 在 $[a,b]$ 上一致收敛，则

$$\frac{\mathrm{d}}{\mathrm{d}x}(\lim_{n\to\infty}f_n(x))=\lim_{n\to\infty}\frac{\mathrm{d}}{\mathrm{d}x}f_n(x).$$

4.2.3.5 函数项级数和函数的连续性

若函数项级数 $\sum_{n=1}^{\infty}u_n(x)$ 在区间 $[a,b]$ 上一致收敛，且每一项 $u_n(x)$ 都连续，则其和函数也在区间 $[a,b]$ 上连续.

注：在一致收敛的条件下，求和运算与求极限运算可以交换顺序，即

$$\sum_{n=1}^{\infty}(\lim_{x\to x_0}u_n(x))=\lim_{x\to x_0}\left(\sum_{n=1}^{\infty}u_n(x)\right).$$

4.2.3.6 逐项求积

若函数项级数 $\sum_{n=1}^{\infty} u_n(x)$ 在区间 $[a,b]$ 上一致收敛，且每一项 $u_n(x)$ 都连续，则

$$\int_a^b\left(\sum_{n=1}^{\infty} u_n(x)\right)\mathrm{d}x = \sum_{n=1}^{\infty}\int_a^b u_n(x)\mathrm{d}x.$$

注：即在一致收敛的条件下，求（无限项）和运算与积分运算可以交换顺序.

4.2.3.7 逐项求导

若函数项级数 $\sum_{n=1}^{\infty} u_n(x)$ 在区间 $[a,b]$ 上每一项 $u_n(x)$ 都有连续导函数，$x_0 \in [a,b]$ 为函数项级数 $\sum_{n=1}^{\infty} u_n(x)$ 的收敛点，且 $\sum_{n=1}^{\infty} u_n'(x)$ 在区间 $[a,b]$ 上一致收敛，则

$$\sum_{n=1}^{\infty}\left(\frac{\mathrm{d}}{\mathrm{d}x}u_n(x)\right) = \frac{\mathrm{d}}{\mathrm{d}x}\left(\sum_{n=1}^{\infty} u_n(x)\right).$$

典型题型

4.2.4 一致收敛性

【例 1】 证明函数序列 $s_n(x) = (1-x)x^n$ 在 $[0,1]$ 上一致收敛.

证明： $\{s_n(x)\}$ 在 $[0,1]$ 上收敛于 $s(x)=0$，由

$$|s_n(x)-s(x)| = (1-x)x^n$$

及 $$[(1-x)x^n]' = x^{n-1}[n-(n+1)x],$$

易知 $|s_n(x)-s(x)|$ 在 $x = \frac{n}{n+1}$ 取到最大值，从而

$$\sup_{x\in[0,1]}|s_n(x)-s(x)| = \left(1-\frac{n}{n+1}\right)\left(\frac{n}{n+1}\right)^n$$

$$= \frac{\frac{1}{n+1}}{\left(1+\frac{1}{n}\right)^n} \to 0(n\to 0)$$

所以，函数序列 $s_n(x) = (1-x)x^n$ 在 $[0,1]$ 上一致收敛.

知识点	（1）余项准则； （2）最值计算方法.

【例 2】 令 $\{f_n(x)\}$ 是上定义的函数列，满足

（1）对任意 $x_0 \in [a,b]$，$\{f_n(x_0)\}$ 是一个有界数列；

（2）$\forall \varepsilon>0$，$\exists \delta>0$，当 $x,y\in[a,b]$ 且 $|x-y|<\delta$ 时，对一切自然数 n 有 $|f_n(x)-f_n(y)|<\varepsilon$，证明：存在一个子序列 $\{f_{n_k}(x)\}$ 在 $[a,b]$ 上一致收敛.

证明：对任意 $x\in[a,b]$，$\{f_n(x)\}$ 是一个有界数列，

故由致密性定理存在一收敛子列，

设为 $\{f_{n_k}(x)\}$，又令 $U=\{u(x,\delta_x)\big|x\in[a,b]\}$，

则 U 为 $[a,b]$ 的一个开覆盖集，由有限覆盖定理，

存在有限个开区间覆盖 $[a,b]$，

不妨设为 $u(x_1,\delta_{x_1})\cdots u(x_m,\delta_{x_m})$.

于是对 $\forall\varepsilon>0,\exists N>0$，$\forall n_{k_1},n_{k_2}>N$,

$\forall x_i(i=1,2,\cdots,m)$ 有 $\left|f_{n_{k_2}}(x_i)-f_{n_{k_2}}(x_i)\right|<\dfrac{\varepsilon}{3}$.

令 $\delta=\min\{\delta_{x_1},\cdots,\delta_{x_m}\}$ 则由条件（2）知对上述 $\forall\varepsilon>0$,

$\exists\delta>0,\forall x\in[a,b],\exists x_l$ 使 $|x-x_l|<\delta$, 对一切自然数 n 有

$$|f_n(x)-f_n(x_l)|<\frac{\varepsilon}{3}.$$

于是 $\forall\varepsilon>0,\exists K>0,\forall k,t>K$ 有

$n_k,n_t>N,\forall x\in[a,b],\exists x_l\in[a,b]$ 使得

$$\begin{aligned}&\left|f_{n_t}(x)-f_{n_k}(x)\right|\\&=\left|f_{n_t}(x)-f_{n_t}(x_l)+f_{n_l}(x_l)-f_{n_k}(x_l)+f_{n_k}(x_l)-f_{n_k}(x)\right|\\&\leqslant\left|f_{n_t}(x)-f_{n_t}(x_l)\right|+\left|f_{n_l}(x_l)-f_{n_k}(x_l)\right|+\left|f_{n_k}(x_l)-f_{n_k}(x)\right|\\&<\varepsilon.\end{aligned}$$

由柯西准则得证.

知识点	（1）致密性定理； （2）有限覆盖定理； （3）一致收敛柯西准则； （4）三角不等式.

【例 3】 设函数列 $\{f_n(x)\}$ 满足下列条件：

（1）$\forall n$，$f_n(x)$ 在 $[a,b]$ 连续且有 $f_n(x)\leqslant f_{n+1}(x)$（$x\in[a,b]$）；

（2）$\{f_n(x)\}$ 点收敛于 $[a,b]$ 上的连续函数 $s(x)$；

证明：$\{f_n(x)\}$ 在 $[a,b]$ 上一致收敛于 $s(x)$.

证法一：首先，因为 $\forall x_0\in[a,b]$, 有 $f_n(x_0)\to S(x_0)$，

且有 $f_n(x_0)\leqslant f_{n+1}(x_0)$，所以 $\exists n_k$，

对于任意 $n>n_k$，有 $0\leqslant S(x_0)-f_n(x_0)<\dfrac{\varepsilon}{3}$.

又因为 $f_n(x)$ 与 $S(x)$ 在 x_0 点连续，

所以$\exists\delta_{x_0}>0$，当 $|x-x_0|<\delta_{x_0}$，且$x\in[a,b]$时，

有$\left|f_{n_k}(x)-f_{n_k}(x_0)\right|<\dfrac{\varepsilon}{3}$，以及$|S(x)-S(x_0)|<\dfrac{\varepsilon}{3}$同时成立.

因此，当$n>n_k$，$|x-x_0|<\delta_{x_0}$，且$x\in[a,b]$时，有

$$\left|S(x)-f_n(x)\right|\leqslant\left|S(x)-f_{n_k}(x)\right|$$
$$\leqslant|S(x)-S(x_0)|+\left|S(x_0)-f_{n_k}(x_0)\right|+\left|f_{n_k}(x)-f_{n_k}(x_0)\right|<\varepsilon.$$

如此，令$\Delta_{x_0}=\{x:|x-x_0|<\delta_{x_0}\}$，所以有开区间族$\{\Delta_{x_0}:x_0\in[a,b]\}$覆盖了$[a,b]$区间.

而$S(x)$在闭区间$[a,b]$上连续，由 Heine-Borel 定理，从开区间族$\{\Delta_{x_0}:x_0\in[a,b]\}$中可以选出有限个$\Delta_{x_1},\Delta_{x_2},\Delta_{x_3},\cdots\Delta_{x_k}$，使$[a,b]\subset\bigcup\limits_{i=1}^{k}\Delta_{x_i}$.

由Δ_{x_i}的选法，可以找出相应δ_{x_i}与n_{k_i}，当$x\in\Delta_{x_i}\cap[a,b]$，且$n>n_{k_i}$时，有$|S(x)-f_n(x)|<\varepsilon$.

取$N=\max\{n_{k_i}:1\leqslant i\leqslant k\}$，当$n>N$时，且$x\in[a,b]$，有$|S(x)-f_n(x)|<\varepsilon$成立. 所以$\{f_n(x)\}$在$[a,b]$上一致收敛于$S(x)$. 证毕.

证法二：反证法. 设$\exists\varepsilon_0>0$，$\forall n$，$\exists x_n$，使得$|f_n(x_n)-S(x_n)|\geqslant\varepsilon_0$.

又因为$\{x_n\}$有界，由致密性定理，所以其必存在收敛子列$\{x_{n_k}\}$收敛于$[a,b]$中某值x_0，

因为对任意$x_0\in[a,b]$，有$f_n(x_0)\to S(x_0)$，

且有$f_n(x_0)\leqslant f_{n+1}(x_0)$，所以$\exists n_{k_p}$，

当$n_k>n_{k_p}$时，有

$$\left|S(x_0)-f_{n_k}(x_0)\right|\leqslant\left|S(x_0)-f_{n_{k_p}}(x_0)\right|<\frac{\varepsilon_0}{3}.$$

设某$n_{k_{p1}}>n_{k_p}$，由$S(x)$与$f_{n_{k_{p1}}}(x)$连续性，

$\exists\delta_0>0$，当$|x-x_0|<\delta_0$，且$x\in[a,b]$时

有$|S(x)-S(x_0)|<\dfrac{\varepsilon_0}{3}$，$\left|f_{n_{k_{p1}}}(x)-f_{n_{k_{p1}}}(x_0)\right|<\dfrac{\varepsilon_0}{3}$同时成立.

显然，又因为$\{x_{n_k}\}\to x_0$，所以存在K值，$K>k_{p1}$.

当$n_k>n_K$时，$|x_{n_k}-x_0|<\delta_0$成立. 最后，当$n_k>n_K$时，有

$$\left|S(x_{n_k})-f_{n_k}(x_{n_k})\right|\leqslant\left|S(x_{n_k})-f_{n_{k_{p1}}}(x_{n_k})\right|$$
$$\leqslant\left|S(x_{n_k})-S(x_0)\right|+\left|S(x_0)-f_{n_{k_{p1}}}(x_0)\right|+\left|f_{n_{k_{p1}}}(x_0)-f_{n_{k_{p1}}}(x_{n_k})\right|<\varepsilon_0.$$

这与假设矛盾.

所以在$[a,b]$上，$\{f_n(x)\}$是一致收敛于$s(x)$. 证毕.

知识点	（1）致密性定理； （2）连续定义； （3）有限覆盖定理； （4）三角不等式.

【例 4】设 $f(x)\in C(-\infty,+\infty),\left|f^{(n)}(x)-f^{(n-1)}(x)\right|\leqslant\frac{1}{n^2}$，求证 $\lim\limits_{n\to+\infty}f^{(n)}(x)=c\mathrm{e}^{-x}$.

证明：因为 $f^{(n)}(x)=\sum\limits_{k=1}^{n}(f^{(k)}(x)-f^{(k-1)}(x))+f(x)$，

显然

$$\lim_{n\to\infty}f^{(n)}(x)=\sum_{k=1}^{+\infty}(f^{(k)}(x)-f^{(k-1)}(x))+f(x),$$

并且右边的级数一致收敛.

记 $\varphi(x)=\lim\limits_{n\to\infty}f^{(n)}(x)$，又因为

$$\sum_{k=1}^{\infty}(f^{(k)}(x)-f^{(k-1)}(x))'=\sum_{k=1}^{\infty}(f^{(k+1)}(x)-f^{(k)}(x)),$$

并且也一致收敛，所以

$$\begin{aligned}\varphi'(x)&=\sum_{k=1}^{\infty}(f^{(k+1)}-f^{(k)}(x))+f'(x)\\&=\sum_{k=1}^{\infty}(f^{(k)}(x)-f^{(k-1)}(x))+f(x)=\varphi(x),\end{aligned}$$

由此可推出结果.

知识点	（1）优级数判别方法； （2）逐项求导； （3）解微分方程.

【例 5】设 $f(x)\in C(-\infty,+\infty),f_n(x)=\mathrm{e}^n(f(x+\mathrm{e}^{-n})-f(x))$，则 $\{f_n(x)\}$ 在 $[a,b]$ 上一致收敛于 $f'(x)$.

证明：因为

$$\begin{aligned}\left|f_n(x)-f'(x)\right|&=\left|\mathrm{e}^n(f(x+\mathrm{e}^{-n})-f(x))-f'(x)\right|\\&=\left|f'(\xi_n)-f'(x)\right|,\xi_n\in(x,x+\mathrm{e}^{-n}),\end{aligned}$$

而 $f'(x)$ 在 $[a,b]$ 连续，从而在 $[a,b]$ 一致连续，即

$\forall\varepsilon>0,\exists\delta>0,\forall x',x''\in[a,b],\left|x'-x''\right|<\delta,$

$$\left|f'(x')-f'(x'')\right|<\varepsilon,$$

又因为 $\lim\limits_{n\to\infty}\mathrm{e}^{-n}=0$，对上述 $\delta>0$，$\exists N>0$,

当 $n>N,\mathrm{e}^{-n}<\delta$，则有 $\left|f'(\xi_n)-f'(x)\right|<\varepsilon$,

从而可知 $\{f_n(x)\}$ 在 $[a,b]$ 上一致收敛于 $f'(x)$.

知识点	（1）拉格朗日中值定理； （2）康托定理； （3）一致连续性定义； （4）函数列一致收敛定义.

【例6】设 $f(x)\in I[a,b], f_{n+1}(x)=\int_a^x f_n(x)\mathrm{d}x$, 则

（1）$\{f_n(x)\}$在$[a,b]$上一致收敛于0；

（2）级数$\sum\limits_{n=1}^{\infty}f_n(x)$在$[a,b]$上一致收敛.

证明：

（1）$f_1(x)\in I[a,b]$, 则 $f_1(x)$ 在 $[a,b]$ 上有界，即

$\exists M>0,\forall x\in[a,b],|f_1(x)|\leqslant M$，从而

$$|f_2(x)|=\left|\int_a^x f_1(x)\mathrm{d}x\right|\leqslant\int_a^x M\mathrm{d}x=M(x-a)\leqslant M(b-a),$$

$$|f_3(x)|=\left|\int_a^x f_2(x)\mathrm{d}x\right|\leqslant\int_a^x M(x-a)\mathrm{d}x\leqslant\frac{M}{2!}(b-a)^2,$$

$$|f_n(x)|\leqslant\frac{M}{(n-1)!}(x-a)^{n-1}\leqslant\frac{M}{(n-1)!}(b-a)^{n-1},$$

又因为$\sum\frac{M}{(n-1)!}(b-a)^{n-1}$收敛，所以

$$\lim_{n\to\infty}\frac{M}{(n-1)!}(b-a)^{n-1}=0.$$

（2）优级数判别方法.

知识点	（1）可积的必要条件； （2）有界定义； （3）绝对可积性； （4）函数列余项准则； （5）优级数判别方法.

【例7】设 $f(x)=\sum\limits_{n=1}^{\infty}n\mathrm{e}^{-nx}$，$x\in(0,+\infty)$，计算积分$\int_{\ln 2}^{\ln 3}f(x)\mathrm{d}x$.

解：设$u_n(x)=n\mathrm{e}^{-nx}$，则$u_n(x)$在$[\ln 2,\ln 3]$上连续，且

$$\forall x\in[\ln 2,\ln 3],|u_n(x)|\leqslant n\mathrm{e}^{-n\ln 2}=\frac{n}{2^n},$$

因为级数$\sum\limits_{n=1}^{\infty}\frac{n}{2^n}$收敛，所以级数$\sum\limits_{n=1}^{\infty}n\mathrm{e}^{-nx}$在$[\ln 2,\ln 3]$上一致收敛，从而$f(x)$在$[\ln 2,\ln 3]$上可积，且

$$\int_{\ln 2}^{\ln 3}f(x)\mathrm{d}x=\sum_{n=1}^{\infty}\int_{\ln 2}^{\ln 3}n\mathrm{e}^{-nx}\mathrm{d}x=\sum_{n=1}^{\infty}(-\mathrm{e}^{-nx})\Big|_{\ln 2}^{\ln 3}$$

$$=\sum_{n=1}^{\infty}\left(\frac{1}{2^n}-\frac{1}{3^n}\right)=\frac{1}{2}.$$

知识点	（1）优级数判别方法； （2）逐项求积； （3）等比级数求和.

§4.3 幂 级 数

知识要点

4.3.1 阿贝尔定理

若幂级数$\sum a_n x^n$在点$x=\bar{x}\neq 0$收敛，则对满足不等式$|x|<|\bar{x}|$的任何x，幂级数$\sum a_n x^n$收敛而且绝对收敛；若在点$x=\bar{x}$发散，则对满足不等式$|x|>|\bar{x}|$的任何x，幂级数$\sum a_n x^n$发散.

4.3.2 收敛半径

4.3.2.1 基本原理

把幂级数$\sum\limits_{n=0}^{\infty} a_n x^n$当作数项级数，找出收敛时$|x|$的范围.

4.3.2.2 比式法

对于幂级数$\sum\limits_{n=0}^{\infty} a_n x^n$，设$\rho=\lim\limits_{n\to\infty}\dfrac{|a_{n+1}|}{|a_n|}$，则

（1）当$0<\rho<+\infty$时，幂级数的收敛半径$R=\dfrac{1}{\rho}$；

（2）当$\rho=0$时，幂级数的收敛半径$R=+\infty$；

（3）当$\rho=+\infty$时，幂级数的收敛半径$R=0$.

4.3.2.3 根式法

对于幂级数$\sum\limits_{n=0}^{\infty} a_n x^n$，设$\rho=\lim\limits_{n\to\infty}\sqrt[n]{|a_n|}$，则

（1）当$0<\rho<+\infty$时，幂级数的收敛半径$R=\dfrac{1}{\rho}$；

（2）当$\rho=0$时，幂级数的收敛半径$R=+\infty$；

（3）当$\rho=+\infty$时，幂级数的收敛半径$R=0$.

4.3.3 一致收敛性

4.3.3.1 内闭一致收敛

若$\sum\limits_{n=0}^{\infty} a_n (x-x_0)^n$的收敛半径为$R$，则此级数在收敛域内部$(x_0-R,x_0+R)$上内闭一致绝对收敛.

4.3.3.2 一致收敛

若$\sum_{n=0}^{\infty}a_n(x-x_0)^n$的收敛半径为$R$，且在$x=R$收敛，则此级数在$[x_0,x_0+R]$上一致绝对收敛.

4.3.4 性质

4.3.4.1 连续性

设幂级数$\sum_{n=0}^{\infty}a_n(x-x_0)^n$的收敛半径为$R$，和函数为$s(x)$，则和函数在收敛域$(x_0-R,x_0+R)$上连续.

4.3.4.2 逐项求积

设幂级数$\sum_{n=0}^{\infty}a_n(x-x_0)^n$的收敛半径为$R$，对$(x_0-R,x_0+R)$上任一点$x$，有

$$\sum_{n=0}^{\infty}\int_{x_0}^{x}a_n(t-t_0)^n\mathrm{d}t=\sum_{n=0}^{\infty}\frac{a_n}{n+1}(x-x_0)^n=\int_{x_0}^{x}s(t)\mathrm{d}t.$$

4.3.4.3 逐项求导

设幂级数$\sum_{n=0}^{\infty}a_n(x-x_0)^n$的收敛半径为$R$，对$(x_0-R,x_0+R)$上任一点$x$，有

$$\sum_{n=0}^{\infty}\frac{\mathrm{d}}{\mathrm{d}x}[a_n(x-x_0)^n]=\sum_{n=0}^{\infty}na_n(x-x_0)^{n-1}=\frac{\mathrm{d}}{\mathrm{d}x}s(x).$$

典 型 题 型

【例 1】 求级数$\sum_{n=1}^{\infty}n(n+1)x^n$的和函数.

解： $\lim_{n\to\infty}\sqrt[n]{n(n+1)|x|^n}=|x|<1$收敛.

当$x=\pm1$，得$\sum_{n=1}^{\infty}n(n+1)$及$\sum_{n=1}^{\infty}(-1)^n n(n+1)$都发散.

所以收敛区域为$(-1,1)$.

$$\sum_{n=1}^{\infty}n(n+1)x^n=x\sum_{n=1}^{\infty}n(n+1)x^{n-1}$$

积分二次 $x\left(\sum_{n=1}^{\infty}x^{n+1}\right)''=x\left(\frac{x^2}{1+x}\right)''=\frac{2x}{(1+x)^3},(-1,1).$

知识点	（1）根式法； （2）逐项求积.

【例 2】求级数$\sum_{n=1}^{\infty}(-1)^{n-1}\frac{x^{2n-1}}{2n-1}$的和函数.

解：$\lim_{n\to\infty}\sqrt[n]{\frac{|x|^{2n-1}}{2n-1}}=|x|^2<1$级数收敛，所以收敛半径为 1．当$x=\pm1$时都得到交错级数．由莱布尼兹判别法知收敛．所以收敛区域为$[-1,1]$．

令
$$s(x)=\sum_{n=1}^{\infty}(-1)^{n-1}\frac{x^{2n-1}}{2n-1},$$
$$s'(x)=\sum_{n=1}^{\infty}(-1)^{n-1}x^{2n-2}=\frac{1}{1+x^2},$$

所以$s(x)=\int_0^x s'(x)\mathrm{d}x=\int_0^x\frac{1}{1+x^2}\mathrm{d}x=\arctan x$，$x\in[-1,1]$．

知识点	（1）根式法； （2）莱布尼兹判别法； （3）逐项求导．

【例 3】求级数$\sum_{n=1}^{\infty}\frac{(x+1)^n}{n2^n}$的和函数.

解：因为$\lim_{n\to\infty}\sqrt[n]{\frac{|x+1|^n}{n2^n}}=\frac{|x+1|}{2}<1$，

所以，当$-3<x<1$时收敛．

当$x=1$时得数项级数$\sum_{n=1}^{\infty}\frac{1}{n}$发散；

当$x=-3$时得数项级数$\sum_{n=1}^{\infty}(-1)^n\frac{1}{n}$收敛；

于是收敛区域为$[-3,1)$．

$$\sum_{n=1}^{\infty}\frac{(x+1)^n}{n2^n}=\int_{-1}^x\left(\sum_{n=1}^{\infty}\frac{(x+1)^n}{n2^n}\right)'\mathrm{d}x$$
$$=\frac{1}{2}\int_{-1}^x\sum_{n=1}^{\infty}\left(\frac{x+1}{2}\right)^{n-1}\mathrm{d}x=\frac{1}{2}\int_{-1}^x\frac{2}{1-x}\mathrm{d}x$$
$$=\ln 2-\ln(1-x)=\ln\frac{2}{1-x},\quad[-3,1).$$

知识点	（1）根式法； （2）莱布尼兹判别法； （3）逐项求导．

【例 4】求级数$\sum_{n=1}^{\infty}\frac{n(n+1)}{2^{n-1}}x^{n-1}$的和函数，并求$\sum_{n=1}^{\infty}\frac{n(n+1)}{2^{n-1}}$.

解：$\lim_{n\to\infty}\sqrt[n]{\frac{n(n+1)}{2^{n-1}}|x|^{n-1}}=\frac{|x|}{2}<1,|x|<2.$

当 $x=\pm 2$ 时得到的数项级数发散，所以收敛区域为 $(-2,2)$.

$$\sum_{n=1}^{\infty}\frac{n(n+1)}{2^{n-1}}x^{n-1}\overset{\text{积分二次}}{=\!=}\left(\sum_{n=1}^{\infty}\frac{x^{n+1}}{2^{n-1}}\right)''$$

$$=4\left(\sum_{n=1}^{\infty}\left(\frac{x}{2}\right)^{n+1}\right)''=2\left(\frac{x^2}{2-x}\right)''=\frac{16}{(2-x)^3},\quad (-2,2).$$

所以 $\sum_{n=1}^{\infty}\frac{n(n+1)}{2^{n-1}}=\frac{16}{(2-1)^3}=16.$

知识点	（1）根式法； （2）莱布尼兹判别法； （3）逐项求导.

§4.4 傅里叶级数

知识要点

4.4.1 以 2π 为周期的函数的傅里叶级数

若在整个数轴上

$$f(x)=\frac{a_0}{2}+\sum_{n=1}^{\infty}(a_n\cos nx+b_n\sin nx)$$

且等式右边级数一致收敛,则有如下关系式：

$$a_n=\frac{1}{\pi}\int_{-\pi}^{\pi}f(x)\cos nx\mathrm{d}x, n=0,1,2,\cdots,$$

$$b_n=\frac{1}{\pi}\int_{-\pi}^{\pi}f(x)\sin nx\mathrm{d}x, n=1,2,\cdots.$$

一般地说，若 $f(x)$ 是以 2π 为周期且在 $[-\pi,\pi]$ 上可积的函数，则可按上述公式计算出 a_n 和 b_n，它们称为函数 $f(x)$（关于三角函数系）的傅里叶系数，以 $f(x)$ 的傅里叶系数为系数的三角级数称为 $f(x)$（关于三角函数系）的傅里叶级数，记作

$$f(x)\sim\frac{a_0}{2}+\sum_{n=1}^{\infty}(a_n\cos nx+b_n\sin nx).$$

4.4.2 收敛定理

若以 2π 为周期的函数 $f(x)$ 在 $[-\pi,\pi]$ 上按段光滑，则在每一点 $x\in[-\pi,\pi]$，$f(x)$ 的傅里叶级数收敛于 $f(x)$ 在点 x 的左、右极限的算术平均值，即

$$\frac{f(x+0)+f(x-0)}{2}=\frac{a_0}{2}+\sum_{n=1}^{\infty}(a_n\cos nx+b_n\sin nx),$$

其中 a_n , b_n 为 $f(x)$ 的傅里叶级数.

4.4.3 以 $2l$ 为周期的函数的傅里叶级数

设 $f(x)$ 是以 $2l$ 为周期的函数，傅里叶级数展开式是：

$$f(x)\sim\frac{a_0}{2}+\sum_{n=1}^{\infty}\left(a_n\cos\frac{n\pi x}{l}+b_n\sin\frac{n\pi x}{l}\right),$$

其中

$$a_n=\frac{1}{l}\int_{-l}^{l}f(x)\cos\frac{n\pi x}{l}\mathrm{d}x,n=0,1,2,\cdots,$$

$$b_n=\frac{1}{l}\int_{-l}^{l}f(x)\sin\frac{n\pi x}{l}\mathrm{d}x,n=1,2,\cdots.$$

4.4.4 余弦级数

设 $f(x)$ 是以 $2l$ 为周期的偶函数，或是定义在 $[-l,l]$ 上的偶函数，则在 $[-l,l]$ 上, $f(x)\cos nx$ 是偶函数，函数 $f(x)\sin nx$ 是奇函数．因此，$f(x)$ 的傅里叶系数是

$$\left.\begin{aligned}a_n&=\frac{1}{l}\int_{-l}^{l}f(x)\cos\frac{n\pi x}{l}\mathrm{d}x=\frac{2}{l}\int_{0}^{l}f(x)\cos\frac{n\pi x}{l}\mathrm{d}x,n=0,1,2,\cdots,\\b_n&=\frac{1}{l}\int_{-l}^{l}f(x)\sin\frac{n\pi x}{l}\mathrm{d}x=0,n=1,2,\cdots.\end{aligned}\right\}$$

于是 $f(x)$ 的傅里叶级数只含有余弦函数的项,即

$$f(x)=\frac{a_0}{2}+\sum_{n=1}^{\infty}a_n\cos\frac{n\pi x}{l},$$

其中 a_n 右边的级数称为余弦级数.

若 $l=\pi$，则偶函数 $f(x)$ 所展开成的余弦级数为

$$f(x)\sim\frac{a_0}{2}+\sum_{n=1}^{\infty}a_n\cos nx,$$

其中

$$a_n=\frac{2}{\pi}\int_{0}^{\pi}f(x)\cos nx\mathrm{d}x,n=0,1,2,\cdots.$$

4.4.5 正项级数

若 $f(x)$ 是以 $2l$ 为周期的奇函数,或是定义在 $[-l,l]$ 上的奇函数,则可以推得

$$\left.\begin{aligned}a_n&=\frac{1}{l}\int_{-l}^{l}f(x)\cos\frac{n\pi x}{l}\mathrm{d}x=0,n=0,1,2,\cdots,\\b_n&=\frac{2}{l}\int_{0}^{l}f(x)\sin\frac{n\pi x}{l}\mathrm{d}x=0,n=1,2,\cdots.\end{aligned}\right\}$$

所以，当 $f(x)$ 为奇函数时，它的傅里叶级数只含有正弦函数的项，即

$$f(x) \sim \sum_{n=1}^{\infty} b_n \sin \frac{n\pi x}{l},$$

其中b_n，右边的级数称为正弦级数.

当$l=\pi$且$f(x)$为奇函数时,则它展开成的正弦级数为

$$f(x) \sim \sum_{n=1}^{\infty} b_n \sin nx.$$

典型题型

【例 1】 把函数$f(x)=x^2$（$0<x<2\pi$）展开成余弦级数和正弦级数.

解:（1）偶展拓.

$$a_0 = \frac{1}{\pi}\int_0^{2\pi} x^2 \mathrm{d}x = \frac{1}{\pi}\frac{x^3}{3}\Big|_0^{2\pi} = \frac{8\pi^3}{3}$$

$$\begin{aligned}
a_n &= \frac{1}{\pi}\int_0^{2\pi} x^2 \cos\frac{nx}{2}\mathrm{d}x = \frac{2}{n\pi}\int_0^{2\pi} x^2 \mathrm{d}\sin\frac{nx}{2} \\
&= \frac{2}{n\pi}\left[x^2 \sin\frac{nx}{2}\Big|_0^{2\pi} - \int_0^{2\pi} 2x\sin\frac{nx}{2}\mathrm{d}x\right] \\
&= \frac{-4}{n\pi}\int_0^{2\pi} x\sin\frac{nx}{2}\mathrm{d}x = \frac{8}{n^2\pi}\int_0^{2\pi} x\mathrm{d}\cos\frac{nx}{2} \\
&= \frac{8}{n^2\pi}\left[x\cos\frac{nx}{2}\Big|_0^{2\pi} - \int_0^{2\pi}\cos\frac{nx}{2}\mathrm{d}x\right] \\
&= \frac{8}{n^2\pi}\cdot 2\pi\cos\frac{2n\pi}{2} = \frac{(-1)^n 16}{n^2}.
\end{aligned}$$

于是

$$\begin{aligned}
f(x) = x^2 &= \frac{a_0}{2} + \sum_{n=1}^{\infty} a_n \cos\frac{nx}{2} \\
&= \frac{4}{3}\pi^2 + \sum_{n=1}^{\infty} (-1)^n \frac{16}{n^2}\cos\frac{nx}{2},\ [0,\ 2\pi].
\end{aligned}$$

（2）奇展拓.

$$\begin{aligned}
b_n &= \frac{1}{\pi}\int_0^{2\pi} x^2 \sin\frac{nx}{2}\mathrm{d}x = -\frac{2}{n\pi}\int_0^{2\pi} x^2 \mathrm{d}\cos\frac{nx}{2} \\
&= -\frac{2}{n\pi}\left[x^2\cos\frac{nx}{2}\Big|_0^{2\pi} - \int_0^{2\pi} 2x\cos\frac{nx}{2}\mathrm{d}x\right] \\
&= -\frac{2}{n\pi}4\pi^2(-1)^n + \frac{8}{n^2\pi}\int_0^{2\pi} x\mathrm{d}\sin\frac{nx}{2} \\
&= (-1)^{n+1}\frac{8\pi}{n} + \frac{8}{n^2\pi}\left[x\sin\frac{nx}{2}\Big|_0^{2\pi} - \int_0^{2\pi}\sin\frac{nx}{2}\mathrm{d}x\right]
\end{aligned}$$

$$=(-1)^{n+1}\frac{8\pi}{n}+\frac{16}{n^3\pi}\cos\frac{nx}{2}\bigg|_0^{2\pi}$$

$$=(-1)^{n+1}\frac{8\pi}{n}+\frac{16}{n^3\pi}[(-1)^n-1].$$

当 $n=2k$，$b_{2k}=(-1)^{2k+1}\frac{8\pi}{2k}=-\frac{4\pi}{k}$；

当 $n=2k+1$，

$$b_{2k+1}=\frac{8\pi}{2k+1}-\frac{32}{(2k+1)^3\pi}=\frac{8}{\pi}\left[\frac{\pi^2}{2k+1}-\frac{4}{(2k+1)^3}\right]$$

$$f(x)=x^2=\sum_{n=1}^{\infty}b_n\sin\frac{nx}{2}，(0,\ 2\pi).$$

知识点	（1）分部积分法； （2）奇偶延拓．

【例 2】 把函数 $f(x)=\begin{cases}x & 0<x\leqslant 1\\ 2-x & 1<x<2\end{cases}$ 展开成余弦级数和正弦级数．

解：（1）偶展拓．

$$a_0=\int_0^2 f(x)\mathrm{d}x=\int_0^1 x\mathrm{d}x+\int_1^2(2-x)\mathrm{d}x=\frac{1}{2}+\frac{1}{2}=1,$$

$$a_n=\int_0^2 f(x)\cos\frac{n\pi x}{2}\mathrm{d}x$$

$$=\int_0^1 x\cos\frac{n\pi x}{2}\mathrm{d}x+\int_1^2(2-x)\cos\frac{n\pi x}{2}\mathrm{d}x$$

$$=\frac{2}{n^2\pi^2}[(-1)^n-1].$$

当 $n=2k$ 时，$a_{2k}=0$；

当 $n=2k+1$ 时，　$a_{2k+1}=\frac{-4}{(2k+1)^2\pi^2}$，

于是　$f(x)=\frac{1}{2}-\frac{4}{\pi^2}\sum_{k=0}^{\infty}\frac{\cos\frac{2k+1}{2}\pi x}{(2k+1)^2}$（$1<x<2$）．

（2）奇展拓．

$$b_n=\int_0^2 f(x)\sin\frac{n\pi x}{2}\mathrm{d}x$$

$$=\int_0^1 x\sin\frac{n\pi x}{2}\mathrm{d}x+\int_1^2(2-x)\sin\frac{n\pi x}{2}\mathrm{d}x=\frac{8}{n^2\pi^2}(-1)^n,$$

于是　$f(x)=\frac{8}{\pi^2}\sum_{n=1}^{\infty}(-1)^n\frac{\sin\frac{n\pi x}{2}}{n^2}$（$1<x<2$）．

知识点	（1）分部积分法； （2）区间可加性．

【例 3】将函数 $f(x)=\frac{1}{2}\cos x+|x|$, $[-\pi, \pi]$展开为傅里叶级数.

解：$|x|$为偶函数，将它展拓成以 2π为周期的周期函数.

$$a_0=\frac{2}{\pi}\int_0^{\pi}x\mathrm{d}x=\pi$$

$$a_n=\frac{2}{\pi}\int_0^{\pi}f(x)\cos nx\mathrm{d}x=\frac{2}{\pi}\int_0^{\pi}x\cos nx\mathrm{d}x$$

$$=\frac{2}{n^2\pi}[(-1)^n-1].$$

当 $n=2k$ 时，$a_{2k}=0$；

当 $n=2k+1$时，$a_{2k+1}=\frac{-4}{(2k+1)^2\pi}$.

于是

$$f(x)=\frac{1}{2}\cos x+|x|$$

$$=\frac{\pi}{2}+\left(\frac{1}{2}-\frac{4}{\pi}\right)\cos x-\frac{4}{\pi}\sum_{k=2}^{\infty}\frac{\cos(2k-1)x}{(2k-1)^2}, [-\pi, \pi].$$

知识点	分部积分法.

【例 4】将函数 $f(x)=\begin{cases}-\frac{\pi}{2} & -\pi\leqslant x<\frac{-\pi}{2}\\ x & \frac{-\pi}{2}\leqslant x<\frac{\pi}{2}\\ \frac{\pi}{2} & \frac{\pi}{2}\leqslant x<\pi\end{cases}$ 展开为傅里叶级数.

解：$f(x)$为奇函数，展拓成以 2π为周期的周期函数

$$b_n=\frac{2}{\pi}\int_0^{\pi}f(x)\sin nx\mathrm{d}x$$

$$=\frac{2}{\pi}\int_0^{\pi/2}x\sin nx\mathrm{d}x+\int_{\pi/2}^{\pi}\frac{\pi}{2}\sin nx\mathrm{d}x$$

$$=\frac{2}{n^2\pi}\sin\frac{n\pi}{2}-\frac{1}{n}(-1)^n,$$

于是 $$f(x)=\sum_{n=1}^{\infty}\left[\frac{2}{n^2\pi}\sin\frac{n\pi}{2}-\frac{1}{n}(-1)^n\right]\sin nx$$

$$=\frac{2}{\pi}\sum_{n=1}^{\infty}\frac{1}{n}\left[\frac{1}{n}\sin\frac{n\pi}{2}-(-1)^n\frac{\pi}{2}\right]\sin nx, (-\pi, \pi).$$

知识点	（1）分部积分法； （2）区间可加性.

Lesson 5

第5讲 多元函数微分学

知识结构

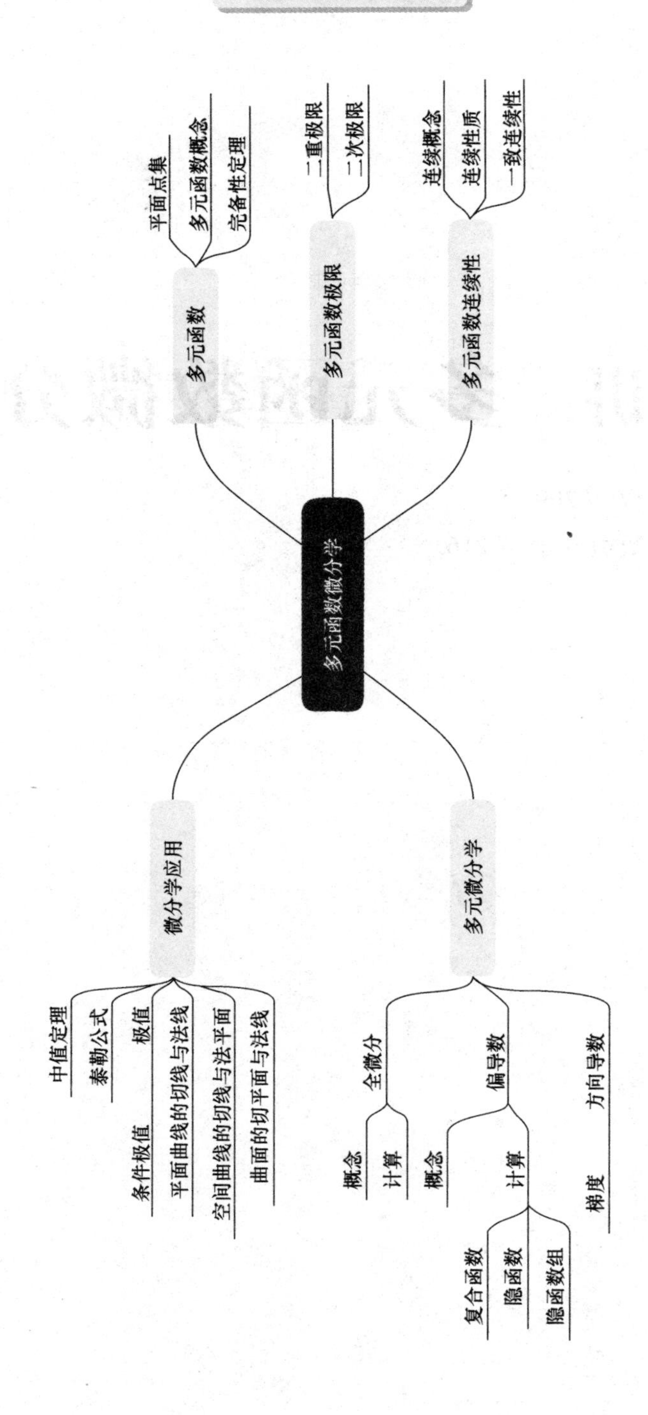
多元函数微分学
多元函数
平面点集
多元函数概念
完备性定理
多元函数极限
二重极限
二次极限
多元函数连续性
连续概念
连续性质
一致连续性
微分学应用
中值定理
泰勒公式
极值
条件极值
平面曲线的切线与法线
空间曲线的切线与法平面
曲面的切平面与法线
多元微分学
全微分
概念
计算
偏导数
概念
计算
复合函数
隐函数
隐函数组
方向导数
梯度

§5.1 多元函数

知识要点

5.1.1 平面点集

5.1.1.1 邻域

平面点集$\left\{(x,y)\mid(x-x_0)^2+(y-y_0)^2<\delta^2\right\}$与$\left\{(x,y)\mid |x-x_0|<\delta,|y-y_0|<\delta\right\}$分别称为以点$A(x_0,y_0)$为中心的$\delta$圆领域与$\delta$方领域，并以记号$U(A;\delta)$来表示；

点$A(x_0,y_0)$的空心邻域是指

$$\left\{(x,y)\mid 0<(x-x_0)^2+(y-y_0)^2<\delta^2\right\}$$

或
$$\left\{(x,y)\mid |x-x_0|<\delta,|y-y_0|<\delta,(x,y)\neq(x_0,y_0)\right\}.$$

5.1.1.2 五个点

（1）内点

若存在点A的某邻域$U(A)$，使得$U(A)\subset E$，则称点A是点E的内点；E的全体内点构成的集合称为E的内部，记作$\operatorname{int}E$.

（2）外点

若存在点A的某邻域$U(A)$，使得$U(A)\cap E=\varphi$，则称A是点集E的外点.

（3）界点

若在点A的任何邻域内既含有属于E的点，又含有不属于E的点．则称A是集合E的界点．即对任何正数δ，恒有

$$U(A;\delta)\cap E\neq\varphi\text{且}U(A;\delta)\cap cE\neq\varphi,$$

其中$cE=R^2\setminus E$是E关于全平面的余集，E的全体界点构成E的边界，记作∂E.

（4）聚点

若在点A的任何空心邻域$U^\circ(A)$内都含有E中的点，则称A是E的聚点，聚点本身可能属于E，也可能不属于E.

（5）孤立点

若点$A\in E$，但不是E的聚点，即存在某一正数δ，使得$U^\circ(A;\delta)\cap E=\varphi$，则称点$A$是正的孤立点.

5.1.1.3 五个集合

（1）开集

若平面点集所属的每一点都是E的内点（即$\operatorname{int}E=E$），则称E为开集.

（2）闭集

若平面点集 E 的所有聚点都属于 E，则称 E 为闭集. 若点集 E 没有聚点，这时也称 E 为闭集.

（3）开域

若非空开集 E 具有连通性，即 E 中任意两点之间都可用一条完全含于正的有限折线（由有限条直线段连接而成的折线）相连接，则称 E 为开域（或称连通开集）.

（4）闭域

开域连同其边界所成的点集称为闭域.

（5）区域

开域、闭域，或者开域连同其一部分界点所成的点集，统称为区域.

5.1.2 完备性定理

5.1.2.1 点列极限

设 $\{P_n\}\subset R^2$ 为平面点列，$P_0\in R^2$ 为一固定点. 若对任给的正数 ε，存在正整数 N，使得当 $n>N$ 时，有 $P_n\in\cup(P_o;\varepsilon)$，则称点列 $\{P_n\}$ 为收敛于点 P_0，记作

$$\lim_{n\to\infty}P_n=P_0 \text{ 或 } P_n\to P_0,n\to\infty.$$

5.1.2.2 柯西准则

平面点列 $\{P_n\}$ 收敛的充要条件是：任给正数 ε，存在正整数 N，使得当 $n>N$ 时，对一切正整数 p，都有

$$\rho(p_n,p_{n+p})<\varepsilon.$$

5.1.2.3 闭域套定理

设 $\{D_n\}$ 是 R^2 中的闭域列，它满足：

（1）$D_n\supset D_{n+1},n=1,2,\cdots;$

（2）$d_n=d(D_n),\lim\limits_{n\to\infty}d_n=0,$

则存在唯一的点 $P_0\in D_n$，$n=1,2,\cdots.$

5.1.2.4 聚点定理

设 $E\subset R^2$ 为有界无限点集，则 E 在 R^2 中至少有一个聚点.

5.1.2.5 致密性定理

有界无限点列 $\{P_n\}\subset R^2$ 必存在收敛子列 $\{P_{n_k}\}$.

5.1.2.6 有限覆盖定理

设 $D\subset R^2$ 为一有界闭域，$\{\Delta_\alpha\}$ 为一开域族，它覆盖了 $D\left(\text{即}D\subset\bigcup\limits_{\alpha}\Delta_\alpha\right)$，则在 $\{\Delta_\alpha\}$ 中必存在有限个开域 $\Delta_1,\Delta_2,\cdots,\Delta_n$，它们同样覆盖了 $D\left(\text{即}D\subset\bigcup\limits_{i=1}^{n}\Delta_i\right)$.

5.1.3 二元函数的定义

设平面点集 $D \subset R^2$，若按照某对应法则 f，D 中每一点 $P(x,y)$ 都有唯一确定的实数 z 与之对应，则称 $f(x,y)$ 为定义在 D 上的二元函数[或称 $f(x,y)$ 为 D 到 R 的一个映射]，记作

$$f: D \to R,$$
$$P \to z,$$

且称 D 为 f 的定义域；$P \in D$ 所对应的 z 为 f 在点 P 的函数值，记作 $z = f(x,y)$ 或 $z = f(P)$；全体函数的集合为 f 的值域，记作 $f(D) \subset R$. 通常还把 P 的坐标 x 与 y 称为 $f(x,y)$ 的自变量，而把 z 称为因变量.

5.1.4 二重极限

5.1.4.1 极限定义

设 $f(P)$ 为定义在 $D \subset R^2$ 二元函数，P_0 为 D 的一个聚点，A 是一个确定的实数. 若对任给正数 ε，总存在某正数 δ，使得当 $P \in U^o(P_0;\delta) \cap D$ 时，都有

$$|f(P) - A| < \varepsilon,$$

则称 $f(P)$ 在 D 上当 $P \to P_0$ 时，以 A 为极限，记作

$$\lim_{\substack{P \to P \\ P \in D_0}} f(P) = A.$$

当 P, P_0 分别用坐标 $(x,y),(x_0,y_0)$ 表示时，

$$\lim_{(x,y) \to (x_0,y_0)} f(x,y) = A.$$

5.1.4.2 集合与子集极限的关系

$\lim\limits_{\substack{P \to P_0 \\ P \in D}} f(P) = A$ 的充要条件是：对于 D 的任一子集 E，只要 P_0 是 E 的聚点，就有

$$\lim_{\substack{P \to P_0 \\ P \in E}} f(P) = A$$

推论 1 设 $E_1 \subset D$，P_0 是 E_1 的聚点，若 $\lim\limits_{\substack{P \to P_0 \\ P \in E_1}} f(P)$ 不存在，则 $\lim\limits_{\substack{P \to P_0 \\ P \in D}} f(P)$ 也不存在.

推论 2 设 $E_1, E_2 \subset D$，P_0 是它们的聚点，若存在极限

$$\lim_{\substack{P \to P_0 \\ P \in E_1}} f(P) = A_1, \lim_{\substack{P \to P_0 \\ P \in E_2}} f(P) = A_2,$$

但 $A_1 \neq A_2$，则 $\lim\limits_{\substack{P \to P_0 \\ P \in D}} f(P)$ 不存在.

推论 3 极限 $\lim\limits_{\substack{P \to P_0 \\ P \in D}} f(P)$ 存在充要条件是：对于 D 中任一满足条件 $P_n \neq P_0$ 且 $\lim\limits_{n \to \infty} P_n \neq P_0$ 的点列 $\{P_n\}$，它所对应的函数列 $\{f(P_n)\}$ 都收敛.

5.1.4.3 非正常极限

设D为二元函数的定义域，$P_0(x_0,y_0)$是D的一个聚点．若对任给正数M，总存在点P_0的一个δ领域，使得当$P(x,y)\in U^o(P_0;\delta)\cap D$时，都有$f(P)>M$，则称$f(P)$在$D$上当$P\to P_0$时，存在非正常极限$+\infty$，记作

$$\lim_{(x,y)\to(x_0,y_0)} f(x,y)=+\infty \text{ 或 } \lim_{P\to P_0} f(P)=+\infty.$$

仿此类似的定义

$$\lim_{P\to P_0} f(P)=-\infty \text{ 与 } \lim_{P\to P_0} f(P)=\infty.$$

5.1.4.4 累次极限

设$E_x,E_y\subset R$，x_0是E_x的聚点，y_0是E_y的聚点，二元函数$f(x,y)$在集合$D=E_x\times E_y$上有定义．若对每一个$y\in E_y,y\neq y_0$，存在极限$\lim\limits_{\substack{x\to x_0\\ x\in E_x}} f(x,y)$，由于此极限一般与$y$有关，因此记作

$$\phi(y)=\lim_{\substack{x\to x_0\\ x\in E_x}} f(x,y),$$

而且进一步存在极限

$$L=\lim_{\substack{y\to y_0\\ y\in E_y}} \phi(y),$$

则称此极限为二元函数$f(x,y)$先对$x(\to x_0)$后对$y(\to y_0)$的累次极限，并记作

$$L=\lim_{\substack{y\to y_0\\ y\in E_y}} \lim_{\substack{x\to x_0\\ x\in E_x}} f(x,y),$$

或简记作

$$L=\lim_{y\to y_0} \lim_{x\to x_0} f(x,y).$$

类似地可以定义先对y后对x的累次极限

$$K=\lim_{y\to y_0} \lim_{x\to x_0} f(x,y).$$

5.1.4.5 重极限与累次极限的关系

若$f(x,y)$在(x_0,y_0)点存在重极限

$$\lim_{(x,y)\to(x_0,y_o)} f(x,y)$$

与累次极限

$$\lim_{y\to x_0} \lim_{x\to y_0} f(x,y),$$

则它们必相等．

推论 1　若累次极限

$$\lim_{x\to x_0} \lim_{y\to y_0} f(x,y), \lim_{y\to y_0} \lim_{x\to x_0} f(x,y)$$

和重极限

$$\lim_{(x,y)\to(x_0,y_0)} f(x,y)$$

都存在，则三者相等.

推论 2　若累次极限

$$\lim_{x\to x_0}\lim_{y\to y_0} f(x,y), \text{与} \lim_{y\to y_0}\lim_{x\to x_0} f(x,y)$$

存在但不相等，则重极限 $\lim\limits_{(x,y)\to(x_0,y_0)} f(x,y)$ 必不存在.

5.1.5　二元函数连续性

5.1.5.1　定义

（1）$\varepsilon-\delta$ 语言

设 $f(P)$ 为定义在点集 $D\subset R^2$ 上的二元函数. $P_0\in D$（它或者是 D 的聚点，或者是 D 的孤立点），对于任给的正数 ε，总存在相应的正数 δ，只要 $P\in U(P_0;\delta)\cap D$，就有

$$|f(P)-f(P_0)|<\varepsilon,$$

则称 $f(P)$ 关于集合 D 在点 P_0 连续. 在不至于误解的情况下，也称 f 在点 P_0 连续.

若 $f(P)$ 在 D 上任何点都关于集合 D 连续，则称 $f(P)$ 为 D 上的连续函数.

（2）极限值等于函数值

若 P_0 是 D 的孤立点，则 P_0 必定是 f 关于 D 的连续点；若 P_0 是 D 的聚点，则 $f(P)$ 关于 D 在连续等价于

$$\lim_{\substack{P\to P_0\\ P\in D}} f(P)=f(P_0).$$

（3）增量形式

$$\lim_{\substack{(\Delta x,\Delta y)\to(0,0)\\ (x,y)\in D}} \Delta z=0.$$

5.1.5.2　连续性质

（1）复合函数的连续性

设函数 $u=\varphi(x,y)$ 和 $v=\psi(x,y)$ 在 xy 平面上点 $P_0(x_0,y_0)$ 的某邻域内有定义，并在点 P_0 连续；函数 $f(u,v)$ 在 uv 平面上点 $Q_0(u_0,v_0)$ 的某邻域内有定义，并在点 Q_0 连续，其中 $u_0=\varphi(x_0,y_0)$，$v_0=\psi(x_0,y_0)$. 则复合函数 $g(x,y)=f[\varphi(x,y),\psi(x,y)]$ 在点 P_0 也连续.

（2）有界性与最大、最小值定理

若函数 $f(P)$ 在有界闭域 $D\subset R^2$ 上连续，则 $f(P)$ 在 D 上有界，且能取得最大值与最小值.

（3）介值性定理

设函数 $f(P)$ 在区域 $D\subset R^2$ 连续，若 P_1,P_2 为 D 中任意两点，且 $f(P_1)<f(P_2)$，则对任何满足不等式 $f(P_1)<\mu<f(P_2)$ 的实数 μ，必存在点 $P_0\in D$，使得 $f(P_0)=\mu$.

（4）一致连续性定理

若函数 $f(P)$ 在有界闭域 $D\subset R^2$ 上连续，则 $f(P)$ 在 D 上一致连续．即对任何 $\varepsilon>0$，总存在只依赖于 ε 的正数 δ，使得对一切点 P,Q，只要 $\rho(P,Q)<\delta$，就有 $|f(P)-f(Q)|<\varepsilon$.

典 型 题 型

【例 1】 求函数 $z=\dfrac{\sqrt{4x-y^2}}{\sqrt{x-\sqrt{y}}}$ 的定义域.

解： 此函数可以看成两个函数 $z_1=\sqrt{4x-y^2}$ 与 $z_2=\dfrac{1}{\sqrt{x-\sqrt{y}}}$ 的乘积.

$z_1=\sqrt{4x-y^2}$ 的定义域是 $y^2\leqslant 4x$,

$z_2=\dfrac{1}{\sqrt{x-\sqrt{y}}}$ 的定义域是 $\begin{cases}x-\sqrt{y}>0\\ y\geqslant 0\end{cases}$，即 $x^2>y\geqslant 0$.

从而 $z=\dfrac{\sqrt{4x-y^2}}{\sqrt{x-\sqrt{y}}}$ 的定义域是 $z_1=\sqrt{4x-y^2}$ 与 $z_2=\dfrac{1}{\sqrt{x-\sqrt{y}}}$ 定义域的公共部分，即 $\begin{cases}\sqrt{4x}\geqslant y\geqslant 0\\ x^2>y\geqslant 0\end{cases}$.

【例 2】 设 $z=x+y+f(x-y)$, 当 $y=0$ 时 $z=x^2$, 求 z.

解： 代入 $y=0$ 时 $z=x^2$,

得 $x^2=x+f(x)$, 即 $f(x)=x^2-x$,

所以 $z=(x-y)^2+2y$.

知识点	换元法．

【例 3】 计算极限 $\lim\limits_{\substack{x\to 0\\ y\to 0}}\dfrac{x^2+y^2}{\sqrt{x^2+y^2+1}-1}$.

解法一：原式 $=\lim\limits_{\substack{x\to 0\\ y\to 0}}\dfrac{(x^2+y^2)\left(\sqrt{x^2+y^2+1}+1\right)}{\left(\sqrt{x^2+y^2+1}-1\right)\left(\sqrt{x^2+y^2+1}+1\right)}$

$$=\lim_{\substack{x\to 0\\ y\to 0}}\left(\sqrt{x^2+y^2+1}+1\right)=2.$$

解法二：化为一元函数的极限计算，

令 $\sqrt{x^2+y^2+1}=t$，

则当 $x\to 0, y\to 0$ 时，$t\to 1$.

原式$=\lim\limits_{t\to 1}\dfrac{t^2-1}{t-1}=\lim\limits_{t\to 1}(t+1)=2$.

知识点	（1）换元法； （2）有理化； （3）等价无穷小代换.

【例 4】计算极限$\lim\limits_{\substack{x\to 0\\ y\to 0}}\dfrac{x^2y}{x^2+y^2}$.

解法一：利用迫敛性，因为$2|xy|\leqslant x^2+y^2$，所以

$$0\leqslant\left|\frac{x^2y}{x^2+y^2}\right|=\frac{|x|}{2}\cdot\left|\frac{2xy}{x^2+y^2}\right|\leqslant\frac{|x|}{2},$$

而$\lim\limits_{\substack{x\to 0\\ y\to 0}}\dfrac{|x|}{2}=0$，从而$\lim\limits_{\substack{x\to 0\\ y\to 0}}\left|\dfrac{x^2y}{x^2+y^2}\right|=0$,

于是$\lim\limits_{\substack{x\to 0\\ y\to 0}}\dfrac{x^2y}{x^2+y^2}=0$.

解法二：利用无穷小与有界量的乘积是无穷小的性质.

因为$2|xy|\leqslant x^2+y^2$所以$\left|\dfrac{xy}{x^2+y^2}\right|\leqslant\dfrac{1}{2}$,

又$\lim\limits_{\substack{x\to 0\\ y\to 0}}x=0$,

所以　$\lim\limits_{\substack{x\to 0\\ y\to 0}}\dfrac{x^2y}{x^2+y^2}=\lim\limits_{\substack{x\to 0\\ y\to 0}}\left(\dfrac{xy}{x^2+y^2}\cdot x\right)=0$.

知识点	（1）迫敛性； （2）无穷小与有界量的乘积仍为无穷小.

【例 5】判断极限$\lim\limits_{\substack{x\to 0\\ y\to 0}}\dfrac{xy}{x+y}$是否存在.

解：取路径$y=-x+kx^2,k\in R^+$，

则$\lim\limits_{\substack{x\to 0\\ y\to 0}}\dfrac{xy}{x+y}=-\dfrac{1}{k}$,由$k$是任意非零的常数,

表明原极限不存在.

知识点	集合与子集极限的关系.

【例 6】求函数$f(x,y)=\dfrac{1}{x^3y-xy^2+xy}$的连续范围.

解：此函数为二元初等函数，因此它的连续范围就是它的定义域．即除去$xy(x^2-y+1)=0$的点集．即xOy平面上除去x轴、y轴及抛物线$y=x^2+1$的所有点

外，函数都是连续的.

知识点	初等函数的连续性.

§5.2 多元函数微分学

知识要点

5.2.1 全微分

设函数 $z=f(x,y)$ 在点 $P_0(x_0,y_0)$ 的某领域 $U(P_0)$ 内有定义,对于 $U(P_0)$ 中的点 $P(x,y)=(x_0+\Delta x,y_0+\Delta y)$,若函数 $f(x,y)$ 在点 P_0 处的全增量 Δz 可表示为

$$\begin{aligned}\Delta z&=f(x_0+\Delta x,y_0+\Delta y)-f(x,y)\\&=A\Delta x+B\Delta y+o(\rho),\end{aligned}$$

其中 A,B 是仅与点 P_0 有关的常数,$\rho=\sqrt{\Delta x^2+\Delta y^2}$,$o(\rho)$ 是较 ρ 高阶的无穷小量,则称函数 $f(x,y)$ 在点 P_0 可微，$A\Delta x+B\Delta y$ 为函数 $f(x,y)$ 在点 P_0 的全微分,记作

$$\mathrm{d}z\,|_{P_0}=\mathrm{d}f(x_0,y_0)=A\Delta x+B\Delta y.$$

5.2.2 偏导数

设函数 $z=f(x,y),(x,y)\in D$．若 $(x_0,y_0)\in D$，且 $f(x,y_0)$ 在 x_0 的某一邻域内有定义，则当极限

$$\lim_{\Delta x\to 0}\frac{\Delta_x f(x_0,y_0)}{\Delta x}=\lim_{\Delta x\to 0}\frac{f(x_0+\Delta x,y_0)-f(x_0,y_0)}{\Delta x}$$

存在时，称这个极限为函数 $f(x,y)$ 在点 (x_0,y_0) 关于 x 的偏导数，记作

$$f_x(x_0,y_0)\quad 或\quad \left.\frac{\partial f}{\partial x}\right|_{(x_0,y_0)}.$$

若函数 $z=f(x,y)$ 在区域 D 上每一点 (x,y) 都存在对 x（或对 y）的偏导数，则得到函数 $z=f(x,y)$ 在区域 D 上对 x（或对 y）的偏导函数（也简称偏导数），记作

$$f_x(x,y)\,或\,\frac{\partial f(x,y)}{\partial x}\quad\left(f_y(x,y)\,或\,\frac{\partial f(x,y)}{\partial y}\right),$$

也可简单地写作 f_x，z_x 或 $\dfrac{\partial f}{\partial x}\left(f_y,z_y\,或\,\dfrac{\partial f}{\partial y}\right)$.

5.2.3 可微性条件

5.2.3.1 可微的必要条件

若二元函数 $f(x,y)$ 在其定义域内一点 (x_0,y_0) 处可微，则 $f(x,y)$ 在该点关于每个自变

量的偏导数都存在，

$$A=f_x(x_0,y_0),B=f_y(x_0,y_0),$$

$$\mathrm{d}f\,|_{(x_0,y_0)}=f_x(x_0,y_0)\mathrm{d}x+f_y(x_0,y_0)\mathrm{d}y.$$

5.2.3.2　可微的充分条件

若函数 $z=f(x,y)$ 的偏导数在点 (x_0,y_0) 的某邻域内存在，且 f_x 与 f_y 在点 (x_0,y_0) 处连续，则函数 $f(x,y)$ 在点 (x_0,y_0) 可微.

5.2.4　可微的几何意义

曲面 $z=f(x,y)$ 在点 $P\big(x_0,y_0,f(x_0,y_0)\big)$ 存在不平行于 z 轴的切平面的充要条件是函数 $f(x,y)$ 在点 $P_0(x_0,y_0)$ 可微.

5.2.5　复合函数的求导法则

若函数 $x=\varphi(s,t),y=\psi(s,t)$ 在点 $(s,t)\in D$ 可微， $z=f(x,y)$ 在点 $(x,y)=\big(\varphi(s,t),\psi(s,t)\big)$ 可微，则复合函数 $z=f\big(\varphi(s,t),\psi(s,t)\big)$ 在点 (s,t) 可微，且它关于 s 与 t 的偏导数分别为

$$\left.\frac{\partial z}{\partial s}\right|_{(s,t)}=\left.\frac{\partial z}{\partial x}\right|_{(x,y)}\left.\frac{\partial x}{\partial s}\right|_{(s,t)}+\left.\frac{\partial z}{\partial y}\right|_{(x,y)}\left.\frac{\partial y}{\partial s}\right|_{(s,t)},$$

$$\left.\frac{\partial z}{\partial s}\right|_{(s,t)}=\left.\frac{\partial z}{\partial x}\right|_{(x,y)}\left.\frac{\partial x}{\partial t}\right|_{(s,t)}+\left.\frac{\partial z}{\partial y}\right|_{(x,y)}\left.\frac{\partial y}{\partial t}\right|_{(s,t)}.$$

5.2.6　方向导数

5.2.6.1　定义

设三元函数 $f(x,y,z)$ 在点 $P_0(x_0,y_0,z_0)$ 的某邻域 $U(P_0)\subset R^3$ 内有定义，l 为从点 P_0 出发的射线， $P(x,y,z)$ 为 l 上且含于 $U(P_0)$ 内的任一点，以 ρ 表示 P 与 P_0 两点间的距离. 若极限

$$\lim_{\rho\to0^+}\frac{f(P)-f(P_0)}{\rho}=\lim_{\rho\to0^+}\frac{\Delta_l f}{\rho}$$

存在，则称此极限为函数 $f(x,y,z)$ 在点 P_0 沿方向 l 的方向导数，记作

$$\left.\frac{\partial f}{\partial l}\right|_{P_0},f_l(P_0)\text{ 或 }f_l(x_0,y_0,z_0).$$

5.2.6.2　方向导数的计算

若函数 $f(x,y,z)$ 在点 $P_0(x_0,y_0,z_0)$ 可微，则 $f(x,y,z)$ 在点 P_0 处沿任一方向 l 的方向导数都存在，且 $f(P_0)=f_x(P_0)\cos\alpha+f_y(P_0)\cos\beta+f_z(P_0)\cos\gamma$，其中 $\cos\alpha,\cos\beta,\cos\gamma$ 为方向 l 的方向余弦.

5.2.7 中值定理

设二元函数 $f(x,y)$ 在凸开域 $D\subset R^2$ 上连续，在 D 的所有点内都可微，则对 D 内任意两点 $P(a,b),Q(a+h,b+k)\in \operatorname{int} D$，存在某 $\theta(0<\theta<1)$，使得

$$f(a+h,b+k)-f(a,b)=f_x(a+\theta h,b+\theta k)h+f_y(a+\theta h,b+\theta k)k.$$

5.2.8 泰勒定理

若函数 $f(x,y)$ 在点 $P_0(x_0,y_0)$ 的某邻域 $U(P_0)$ 内有直到 $n+1$ 阶的连续偏导数，则对 $U(P_0)$ 内任一点 (x_0+h,y_0+k)，存在相应的 $\theta\in(0,1)$，使得

$$\begin{aligned}f(x_0+h,y_0+k)=&f(x_0,y_0)+\left(h\frac{\partial}{\partial x}+k\frac{\partial}{\partial y}\right)f(x_0,y_0)\\&+\frac{1}{2!}\left(h\frac{\partial}{\partial x}+k\frac{\partial}{\partial y}\right)^2 f(x_0,y_0)+\cdots+\frac{1}{n!}\left(h\frac{\partial}{\partial x}+k\frac{\partial}{\partial y}\right)^n f(x_0,y_0)\\&+\frac{1}{(n+1)!}\left(h\frac{\partial}{\partial x}+k\frac{\partial}{\partial y}\right)^{n+1} f(x_0+\theta h,y_0+\theta k).\end{aligned}$$

称二元函数 f 在点 P_0 的 n 阶泰勒公式，其中

$$\left(h\frac{\partial}{\partial x}+k\frac{\partial}{\partial y}\right)^m f(x_0,y_0)=\sum_{i=0}^{m}C_m^i\frac{\partial^m}{\partial x^i\partial y^{m-i}}f(x_0,y_0)h^ik^{m-i}.$$

5.2.9 隐函数求导法则

5.2.9.1 隐函数存在唯一性定理

若满足下列条件：

(1) 函数 F 在以 P_0 (x_0,y_0) 为内点的某一区域 $D\subset R^2$ 上连续；

(2) $F(x_0,y_0)=0$（通常称为初始条件）；

(3) 在 D 内存在连续的偏导数 $F_y(x,y)$；

(4) $F_y(x_0,y_0)\neq 0$，

则在点 P_0 的某邻域 $U(P_0)\subset D$ 内，方程 $F(x,y)=0$ 唯一地确定了一个定义在某区间 $(x_0-\alpha,x_0+\alpha)$ 内的函数（隐函数） $y=f(x)$，使得

① $f(x_0)=y_0$，$x\in(x_0-\alpha,x_0+\alpha)$ 时 $(x,f(x))\in U(P_0)$ 且 $F(x,f(x))\equiv 0$；

② $f(x)$ 在 $(x_0-\alpha,x_0+\alpha)$ 内连续.

5.2.9.2 隐函数可微性定理

设 $F(x,y)$ 满足隐函数存在唯一性定理中的条件（1）～（4），又设在 D 内还存在连续的偏导数 $F_x(x,y)$，则由方程 $F(x_0,y_0)=0$ 所确定的隐函数 $y=f(x)$ 在其定义域 $(x_0-\alpha,x_0+\alpha)$ 内有连续导函数，且

$$f'(x)=-\frac{F_x(x,y)}{F_y(x,y)}.$$

5.2.9.3　多元函数隐函数可微性定理

若满足下列条件：

（1）函数 $F(x_1,x_2,\cdots,x_n,y)$ 在以点 $P_0(x_1^0,x_2^0,\cdots,x_n^0,y^0)$ 为内点的区域 $D\subset R^{n+1}$ 上连续；

（2）$F(x_1^0,x_2^0,\cdots,x_n^0,y^0)=0$;

（3）偏导数 $F_{x_1},F_{x_2},\cdots,F_{x_n},F_y$ 在 D 内存在且连续；

（4）$F_y(x_1^0,x_2^0,\cdots,x_n^0,y^0)\neq 0$,

则在点 P_0 的某邻域 $U(P_0)\subset D$ 内，方程 $F(x_1,x_x,\cdots,x_n,y)=0$ 唯一地确定了一个定义在 $Q_0(x_1^0,x_2^0,\cdots,x_n^0,y^0)$ 的某邻域 $U(Q_0)\subset R^n$ 内的 n 元连续函数（隐函数）$y=f(x_1,\cdots,x_n)$，使得

①当 $(x_1,x_x,\cdots,x_n)\in U(Q_0)$ 时 $\left(x_1,x_x,\cdots,x_n,f(x_1,x_x,\cdots,x_n)\right)\in U(P_0)$,

且 $F\left(x_1,x_x,\cdots,x_n,f(x_1,x_x,\cdots,x_n)\right)\equiv 0,\ y^0=f(x_1^0,\cdots,x_n^0)$;

② $y=f(x_1,x_x,\cdots,x_n)$ 在 $U(Q_0)$ 内有连续偏导数：$f_{x_1},f_{x_2},\cdots,f_{x_n}$，而且

$$f_{x_1}=-\frac{F_{x_1}}{F_y},f_{x_2}=-\frac{F_{x_2}}{F_y},\cdots,f_{x_n}=-\frac{F_{x_n}}{F_y}.$$

5.2.10　隐函数组定理

若满足下列条件：

（1）$F(x,y,u,v)$ 与 $G(x,y,u,v)$ 在以点 $P_0(x_0,y_0,u_0,v_0)$ 为内点的区域 $V\subset R^4$ 内连续；

（2）$F(x_0,y_0,u_0,v_0)\equiv 0$，$G(x_0,y_0,u_0,v_0)\equiv 0$（初始条件）；

（3）在 V 内 F,G 具有一阶连续偏导数；

（4）$J=\dfrac{\partial(F,G)}{\partial(u,v)}$ 在点 P_0 不等于零，

则在点 P_0 的某一（四维空间）邻域 $U(P_0)\subset V$ 内，方程组 $\begin{cases}F(x,y,u,v)=0\\G(x,y,u,v)=0\end{cases}$ 唯一地确定了定义在点 $Q_0(x_0,y_0)$ 的某一（二维空间）邻域 $U(Q_0)$ 内的两个二元隐函数

$$u=f(x,y),\quad v=g(x,y),$$

使得

① $u_0=f(x_0,y_0),v_0=g(x_0,y_0)$ 且当 $(x,y)\in U(Q_0)$ 时

$\left(x,y,f(x,y),g(x,y)\right)\in U(P_0)$,

$F\left(x,y,f(x,y),g(x,y)\right)\equiv 0$,

$G\left(x,y,f(x,y),g(x,y)\right)\equiv 0$；

② $f(x,y),g(x,y)$ 在 $U(Q_0)$ 内连续；

③ $f(x,y),g(x,y)$ 在 $U(Q_0)$ 内有一阶连续偏导数，且

$$\frac{\partial u}{\partial x}=-\frac{1}{J}\frac{\partial(F,G)}{\partial(x,v)},\frac{\partial v}{\partial x}=-\frac{1}{J}\frac{\partial(F,G)}{\partial(u,x)},$$

$$\frac{\partial u}{\partial y}=-\frac{1}{J}\frac{\partial(F,G)}{\partial(y,v)},\frac{\partial v}{\partial y}=-\frac{1}{J}\frac{\partial(F,G)}{\partial(u,y)}.$$

5.2.11 几何应用

5.2.11.1 平面曲线的切线与法线

（1）隐式

设平面曲线由方程 $F(x,y)=0$ 表示，则该曲线在点 P_0 处存在切线和法线，其方程分别为

切线：$F_x(x_0,y_0)(x-x_0)+F_y(x_0,y_0)(y-y_0)=0,$

法线：$F_y(x_0,y_0)(x-x_0)-F_x(x_0,y_0)(y-y_0)=0.$

（2）参数方程

设平面曲线 L 由参数方程 $L:x=x(t),y=y(t),\alpha\leqslant t\leqslant\beta$ 给出，且满足

① 当 $t=t_0$ 时，$x_0=x(t_0),y_0=y(t_0),\alpha\leqslant t_0\leqslant\beta$;

② 函数 $x=x(t),y=y(t),\alpha\leqslant t\leqslant\beta$ 在 t_0 处可导，且

$$[x'(t_0)]^2+[y'(t_0)]^2+[z'(t_0)]^2\neq 0.$$

则曲线 L 上点 P_0 处的切线方程为 $\dfrac{x-x_0}{x'(t_0)}=\dfrac{y-y_0}{y'(t_0)}$,

法线方程为 $x'(t_0)(x-x_0)+y'(t_0)(y-y_0)=0.$

5.2.11.2 空间曲线的切线与法平面

（1）参数方程

设空间曲线 L 由参数方程 $L:x=x(t),y=y(t),z=z(t),\alpha\leqslant t\leqslant\beta$ 给出，且满足

① 当 $t=t_0$ 时，$x_0=x(t_0),y_0=y(t_0),z_0=z(t_0),\alpha\leqslant t_0\leqslant\beta$;

② 函数 $x=x(t),y=y(t),z=z(t),\alpha\leqslant t\leqslant\beta$ 在 t_0 处可导，且

$$[x'(t_0)]^2+[y'(t_0)]^2+[z'(t_0)]^2\neq 0.$$

则曲线 L 上点 P_0 处的切线方程为 $\dfrac{x-x_0}{x'(t_0)}=\dfrac{y-y_0}{y'(t_0)}=\dfrac{z-z_0}{z'(t_0)}.$

法平面 π 的方程为 $x'(t_0)(x-x_0)+y'(t_0)(y-y_0)+z'(t_0)(z-z_0)=0.$

（2）隐函数

空间曲线 $L:\begin{cases}F(x,y,z)=0\\G(x,y,z)=0\end{cases}$ 在 P_0 处的切线方程为

$$\frac{x-x_0}{\left.\frac{\mathrm{d}x}{\mathrm{d}z}\right|_{P_0}}=\frac{y-y_0}{\left.\frac{\mathrm{d}y}{\mathrm{d}z}\right|_{P_0}}=\frac{z-z_0}{1}.$$

即
$$\frac{x-x_0}{\left.\frac{\partial(F,G)}{\partial(y,z)}\right|_{P_0}}=\frac{y-y_0}{\left.\frac{\partial(F,G)}{\partial(z,x)}\right|_{P_0}}=\frac{z-z_0}{\left.\frac{\partial(F,G)}{\partial(x,y)}\right|_{P_0}}.$$

法平面方程为

$$\left.\frac{\partial(F,G)}{\partial(y,z)}\right|_{P_0}(x-x_0)+\left.\frac{\partial(F,G)}{\partial(z,x)}\right|_{P_0}(y-y_0)+\left.\frac{\partial(F,G)}{\partial(x,y)}\right|_{P_0}(z-z_0)=0.$$

5.2.11.3　曲面的切平面与法线

（1）显式

曲面 $z=f(x,y)$ 在点 $P(x_0,y_0,z_0)$ 处的切平面方程为：

$$z-z_0=f_x(x_0,y_0)(x-x_0)+f_y(x_0,y_0)(y-y_0).$$

法线方程为 $\dfrac{(x-x_0)}{f_x(x_0,y_0)}=\dfrac{(y-y_0)}{f_y(x_0,y_0)}=\dfrac{z-z_0}{-1}.$

（2）隐式

设曲面由方程 $F(x,y,z)=0$ 所确定的曲面在点 $P_0(x_0,y_0,z_0)$ 的某邻域内满足隐函数定理条件（这里不妨设 $F_z(x_0,y_0,z_0)\neq 0$ ），则该曲面在 P_0 处有切平面与法线，它们的方程分别为

$$F_x(x_0,y_0,z_0)(x-x_0)+F_y(x_0,y_0,z_0)(y-y_0)+F_z(x_0,y_0,z_0)(z-z_0)=0$$

与
$$\frac{x-x_0}{F_x(x_0,y_0,z_0)}=\frac{y-y_0}{F_y(x_0,y_0,z_0)}=\frac{z-z_0}{F_z(x_0,y_0,z_0)}.$$

典 型 题 型

5.2.12　偏导数与全微分

【例 1】 已知 $f(x,y)=(1+xy)^y$，计算 $f_x(1,1)$ 与 $f_y(1,1)$.

解： 求 $f_x(x,y)$ 时，视 y 为常数，按一元函数幂函数的求导法则，得

$$f_x(x,y)=y(1+xy)^{y-1}(1+xy)'_x$$

$$= y(1+xy)^{y-1} \cdot y = y^2(1+xy)^{y-1}.$$

求 $f_y(x,y)$ 时，因 $f(x,y)$ 是关于 y 的幂指函数，视 x 为常数，按一元函数中幂指函数求导法则，两边取对数，得

$$\ln f(x,y) = y\ln(1+xy).$$

对 y 求导得

$$\frac{1}{f(x,y)} \cdot f_y(x,y) = \ln(1+xy) + y \cdot \frac{1}{1+xy} \cdot (1+xy)'_y$$

$$= (1+xy)^y \left[\ln(1+xy) + \frac{xy}{1+xy} \right],$$

$$f_y(x,y) = f(x,y)\left[\ln(1+xy) + \frac{xy}{1+xy} \right].$$

从而 $f_x(1,1)=1$，$f_y(1,1) = 2\left(\ln 2 + \frac{1}{2} \right) = \ln 4 + 1$.

知识点	（1）偏导数计算方法； （2）对数求导法则； （3）复合函数求导法则.

【例 2】 设 $x^2+z^2 = y\varphi\left(\frac{z}{y}\right)$，其中 φ 为可微函数，计算 $\frac{\partial z}{\partial y}$.

解： 原式两边对 y 求导.

$$2z\frac{\partial z}{\partial y} = \varphi\left(\frac{z}{y}\right) + y\varphi'\left(\frac{z}{y}\right)\frac{\frac{\partial z}{\partial y}y - z}{y^2}.$$ 所以

$$\frac{\partial z}{\partial y} = \frac{y\varphi\left(\frac{z}{y}\right) - z\varphi'\left(\frac{z}{y}\right)}{2yz - y\varphi'\left(\frac{z}{y}\right)}.$$

知识点	（1）偏导数计算方法； （2）复合函数求导法则.

【例 3】 设 f,g 为连续可微函数，$u = f(x,xy)$，$v = g(x+xy)$，计算 $\frac{\partial u}{\partial x} \cdot \frac{\partial v}{\partial x}$.

解： $\frac{\partial u}{\partial x} = f_1' + f_2' y$，$\frac{\partial v}{\partial x} = g'(1+y)$，

所以

$$\frac{\partial u}{\partial x} \cdot \frac{\partial v}{\partial v} = (1+y)g'(f_1' + f_2' y).$$

知识点	复合函数链式法则.

【例 4】 设 $u = f(x,y,z)$，$y = \varphi(x,t)$，$t = \psi(x,z)$，计算偏导数 $\frac{\partial u}{\partial x}$.

解： 由上述表达式可知 x, z 为自变量，所以

$$\frac{\partial u}{\partial x}=f_x'+f_y'\frac{\partial y}{\partial x}=f_x'+f_y'(\varphi_x'+\varphi_t'\psi_x')$$
$$=f_x'+f_y'\phi_x'+f_y'\phi_t'\psi_x'.$$

知识点	复合函数链式法则.

【例 5】求下列方程所确定函数的全微分：

（1）$f(x+y,y+z,z+x)=0$，计算 $\mathrm{d}z$；

（2）$z=f(xz,\ z-y)$，计算 $\mathrm{d}z$.

解：（1）$f_1'+f_2'\dfrac{\partial z}{\partial x}+f_3'\left(1+\dfrac{\partial z}{\partial x}\right)=0$，

所以 $\dfrac{\partial z}{\partial x}=-\dfrac{f_1'+f_3'}{f_2'+f_3'}$，

$$f_1'+f_3'\frac{\partial z}{\partial y}+f_2'\left(1+\frac{\partial z}{\partial y}\right)=0,$$

所以 $\dfrac{\partial z}{\partial y}=-\dfrac{f_1'+f_2'}{f_2'+f_3'}$，

所以 $\quad \mathrm{d}z=\dfrac{\partial z}{\partial x}\mathrm{d}x+\dfrac{\partial z}{\partial y}\mathrm{d}y$

$$=-\frac{(f_1'+f_3')\mathrm{d}x+(f_1'+f_2')\mathrm{d}y}{f_2'+f_3'}.$$

（2）$\dfrac{\partial z}{\partial x}=f_1'\left(z+x\dfrac{\partial z}{\partial x}\right)+f_2'\dfrac{\partial z}{\partial x}$，所以 $\dfrac{\partial z}{\partial x}=\dfrac{zf_1'}{1-xf_1'-f_2'}$，

$\dfrac{\partial z}{\partial y}=f_1'x\dfrac{\partial z}{\partial y}+f_2'\left(\dfrac{\partial z}{\partial y}-1\right)$，所以 $\dfrac{\partial z}{\partial y}=\dfrac{-f_2'}{1-xf_1'-f_2'}$，

所以 $\quad \mathrm{d}z=\dfrac{\partial z}{\partial x}\mathrm{d}x+\dfrac{\partial z}{\partial y}\mathrm{d}y=\dfrac{zf_1'\mathrm{d}x-f_2'\mathrm{d}y}{1-xf_1'-f_2'}$.

知识点	（1）复合函数链式法则； （2）一阶微分形式不变性.

【例 6】证明：函数 $f(x,y)=\sqrt{|xy|}$ 在点（0,0）处两个偏导数 $f_x(0,0)$ 和 $f_y(0,0)$ 存在，但在该点不可微.

证明：因为

$$f_x(0,0)=\lim_{\Delta x\to 0}\frac{f(\Delta x,0)-f(0,0)}{\Delta x}=\lim_{\Delta x\to 0}0=0;$$
$$f_y(0,0)=\lim_{\Delta y\to 0}\frac{f(0,\Delta y)-f(0,0)}{\Delta y}=\lim_{\Delta y\to 0}0=0;$$

故 $f_x(0,0)$ 和 $f_y(0,0)$ 均存在.

$\Delta f-[f_x(0,0)\mathrm{d}x+f_y(0,0)\mathrm{d}y]=\sqrt{|\Delta x||\Delta y|}$，当点 $(0+\Delta x,0+\Delta y)$ 沿着直线 $y=x$ 趋向原点

（0,0）时，则 $\Delta x=\Delta y$，于是

$$\frac{\Delta f-[f_x(0,0)\mathrm{d}x+f_y(0,0)\mathrm{d}y]}{\rho}=\frac{\sqrt{|\Delta x||\Delta y|}}{\sqrt{(\Delta x)^2+(\Delta y)^2}}=\frac{1}{2}.$$

当 $\rho\to 0$ 时，其极限不为零，即 $\Delta f-[f_x(0,0)\mathrm{d}x+f_y(0,0)\mathrm{d}y]$ 不是比 ρ 高阶的无穷小，所以 $f(x,y)=\sqrt{|xy|}$ 在点（0,0）不可微.

知识点	（1）偏导数定义； （2）可微的定义； （3）集合与子集极限的关系.

【例 7】 设 $z=z(x,y)$ 满足 $\begin{cases} z_y'=x^2+2y \\ z(x,x^2)=1 \end{cases}$，求 z.

解： $z=\int z_y'\mathrm{d}y=\int(x^2+y)\mathrm{d}y=x^2y+y^2+C(x),$

其中 $C(x)$ 为任意可微函数.

又 $z(x,x^2)=1,$ 代入上式得

$1=x^2\cdot x^2+(x^2)^2+C(x)$，

解得 $C(x)=1-2x^4,$

故　$z=x^2y+y^2+1-2x^4.$

知识点	（1）利用全微分公式求原函数； （2）不定积分.

【例 8】 设 $z=u(x,y)$ 可微，且当 $y=x^2$ 时，$u(x,y)=1$ 及 $\frac{\partial u}{\partial x}=x,(x\neq 0)$，求当 $y=x^2$ 时的 $\frac{\partial u}{\partial y},(x\neq 0)$.

解： 因为当 $y=x^2$ 时，$u(x,y)=1$，

所以 $\frac{\partial u}{\partial x}+\frac{\partial u}{\partial y}(x^2)'=0,$ 故

$$\frac{\partial u}{\partial y}\Big|_{y=x^2}=-\frac{1}{2x}\frac{\partial u}{\partial x}=-\frac{1}{2}.$$

知识点	复合函数偏导数.

【例 9】 设 $u=u(x,y)$ 可微，且 $u(x,x^2)=x^2-x^4,u_x'(x,x^2)=x-x^2,$ 求 $u_y'(x,x^2)(x\neq 0)$.

解： $u(x,x^2)=x^2-x^4$ 得

$$u_x'(x,x^2)+u_y'(x,x^2)\cdot 2x=2x-4x^3,$$

故 $u_y'(x,x^2)=\dfrac{2x-4x^3-x^2+x^4}{2x}\ (x\neq 0).$

知识点	复合函数偏导数.

【例 10】证明：函数 $z=x^n f\left(\dfrac{y}{x^2}\right)$（$n$ 为常数，$f(u)$ 可微）满足 $x\dfrac{\partial z}{\partial x}+2y\dfrac{\partial z}{\partial y}=nz$.

证明：令 $u=\dfrac{y}{x^2}$，

因为 $\dfrac{\partial z}{\partial x}=nx^{n-1}f(u)-2x^{n-3}yf'(u)$，$\dfrac{\partial z}{\partial y}=x^{n-2}f'(u)$

代入左端得

$$x\frac{\partial z}{\partial x}+2y\frac{\partial z}{\partial y}=nx^n f(u)=nz.$$

知识点	复合函数偏导数.

【例 11】设方程 $F\left(\dfrac{x}{z},\dfrac{y}{z}\right)=0$ 确定了函数 $z=z(x,y)$，求 $\dfrac{\partial z}{\partial x}$ 与 $\dfrac{\partial z}{\partial y}$.

解：设 $u=\dfrac{x}{z},v=\dfrac{y}{z}$.

方法一：公式法.

$$\frac{\partial F}{\partial x}=\frac{\partial F}{\partial u}\frac{\partial u}{\partial x}+\frac{\partial F}{\partial v}\frac{\partial v}{\partial x}=\frac{1}{z}\frac{\partial F}{\partial u},$$

$$\frac{\partial F}{\partial y}=\frac{\partial F}{\partial u}\frac{\partial u}{\partial y}+\frac{\partial F}{\partial v}\frac{\partial v}{\partial y}=\frac{1}{z}\frac{\partial F}{\partial v},$$

$$\frac{\partial F}{\partial z}=\frac{\partial F}{\partial u}\frac{\partial u}{\partial z}+\frac{\partial F}{\partial v}\frac{\partial v}{\partial z}=\frac{-x}{z^2}\frac{\partial F}{\partial u}-\frac{y}{z^2}\frac{\partial F}{\partial v},$$

故

$$\frac{\partial z}{\partial x}=-\frac{\dfrac{\partial F}{\partial x}}{\dfrac{\partial F}{\partial z}}=\frac{z\dfrac{\partial F}{\partial u}}{x\dfrac{\partial F}{\partial u}+y\dfrac{\partial F}{\partial v}},$$

$$\frac{\partial z}{\partial y}=-\frac{\dfrac{\partial F}{\partial y}}{\dfrac{\partial F}{\partial z}}=\frac{z\dfrac{\partial F}{\partial v}}{x\dfrac{\partial F}{\partial u}+y\dfrac{\partial F}{\partial v}}.$$

方法二：用隐函数求导法，方程 $F\left(\dfrac{x}{z},\dfrac{y}{z}\right)=0$ 两端对 x 求导，此时要注意 z 是 x,y 的函数.

$\dfrac{\partial F}{\partial u}\left(\dfrac{x}{z}\right)'_x+\dfrac{\partial F}{\partial v}\left(\dfrac{y}{z}\right)'_x=0$，即

$$\frac{\partial F}{\partial u}\left(\frac{z-x\dfrac{\partial z}{\partial x}}{z^2}\right)+\frac{\partial F}{\partial v}\left(\frac{-y\dfrac{\partial z}{\partial x}}{z^2}\right)=0,$$

化简后可解得 $\dfrac{\partial z}{\partial x}=-\dfrac{\dfrac{\partial F}{\partial x}}{\dfrac{\partial F}{\partial z}}=\dfrac{z\dfrac{\partial F}{\partial u}}{x\dfrac{\partial F}{\partial u}+y\dfrac{\partial F}{\partial v}}$，

同理可得 $\dfrac{\partial z}{\partial y}=-\dfrac{\dfrac{\partial F}{\partial y}}{\dfrac{\partial F}{\partial z}}=\dfrac{z\dfrac{\partial F}{\partial v}}{x\dfrac{\partial F}{\partial u}+y\dfrac{\partial F}{\partial v}}$.

方法三：利用一阶全微分形式的不变性.

设 $u=\dfrac{x}{z},v=\dfrac{y}{z}$，对方程 $F\left(\dfrac{x}{z},\dfrac{y}{z}\right)=0$ 两边求全微分得

$\dfrac{\partial F}{\partial u}\mathrm{d}u+\dfrac{\partial F}{\partial v}\mathrm{d}v=0$，即

$$\frac{\partial F}{\partial u}\left(\frac{z\mathrm{d}x-x\mathrm{d}z}{z^2}\right)+\frac{\partial F}{\partial v}\left(\frac{z\mathrm{d}y-yz}{z^2}\right)=0\ (z^2\neq 0),$$

化简得

$$\mathrm{d}z=-\frac{z\dfrac{\partial F}{\partial u}}{x\dfrac{\partial F}{\partial u}+y\dfrac{\partial F}{\partial v}}\mathrm{d}x+\frac{z\dfrac{\partial F}{\partial v}}{x\dfrac{\partial F}{\partial u}+y\dfrac{\partial F}{\partial v}}\mathrm{d}y,$$

从而可得同样的结果.

知识点	（1）隐函数求导法则； （2）一阶微分形式不变性.

【例 12】设 $y=f(x,t)$，而 t 是由方程 $F(x,y,t)=0$ 所确定的 x,y 的函数，试证：

$$\frac{\mathrm{d}y}{\mathrm{d}x}=\frac{f_x'F_t'-f_t'F_x'}{f_t'F_y'+F_t'}.$$

证明：由 $y=f[x,t(x,y)]$ 得

$$\frac{\mathrm{d}y}{\mathrm{d}x}=f_x'+f_t't_x'=f_x'+f_t'\left[\frac{\partial t}{\partial x}+\frac{\partial t}{\partial y}\frac{\mathrm{d}y}{\mathrm{d}x}\right],$$

又由 $F(x,y,t)=0$ 得 $\dfrac{\partial t}{\partial x}=-\dfrac{F_x'}{F_t'},\dfrac{\partial t}{\partial y}=-\dfrac{F_y'}{F_t'}$，代入解出 $\dfrac{\mathrm{d}y}{\mathrm{d}x}$ 即得结果.

或利用一阶微分形式的不变性：

$$\mathrm{d}y=f_x'\mathrm{d}x+f_t'\mathrm{d}t \tag{1}$$

$$F_x'\mathrm{d}x+F_y'\mathrm{d}y+F_t'\mathrm{d}t=0 \tag{2}$$

$(1)\times F_t'-(2)\times f_t'$ 消去含 $\mathrm{d}t$ 的项即可得结果.

知识点	（1）隐函数求导法则； （2）复合函数求导法则.

【例 13】设 $y=y(x)$，$z=z(x)$，由 $\begin{cases}x+y+z+z^2=0\\x+y^2+z+z^3=0\end{cases}$ 确定，求 $\dfrac{dy}{dx},\dfrac{dz}{dx}$.

解：以上两式对 x 求导，得到关于 $\dfrac{dy}{dx},\dfrac{dz}{dx}$ 的方程组

$$\begin{cases}1+\dfrac{dy}{dx}+\dfrac{dz}{dx}+2z\dfrac{dz}{dx}=0\\1+2y\dfrac{dy}{dx}+\dfrac{dz}{dx}+3z\dfrac{dz}{dx}=0\end{cases}$$

$$\begin{cases}\dfrac{dy}{dx}+(1+2z)\dfrac{dz}{dx}=-1\\2y\dfrac{dy}{dx}+(1+3z)\dfrac{dz}{dx}=-1\end{cases}$$

由克莱姆法则，解得

$$\frac{dy}{dx}=\frac{2z-3z^2}{1+3z^2-2y-4yz},$$

$$\frac{dz}{dx}=\frac{2y-1}{1+3z^2-2y-4yz}.$$

知识点	隐函数组求导法则.

5.2.13　高阶偏导数

【例 1】设 $z=f\left(x,\dfrac{x}{y}\right)$，$f$ 具有二阶连续偏导数，求 $\dfrac{\partial^2 z}{\partial x^2}$.

解：设 $u=\dfrac{x}{y}$，则 $z=f(x,u),u=\dfrac{x}{y}$，

$$\frac{\partial z}{\partial x}=\frac{\partial f}{\partial x}+\frac{\partial f}{\partial u}\frac{\partial u}{\partial x}=\frac{\partial f}{\partial x}+\frac{1}{y}\frac{\partial f}{\partial u},$$

$$\frac{\partial^2 z}{\partial x^2}=\frac{\partial}{\partial x}\left(\frac{\partial z}{\partial x}\right)=\frac{\partial}{\partial x}\left(\frac{\partial f}{\partial x}+\frac{1}{y}\frac{\partial f}{\partial u}\right)$$

$$=\frac{\partial}{\partial x}\left(\frac{\partial f}{\partial x}\right)+\frac{\partial}{\partial x}\left(\frac{1}{y}\frac{\partial f}{\partial u}\right),$$

$$\frac{\partial}{\partial x}\left(\frac{\partial f}{\partial x}\right)=\frac{\partial^2 f}{\partial x^2}+\frac{\partial^2 f}{\partial x\partial u}\frac{\partial u}{\partial x}=\frac{\partial^2 f}{\partial x^2}+\frac{1}{y}\frac{\partial^2 f}{\partial x\partial u},$$

$$\frac{\partial}{\partial x}\left(\frac{1}{y}\frac{\partial f}{\partial u}\right)=\frac{1}{y}\frac{\partial}{\partial x}\left(\frac{\partial f}{\partial u}\right)$$

$$=\frac{1}{y}\left(\frac{\partial^2 f}{\partial x\partial u}+\frac{\partial^2 f}{\partial u^2}\frac{\partial u}{\partial x}\right)$$

$$=\frac{1}{y}\left(\frac{\partial^2 f}{\partial x\partial u}+\frac{1}{y}\frac{\partial^2 f}{\partial u^2}\right),$$

代入可得

$$\frac{\partial^2 z}{\partial x^2}=\frac{\partial^2 f}{\partial x^2}+\frac{2}{y}\frac{\partial^2 f}{\partial x\partial u}+\frac{1}{y^2}\frac{\partial^2 f}{\partial u^2}.$$

知识点	复合函数求导法则．

【例 2】设 $z=\frac{1}{x}f(x^2,xy^2)$, f 具有二阶连续偏导数，求 $\frac{\partial^2 z}{\partial x\partial y}$.

解：令 $u=x^2,v=xy^2$, 则 $z=\frac{1}{x}f(u,v)$.

若先求 $\frac{\partial z}{\partial x}$ 较麻烦，由于 f 具有二阶连续偏导数，故可先求 $\frac{\partial z}{\partial y}$，

$$\frac{\partial z}{\partial y}=\frac{1}{x}\frac{\partial f}{\partial v}\cdot 2xy=2y\frac{\partial f}{\partial v}.$$

$$\frac{\partial^2 z}{\partial y\partial x}=2y\left(\frac{\partial^2 f}{\partial v\partial u}\cdot 2x+\frac{\partial^2 f}{\partial v^2}\cdot y^2\right)$$

$$=4xy\frac{\partial^2 f}{\partial v\partial u}+2y^3\frac{\partial^2 f}{\partial v^2}=\frac{\partial^2 z}{\partial x\partial y}.$$

知识点	复合函数偏导数．

【例 3】设 $z=f(\mathrm{e}^x\sin y,x^2+y^2)$，其中 f 具有二阶连续偏导数，求 $\frac{\partial^2 z}{\partial x\partial y}$.

解：

$$\frac{\partial z}{\partial x}=f_1'(\mathrm{e}^x\sin y,x^2+y^2)\mathrm{e}^x\sin y+2xf_2'(\mathrm{e}^x\sin y,x^2+y^2),$$

$$\frac{\partial^2 z}{\partial x\partial y}=\mathrm{e}^x\sin y(f_{11}''\mathrm{e}^x\cos y+2yf_{12}'')+\mathrm{e}^x\cos yf_1'+2x(f_{12}''\mathrm{e}^x\cos y+2yf_{22}'')$$

$$=f_{11}''\mathrm{e}^{2x}\sin x\cos x+2\mathrm{e}^x(y\sin y+x\cos y)f_{12}''+4xyf_{22}''+f_1'\mathrm{e}^x\cos y.$$

知识点	复合函数偏导数．

【例 4】已知 $z=f(x\ln y,x-y)$, 计算 $z_{xx}'',z_{xy}'',z_{yy}''$.

解：$z_x'=\ln yf_1'(x\ln y,x-y)+f_2'(x\ln y,x-y)$,

$$z_{xx}''=\ln y(f_{11}''\ln y+f_{12}'')+f_{12}''\ln y+f_{22}''$$

$$=f_{11}''\ln^2 y+2f_{12}''\ln y+f_{22}'',$$

$$z_{xy}''=\frac{1}{y}f_1'+\ln y\left(f_{11}''\frac{x}{y}-f_{12}''\right)+f_{12}''\frac{x}{y}-f_{22}''$$

$$=\frac{x\ln y}{y}f''_{11}+\left(\frac{x}{y}-\ln y\right)f''_{12}-f''_{22}+\frac{1}{y}f'_1,$$

$$z'_y=\frac{x}{y}f'_1(x\ln y,x-y)-f'_2(x\ln y,x-y),$$

$$z''_{yy}=-\frac{x}{y^2}f'_1+\frac{x}{y}\left(\frac{x}{y}f''_{11}-f''_{12}\right)-\frac{x}{y}f''_{12}+f''_{22}$$

$$=\frac{x^2}{y^2}f''_{11}-\frac{2x}{y}f''_{12}+f''_{22}-\frac{x}{y^2}f'_1.$$

知识点	复合函数偏导数．

【例 5】设 $z=xf\left(\frac{y}{x}\right)+\varphi\left(\frac{y}{x}\right)$，求$x^2\frac{\partial^2 z}{\partial x^2}+2xy\frac{\partial^2 z}{\partial x\partial y}+y^2\frac{\partial^2 z}{\partial y^2}$.

解：$\frac{\partial z}{\partial x}=f\left(\frac{y}{x}\right)+xf'\left(\frac{y}{x}\right)\left(-\frac{y}{x^2}\right)+\varphi'\left(\frac{y}{x}\right)\left(-\frac{y}{x^2}\right)$

$$=f\left(\frac{y}{x}\right)-\frac{y}{x}f'\left(\frac{y}{x}\right)-\frac{y}{x^2}\varphi'\left(\frac{y}{x}\right),$$

$$\frac{\partial^2 z}{\partial x^2}=-\frac{y}{x^2}f'\left(\frac{y}{x}\right)+\frac{y}{x^2}f'\left(\frac{y}{x}\right)+\frac{y^2}{x^4}f''\left(\frac{y}{x}\right)+2\frac{y}{x^3}\varphi'\left(\frac{y}{x}\right)+\frac{y^2}{x^4}\varphi''\left(\frac{y}{x}\right)$$

$$=\frac{y^2}{x^3}f''+2\frac{y}{x^3}\varphi'+\frac{y^2}{x^4}\varphi'',$$

$$\frac{\partial^2 z}{\partial x\partial y}=\frac{1}{x}f'\left(\frac{y}{x}\right)-\frac{1}{x}f'\left(\frac{y}{x}\right)-\frac{y}{x^2}f''\left(\frac{y}{x}\right)-\frac{1}{x^2}\varphi'\left(\frac{y}{x}\right)-\frac{y}{x^3}\varphi''\left(\frac{y}{x}\right)$$

$$=-\frac{y}{x^2}f''-\frac{1}{x^2}\varphi'-\frac{y}{x^3}\varphi'',$$

$$\frac{\partial z}{\partial y}=f'\left(\frac{y}{x}\right)+\frac{1}{x}\varphi'\left(\frac{y}{x}\right),$$

$$\frac{\partial^2 z}{\partial y^2}=\frac{1}{x}f''+\frac{1}{x^2}\varphi'',$$

于是　$x^2\frac{\partial^2 z}{\partial x^2}+2xy\frac{\partial^2 z}{\partial x\partial y}+y^2\frac{\partial^2 z}{\partial y^2}$

$$=\frac{y^2}{x}f+\frac{2y}{x}\varphi'+\frac{y^2}{x^2}\varphi''-2\frac{y^2}{x}f''-\frac{2y}{x}\varphi'-\frac{2y^2}{x^2}\varphi''+\frac{y^2}{x}f''+\frac{y^2}{x^2}\varphi''=0.$$

知识点	复合函数偏导数．

【例 6】设 $z=f[x^2-y,\varphi(xy)]$，其中 $f(u,v)$ 具有二阶连续偏导数，$\varphi(u)$ 二阶可导，求 $\frac{\partial^2 z}{\partial x\partial y}$.

解：

$$\frac{\partial z}{\partial x}=2xf_1'[x^2-y,\varphi(xy)]+yf_2'[x^2-y,\varphi(xy)]\varphi'(xy),$$

$$\frac{\partial^2 z}{\partial x\partial y}=2x[-f_{11}''+xf_{12}''\varphi']+f_2'\varphi'+y\varphi'[-f_{12}''+xf_{22}''\varphi']+xyf_2'\varphi''$$

$$=(\varphi'+xy\varphi'')f_2'-2xf_{11}''+(2x^2-y)\varphi'f_{12}''+xy(\varphi')^2f_{22}''.$$

知识点	复合函数偏导数.

【例 7】设 $f(x,y)$ 有处处连续的二阶偏导数，$f_x'(0,0)=f_y'(0,0)=f(0,0)=0$. 证明：$f(x,y)=\int_0^1(1-t)[x^2f_{11}''(tx,ty)+2xyf_{12}''(tx,ty)+y^2f_{22}''(tx,ty)]\mathrm{d}t$.

证明：

$$\int_0^1(1-t)[x^2f_{11}''(tx,ty)+2xyf_{12}''(tx,ty)+y^2f_{22}''(tx,ty)]\mathrm{d}t$$

$$=\int_0^1(1-t)\frac{\mathrm{d}^2f(tx,ty)}{\mathrm{d}t^2}$$

$$=(1-t)\frac{\mathrm{d}f(tx,ty)}{\mathrm{d}t}\bigg|_0^1+\int_0^1\frac{\mathrm{d}f(tx,ty)}{\mathrm{d}t}\mathrm{d}t$$

$$=-\frac{\mathrm{d}f(tx,ty)}{\mathrm{d}t}\bigg|_{t=0}+f(tx,ty)\big|_0^1$$

$$=-(xf_1'(0,0)+yf_2'(0,0))+f(x,y)-f(0,0)$$

$$=f(x,y).$$

知识点	（1）二阶导数； （2）分部积分.

5.2.14 多元微分的应用

【例 1】求曲线 $y^2=2mx,z^2=m-x$ 在点 $M_0(x_0,y_0,z_0)$ 处的切线及法线方程.

解： 设 x 为参数，则曲线方程可表示为参数方式

$$\begin{cases}x=x\\y^2=2mx\\z^2=m-x\end{cases}$$

在点 $M_0(x_0,y_0,z_0)$ 处的切向量为

$$\vec{s}=\left\{1,\frac{m}{y_0},-\frac{1}{2z_0}\right\},$$

切线方程为

$$x-x_0=\frac{y_0}{m}(y-y_0)=-2z_0(z-z_0),$$

法平面方程为

$$x-x_0+\frac{m}{y_0}(y-y_0)-\frac{1}{2z_0}(z-z_0)=0.$$

知识点	（1）切线和法线方程； （2）对称式； （3）点法式.

【例2】证明：曲面 $x^2+y^2+z^2-xz+1=0$ 的切平面不会平行于直线

$$\begin{cases}x+y+z+5=0\\x+2y+z-8=0\end{cases}.$$

证明：直线的方向向量为 $\vec{s}=(-1,0,1)$，

曲面上任一点的切平面的法向量为

$$\vec{n}=(2x-z,2y,2z-x),$$

反证，若平行，则应有 $\vec{s}\cdot\vec{n}=0$，得 $x=z$，代入曲面方程得

$x^2+y^2+1=0$ 在实数内无解，故得证.

知识点	（1）直线方程； （2）隐函数的切平面的法向量.

【例3】在曲面 $x^2+2y^2+3z^2+2xy+2xz+4yz=0$ 上，求出切平面平行于坐标平面的诸切点.

解：已知曲面的切平面的法向量为

$$\vec{n}=\{2(x+y+x),2(x+2y+2z),2(x+2y+3z)\}.$$

由题设当

$$\begin{cases}x+y+z=0\\x+2y+2z=0\\x+2y+3z=t\end{cases}$$

时，$\vec{n}$ 与 $\vec{k}=(0,0,1)$ 平行，即切平面平行与 xOy 坐标平面.

解上面的方程组得 $x=0,y=-t,z=t$，代入所给曲面方程得 $t=\pm2\sqrt{2}$.

于是，切平面平行与 xOy 面的切点坐标为：$(0,\mp2\sqrt{2},\pm2\sqrt{2})$.

用同样的方法可以求得切平面平行与 yOz 坐标平面及 xOz 坐标平面的诸切点分别为：$(\mp4,\pm2,0)$ 及 $(\mp2,\pm4,\mp2)$.

知识点	隐函数的切平面的法向量.

【例4】求曲面 $x^2+2y^2+3z^2=12$ 的平行于平面 $x+4y+3z=0$ 的切平面方程.

解：设切点为 (x_0,y_0,z_0)，所求切面的法向量为 $(2x_0,4y_0,6z_0)$. 所以

$$\frac{2x_0}{1}=\frac{4y_0}{4}=\frac{6z_0}{3}=t,\ x_0=\frac{t}{2},y_0=t,z_0=\frac{t}{2}$$

代入曲面方程得：$\frac{t^2}{4}+2t^2+3\frac{t^2}{4}=12$，所以$t=\pm 2$，

当$t=2$，

解得　$x_0=1,y_0=2,z_0=1$，

所求切面方程为　$(x-1)+4(y-2)+3(z-1)=0$，即$x+4y+3z-12=0$；

当$t=-2$，

解得　$x_0=-1,y_0=-2,z_0=-1$，

所求切面方程为　$(x+1)+4(y+2)+3(z+1)=0$，即$x+4y+3z+12=0$.

知识点	（1）切平面方程； （2）对称式； （3）点法式.

【例 5】求圆周$x^2+y^2+z^2-3x=0,2x-3y+5z-4=0$在$M(1,1,1)$处的切线与法平面方程.

解：圆周$\begin{cases}F=x^2+y^2+z^2-3x=0\\G=2x-3y+5z-4=0\end{cases}$在$M(1,1,1)$处

$$\left.\frac{\partial(F,G)}{\partial(y,z)}\right|_M=\left.\begin{vmatrix}2y & 2z\\-3 & 5\end{vmatrix}\right|_M=16,\quad \left.\frac{\partial(F,G)}{\partial(z,x)}\right|_M=\left.\begin{vmatrix}2z & 2x-3\\5 & 2\end{vmatrix}\right|_M=9,$$

$$\left.\frac{\partial(F,G)}{\partial(x,y)}\right|_M=\left.\begin{vmatrix}2x-3 & 2y\\2 & -3\end{vmatrix}\right|_M=-1.$$

所以在$M(1,1,1)$处圆周的方向矢量为$(16,9,-1)$，

切线方程：　$\frac{x-1}{16}=\frac{y-1}{9}=\frac{z-1}{-1}$，

法平面方程：$16(x-1)+9(y-1)-(z-1)=0$，

即$16x+9y-z-24=0$.

知识点	隐函数组表示的空间曲线切线和法平面方程.

【例 6】求$z=x^2+y^2-xy+x+y$在有界闭域$D:x\leqslant 0,y\leqslant 0$，$x+y\geqslant -3$上的最大值与最小值.

解：令

$$\begin{cases}\frac{\partial z}{\partial x}=2x-y+1=0\\\frac{\partial z}{\partial y}=2y-x+1=0\end{cases}$$，解得　$x=-1,y=-1$，　$f(-1,-1)=-1$.

当x=0时，　$z=y^2+y$，　$y\in[-3,0]$，解得

$f(0,-3)=6$为最大值，

$f\left(0,\dfrac{-1}{2}\right)=-\dfrac{1}{4}$ 为最小值；

当 $y=0$ 时，$z=x^2+x$，$x\in[-3,0]$，解得

$f(-3,0)=6$ 为最大值，

$f\left(\dfrac{-1}{2},0\right)=-\dfrac{1}{4}$ 为最小值；

当 $x+y=-3$ 时，

$z=3x^2+9x+6$，$x\in[-3,0]$；

当 $x=-\dfrac{3}{2}$ 时 z 有最小值 $z=-\dfrac{3}{4}$，即 $f\left(-\dfrac{1}{2},-\dfrac{1}{2}\right)=-\dfrac{3}{4}$；

当 $x=0$ 时 z 有最大值 $z=6$，即 $f(0,-3)=6$；

当 $x=-3$ 时 z 有最大值 $z=6$，即 $f(-3,0)=6$.

综上所述：$f(0,-3)=f(-3,0)=6$ 为最大值，$f(-1,-1)=-1$ 为最小值.

知识点	最值计算方法.

【例 7】 求函数 $f(x,y)=x^2+2xy-4x+8y$ $(0\leqslant x\leqslant 1,0\leqslant y\leqslant 2)$ 的最大值与最小值.

解： 由

$\begin{cases}f_x(x,y)=2x+2y-4=0\\ f_y(x,y)=2x+8=0\end{cases}$，解得稳定点为 $(-4,6)$. 此点在区域 D 外，故在区域 D 内无极值，所以此函数的最大值与最小值仅在边界上达到.

当 $y=0$ 时，$f_x(x,0)=2x-4<0$（因为 $0\leqslant x\leqslant 1$），则 $f(x,0)$ 为单调减函数，故 $f(0,0)=0$ 可能为最大值，$f(1,0)=-3$ 为可能最小值.

当 $y=2$ 时，$f_x(x,2)=2x>0$（因为 $0\leqslant x\leqslant 1$），则 $f(x,2)$ 为单调增函数，故 $f(0,2)=16$ 可能为最小值，$f(1,2)=17$ 为可能最大值.

在 $x=0,x=1$ 两条边界上检验，可得出同样的结果，故

$f(1,0)=-3$ 为最小值，$f(1,2)=17$ 为最大值.

知识点	最值的计算方法.

【例 8】 求内接于椭球面 $\dfrac{x^2}{a^2}+\dfrac{y^2}{b^2}+\dfrac{z^2}{c^2}=1$ 的直立方体的最大体积.

解： 设直立方体在第一卦限的顶点坐标为 (x,y,z)，则体积 $V=8xyz$，

于是问题转化为在条件 $\dfrac{x^2}{a^2}+\dfrac{y^2}{b^2}+\dfrac{z^2}{c^2}=1$ 下求函数 $V=8xyz$ 的极值.

若直接转化为无条件极值计算较麻烦，为简化，转而讨论函数 $u=(xyz)^2$ 在条件 $\dfrac{x^2}{a^2}+\dfrac{y^2}{b^2}+\dfrac{z^2}{c^2}=1$ 下的极值（因为当 u 取得最大值时，V 亦取得最大值），即讨论函数

$u=c^2x^2y^2z^2\left(1-\frac{x^2}{a^2}-\frac{y^2}{b^2}\right)$的（无条件）极值.

$$x=\frac{a}{\sqrt{3}},y=\frac{b}{\sqrt{3}},z=\frac{c}{\sqrt{3}},$$

最大体积$V=8xyz=\frac{8\sqrt{3}}{9}abc$.

知识点	最值的计算方法.

【例 9】 在旋转椭球面$\frac{x^2}{96}+y^2+z^2=1$上，求距平面$3x+4y+12z=288$的最近和最远的点.

解：设(x,y,z)为旋转椭球面上的点，它到平面的距离为

$$d=\frac{|3x+4y+12z-288|}{13},$$

故可作目标函数

$$D=(13d)^2=(3x+4y+12z-288)^2,$$

限制条件为

$$\frac{x^2}{96}+y^2+z^2=1\text{或}x^2+96y^2+96z^2-96=0,$$

作函数

$$F(x,y,z)=(3x+4y+12z-288)^2+\lambda(x^2+96y^2+96z^2-96),$$

令其三个偏导数为零并连同限制条件解得点

$$\left(\pm9,\pm\frac{1}{8},\pm\frac{3}{8}\right),$$

取正号的点为最近点，取负号的点为最远点.

$$d_1=\frac{256}{13},d_2=\frac{320}{13}.$$

知识点	（1）点到平面的距离公式； （2）拉格朗日乘数法； （3）条件极值.

【例 10】 求原点到曲面$(x-y)^2-z^2=1$的最短距离.

解：设曲面上达到最短距离的点为（x,y,z），则在条件

$$\begin{cases}d^2=x^2+y^2+z^2\\(x-y)^2-z^2=1\end{cases}$$

达到最小值.

令 $F(x,y,z,\lambda)=x^2+y^2+z^2+\lambda(x-y)^2-\lambda z^2-\lambda$

$$\begin{cases}\dfrac{\partial F}{\partial x}=2x+2\lambda(x-y)=0\\ \dfrac{\partial F}{\partial y}=2y-2\lambda(x-y)=0\\ \dfrac{\partial F}{\partial z}=2z-2\lambda z=0\end{cases},$$

$$\begin{cases}x+\lambda(x-y)=0 & (1)\\ y-\lambda(x-y)=0 & (2)\\ z-\lambda z=0 & (3)\end{cases}$$

由（3）若$\lambda=1$：

代入（1），（2）得$\begin{cases}x+x-y=0\\ y-x+y=0\end{cases}$，解得$x=0,y=0$．代入曲面方程$(x-y)^2-z^2=1$，得到

$$z^2=1，\ d^2=1.$$

由（3）若$\lambda\neq1$：

由（3）解得$z=0$．由（1），（2）得到$x=-y$．代入曲面方程$(x-y)^2-z^2=1$，得到

$$x^2=\frac{1}{4}，\ y^2=\frac{1}{4}，\ d^2=\frac{1}{2}，\ d=\frac{\sqrt{2}}{2}$$

所以所求的最短距离为$d=\dfrac{\sqrt{2}}{2}$.

知识点	（1）条件极值； （2）拉格朗日乘数法．

【例 11】 抛物面$z=x^2+y^2$被平面$x+y+z=1$所截，得一椭圆，求此椭圆到原点的最大与最小距离．

解：可看作在条件$z=x^2+y^2$与$x+y+z=1$下，求距离的平方$d^2=x^2+y^2+z^2$的极值．令

$$F(x,y,z)=x^2+y^2+z^2+\alpha(x+y+z-1)+\beta(x^2+y^2-z),$$

令其各偏导数为零，并连同限制条件解得两点

$$\left(\frac{-1+\sqrt{3}}{2},\frac{-1+\sqrt{3}}{2},2-\sqrt{3}\right),\left(\frac{-1-\sqrt{3}}{2},\frac{-1-\sqrt{3}}{2},2+\sqrt{3}\right),$$

$$d=\sqrt{9\pm5\sqrt{3}}.$$

知识点	（1）条件极值； （2）拉格朗日乘数法．

【例 12】 求函数$f(x,y)=x^2+12xy+2y^2$在区域$4x^2+y^2=25$上最大值与最小值．

解：先求 $f(x,y)$ 在区域 $4x^2+y^2<25$ 内的驻点，解方程组

$$\begin{cases} f_x'=2x+12y=0 \\ f_y'=12x+4y=0 \end{cases} \text{得稳定点（0,0）.}$$

可以验证 $B^2-AC=136>0$，所以函数在此区域内部无极值．故函数的最值必在区域边界 $4x^2+y^2=25$ 上达到．

现求 $f(x,y)$ 在条件 $4x^2+y^2=25$ 下的极值．设

$$L(x,y,t)=x^2+12xy+2y^2-t(4x^2+y^2-25),$$

解方程组

$$\begin{cases} L_x'=0 \\ L_y'=0 \\ L_t'=0 \end{cases} \text{先求得 } t=-2,\frac{17}{4}.$$

可求得稳定点为：$(2,-3),(-2,3),\left(\frac{3}{2},4\right),\left(-\frac{3}{2},-4\right)$.

比较

$$f(2,-3)=f(-2,3)=-50,$$

$$f\left(\frac{3}{2},4\right)=f\left(-\frac{3}{2},-4\right)=106\frac{1}{4}$$

的大小，可知函数 $f(x,y)$ 在区域 $4x^2+y^2\leqslant 25$ 上的最大值为 $106\frac{1}{4}$，最小值为 -50.

知识点	（1）条件极值； （2）拉格朗日乘数法.

【例 13】 已知 x,y,z 为实数，且 $e^x+y^2+|z|=3$，求证：$e^x y^2|z|\leqslant 1$.

证明：设 $f(x,y)=e^x y^2(3-e^x-y^2)$，由题设 $e^x+y^2+|z|=3$，而 $|z|\geqslant 0$，故 x,y 应满足 $e^x+y^2\leqslant 3$,

对 $f(x,y)$ 可求得稳定点 $(0,1)$ 和 $(0,-1)$，虽因 $y=0$ 也满足稳定点方程组，但 $y=0$ 时不等式显然成立.

由于在两个稳定点处均有 $B^2-AC=-12<0, A<0$，所以均为极大值点.

$$f(0,\pm 1)=1,$$

又因为在边界 $e^x+y^2\leqslant 3$ 上，$f(x,y)=0$，故 $f(0,\pm 1)=1$，为最大值，

由此得 $f(x,y)\leqslant 1,(e^e+y^2\leqslant 3)$，即 $e^x y^2|z|\leqslant 1$.

知识点	（1）条件极值； （2）拉格朗日乘数法.

Lesson 6

第 6 讲　多元函数积分学

知识结构

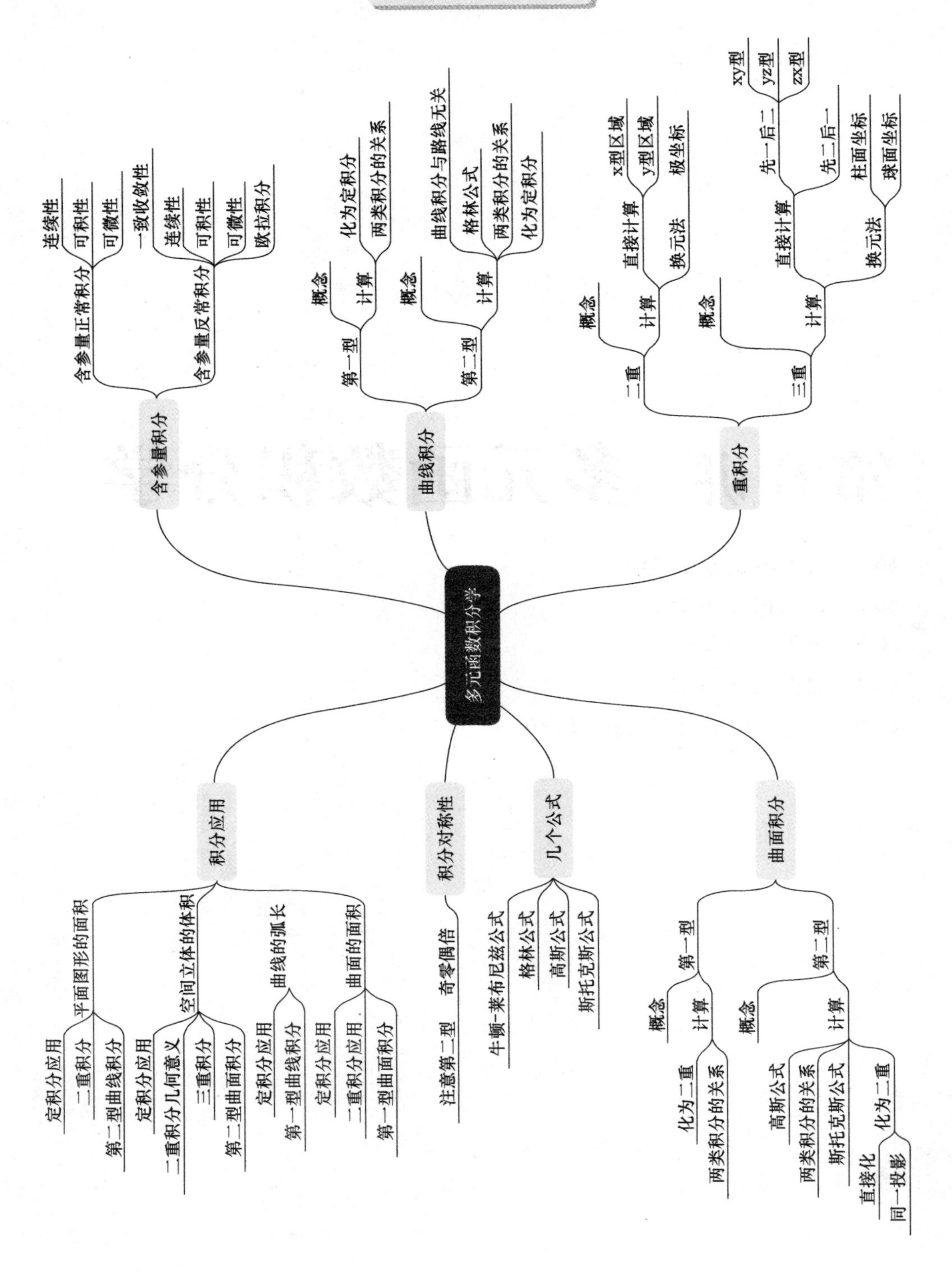
多元函数积分学
含参量积分
含参量正常积分
连续性
可积性
可微性
含参量反常积分
一致收敛性
连续性
可积性
可微性
欧拉积分
曲线积分
第一型
概念
计算
化为定积分
两类积分的关系
第二型
概念
计算
曲线积分与路线无关
格林公式
两类积分的关系
化为定积分
重积分
二重
概念
计算
直接计算
x型区域
y型区域
换元法
极坐标
三重
概念
计算
直接计算
先一后二
xy型
yz型
zx型
先二后一
换元法
柱面坐标
球面坐标
积分应用
平面图形的面积
定积分应用
二重积分
第二型曲线积分
空间立体的体积
定积分应用
二重积分几何意义
三重积分
第二型曲面积分
曲线的弧长
定积分应用
第一型曲线积分
曲面的面积
定积分应用
二重积分应用
第一型曲面积分
积分对称性
奇零偶倍
注意第二型
几个公式
牛顿-莱布尼兹公式
格林公式
高斯公式
斯托克斯公式
曲面积分
第一型
概念
计算
化为二重
两类积分的关系
第二型
概念
计算
高斯公式
两类积分的关系
斯托克斯公式
化为二重
直接化
同一投影

§6.1　含参量积分

知识要点

6.1.1　含参量正常积分

6.1.1.1　定义

用积分形式所定义的这两个函数

$$I(x)=\int_c^d f(x,y)\mathrm{d}y, x\in[a,b]$$

与

$$F(x)=\int_{c(x)}^{d(x)} f(x,y)\mathrm{d}y, x\in[a,b]$$

通称为定义在$[a,b]$上含参量x的（正常）积分或简称含参量积分.

6.1.1.2　含参量积分的性质

（1）连续性

①若二元函数$f(x,y)$在矩形区域$R=[a,b]\times[c,d]$上连续，则函数$I(x)=\int_c^d f(x,y)\mathrm{d}y$在$[a,b]$上连续.

结论 1：若$f(x,y)$在矩形区域R上连续，则含参量y的积分

$$J(y)=\int_a^b f(x,y)\mathrm{d}x$$

在$[c,d]$上连续.

结论 2：若$f(x,y)$在矩形区域R上连续，则对任何$x_0\in[a,b]$，都有

$$\lim_{x\to x_0}\int_c^d f(x,y)\mathrm{d}y=\int_c^d \lim_{x\to x_0} f(x,y)\mathrm{d}y.$$

②设二元函数$f(x,y)$在区域

$$G=\left\{(x,y)\middle|c(x)\leqslant y\leqslant d(x),a\leqslant x\leqslant b\right\}$$

上连续，其中$c(x),d(x)$为$[a,b]$上的连续函数，则函数

$$F(x)=\int_{c(x)}^{d(x)} f(x,y)\mathrm{d}y$$

在$[a,b]$上连续.

结论 3：若二元函数$[a,b]$在区域$G=\left\{(x,y)\middle|a(y)\leqslant x\leqslant b(y),c\leqslant y\leqslant d\right\}$上连续，其中$a(y),b(y)$为$[c,d]$上的连续函数，则函数

$$G(y)=\int_{a(y)}^{b(y)} f(x,y)\mathrm{d}x$$

在$[c,d]$上连续.

结论 4：若 $f(x,y)$ 在区域

$$G=\{(x,y)|c(x)\leqslant y\leqslant d(x),a\leqslant x\leqslant b\}$$

上连续，则对任何 $x_0\in[a,b]$，都有

$$\lim_{x\to x_0}F(x)=\lim_{x\to x_0}\int_{c(x)}^{d(x)}f(x,y)\mathrm{d}y=\int_{c(x_0)}^{d(x_0)}f(x_0,y)\mathrm{d}y=F(x_0).$$

（2）可微性

①若函数 $f(x,y)$ 与其偏导数 $\frac{\partial}{\partial x}f(x,y)$ 都在矩形区域 $R=[a,b]\times[c,d]$ 上连续，则 $x\in[a,b]$ 在 $[a,b]$ 上可微，且

$$\int_c^d\left[\int_a^b f(x,y)\mathrm{d}x\right]\mathrm{d}y.$$

②设 $f(x,y),f_x(x,y)$ 在 $R=[a,b]\times[p,q]$ 上连续，$c(x),d(x)$ 为定义在 $[a,b]$ 上其值含于 $[p,q]$ 内的可微函数，则函数

$$F(x)=\int_{c(x)}^{d(x)}f(x,y)\mathrm{d}y$$

在 $[a,b]$ 上可微，且

$$F'(x)=\int_{c(x)}^{d(x)}f_x(x,y)\mathrm{d}y+f\left(x,d(x)\right)d'(x)-f\left(x,c(x)\right)c'(x).$$

（3）可积性

①若 $f(x,y)$ 在矩形区域 $R=[a,b]\times[c,d]$ 上连续，则 $I(x)$ 和 $J(y)$ 分别在 $[a,b]$ 和 $[c,d]$ 上可积.

②若 $f(x,y)$ 在矩形区域 $R=[a,b]\times[c,d]$ 上连续，则

$$\int_a^b\mathrm{d}x\int_c^d f(x,y)\mathrm{d}y=\int_c^d\mathrm{d}y\int_a^b f(x,y)\mathrm{d}x.$$

6.1.2 含参量反常积分

6.1.2.1 定义

若含参量反常积分 $\int_c^{+\infty}f(x,y)\mathrm{d}y$ 与函数 $I(x)$ 满足：对任给的正数 ε，总存在某一实数 $N>c$ 使得当 $M>N$ 时，对一切 $x\in[a,b]$，都有

$$\left|\int_c^M f(x,y)\mathrm{d}y-I(x)\right|<\varepsilon,$$

即

$$\left|\int_M^{+\infty}f(x,y)\mathrm{d}y\right|<\varepsilon,$$

则称含参量反常积分 $\int_c^{+\infty}f(x,y)\mathrm{d}y$ 在 $[a,b]$ 上一致收敛于 $I(x)$.

6.1.2.2 一致收敛的柯西准则

含参量反常积分 $\int_c^{+\infty}f(x,y)\mathrm{d}y$ 在 $[a,b]$ 上一致收敛的充要条件是：对任给正数 ε，总存

在某一实数 $M>c$，使得当 $A_1,A_2>M$ 时，对一切 $x\in[a,b]$，都有

$$\left|\int_{A_1}^{A_2} f(x,y)\mathrm{d}y\right|<\varepsilon.$$

6.1.2.3　**含参量积分与函数项级数一致收敛的关系**

含参量反常积分 $\int_c^{+\infty} f(x,y)\mathrm{d}y$ 在 $[a,b]$ 上一致收敛的充要条件是：对任一趋于 $+\infty$ 的递增数列 $\{A_n\}$（其中 $A_1=c$），函数项级数

$$\sum_{n=1}^{\infty}\int_{A_n}^{A_{n+1}} f(x,y)\mathrm{d}y=\sum_{n=1}^{\infty}u_n(x)$$

在 $[a,b]$ 上一致收敛.

6.1.2.4　**一致收敛判别方法**

（1）魏尔斯特拉斯 M 判别法

设有函数 $g(y)$，使得

$$|f(x,y)|\leqslant g(y),a\leqslant x\leqslant b,c\leqslant y<+\infty.$$

若 $\int_c^{+\infty} g(y)\mathrm{d}y$ 收敛，则 $\int_c^{+\infty} f(x,y)\mathrm{d}y$ 在 $[a,b]$ 上一致收敛.

（2）狄利克雷判别法

设

（i）对一切实数 $N>c$，含参量正常积分 $\int_c^{N} f(x,y)\mathrm{d}y$ 对参量 x 在 $[a,b]$ 上一致有界，即存在正数 M，对一切 $N>c$ 及一切 $x\in[a,b]$，都有

$$\left|\int_c^{N} f(x,y)\mathrm{d}y\right|\leqslant M;$$

（ii）对每一个 $x\in[a,b]$，函数 $g(x,y)$ 关于 y 是单调递减；

（iii）当 $y\to+\infty$ 时，对参量 $x,g(x,y)$ 一致收敛于 0，

则含参量反常积分 $\int_c^{+\infty} f(x,y)g(x,y)\mathrm{d}y$ 在 $[a,b]$ 上一致收敛.

（3）阿贝尔判别法

设

（i）$\int_c^{+\infty} f(x,y)\mathrm{d}y$ 在 $[a,b]$ 上一致收敛；

（ii）对每一个 $x\in[a,b]$，函数 $g(x,y)$ 为 y 的单调函数；

（iii）对参量 x，$g(x,y)$ 在 $[a,b]$ 上一致有界；

则含参量反常积分 $\int_c^{+\infty} f(x,y)g(x,y)\mathrm{d}y$ 在 $[a,b]$ 上一致收敛.

6.1.2.5　**含参量反常积分的性质**

（1）连续性

设 $f(x,y)$ 在 $[a,b]\times[c,+\infty)$ 上连续，若含参量反常积分

$$I(x)=\int_c^{+\infty} f(x,y)\mathrm{d}y$$

在$[a,b]$上一致收敛，则$I(x)$在$[a,b]$上连续.

（2）可微性

设$f(x,y)$与$f_x(x,y)$在区域$[a,b]\times[c,+\infty)$上连续. 若$I(x)=\int_c^{+\infty} f(x,y)\mathrm{d}y$在$[a,b]$上收敛，$\int_c^{+\infty} f_x(x,y)\mathrm{d}y$在$[a,b]$上一致收敛，则$I(x)$在$[a,b]$上可微，且

$$I'(x)=\int_c^{+\infty} f_x(x,y)\mathrm{d}y.$$

（3）可积性

①设$f(x,y)$在$[a,b]\times[c,+\infty)$上连续，若$I(x)=\int_c^{+\infty} f(x,y)\mathrm{d}y$在$[a,b]$上一致收敛，则$I(x)$在$[a,b]$上可积，且

$$\int_a^b \mathrm{d}x\int_c^{+\infty} f(x,y)\mathrm{d}y=\int_c^{+\infty}\mathrm{d}y\int_a^b f(x,y)\mathrm{d}x.$$

②设$f(x,y)$在$[a,+\infty)\times[c,+\infty)$上连续. 若

（i）$\int_a^{+\infty} f(x,y)\mathrm{d}x$关于$y$在任何闭区间$[c,d]$上一致收敛，$\int_c^{+\infty} f(x,y)\mathrm{d}y$关于$x$在任何区间$[a,b]$上一致收敛；

（ii）积分$\int_a^{+\infty}\mathrm{d}x\int_c^{+\infty}|f(x,y)|\mathrm{d}y$与$\int_c^{+\infty}\mathrm{d}y\int_a^{+\infty}|f(x,y)|\mathrm{d}x$中有一个收敛，则另一个积分也收敛，且

$$\int_a^{+\infty}\mathrm{d}x\int_c^{+\infty} f(x,y)\mathrm{d}y=\int_c^{+\infty}\mathrm{d}y\int_a^{+\infty} f(x,y)\mathrm{d}x.$$

6.1.3 欧拉积分

6.1.3.1 定义

Γ函数：$\Gamma(s)=\int_0^{+\infty} x^{s-1}e^{-x}\mathrm{d}x, s>0$.

Beta函数：$\mathrm{B}(p,q)=\int_0^1 x^{p-1}(1-x)^{q-1}\mathrm{d}x, p>0,q>0$.

6.1.3.2 Γ函数的定义域及其连续性、可导性

（1）Γ函数在$s>0$时收敛，即Γ函数的定义域为$s>0$.

（2）Γ函数$\Gamma(s)$在定义域$s>0$内连续且可导，并且$\Gamma(s)$在$s>0$上存在任意阶导数：$\Gamma^{(n)}(s)=\int_0^{+\infty} x^{s-1}\mathrm{e}^{-x}(\ln x)^n\mathrm{d}x(s>0)$.

6.1.3.3 Γ函数的递推公式

对于$\Gamma(s)$函数，有递推公式$\Gamma(s+1)=s\Gamma(s)$；

$$\Gamma(n+1)=n!；\quad \Gamma\left(\frac{1}{2}\right)=\sqrt{\pi}；\quad \Gamma\left(n+\frac{1}{2}\right)=\frac{(2n-1)!!}{2^n}\sqrt{\pi}.$$

6.1.3.4 B函数的定义域及连续性

（1）B 函数当$p>0,q>0$时这个无界函数反常积分收敛，所以函数$\mathrm{B}(p,q)$的定义域

为 $p>0,q>0$;

（2） $\mathrm{B}(p,q)$ 在 $p>0,q>0$ 内连续；

（3）B 函数具有对称性，即 $\mathrm{B}(p,q)=\mathrm{B}(q,p)$.

6.1.3.5　B 函数的递推公式

$$\mathrm{B}(p,q)=\frac{q-1}{p+q-1}\mathrm{B}(p,q-1)\quad(p>0,q>1),$$

$$\mathrm{B}(p,q)=\frac{p-1}{p+q-1}\mathrm{B}(p-1,q)\qquad(p>1,q>0),$$

$$\mathrm{B}(p,q)=\frac{(p-1)(q-1)}{(p+q-1)(p+q-2)}\mathrm{B}(p-1,q-1)\qquad(p>1,q>1).$$

6.1.3.6　Γ函数与 B 函数之间的关系

$$\mathrm{B}(m,n)=\frac{\Gamma(n)\Gamma(m)}{\Gamma(n+m)}.$$

6.1.3.7　余元公式

$$\mathrm{B}(\alpha,1-\alpha)=\Gamma(\alpha)\Gamma(1-\alpha)=\frac{\pi}{\sin\alpha\pi},0<\alpha<1.$$

$$\mathrm{B}\left(\frac{1}{2},\frac{1}{2}\right)=\Gamma^2\left(\frac{1}{2}\right)=\pi.$$

6.1.3.8　倍元公式

$$\Gamma(2\alpha)=\frac{2^{2\alpha-1}}{\sqrt{\pi}}\Gamma(\alpha)\Gamma\left(\alpha+\frac{1}{2}\right),\alpha>0.$$

6.1.3.9　常见的其他形式

（1） $\Gamma(s)=2\int_0^{+\infty}y^{2s-1}\mathrm{e}^{-y^2}\mathrm{d}y,s>0$；

（2） $\Gamma(s)=p^s\int_0^{+\infty}y^{s-1}\mathrm{e}^{-py}\mathrm{d}y,s>0$；

（3） $\Gamma(s)=\int_0^1\left(\ln\frac{1}{y}\right)^{s-1}\mathrm{d}y,s>0$；

（4） $\mathrm{B}(p,q)=2\int_0^{\frac{\pi}{2}}\sin^{2p-1}x\cos^{2q-1}x\mathrm{d}x$；

（5） $\mathrm{B}(p,q)=\int_0^1\frac{x^{p+1}+x^{q+1}}{(1+x)^{p+q}}\mathrm{d}x$；

（6） $\mathrm{B}(p,q)=\int_0^{+\infty}\frac{x^{p+1}}{(1+x)^{p+q}}\mathrm{d}x.$

典型题型

【例 1】证明：含参变量积分 $I(x)=\int_0^{+\infty}\mathrm{e}^{-t^2}\cos 2xt\mathrm{d}t$ 满足方程 $\dfrac{\mathrm{d}I(x)}{\mathrm{d}x}+2xI(x)=0$.

证明：记 $f(x,t)=\mathrm{e}^{-t^2}\cos 2xt$，,

则 $f_x(x,t)=-2t\mathrm{e}^{-t^2}\sin 2xt$. 这时有

$$\left|f_x(x,t)\right|=\left|-2t\mathrm{e}^{-t^2}\sin 2xt\right|\leqslant 2t\mathrm{e}^{-t^2},$$

$$-\infty<x<+\infty,0\leqslant t<+\infty,$$

而反常积分 $I(x)=\int_0^{+\infty}t\mathrm{e}^{-t^2}\mathrm{d}t$ 收敛，利用魏尔施特拉斯判别法，

$$\int_0^{+\infty}f_x(x,t)\mathrm{d}x=-2\int_0^{+\infty}t\mathrm{e}^{-t^2}\sin 2xt\mathrm{d}t$$

$$=\mathrm{e}^{-t^2}\sin 2xt\Big|_0^{+\infty}-2x\int_0^{+\infty}\mathrm{e}^{-t^2}\cos 2xt\mathrm{d}t,$$

关于 x 在 $(-\infty,+\infty)$ 上一致收敛. 应用积分号下求导定理，得到

$$\frac{\mathrm{d}I(x)}{\mathrm{d}x}=-2\int_0^{+\infty}t\mathrm{e}^{-t^2}\sin 2xt\mathrm{d}t=-2xI(x).$$

所以 $\dfrac{\mathrm{d}I(x)}{\mathrm{d}x}+2xI(x)=0$.

知识点	（1）含参量反常积分的一致收敛性判别方法； （2）含参量反常积分的可微性.

【例 2】研究函数 $F(y)=\int_0^1\dfrac{yf(x)}{x^2+y^2}\mathrm{d}x$ 的连续性，其中 $f(x)$ 是 $[0,1]$ 上连续且为正的函数.

解：令 $g(x,y)=\dfrac{yf(x)}{x^2+y^2}$，则 $g(x,y)$ 在 $[0,1]\times[c,d]$ 连续，其中 $0\notin[c,d]$. 从而 $F(y)$ 在 $y\neq 0$ 连续.

当 $y=0$ 时，$F(0)=0$.

当 $y>0$ 时，记 $m=\min\limits_{x\in[0,1]}f(x)>0$，则

$$F(y)=\int_0^1\frac{yf(x)}{x^2+y^2}\mathrm{d}x\geqslant m\int_0^1\frac{y}{x^2+y^2}\mathrm{d}x=m\arctan\frac{1}{y}.$$

若 $\lim\limits_{y\to 0^+}F(y)$ 存在，则

$$\lim_{y\to 0^+}F(y)\geqslant\lim_{y\to 0^+}m\arctan\frac{1}{y}=\frac{\pi}{2}m>0=F(0),$$

故 $F(y)$ 在 $y=0$ 不连续.

或用定积分中值定理，当 $y>0$ 时，$\exists\xi\in[0,1]$，使

$$F(y)=\int_0^1\frac{yf(x)}{x^2+y^2}\mathrm{d}x=f(\xi)\int_0^1\frac{y}{x^2+y^2}\mathrm{d}x$$

$$=f(\xi)\arctan\frac{x}{y}\bigg|_0^1=f(\xi)\arctan\frac{1}{y}.$$

若 $\lim\limits_{y\to0^+}F(y)$ 存在，则

$$\lim_{y\to0^+}F(y)=\lim_{y\to0^+}f(\xi)\arctan\frac{1}{y}\geqslant\frac{\pi}{2}m>0,$$

故 $F(y)$ 在 $y=0$ 不连续.

知识点	（1）含参量正常积分连续性； （2）连续函数的最值性； （3）定积分的不等式性； （4）极限的保序性； （5）定积分中值定理.

【例 3】 设 $f(x)$ 在 $[a,b]$ 连续，求证

$$y(x)=\frac{1}{k}\int_c^x f(t)\sin k(x-t)\mathrm{d}t \qquad （其中\ \ c\in[a,b]）$$

满足微分方程　　$y''+k^2y=f(x)$.

证：令 $g(x,t)=f(t)\sin k(x-t)$，则

$$g_x(x,t)=kf(t)\cos k(x-t),$$

$$g_{xx}(x,t)=-k^2f(t)\sin k(x-t)$$

它们都在 $[a,b]\times[a,b]$ 上连续，则

$$y'(x)=\int_c^x f(t)\cos k(x-t)\mathrm{d}t,$$

$$y''(x)=-k\int_c^x f(t)\sin k(x-t)\mathrm{d}t+f(x),$$

$$y''+k^2y=-k\int_c^x f(t)\sin k(x-t)\mathrm{d}t+f(x)+k\int_c^x f(t)\sin k(x-t)\mathrm{d}t=f(x).$$

知识点	含参量正常积分的可微性.

【例 4】 设 $f(x)$ 为连续函数，设 $F(x)=\int_0^h\left[\int_0^h f(x+\xi+\eta)\mathrm{d}\eta\right]\mathrm{d}\xi$，求 $F''(x)$.

解：令 $x+\xi+\eta=u$，则

$$F(x)=\int_0^h\left[\int_0^h f(x+\xi+\eta)\mathrm{d}\eta\right]\mathrm{d}\xi$$

$$=\int_0^h\mathrm{d}\xi\int_{x+\xi}^{x+\xi+h}f(u)\mathrm{d}u,$$

$$F'(x)=\int_0^h f(x+\xi+h)\mathrm{d}\xi-\int_0^h f(x+\xi)\mathrm{d}\xi$$

在第一项中令 $x+\xi+h=u$，在第二项中令 $x+\xi=u$，则

$$F'(x)=\int_{x+h}^{x+2h}f(u)\mathrm{d}u-\int_x^{x+h}f(u)\mathrm{d}u,$$

$$F''(x)=[f(x+2h)-2f(x+h)+f(x)].$$

知识点	（1）定积分换元法； （2）变限积分的导数公式．

【例 5】 利用积分号下求导法求积分

$$I(a)=\int_0^{\pi/2}\frac{\arctan(a\tan x)}{\tan x}\mathrm{d}x\,,\quad |a|<1.$$

解：令 $f(x,a)=\dfrac{\arctan(a\tan x)}{\tan x}$.

$x=0,\dfrac{\pi}{2}$ 时，f 无定义，但 $\lim\limits_{x\to 0^+}f(x,a)=a$，$\lim\limits_{x\to\frac{\pi}{2}^-}f(x,a)=0$，

故补充定义

$$f(0,a)=a\,,\quad f\left(\frac{\pi}{2},a\right)=0,$$

则 f 在 $[0,2\pi]\times[-b,b]$ 连续（$0<b<1$），从而 $I(a)$ 在 $(-1,1)$ 连续．

$$f_a(x,a)=\begin{cases}\dfrac{1}{1+a^2\tan^2 x}, & x\in(0,\dfrac{\pi}{2}),\ \ |a|<1\\[2ex] 0, & x=0,\dfrac{\pi}{2},\ \ |a|<1\end{cases}$$

显然 $f_a(x,0)$ 在 $x=\dfrac{\pi}{2}$ 点不连续，

但 $f_a(x,a)$ 分别在 $[0,2\pi]\times(-1,0)$ 和 $[0,2\pi]\times(0,1)$ 连续，故有

$I'(a)=\displaystyle\int_0^{\pi/2}f_a(x,a)\mathrm{d}x=\int_0^{\pi/2}\frac{1}{1+a^2\tan^2 x}\mathrm{d}x,$

$a\in(-1,0)$ 或 $a\in(0,1)$.

令 $\tan x=t,$

$$\begin{aligned}I'(a)&=\int_0^{+\infty}\frac{1}{(1+t^2)(1+a^2t^2)}\mathrm{d}t\\&=\frac{1}{1-a^2}\int_0^{+\infty}\frac{1+a^2t^2-a^2t^2-a^2}{(1+t^2)(1+a^2t^2)}\mathrm{d}t\\&=\frac{1}{1-a^2}\int_0^{+\infty}[\frac{1}{(1+t^2)}-\frac{a^2}{(1+a^2t^2)}]\mathrm{d}t\\&=\frac{\pi}{2(1+|a|)},\quad a\in(-1,0)\text{ 或 }a\in(0,1)\end{aligned}$$

积分之

$$I(a)=\frac{\pi}{2}\ln(1+a)+C_1,\quad a\in(0,1)$$

$$I(a)=-\frac{\pi}{2}\ln(1-a)+C_2,\quad a\in(-1,0)$$

因为$I(a)$在$(-1,1)$连续，故

$$I(0)=\lim_{a\to0^+}I(a)=0=\lim_{a\to0^-}I(a),$$

得$C_1=C_2=0$，从而得

$$I(a)=\frac{\pi}{2}\operatorname{sgn}a\ln(1+|a|),\quad |a|<1.$$

知识点	（1）连续延拓； （2）含参量正常积分的可微性； （3）定积分换元法； （4）有理函数积分法．

【例 6】利用积分号下求导求积分

$$I_n(a)=\int_0^{+\infty}\frac{\mathrm{d}x}{(x^2+a)^{n+1}}，（n\text{为正整数，}a>0）.$$

解：因为$\dfrac{1}{(x^2+a)^{n+1}}\leqslant\dfrac{1}{(x^2+a_0)^{n+1}}$，$a\geqslant a_0>0$而$\displaystyle\int_0^{+\infty}\frac{\mathrm{d}x}{(x^2+a_0)^{n+1}}$收敛，

故$I_n(a)=\displaystyle\int_0^{+\infty}\frac{\mathrm{d}x}{(x^2+a)^{n+1}}$在$a\geqslant a_0>0$一致收敛．

因为 $\displaystyle\int_0^{+\infty}\frac{\mathrm{d}x}{x^2+a}=\frac{1}{\sqrt{a}}\arctan\frac{x}{\sqrt{a}}\Big|_0^{+\infty}=\frac{\pi}{2\sqrt{a}}$，

故 $\displaystyle\frac{\mathrm{d}}{\mathrm{d}a}\int_0^{+\infty}\frac{\mathrm{d}x}{x^2+a}=-\int_0^{+\infty}\frac{\mathrm{d}x}{(x^2+a)^2}=\frac{\pi}{2}\left(-\frac{1}{2}\right)a^{-\frac{3}{2}}$，

$\displaystyle\frac{\mathrm{d}^2}{\mathrm{d}a^2}\int_0^{+\infty}\frac{\mathrm{d}x}{x^2+a}=2\int_0^{+\infty}\frac{\mathrm{d}x}{(x^2+a)^3}=\frac{\pi}{2}\left(-\frac{1}{2}\right)\left(-\frac{3}{2}\right)a^{-\frac{5}{2}}$，

由数学归纳法易证

$$\begin{aligned}\frac{\mathrm{d}^n}{\mathrm{d}a^n}\int_0^{+\infty}\frac{\mathrm{d}x}{x^2+a}&=(-1)^n n!\int_0^{+\infty}\frac{\mathrm{d}x}{(x^2+a)^{n+1}}\\&=\frac{\pi}{2}(-1)^n\frac{(2n-1)!!}{2^n}a^{-\frac{2n+1}{2}},\end{aligned}$$

于是$I_n(a)=\displaystyle\int_0^{+\infty}\frac{\mathrm{d}x}{(x^2+a)^{n+1}}=\frac{\pi}{2}\frac{(2n-1)!!}{(2n)!!}a^{-\frac{2n+1}{2}}$．

知识点	（1）含参量反常积分的一致收敛性判别方法； （2）含参量反常积分的可微性； （3）数学归纳法．

【例 7】计算积分 $\int_0^{+\infty} e^{-\left(x^2+\frac{a^2}{x^2}\right)}dx$.

解：

$$\int_0^{+\infty} e^{-\left(x^2+\frac{a^2}{x^2}\right)}dx=\int_0^{+\infty} e^{-\left(x-\frac{a}{x}\right)^2-2a}dx$$

$$=e^{-2a}\int_0^{+\infty} e^{-\left(x-\frac{a}{x}\right)^2}dx.$$

令 $x-\dfrac{a}{x}=t$,

$$\int_{-\infty}^{+\infty} e^{-t^2}dt=\int_0^{+\infty} e^{-\left(x-\frac{a}{x}\right)^2}\left(1+\frac{a}{x^2}\right)dx$$

$$=\int_0^{+\infty} e^{-\left(x-\frac{a}{x}\right)^2}dx-\int_0^{+\infty} e^{-\left(x-\frac{a}{x}\right)^2}d\frac{a}{x}.$$

在第二项积分中令 $-\dfrac{a}{x}=y$，得

$$-\int_0^{+\infty} e^{-\left(x-\frac{a}{x}\right)^2}d\frac{a}{x}=\int_0^{+\infty} e^{-\left(y-\frac{a}{y}\right)^2}dy,$$

故 $\int_0^{+\infty} e^{-\left(x^2+\frac{a^2}{x^2}\right)}dx=e^{-2a}\int_0^{+\infty} e^{-\left(x-\frac{a}{x}\right)^2}dx=\dfrac{\sqrt{\pi}}{2}e^{-2a}$.

知识点	（1）换元法； （2）概率积分.

【例 8】证明：$\int_1^{+\infty} e^{-yx^2}\sin y dx$ 关于 $y\in[0,+\infty)$ 一致收敛.

证明：用分段处理的方法，

$\forall A>1$，$y>0$，令 $\sqrt{y}x=t$ 得

$$\left|\int_A^{+\infty} e^{-yx^2}\sin y dx\right|=\left|\frac{\sin y}{\sqrt{y}}\int_{\sqrt{y}A}^{+\infty} e^{-t^2}dt\right|$$

$$\leqslant\left|\frac{\sin y}{\sqrt{y}}\int_0^{+\infty} e^{-t^2}dt\right|\leqslant=\frac{\sqrt{\pi}}{2}\left|\frac{\sin y}{\sqrt{y}}\right|.$$

因为 $\lim\limits_{y\to0^+}\dfrac{\sin y}{\sqrt{y}}=0$，

则 $\forall\varepsilon>0$，$\exists\delta>0$，当 $0<y<\delta$ 时，有

$$\left|\int_A^{+\infty} e^{-yx^2}\sin y dx\right|\leqslant\frac{\sqrt{\pi}}{2}\left|\frac{\sin y}{\sqrt{y}}\right|<\varepsilon, \tag{1}$$

又 $|e^{-yx^2}\sin y|\leqslant e^{-\delta x^2}$，$y\geqslant\delta$

而 $\int_1^{+\infty} e^{-\delta x^2}dx$ 收敛，由 M 判别法，$\int_1^{+\infty} e^{-yx^2}\sin y dx$ 在 $y\in[\delta,+\infty)$ 一致收敛，即 $\forall\varepsilon>0$，

$\exists A_0>1$，$\forall A>A_0$，有

$$\left|\int_A^{+\infty} e^{-yx^2}\sin y\mathrm{d}x\right|<\varepsilon,\quad \forall y\geqslant\delta,\tag{2}$$

上式对 $y=0$ 显然成立，结合（1）（2）式，有

$$\left|\int_A^{+\infty} e^{-yx^2}\sin y\mathrm{d}x\right|<\varepsilon,\quad y\in[0,+\infty),$$

即 $\int_1^{+\infty} e^{-yx^2}\sin y\mathrm{d}x$ 关于 $y\in[0,+\infty)$ 一致收敛.

知识点	（1）含参量反常积分的一致收敛性判别方法； （2）M 判别方法； （3）换元法； （4）极限定义.

【例 9】 设 $F(t)=\int_1^{+\infty} e^{-tx}\frac{\sin x}{x}\mathrm{d}x$，证明：

（1）$\int_1^{+\infty} e^{-tx}\frac{\sin x}{x}\mathrm{d}x$ 在 $[0,+\infty)$ 一致收敛；（2）$F(t)$ 在 $[0,+\infty)$ 连续.

证明：（1）因 $\int_1^{+\infty}\frac{\sin x}{x}\mathrm{d}x$ 收敛（可由狄利克莱判别法判出）：故在 $t\geqslant 0$ 上一致收敛；

又 e^{-tx} 在 $x\geqslant 1,t\geqslant 0$ 关于 x 单调；

且 $0\leqslant e^{-tx}\leqslant 1(\forall x\geqslant 1,t\geqslant 0)$，即一致有界；

由阿贝尔判别法知一致收敛.

（2）$\forall t_0\in[0,+\infty),\exists\alpha,\beta\geqslant 0$ 使 $t_0\in[\alpha,\beta]$ 由（1）知，

$F(t)$ 在 $[\alpha,\beta]$ 一致收敛，且由 $e^{-tx}\frac{\sin x}{x}$ 在 $(x,t)\in[1,+\infty)\times[\alpha,\beta]$ 上连续，可知 $F(t)$ 在 $[\alpha,\beta]$ 连续所以在 t_0 连续，由 t_0 的任意性得证.

知识点	（1）反常积分的狄利克雷判别法； （2）含参量反常积分一致收敛性判别方法——阿贝尔判别法； （3）含参量反常积分的连续性.

【例 10】 设 $f(x)=\int_0^1|x-y|\sin\sqrt{y}\mathrm{d}y$，求 $f''(x)$.

解：

$$F(\alpha)=\int_{a(x)}^{b(x)} f(x,\alpha)\mathrm{d}x,$$

$$\frac{\mathrm{d}F}{\mathrm{d}\alpha}=\int_{a(\alpha)}^{b(\alpha)}\frac{\partial f(x,\alpha)}{\partial\alpha}\mathrm{d}x+f(b(\alpha),\alpha)\frac{\mathrm{d}b(\alpha)}{\mathrm{d}\alpha}-f(a(\alpha),\alpha)\frac{\mathrm{d}a(\alpha)}{\mathrm{d}\alpha},$$

$$f(x)=\begin{cases}\int_0^x(x-y)\sin\sqrt{y}\mathrm{d}y+\int_x^1(y-x)\sin\sqrt{y}\mathrm{d}y,x\in[0,1]\\ \int_0^1(x-y)\sin\sqrt{y}\mathrm{d}y,x\in(1,+\infty)\\ \int_0^1(y-x)\sin\sqrt{y}\mathrm{d}y,x\in(-\infty,0)\end{cases},$$

$$f'(x)=\begin{cases}\int_0^x \sin\sqrt{y}\mathrm{d}y-\int_x^1 x\sin\sqrt{y}\mathrm{d}y,\ x\in[0,1]\\ \int_0^1 \sin\sqrt{y}\mathrm{d}y,\ x\in(1,+\infty)\\ -\int_0^1 \sin\sqrt{y}\mathrm{d}y,\ x\in(-\infty,0)\end{cases},$$

$$f''(x)=\begin{cases}2\sin\sqrt{x},x\in[0,1]\\ 0,\ x\in(1,+\infty)\\ 0,\ x\in(-\infty,0)\end{cases}.$$

知识点	（1）含参量正常积分的可微性； （2）定积分区间可加性．

【例 11】 证明：含参变量反常积分 $\int_0^{+\infty}\frac{\sin xy}{x(1+y)}\mathrm{d}y$ 在 $[\delta,+\infty]$ 上一致收敛，其中 $\delta>0$.

证明：

$$\int_0^{+\infty}\frac{\sin xy}{x(1+y)}\mathrm{d}y=\frac{1}{x}\int_0^{+\infty}\frac{\sin xy}{x+xy}\mathrm{d}xy=\lim_{M\to+\infty}\int_0^{\delta M}\frac{\sin y}{x+y}\mathrm{d}y,$$

根据定义，$\forall\varepsilon>0,\exists N=\frac{\delta^2}{\varepsilon^2},\forall M>N$

$$\frac{1}{x}\left|\int_N^M\frac{\sin y}{x+y}\mathrm{d}y\right|\leqslant\frac{1}{x}\sqrt{\int_N^M\frac{\sin y}{(x+y)^2}\mathrm{d}y\int_N^M\sin y\mathrm{d}y}$$

$$\leqslant\frac{1}{x}\sqrt{2\int_N^M\frac{1}{(x+y)^2}\mathrm{d}y}\leqslant\frac{1}{x}\sqrt{\frac{M-N}{MN}}<\frac{1}{\delta}\frac{1}{\sqrt{N}}<\varepsilon,$$

则参变量反常积分 $\int_0^{+\infty}\frac{\sin xy}{x(1+y)}\mathrm{d}y$ 在 $[\delta,+\infty]$ 上一致收敛.

知识点	（1）含参量反常积分的一致收敛性定义； （2）含参量反常积分的一致收敛的柯西准则； （3）施瓦茨不等式．

【例 12】 利用等式 $\frac{\arctan x}{x}=\int_0^1\frac{\mathrm{d}y}{1+x^2y^2}$，计算积分 $\int_0^1\frac{\arctan x}{x}\frac{\mathrm{d}x}{\sqrt{1-x^2}}$.

解： $\int_0^1\frac{\arctan x}{x}\frac{\mathrm{d}x}{\sqrt{1-x^2}}=\int_0^1\left[\int_0^1\frac{\mathrm{d}y}{1+x^2y^2}\right]\frac{\mathrm{d}x}{\sqrt{1-x^2}}$

$$=\int_0^1\mathrm{d}y\int_0^1\frac{\mathrm{d}x}{(1+x^2y^2)\sqrt{1-x^2}}\xlongequal{x=\cos t}\int_0^1\mathrm{d}y\int_0^{\frac{\pi}{2}}\frac{\mathrm{d}t}{1+y^2\cos^2 t}$$

$$=\int_0^1\mathrm{d}y\int_0^{\frac{\pi}{2}}\frac{\sec^2 t\mathrm{d}t}{\sec^2 t+y^2}=\int_0^1\mathrm{d}y\int_0^{\frac{\pi}{2}}\frac{\mathrm{d}\tan t}{\tan^2 t+1+y^2}$$

$$=\int_0^1\frac{\mathrm{d}y}{\sqrt{1+y^2}}\int_0^{\frac{\pi}{2}}\frac{\mathrm{d}\frac{\tan t}{\sqrt{1+y^2}}}{1+\left(\frac{\tan t}{\sqrt{1+y^2}}\right)^2}$$

$$=\frac{\pi}{2}\int_0^1\frac{\mathrm{d}y}{\sqrt{1+y^2}}=\frac{\pi}{2}\ln(1+\sqrt{2}).$$

知识点	（1）含参量正常积分的可积性； （2）定积分换元法.

【例 13】证明：$\mathrm{e}^{x^2}\int_x^{+\infty}\mathrm{e}^{-t^2}\mathrm{d}t\leqslant\frac{\sqrt{\pi}}{2},x\geqslant 0.$

证明：$\left(\int_x^{+\infty}\mathrm{e}^{-t^2}\mathrm{d}t\right)^2=\int_x^{+\infty}\mathrm{e}^{-u^2}\mathrm{d}u\int_x^{+\infty}\mathrm{e}^{-v^2}\mathrm{d}v$

$$=\int_x^{+\infty}\mathrm{d}u\int_x^{+\infty}\mathrm{e}^{-(u^2+v^2)}\mathrm{d}v$$

$$\leqslant\iint\limits_{\substack{u^2+v^2\geqslant x^2\\ u\geqslant 0,v\geqslant 0}}\mathrm{e}^{-(u^2+v^2)}\mathrm{d}u\mathrm{d}v$$

$$=\int_{\sqrt{2}x}^{+\infty}r\mathrm{e}^{-r^2}\mathrm{d}r\int_0^{\frac{\pi}{2}}\mathrm{d}\theta=\frac{\pi}{4}\mathrm{e}^{-2x^2},$$

所以　$\mathrm{e}^{2x^2}\left(\int_x^{+\infty}\mathrm{e}^{-t^2}\mathrm{d}t\right)^2\leqslant\frac{\pi}{4},$

两边开平方得到

$$\mathrm{e}^{x^2}\int_x^{+\infty}\mathrm{e}^{-t^2}\mathrm{d}t\leqslant\frac{\sqrt{\pi}}{2},x\geqslant 0.$$

知识点	（1）二次积分化二重积分； （2）换元法.

【例 14】设 $f(x)$ 在 $[0,1]$ 连续，$f(x)>0$，且单调减少，证明：

$$\frac{\int_0^1 xf^2(x)\mathrm{d}x}{\int_0^1 xf(x)\mathrm{d}x}\leqslant\frac{\int_0^1 f^2(x)\mathrm{d}x}{\int_0^1 f(x)\mathrm{d}x}.$$

证明：问题等价于证明

$$I=\int_0^1 f^2(x)\mathrm{d}x\int_0^1 xf(x)\mathrm{d}x-\int_0^1 xf^2(x)\mathrm{d}x\int_0^1 f(x)\mathrm{d}x\geqslant 0.$$

由于 $\int_0^1 f^2(x)\mathrm{d}x\int_0^1 xf(x)\mathrm{d}x$

$$=\int_0^1\int_0^1 xf(x)f^2(y)\mathrm{d}x\mathrm{d}y=\int_0^1\int_0^1 yf(y)f^2(x)\mathrm{d}x\mathrm{d}y,$$

$\int_0^1 xf^2(x)\mathrm{d}x\int_0^1 f(x)\mathrm{d}x$

$$=\int_0^1\int_0^1 xf^2(x)f(y)\mathrm{d}x\mathrm{d}y=\int_0^1\int_0^1 yf^2(y)f(x)\mathrm{d}x\mathrm{d}y,$$

所以

$$I=\int_0^1\int_0^1[xf(x)f^2(y)-yf^2(y)f(x)]\mathrm{d}x\mathrm{d}y$$

$$=\int_0^1\int_0^1[yf(y)f^2(x)-xf^2(x)f(y)]\mathrm{d}x\mathrm{d}y$$

$$=\frac{1}{2}\left(\int_0^1\int_0^1[xf(x)f^2(y)-yf^2(y)f(x)]\mathrm{d}x\mathrm{d}y+\int_0^1\int_0^1[yf(y)f^2(x)-xf^2(x)f(y)]\mathrm{d}x\mathrm{d}y\right)$$

$$=\frac{1}{2}\int_0^1\int_0^1 f(x)f(y)(x-y)[f(y)-f(x)]\mathrm{d}x\mathrm{d}y.$$

而 $f(x)>0$， $f(y)>0$，由 $f(x)$ 单调减少，

$(x-y)[f(y)-f(x)]\geqslant 0$，所以

$$I=\int_0^1 f^2(x)\mathrm{d}x\int_0^1 xf(x)\mathrm{d}x-\int_0^1 xf^2(x)\mathrm{d}x\int_0^1 f(x)\mathrm{d}x\geqslant 0,$$

即 $\dfrac{\int_0^1 xf^2(x)\mathrm{d}x}{\int_0^1 xf(x)\mathrm{d}x}\leqslant\dfrac{\int_0^1 f^2(x)\mathrm{d}x}{\int_0^1 f(x)\mathrm{d}x}$.

知识点	（1）交换积分次序； （2）积分不等式性.

§6.2 曲线积分

知识要点

6.2.1 第一型曲线积分

6.2.1.1 定义

（1）设 L 为平面上可求长度的曲线段， $f(x,y)$ 为定义在 L 上的函数. 对曲线 L 作分割 T，它把 L 分成 n 个可求长度的小曲线段 $L_i(i=1,2,\cdots,n)$， L_i 的弧长记为 Δs_i，分割 T 的细度为 $\|T\|=\max\limits_{1\leqslant i\leqslant n}\Delta s_i$，在 L_i 上任取一点 $(\xi_i,\eta_i)(i=1,2,\cdots,n)$. 若存在极限

$$\lim_{\|T\|\to 0}\sum_{i=1}^{n} f(\xi_i,\eta_i)\Delta s_i=J$$

且 J 的值与分割 T 及点 (ξ_i,η_i) 的取法无关，则称此极限为 $f(x,y)$ 在 L 上的第一型曲线积分，记作

$$\int_L f(x,y)\mathrm{d}s.$$

（2）若 L 为空间可求长曲线段， $f(x,y,x)$ 为定义在 L 上的函数，则可类似地定义 $f(x,y,z)$ 在空间曲线 L 上的第一型曲线积分为 $\lim\limits_{\|T\|\to 0}\sum\limits_{i=1}^{n} f(\xi_i,\eta_i,\zeta_i)\Delta s_i=J$ （此处 Δs_i 为 L_i 的弧长， $\|T\|=\max\limits_{1\leqslant i\leqslant n}\Delta s_i$， J 为一常数），并且记作 $\int_L f(x,y,z)\mathrm{d}s$.

6.2.1.2 性质

（1）线性组合性

若$\int_L f_i(x,y)\mathrm{d}s,(i=1,2,\cdots,k)$存在，$c_i(i=1,2,\cdots,k)$为常数，则$\int_L\sum_{i=1}^{k}c_i f_i(x,y)\mathrm{d}s$也存在，且$\int_L\sum_{i=1}^{k}c_i f_i(x,y)\mathrm{d}s=\sum_{i=1}^{k}c_i\int_L f_i(x,y)\mathrm{d}s$.

（2）曲线可加性

若曲线段L由曲线$L_1,L_2,\cdots,L_k$首尾相接而成，且$\int_{L_i}f(x,y)\mathrm{d}s\ (i=1,2,\cdots,k)$都存在，则$\int_L f(x,y)\mathrm{d}s$也存在，且

$$\int_L f(x,y)\mathrm{d}s=\sum_{i=1}^{k}\int_{L_I}f(x,y)\mathrm{d}s.$$

（3）不等式性质

若$\int_L f(x,y)\mathrm{d}s$与$\int_L g(x,y)\mathrm{d}s$都存在，且在L上$f(x,y)\leqslant g(x,y)$则

$$\int_L f(x,y)\mathrm{d}s\leqslant\int_L g(x,y)\mathrm{d}s.$$

（4）绝对可积性

若$\int_L f(x,y)\mathrm{d}s$存在，则$\int_L|f(x,y)|\mathrm{d}s$也存在，且$\left|\int_L f(x,y)\mathrm{d}s\right|\leqslant\int_L|f(x,y)|\mathrm{d}s$.

（5）中值定理

若函数$f(x,y)$在光滑曲线L上连续，L的弧长为 s，则至少存在一点$(x_0,y_0)\in L$，使得$\int_L f(x,y)\mathrm{d}s=f(x_0,y_0)s$.

6.2.1.3 第一型曲线积分的计算

（1）参数方程

① 设有平面光滑曲线L：$\begin{cases}x=\varphi(t)\\y=\psi(t)\end{cases},t\in[\alpha,\beta]$,函数$f(x,y)$为定义在$L$上的连续函数，则$\int_L f(x,y)\mathrm{d}s=\int_\alpha^\beta f\left(\varphi(t),\psi(t)\right)\sqrt{\varphi'^2(t)+\psi'^2(t)}\mathrm{d}t$.

② 当空间光滑曲线L由参量方程$x=\varphi(t),y=\psi(t),z=\chi(t),t\in[\alpha,\beta]$表示时，曲线积分$\int_L f(x,y,z)\mathrm{d}s$的计算公式为：

$$\int_L f(x,y,z)\mathrm{d}s=\int_\alpha^\beta f\left(\varphi(t),\psi(t),\chi(t)\right)\sqrt{\varphi'^2(t)+\psi'^2(t)+\chi'^2(t)}\mathrm{d}t.$$

（2）直角坐标

当曲线L由方程$y=\psi(x),x\in[a,b]$给出，且$\psi(x)$在$[a,b]$上有连续导函数时，

$$\int_L f(x,y)\mathrm{d}s=\int_a^b f\left(x,\psi(x)\right)\sqrt{1+\psi'^2(x)}\mathrm{d}x.$$

（3）直角坐标

当曲线L由方程$x=\varphi(y),y\in[c,d]$给出，且$\varphi(y)$在$[c,d]$上有连续导函数时，

$$\int_L f(x,y)\mathrm{d}s=\int_c^d f\left(\varphi(y),y\right)\sqrt{1+\varphi'^2(y)}\mathrm{d}y.$$

6.2.2 第二型曲线积分

6.2.2.1 定义

（1）平面曲线

设函数 $P(x,y)$ 与 $Q(x,y)$ 定义在平面有向可求长度曲线 $\overline{L}$：$\overset{\frown}{AB}$ 上. 对 L 的任一分割 T，它把 $\overline{L}$ 分成 n 个小曲线段 $\overline{M_{i-1}M_i}$ $(i=1,2,\cdots,n)$，其中 $M_0=A,M_n=B$. 记各小曲线段 $\overline{M_{i-1}M_i}$ 的弧长为 Δs_i，分割 T 的细度 $\|T\|=\max\limits_{1\leqslant i\leqslant n}\Delta s_i$. 又设 T 的分点 M_i 的坐标为（x_i,y_i），并记 $\Delta x_i=x_i-x_{i-1}$，$\Delta y_i=y_i-y_{i-1}(i=1,2,\cdots,n)$. 在每个小曲线段 $\overline{M_{i-1}M_i}$ 上任取一点 (ξ_i,η_i)，若极限

$$\lim_{\|T\|\to 0}\sum_{i=1}^n P(\xi_i,\eta_i)\Delta x_i+\lim_{\|T\|\to 0}\sum_{i=1}^n Q(\xi_i,\eta_i)\Delta y_i$$

存在且与分割 T 与点 (ξ_i,η_i) 的取法无关，则称此极限为函数 $P(x,y)$，$Q(x,y)$ 沿有向曲线 $\overline{L}$ 上的第二型曲线积分，记为

$$\int_{\overline{L}}P(x,y)\mathrm{d}x+Q(x,y)\mathrm{d}y \quad 或 \quad \int_{\overset{\frown}{AB}}P(x,y)\mathrm{d}x+Q(x,y)\mathrm{d}y.$$

上述积分也可写作

$$\int_{\overline{L}}P(x,y)\mathrm{d}x+\int_L Q(x,y)\mathrm{d}y$$

$$或\int_{\overset{\frown}{AB}}P(x,y)\mathrm{d}x+\int_{\overset{\frown}{AB}}Q(x,y)\mathrm{d}y.$$

为书写简洁起见，常写成

$$\int_{\overline{L}}P\mathrm{d}x+Q\mathrm{d}y \text{ 或 } \int_{\overset{\frown}{AB}}P\mathrm{d}x+Q\mathrm{d}y.$$

（2）空间曲线

若 $\overline{L}$ 为空间有向可求长度曲线，$P(x,y,z)$，$Q(x,y,z)$，$R(x,y,z)$ 为定义在 $\overline{L}$ 上的函数，则沿空间有向曲线 $\overline{L}$ 上的第二型曲线积分，可记为

$$\int_{\overline{L}}P\left(x,y,z\right)\mathrm{d}x+Q\left(x,y,z\right)\mathrm{d}y+R\left(x,y,z\right)\mathrm{d}z,$$

或简写成

$$\int_{\overline{L}}P\mathrm{d}x+Q\mathrm{d}y+R\mathrm{d}z.$$

6.2.2.2 性质

（1）线性组合性

若 $\int_{\overline{L}}P_i\mathrm{d}x+Q_i\mathrm{d}y(i=1,2.\cdots,k)$ 存在，则 $\int_{\overline{L}}\left(\sum\limits_{i=1}^k c_iP_i\right)\mathrm{d}x+\left(\sum\limits_{i=1}^k c_iQ_i\right)\mathrm{d}y$ 也存在，且

$$\int_{\overline{L}}\left(\sum_{i=1}^k c_iP_i\right)\mathrm{d}x+\left(\sum_{i=1}^k c_iQ_i\right)\mathrm{d}y=\sum_{i=1}^k c_i\left(\int_{\overline{L}}P_i\mathrm{d}x+Q_i\mathrm{d}y\right),$$

其中 $c_i(i=1,2,\cdots,k)$ 为常数.

（2）曲线可加性

若有向曲线 $\vec{L}$ 是由有向曲线 $\vec{L}_1,\vec{L}_2,\cdots,\vec{L}_k$ 首尾相接而成，且 $\int_{\vec{L}_i} P\mathrm{d}x+Q\mathrm{d}y(i=1,2,\cdots,k)$ 存在，则 $\int_{\vec{L}} P\mathrm{d}x+Q\mathrm{d}y$ 也存在，且

$$\int_{\vec{L}} P\mathrm{d}x+Q\mathrm{d}y=\sum_{i=1}^{k}\int_{\vec{L}_i} P\mathrm{d}x+Q\mathrm{d}y.$$

（3）积分估值公式

$\left|\int_{\vec{L}} P\mathrm{d}x+Q\mathrm{d}y\right|\leqslant LM$，其中 L 为曲线的弧长，$M=\max\limits_{(x,y)\in\vec{L}}\sqrt{P^2+Q^2}$.

6.2.2.3　计算方法

（1）曲线积分与路线无关

① 平面曲线.设 D 是单连通闭区域．若函数 $P(x,y),Q(x,y)$ 在 D 内连续，且具有一阶连续偏导数，则以下四个条件等价：

（i）沿 D 内任一按段光滑封闭曲线 $\vec{L}$，有

$$\oint_{\vec{L}} P\mathrm{d}x+Q\mathrm{d}y=0;$$

（ii）对 D 中任一按段光滑曲线 $\vec{L}$，曲线积分 $\int_{\vec{L}} P\mathrm{d}x+Q\mathrm{d}y$ 与路线无关，只与 $\vec{L}$ 的起点及终点有关；

（iii）$P\mathrm{d}x+Q\mathrm{d}y$ 是 D 内某一函数 $u(x,y)$ 的全微分，即在 D 内有 $\mathrm{d}u=P\mathrm{d}x+Q\mathrm{d}y$;

（iv）在 D 内处处成立 $\dfrac{\partial P}{\partial y}=\dfrac{\partial Q}{\partial x}$.

② 空间曲线.设 $\Omega\subset R^3$ 为空间单连通区域，若函数 P,Q,R 在 Ω 上连续，且有一阶连续偏导数，则以下四个条件是等价的：

（i）对于 Ω 内任一按段光滑的封闭曲线 $\vec{L}$ 有

$$\oint_{\vec{L}} P\mathrm{d}x+Q\mathrm{d}y+R\mathrm{d}z=0;$$

（ii）对于 Ω 内任一按段光滑的曲线 $\vec{L}$，曲线积分

$$\oint_{\vec{L}} P\mathrm{d}x+Q\mathrm{d}y+R\mathrm{d}z$$

与路线无关；

（iii）$P\mathrm{d}x+Q\mathrm{d}y+R\mathrm{d}z$ 是 Ω 内某一函数 u 的全微分，即

$$\mathrm{d}u=P\mathrm{d}x+Q\mathrm{d}y+R\mathrm{d}z;$$

（iv）$\dfrac{\partial P}{\partial y}=\dfrac{\partial Q}{\partial x},\dfrac{\partial Q}{\partial z}=\dfrac{\partial R}{\partial y},\dfrac{\partial R}{\partial x}=\dfrac{\partial P}{\partial z}$,

在 Ω 内处处成立.

（2）格林公式

若函数 $P(x,y),Q(x,y)$ 在闭区域 D 上连续，且有连续的一阶偏导数，则有

$$\iint_D\left(\frac{\partial Q}{\partial x}-\frac{\partial P}{\partial y}\right)\mathrm{d}\sigma=\oint_{\vec{L}}P\mathrm{d}x+Q\mathrm{d}y,$$

这里 $\vec{L}$ 为区域 D 的边界曲线，并取正方向.

（3）斯托克斯公式

设光滑曲面 S 的边界 $\vec{L}$ 是按段光滑的连续曲线，若函数 P、Q、R 在 S（连同 $\vec{L}$）上连续，且有一阶连续偏导数，则

$$\iint_S\left(\frac{\partial R}{\partial y}-\frac{\partial Q}{\partial z}\right)\mathrm{d}y\mathrm{d}z+\left(\frac{\partial P}{\partial z}-\frac{\partial R}{\partial x}\right)\mathrm{d}z\mathrm{d}x+\left(\frac{\partial Q}{\partial x}-\frac{\partial P}{\partial y}\right)\mathrm{d}x\mathrm{d}y=\oint_{\vec{L}}P\mathrm{d}x+Q\mathrm{d}y+R\mathrm{d}z,$$

其中 S 的侧与 $\vec{L}$ 的方向按右手法则确定.

（4）两类曲线积分的关系

① $\int_{\vec{L}}P(x,y)\mathrm{d}x+Q(x,y)\mathrm{d}y=\int_L\big(P(x,y)\cos\alpha+Q(x,y)\cos\beta\big)\mathrm{d}s,$

其中 $(\cos\alpha,\cos\beta)$ 表示按照弧长增加方向的切向的方向余弦.

② $\int_{\vec{L}}P\mathrm{d}x+Q\mathrm{d}y+R\mathrm{d}z=\int_L(P\cos\alpha+Q\cos\beta+R\cos\gamma)\mathrm{d}s,$

其中 $(\cos\alpha,\cos\beta,\cos\gamma)$ 表示按照弧长增加方向的切向的方向余弦.

（5）化为定积分

①设平面曲线由 $\vec{L}:\begin{cases}x=\varphi(t),\\ y=\psi(t),\end{cases} t\in[\alpha,\beta]$ 给出，其中 $\varphi(t),\psi(t)$ 在 $[\alpha,\beta]$ 上具有一阶连续导函数，且点 A 与 B 的坐标分别为 $\big(\varphi(\alpha),\psi(\alpha)\big)$ 与 $\big(\varphi(\beta),\psi(\beta)\big)$. 又设 $P(x,y)$ 与 $Q(x,y)$ 为 $\vec{L}$ 上的连续函数，则沿 $\vec{L}$ 从 A 到 B 的第二型曲线积分为

$$\int_{\vec{L}}P(x,y)\mathrm{d}x+Q(x,y)\mathrm{d}y=\int_\alpha^\beta\Big[P\big(\varphi(t),\psi(t)\big)\varphi'(t)+Q\big(\varphi(t),\psi(t)\big)\psi'(t)\Big]\mathrm{d}t.$$

②设空间有向光滑曲线 $\vec{L}$ 的参量方程为

$$\vec{L}:\begin{cases}x=x(t),\\ y=y(t),\ \alpha\leqslant t\leqslant\beta,\\ z=z(t),\end{cases}$$

起点为 $\big(x(\alpha),y(\alpha),z(\alpha)\big)$，终点为 $\big(x(\beta),y(\beta),z(\beta)\big)$，则

$$\int_{\vec{L}}P\mathrm{d}x+Q\mathrm{d}y+R\mathrm{d}z$$

$$=\int_\alpha^\beta[P(x(t),y(t),z(t))x'(t)+Q(x(t),y(t),z(t))y'(t)+R(x(t),y(t),z(t))z'(t)]\mathrm{d}t.$$

典型题型

6.2.3 第一型曲线积分

【例 1】 计算曲线积分 $\oint_L (xy+yz+zx)\mathrm{d}s$，其中 L 是球面 $x^2+y^2+z^2=a^2$ 与平面 $x+y+z=0$ 的交线.

解法一：利用坐标轮转不变性，

$$\begin{aligned}\oint_L (xy+yz+zx)\mathrm{d}s &= \frac{1}{2}\oint_L 2(xy+yz+zx)\mathrm{d}s \\ &= \frac{1}{2}\oint_L [(x+y+z)^2-(x^2+y^2+z^2)]\mathrm{d}s \\ &= \frac{-1}{2}\oint_L (x^2+y^2+z^2)\mathrm{d}s = \frac{-a^2}{2}\oint_L \mathrm{d}s = -\pi a^3.\end{aligned}$$

解法二：求曲线 L 的参数方程，

由 $x^2+y^2+z^2=a^2$， $x+y+z=0$ 消去 y，得

$$x^2+(x+z)^2+z^2=a^2,$$

即 $\left(x+\dfrac{z}{2}\right)^2=\dfrac{a^2}{2}\left(1-\dfrac{3}{2a^2}z^2\right)$.

令 $z=\sqrt{\dfrac{2}{3}}a\sin t$，则

$$x=-\frac{z}{2}\pm\sqrt{\frac{a^2}{2}\left(1-\frac{3}{2a^2}z^2\right)}=\pm\frac{a}{\sqrt{2}}\cos t-\frac{a}{\sqrt{6}}\sin t,$$

$$y=-(x+z)=\mp\frac{a}{\sqrt{2}}\cos t-\frac{a}{\sqrt{6}}\sin t,$$

于是得到两组参数方程

$$\begin{cases} x=\dfrac{a}{\sqrt{2}}\cos t-\dfrac{a}{\sqrt{6}}\sin t \\ y=-\dfrac{a}{\sqrt{2}}\cos t-\dfrac{a}{\sqrt{6}}\sin t \\ z=\sqrt{\dfrac{2}{3}}a\sin t \end{cases} \text{和} \begin{cases} x=-\dfrac{a}{\sqrt{2}}\cos t-\dfrac{a}{\sqrt{6}}\sin t \\ y=\dfrac{a}{\sqrt{2}}\cos t-\dfrac{a}{\sqrt{6}}\sin t \\ z=\sqrt{\dfrac{2}{3}}a\sin t \end{cases},$$

我们可任选一组，例如第一组．显然，被积函数和 L 都具有轮换对称性，则

$$\begin{aligned}\oint_L (xy+yz+zx)\mathrm{d}s &= 3\oint_L zx\mathrm{d}s \\ &= \sqrt{3}a^2\int_0^{2\pi}\sin t\left(\cos t-\frac{1}{\sqrt{3}}\sin t\right)\sqrt{x'^2(t)+y'^2(t)+z'^2(t)}\mathrm{d}t\end{aligned}$$

$$=\sqrt{3}a^3\int_0^{2\pi}\sin t\left(\cos t-\frac{1}{\sqrt{3}}\sin t\right)\mathrm{d}t$$

$$=-a^3\int_0^{2\pi}\sin^2 t\mathrm{d}t=-\pi a^3.$$

知识点	(1)坐标轮转不变性; (2)化为参数方程.

【例2】计算曲线积分$\int_L x^2\mathrm{d}s$. 其中L是球面$x^2+y^2+z^2=1$与平面$x+y+z=0$的交线.

解:首先,曲线L是球面$x^2+y^2+z^2=1$与平面$x+y+z=0$的交线. 因为平面$x+y+z=0$过原点,球面$x^2+y^2+z^2=1$中心为原点. 所以它们的交线是该球面上的极大圆. 再由坐标的对称性,

易知有 $\int_L x^2\mathrm{d}s=\int_L y^2\mathrm{d}s=\int_L z^2\mathrm{d}s.$

因此有 $\int_L x^2\mathrm{d}s=\frac{1}{3}\int_L(x^2+y^2+z^2)\mathrm{d}s=\frac{1}{3}\int_L\mathrm{d}s=\frac{2\pi}{3}.$

知识点	坐标轮转不变性.

【例3】设函数$u(x,y)$在由封闭的光滑曲线L所围成的区域D上具有二阶连续偏导数,证明:$\iint\limits_D\left(\frac{\partial^2 u}{\partial x^2}+\frac{\partial^2 u}{\partial y^2}\right)\mathrm{d}x\mathrm{d}y=\oint_L\frac{\partial u}{\partial n}\mathrm{d}s.$

证明:$\frac{\partial u}{\partial n}=\frac{\partial u}{\partial x}\cos(n,x)+\frac{\partial u}{\partial y}\cos(n,y)$

$$=\frac{\partial u}{\partial x}\cos(n,x)+\frac{\partial u}{\partial y}\sin(n,x),$$

$$(t,x)=(n,x)+\frac{\pi}{2},$$

$$\mathrm{d}x=\cos(t,x)\mathrm{d}s=-\sin(n,x)\mathrm{d}s,$$

$$\mathrm{d}y=\sin(t,x)\mathrm{d}s=\cos(n,x)\mathrm{d}s,$$

所以

$$\oint_L\frac{\partial u}{\partial n}\mathrm{d}s=\oint_L\left[\frac{\partial u}{\partial x}\cos(n,x)+\frac{\partial u}{\partial y}\sin(n,x)\right]\mathrm{d}s$$

$$=\oint_L\frac{\partial u}{\partial x}\mathrm{d}y-\frac{\partial u}{\partial y}\mathrm{d}x=\iint\limits_D\left(\frac{\partial^2 u}{\partial x^2}+\frac{\partial^2 u}{\partial y^2}\right)\mathrm{d}x\mathrm{d}y.$$

知识点	(1)两类曲线积分的联系; (2)格林公式; (3)方向导数.

【例4】设L为平面上封闭曲线,$\vec{l}$为平面上任意方向,$\vec{n}$是L的外法线方向. 证明:$\oint_L\cos(\vec{n},\vec{l})\mathrm{d}s=0.$

证明：$\vec{n}=\{\cos(\vec{n},x),\cos(\vec{n},y)\}$,

$\vec{\tau}=\{\cos(\vec{\tau},x),\cos(\vec{\tau},y)\}$,

因为 $(\vec{n},x)=(\vec{\tau},y)$，$(\vec{n},y)=(\vec{\tau},-x)=\pi-(\vec{\tau},x)$,

则 $\cos(\vec{n},x)=\cos(\vec{\tau},y)$，$\cos(\vec{n},y)=-\cos(\vec{\tau},x)$,

$$\begin{aligned}\cos(\vec{n},\vec{l})&=\vec{n}\cdot\vec{l}\\&=\{\cos(\vec{n},x),\cos(\vec{n},y)\}\cdot\{\cos(\vec{l},x),\cos(\vec{l},y)\}\\&=\{\cos(\vec{\tau},y),-\cos(\vec{\tau},x)\}\cdot\{\cos(\vec{l},x),\cos(\vec{l},y)\}\\&=-\cos(\vec{l},y)\cos(\vec{\tau},x)\}+\cos(\vec{l},x)\cos(\vec{\tau},y),\end{aligned}$$

$$\oint_L\cos(\vec{n},\vec{l})\mathrm{d}s=\oint_L-\cos(\vec{l},y)\mathrm{d}x+\cos(\vec{l},x)\mathrm{d}y$$

$$=\iint_D 0\mathrm{d}x\mathrm{d}y=0.$$

知识点	（1）两类曲线积分的关系； （2）格林公式．

6.2.4　第二型曲线积分

【例 1】 计算曲线积分 $I=\int_{\overline{L}}x\ln(x^2+y^2-1)\mathrm{d}x+y\ln(x^2+y^2-1)\mathrm{d}y$，其中 $\overline{L}$ 是被积函数的定义域内从 $(2,0)$ 到 $(0,2)$ 的逐段光滑曲线．

解：被积函数的定义域 $D:x^2+y^2>1$,

记 $P=x\ln(x^2+y^2-1)$，$Q=y\ln(x^2+y^2-1)$，

则 P,Q 在定义域 D 内有连续的偏导数，且

$$\frac{\partial Q}{\partial x}=\frac{\partial P}{\partial y}=\frac{2xy}{x^2+y^2-1},$$

$$I=\int_{\overline{L}}x\ln(x^2+y^2-1)\mathrm{d}x+y\ln(x^2+y^2-1)\mathrm{d}y$$

$$=\int_2^0 x\ln(x^2-1)\mathrm{d}x+\int_0^2 y\ln(y^2-1)\mathrm{d}y=0.$$

知识点	曲线积分与路线无关．

【例 2】 计算曲线积分 $\int_{\overline{L}}(2xy+3x\sin x)\mathrm{d}x+(x^2-ye^y)\mathrm{d}y$，其中 $\overline{L}$ 是沿摆线 $x=t-\sin t$, $y=1-\cos t$，从点（0，0）到点 $(\pi,2)$ 的一段．

解：可以验证：$\dfrac{\partial Q}{\partial x}=\dfrac{\partial P}{\partial y}=2x$，故积分与路径无关，更换积分路径 $\overline{L}$ 为折线 OAB，以简化计算．因为 $\int_{\overline{L}}=\int_{OAB}=\int_{\overline{OA}}+\int_{\overline{AB}}$，

在 $\overline{OA}$ 上：$y=0,\mathrm{d}y=0$，x 从 0 变到 π，

在 $\overline{AB}$ 上，$x=\pi,\mathrm{d}x=0$，x 从 0 变到 2，

于是 $\int_{\overline{OA}}=\int_0^{\pi}3x\sin x\mathrm{d}x=3\pi$，

$$\int_{\overline{AB}}=\int_0^2(\pi^2-ye^y)\mathrm{d}y=2\pi^2-e^2-1.$$

故所求积分为

$$\int_L (2xy+3x\sin x)\mathrm{d}x+(x^2-y\mathrm{e}^y)\mathrm{d}y=3\pi+2\pi^2-\mathrm{e}^2-1.$$

知识点	曲线积分与路线无关.

【例 3】设函数 $f(x,y)$ 在 xOy 面上具有一阶连续偏导数，曲线积分 $\int_L 2xy\mathrm{d}x+f(x,y)\mathrm{d}y$ 与路径无关，且对任意的 t 恒有

$$\int_{(0,0)}^{(t,1)} 2xy\mathrm{d}x+f(x,y)\mathrm{d}y=\int_{(0,0)}^{(1,t)} 2xy\mathrm{d}x+f(x,y)\mathrm{d}y, \text{求 } f(x,y).$$

解：$P(x,y)=2xy, Q(x,y)=f(x,y)$，$\int_L 2xy\mathrm{d}x+f(x,y)\mathrm{d}y$ 与路径无关的充要条件是 $\dfrac{\partial P}{\partial y}=\dfrac{\partial Q}{\partial x}$，即 $\dfrac{\partial f}{\partial x}=2x$，由此得 $f(x,y)=\int 2x\mathrm{d}x=x^2+g(y)$，从而有

$$\int_{(0,0)}^{(t,1)} 2xy\mathrm{d}x+[x^2+g(y)]\mathrm{d}y=\int_{(0,0)}^{(1,t)} 2xy\mathrm{d}x+[x^2+g(y)]\mathrm{d}y,$$

因为曲线积分与路径无关，故上式左端选择由（0，0）到 $(t,0)$，再由 $(t,0)$ 到 $(t,1)$ 的折线段为积分路径，上式右端选择由（0，0）到（1，0），再由（1，0）到 $(1,t)$ 的折线段为积分路径. 计算得

$$\int_0^1 [t^2+g(y)]\mathrm{d}y=\int_0^t [1+g(y)]\mathrm{d}y.$$

由此得 $\int_t^1 g(y)\mathrm{d}y=t^2-t$，两端对 t 求导得

$$g(t)=2t-1, \text{即 } g(y)=2y-1.$$

于是 $\qquad f(x,y)=x^2+2y-1.$

知识点	曲线积分与路线无关.

【例 4】计算曲线积分 $\oint_{\overline{L}} \dfrac{(x+y)\mathrm{d}x-(x-y)\mathrm{d}y}{x^2+y^2}$，其中 $\overline{L}$ 是原点为中心的单位圆，沿逆时针方向.

解：$\overline{L}$ 的参数方程为

$$\begin{cases} x=\cos t \\ y=\sin t \end{cases} \quad (0\leqslant t\leqslant 2\pi)\text{，故}$$

$$\oint_{\overline{L}} \frac{(x+y)\mathrm{d}x-(x-y)\mathrm{d}y}{x^2+y^2}=\int_0^{2\pi}(-1)\mathrm{d}t=-2\pi.$$

知识点	（1）化为定积分； （2）换元法.

【例 5】计算曲线积分：$I=\int_{\overline{L}} \dfrac{-y\mathrm{d}x-x\mathrm{d}y}{x^2+y^2}$，$\overrightarrow{L}: x^2+2y^2=1$ 方向为逆时针.

解：$\overrightarrow{L}: x^2+2y^2=1$ 的参数方程为

$$\begin{cases} x=\cos\theta \\ y=\dfrac{1}{\sqrt{2}}\sin\theta \end{cases}, \quad \theta\in[0,2\pi)$$

$$I=\int_{\bar{L}}\frac{-y\mathrm{d}x-x\mathrm{d}y}{x^2+y^2}\xrightarrow{\text{换元}}\int_0^{2\pi}\frac{\frac{1}{\sqrt{2}}\sin^2\theta-\frac{1}{\sqrt{2}}\cos^2\theta}{\frac{1}{2}+\frac{1}{2}\cos^2\theta}\mathrm{d}\theta$$

$$=-\frac{4}{\sqrt{2}}\int_0^{2\pi}\frac{\cos 2\theta}{3+\cos 2\theta}\mathrm{d}\theta$$

$$\xrightarrow[\text{万能公式代换}]{x=\tan\theta}-\frac{8}{\sqrt{2}}\int_{-\infty}^{+\infty}\frac{\frac{1-x^2}{1+x^2}}{3+\frac{1-x^2}{1+x^2}}\mathrm{d}\arctan x$$

$$=-4\sqrt{2}\int_{-\infty}^{+\infty}\frac{(2+x^2)-\frac{3}{2}(1+x^2)}{(2+x^2)(1+x^2)}\mathrm{d}x$$

$$=-4\sqrt{2}\int_{-\infty}^{+\infty}\frac{1}{1+x^2}\mathrm{d}x+\int_{-\infty}^{+\infty}\frac{6}{1+\left(\frac{x}{\sqrt{2}}\right)^2}\mathrm{d}\frac{x}{\sqrt{2}}$$

$$=-4\sqrt{2}\pi+6\pi.$$

知识点	（1）化为定积分； （2）换元法.

【例 6】设 D 是两条直线 $y=x$，$y=4x$ 和两条双曲线 $xy=1$，$xy=4$ 所围成的区域，$F(u)$ 是具有连续导数的一元函数，记 $f(u)=F'(u)$. 证明 $\int_{\partial D}\frac{F(xy)}{y}\mathrm{d}y=\ln 2\int_1^4 f(u)\mathrm{d}u$，其中 ∂D 的方向为逆时针方向.

证明：由 Green 公式，得

$$\int_{\partial D}\frac{F(xy)}{y}\mathrm{d}y=\iint_D f(xy)\mathrm{d}x\mathrm{d}y,$$

作变换 $u=xy,v=\frac{y}{x}$，则此变换将区域 D 变为

$$D_{uv}=\{(u,v)|1\leqslant u\leqslant 4,1\leqslant v\leqslant 4\},$$

变换的雅克比行列式为 $J=\frac{\partial(x,y)}{\partial(u,v)}=\frac{1}{2v}$，于是

$$\int_{\partial D}\frac{F(xy)}{y}\mathrm{d}y=\iint_D f(xy)\mathrm{d}x\mathrm{d}y=\iint_{D_{uv}}\frac{f(u)}{2v}\mathrm{d}u\mathrm{d}v$$

$$=\int_1^4 f(u)\mathrm{d}u\int_1^4\frac{1}{2v}\mathrm{d}v=\ln 2\int_1^4 f(u)\mathrm{d}u,$$

所以

$$\int_{\partial D}\frac{F(xy)}{y}\mathrm{d}y=\ln 2\int_1^4 f(u)\mathrm{d}u.$$

知识点	（1）格林公式； （2）二重积分的换元法； （3）雅克比行列式．

【例 7】计算曲线积分 $\int_{\overline{L}} y\mathrm{d}x+z\mathrm{d}y+x\mathrm{d}z$，其中 $\overline{L}$ 为曲线 $\begin{cases}x^2+y^2+z^2=2az\\ x+z=a(a>0)\end{cases}$，若从 z 轴的正向看去，$\overline{L}$ 的方向为逆时针方向．

解：设 $\sum$ 是 $\overline{L}$ 所围的平面 $x+z=a(a>0)$ 的部分，方向由右手法则确定（即取上侧）．$\sum$ 上任一点的单位法向量 $\{\cos\alpha,\cos\beta,\cos\gamma\}=\left\{\frac{1}{\sqrt{2}},0,\frac{1}{\sqrt{2}}\right\}$，

由 Stokes 公式，

$$\int_L y\mathrm{d}x+z\mathrm{d}y+x\mathrm{d}z=\iint_\Sigma\begin{vmatrix}\cos\alpha & \cos\beta & \cos\gamma\\ \frac{\partial}{\partial x} & \frac{\partial}{\partial y} & \frac{\partial}{\partial z}\\ y & z & x\end{vmatrix}\mathrm{d}S$$

$$=-\sqrt{2}\iint_\Sigma\mathrm{d}S=-\sqrt{2}\pi a^2.$$

知识点	（1）斯托克斯公式； （2）两类曲面积分的联系； （3）曲面的面积公式．

【例 8】计算曲线积分

$$I=\int_{\overline{L}}(y^2-z^2)\mathrm{d}x+(z^2-x^2)\mathrm{d}y+(x^2-y^2)\mathrm{d}z,$$

$\overline{L}$ 是球面三角形 $x^2+y^2+z^2=1$，$x>0$，$y>0$，$z>0$ 的边界线，从球的外侧看去，$\overline{L}$ 的方向为逆时针方向．

解：显然，$\overline{L}$ 具有轮换对称性，且被积表达式也具有轮换对称性，将 $\overline{L}$ 分为三段

$\overline{L}_1$：$x^2+y^2=1$，$z=0$ （$x>0$，$y>0$）．

$\overline{L}_2$：$y^2+z^2=1$，$x=0$ （$y>0$，$z>0$）．

$\overline{L}_3$：$x^2+z^2=1$，$y=0$ （$x>0$，$z>0$）．

则 $I=\int_{\overline{L}}(y^2-z^2)\mathrm{d}x+(z^2-x^2)\mathrm{d}y+(x^2-y^2)\mathrm{d}z$

$$=3\int_{\overline{L}_1}(y^2-z^2)\mathrm{d}x+(z^2-x^2)\mathrm{d}y+(x^2-y^2)\mathrm{d}z$$

$$=3\int_{\overline{L}_1}y^2\mathrm{d}x-x^2\mathrm{d}y$$

$$=3\int_1^0(1-x^2)\mathrm{d}x-3\int_0^1(1-y^2)\mathrm{d}y=-4,$$

或 $I=\int_{\overline{L}}(y^2-z^2)\mathrm{d}x+(z^2-x^2)\mathrm{d}y+(x^2-y^2)\mathrm{d}z$

$$=3\int_{\overline{L}}(y^2-z^2)\mathrm{d}x=3\left(\int_{\overline{L}_1}+\int_{\overline{L}_2}+\int_{\overline{L}_3}\right)(y^2-z^2)\mathrm{d}x$$

$$=3\int_{\overline{L_1}}y^2\mathrm{d}x+3\int_{\overline{L_3}}(-z^2)\mathrm{d}x$$

$$=3\int_1^0(1-x^2)\mathrm{d}x-3\int_0^1(1-y^2)\mathrm{d}y=-4.$$

知识点	曲线可加性.

【例 9】计算曲线积分 $I=\int_{\overline{L}}(y^2-z)\mathrm{d}x+(x-2yz)\mathrm{d}y+(x-y^2)\mathrm{d}z$，其中 $\overline{L}$ 为曲线 $\begin{cases}x^2+y^2+z^2=a^2\\x^2+y^2=2bx\end{cases},z\geqslant 0,0<2b<a$，从 z 轴的正方向看过去，$\overline{L}$ 是逆时针方向.

解：利用奇偶性做

$$\begin{cases}x=\sqrt{a^2-z^2}\cos\theta\\y=\sqrt{a^2-z^2}\sin\theta,\text{代入方程得到}\\z=z\end{cases}$$

$$\begin{cases}x=2b\cos^2\theta\\y=2b\cos\theta\sin\theta\\z=\sqrt{a^2-4b^2\cos^2\theta}\end{cases}\quad\theta\in\left[-\frac{\pi}{2},\frac{\pi}{2}\right]$$

$$\Rightarrow\begin{cases}\mathrm{d}x=-4b\cos\theta\sin\theta\mathrm{d}\theta=-2y\mathrm{d}\theta\\\mathrm{d}y=2b(1-2\sin^2\theta)\mathrm{d}\theta=2(x-b)\mathrm{d}\theta,\\\mathrm{d}z=\dfrac{8b^2\cos\theta\sin\theta}{\sqrt{a^2-4b^2\cos^2\theta}}\mathrm{d}\theta=\dfrac{4by}{z}\mathrm{d}\theta\end{cases}$$

$$I=\int_{\Gamma}(y^2-z)\mathrm{d}x+(x-2yz)\mathrm{d}y+(x-y^2)\mathrm{d}z$$

$$=\int_{-\frac{\pi}{2}}^{\frac{\pi}{2}}x\mathrm{d}y=b^2\int_{-\frac{\pi}{2}}^{\frac{\pi}{2}}(\cos2\theta+1)\cos2\theta\mathrm{d}2\theta$$

$$=b^2\int_{-\pi}^{\pi}\cos^2\theta\mathrm{d}\theta=b^2\int_{-\pi}^{\pi}\frac{1+\cos2\theta}{4}\mathrm{d}2\theta=b^2\pi.$$

知识点	化为定积分.

【例 10】计算曲线积分

$$\oint_{\overline{L}}(y^2+z^2)\mathrm{d}x+(x^2+z^2)\mathrm{d}y+(x^2+y^2)\mathrm{d}z,$$

$\overline{L}$ 是曲线 $x^2+y^2+z^2=2Rx$，$x^2+y^2=2rx(0<r<R,z>0)$，它的方向与所围曲面的上侧构成右手法则.

解：S 是曲面 $x^2+y^2+z^2=2Rx(z>0)$ 上 $\overline{L}$ 所围部分的上侧. 它关于 zx 平面对称，在 xOy 平面的投影是

$$D_{xy}:x^2+y^2\leqslant 2rx.$$

$$\oint_{\overline{L}}(y^2+z^2)\mathrm{d}x+(x^2+z^2)\mathrm{d}y+(x^2+y^2)\mathrm{d}z$$

$$
=\iint\limits_{S}\begin{vmatrix} \mathrm{d}y\mathrm{d}z & \mathrm{d}z\mathrm{d}x & \mathrm{d}x\mathrm{d}y \\ \dfrac{\partial}{\partial x} & \dfrac{\partial}{\partial y} & \dfrac{\partial}{\partial z} \\ y^2+z^2 & x^2+z^2 & x^2+y^2 \end{vmatrix}
$$

$$
=2\iint\limits_{S}(y-z)\mathrm{d}y\mathrm{d}z+(z-x)\mathrm{d}z\mathrm{d}x+(x-y)\mathrm{d}x\mathrm{d}y
$$

$$
=2\iint\limits_{S}(y-z)\mathrm{d}y\mathrm{d}z+(x-y)\mathrm{d}x\mathrm{d}y
$$

（$2\iint\limits_{S}(z-x)\mathrm{d}z\mathrm{d}x=0$，对称性）

$$
=2\iint\limits_{S}\{y-z,0,x-y\}\cdot\{x-R,y,z\}\frac{\mathrm{d}S}{R}
$$

（两类曲面积分的关系）

$$
=\frac{2}{R}\iint\limits_{S}[(y-z)(x-R)+(x-y)z]\mathrm{d}S
$$

$$
=\frac{2}{R}\iint\limits_{S}Rz\mathrm{d}S
$$

（$\iint\limits_{S}[y(x-R)-yz]\mathrm{d}S=0$，对称性）

$$
=2R\iint\limits_{S}\frac{z}{R}\mathrm{d}S=2R\iint\limits_{S}\cos\gamma\mathrm{d}S
$$

$$
=2R\iint\limits_{S}\mathrm{d}x\mathrm{d}y=2R\iint\limits_{D_{xy}}\mathrm{d}x\mathrm{d}y=2R\pi r^2.
$$

知识点	（1）斯托克斯公式； （2）两类曲线积分的关系； （3）曲面积分的对称性； （4）二重积分的几何意义．

§6.3 重 积 分

知 识 要 点

6.3.1 二重积分

6.3.1.1 定义

设 $f(x,y)$ 是定义在可求面积的有界闭区域 D 上的函数，J 是一个确定的数，若对任给的正数 ε，总存在某个正数 δ，使对于 D 的任何分割 T，当它的细度 $\|T\|<\delta$ 时，属于 T

所有积分和都有

$$\left|\sum_{i=1}^{n} f(\xi_i \eta_i)\Delta\sigma_i - J\right| < \varepsilon,$$

则称 $f(x,y)$ 在 D 上可积，数 J 称为函数 $f(x,y)$ 在 D 上的二重积分，记作

$$J = \iint_D f(x,y)\mathrm{d}\sigma$$

其中称 $f(x,y)$ 为二重积分的被积函数，x 和 y 为积分变量，D 称为积分区域.

6.3.1.2　可积条件

（1）必要条件

$f(x,y)$ 在 D 上可积，则 $f(x,y)$ 在 D 上有界.

（2）充要条件

① $f(x,y)$ 在 D 上可积的充要条件是：$\lim\limits_{\|T\|\to 0} S(T) = \lim\limits_{\|T\|\to 0} s(T)$.

② $f(x,y)$ 在 D 上可积的充要条件是：对于任给的正数 ε，存在 D 的某个分割 T，使得 $S(T) - s(T) < \varepsilon$.

（3）充分条件

①有界闭区域 D 上的连续函数必可积.

②设 $f(x,y)$ 是定义在有界闭区域 D 上的有界函数. 若 $f(x,y)$ 的不连续点都落在有限条光滑曲线上，则 $f(x,y)$ 在 D 上可积.

6.3.1.3　二重积分的性质

（1）线性组合性

若 $f(x,y), g(x,y)$ 在 D 上都可积，k_1, k_2 为常数，则 $k_1 f(x,y) + k_1 g(x,y)$ 在 D 上也可积，且

$$\iint_D [k_1 f(x,y) \pm k_2 g(x,y)]\mathrm{d}\sigma = k_1 \iint_D f(x,y)\mathrm{d}\sigma \pm k_2 \iint_{D.} g(x,y)\mathrm{d}\sigma.$$

（2）区域可加性

若 $f(x,y)$ 在 D_1 和 D_2 上都可积，且 D_1 与 D_2 无公共内点，则 $f(x,y)$ 在 $D_1 \cup D_2$ 上也可积，且

$$\iint_{D_1 \cup D_2} f(x,y)\mathrm{d}\sigma = \iint_{D_1} f(x,y)\mathrm{d}\sigma + \iint_{D_2} f(x,y)\mathrm{d}\sigma.$$

（3）不等式性质

①若 $f(x,y)$ 与 $g(x,y)$ 在 D 上可积，且

$$f(x,y) \leqslant g(x,y), (x,y) \in D,$$

则

$$\iint_D f(x,y)\mathrm{d}\sigma \leqslant \iint_{D.} g(x,y)\mathrm{d}\sigma.$$

②若 $f(x,y)$ 在 D 上可积，且

$$m \leqslant f(x,y) \leqslant M, (x,y) \in D,$$

则

$$mS_D \leqslant \iint_D f(x,y)\mathrm{d}\sigma \leqslant MS_D,$$

这里 S_D 是积分区域 D 的面积.

（4）绝对可积性

若 $f(x,y)$ 在 D 上可积，则函数 $|f(x,y)|$ 在 D 上也可积，且

$$\left|\iint_D f(x,y)\mathrm{d}\sigma\right| \leqslant \iint_D |f(x,y)|\mathrm{d}\sigma.$$

（5）中值定理

若 $f(x,y)$ 在有界闭区域 D 上连续，则存在 $(\xi,\eta) \in D$, 使得

$$\iint_D f(x,y)\mathrm{d}\sigma = f(\xi,\eta)S_D,$$

这里 S_D 是积分区域 D 的面积.

6.3.1.4　**二重积分的直接计算**

（1）矩形区域

①设 $f(x,y)$ 在矩形区域 $D=[a,b]\times[c,d]$ 上可积，且对每个 $x\in[a,b]$, 积分 $\int_a^b f(x,y)\mathrm{d}y$ 存在，则累次积分 $\int_a^b \mathrm{d}x\int_c^d f(x,y)\mathrm{d}y$ 也存在，且

$$\iint_D f(x,y)\mathrm{d}\sigma = \int_a^b \mathrm{d}x\int_c^d f(x,y)\mathrm{d}y.$$

②设 $f(x,y)$ 在矩形区域 $D=[a,b]\times[c,d]$ 上可积，且对每个 $y\in[c,d]$，积分 $\int_a^b f(x,y)\mathrm{d}x$ 存在，则累次积分 $\int_c^d \mathrm{d}y\int_a^b f(x,y)\mathrm{d}x$ 也存在，且

$$\iint_D f(x,y)\mathrm{d}\sigma = \int_c^d \mathrm{d}y\int_a^b f(x,y)\mathrm{d}x.$$

（2）x 型区域

若 $f(x,y)$ 在 x 型区域 D 上连续，其中 $y_1(x), y_2(x)$ 在 $[a,b]$ 上连续，则

$$\iint_D f(x,y)\mathrm{d}\sigma = \int_a^b \mathrm{d}x\int_{y_1(x)}^{y_2(x)} f(x,y)\mathrm{d}y.$$

即二重积分可化为先对 y，后对 x 的累次积分.

（3）y 型区域

若 D 为 y 型区域，其中 $x_1(y), x_2(y)$ 在 $[c,d]$ 上连续，则二重积分可化为先对 x，后对 y 的累次积分 $\iint_D f(x,y)\mathrm{d}\sigma = \int_c^d \mathrm{d}y\int_{x_1(y)}^{x_2(y)} f(x,y)\mathrm{d}x$.

6.3.1.5　二重积分的换元法

（1）一般换元法

设 $f(x,y)$ 在有界闭区域 D 上可积，变换 $T: x=x(u,v), y=y(u,v)$ 将 uv 平面由按段光滑封闭曲线所围成的闭区域 Δ 一对一地映成 xy 平面上的闭区域 D，函数 $x(u,v), y(u,v)$ 在 Δ 内分别具有一阶连续偏导数且它们的函数行列式

$$J(u,v)=\frac{\partial(x,y)}{\partial(u,v)}\neq 0,(u,v)\in\Delta$$

则
$$\iint_D f(x,y)\mathrm{d}x\mathrm{d}y=\iint_\Delta f(x(u,v),y(u,v))\left|J(u,v)\right|\mathrm{d}u\mathrm{d}v.$$

（2）极坐标变换

设 $f(x,y)$ 满足换元法的条件，在极坐标变换

$$T:\begin{cases}x=r\cos\theta,\\ y=r\sin\theta,\end{cases} 0\leqslant r<+\infty, 0\leqslant\theta\leqslant 2\pi$$

下，xy 平面上有界闭区域 D 与 $r\theta$ 平面上区域 Δ 对应，则成立

$$\iint_D f(x,y)\mathrm{d}x\mathrm{d}y=\iint_\Delta f(r\cos\theta,r\sin\theta)r\mathrm{d}r\mathrm{d}\theta.$$

①θ 型区域：$r_1(\theta)\leqslant r\leqslant r_2(\theta),\alpha\leqslant\theta\leqslant\beta,$

于是有
$$\iint_D f(x,y)\mathrm{d}x\mathrm{d}y=\int_\alpha^\beta\mathrm{d}\theta\int_{r_1(\theta)}^{r_2(\theta)}f(r\cos\theta,r\sin\theta)r\mathrm{d}r.$$

②r 型区域：$\theta_1(r)\leqslant\theta\leqslant\theta_2(r),r_1\leqslant r\leqslant r_2,$

于是有
$$\iint_D f(x,y)\mathrm{d}x\mathrm{d}y=\int_{r_1}^{r_2}r\mathrm{d}r\int_{\theta_1(r)}^{\theta_2(r)}f(r\cos\theta,r\sin\theta)\mathrm{d}\theta.$$

③若原点在区域的内点：$0\leqslant r\leqslant r(\theta),0\leqslant\theta\leqslant 2\pi,$

于是有
$$\iint_D f(x,y)\mathrm{d}x\mathrm{d}y=\int_0^{r(\theta)}f(r\cos\theta,r\sin\theta)r\mathrm{d}r.$$

④若原点的边界上：$0\leqslant r\leqslant r(\theta),\alpha\leqslant\theta\leqslant\beta,$

于是有
$$\iint_D f(x,y)\mathrm{d}x\mathrm{d}y=\int_\alpha^\beta\mathrm{d}\theta\int_0^{r(\theta)}f(r\cos\theta,r\sin\theta)r\mathrm{d}r.$$

6.3.2　三重积分

6.3.2.1　定义

设 $f(x,y,z)$ 为定义在三维空间可求体积的有界区域 V 上的函数，J 是一个确定的数，若对任给的正数 ε，总存在某一正数 δ，使得对于 V 上的任何分割 T，只要 $\|T\|<\delta$，属于分割 T 的所有积分和都有

$$\left|\sum_{i=1}^n f(\xi_i,\eta_i,\zeta_i)\Delta V_i-J\right|<\varepsilon,$$

则称 $f(x,y,z)$ 在 V 上可积，数 J 称为函数 $f(x,y,z)$ 在 V 上的三重积分，记作

$$J=\iiint_V f(x,y,z)\mathrm{d}V \text{ 或 } J=\iiint_V f(x,y,z)\mathrm{d}x\mathrm{d}y\mathrm{d}z,$$

其中 $f(x,y,z)$ 称为被积函数，x,y,z 称为积分变量，V 称为积分区域.

6.3.2.2 三重积分的直接计算

（1）长方体区域

若函数 $f(x,y,z)$ 在长方体 $V=[a,b]\times[c,d]\times[e,h]$ 上的三重积分存在，且对任何 $x\in[a,b]$，二重积分

$$I(x)=\iint_D f(x,y,z)\mathrm{d}y\mathrm{d}z$$

存在，其中 $D=[c,d]\times[e,h]$，则积分

$$\int_a^b \mathrm{d}x\iint_D f(x,y,z)\mathrm{d}y\mathrm{d}z$$

也存在，且

$$\iiint_V f(x,y,z)\mathrm{d}x\mathrm{d}y\mathrm{d}z=\int_a^b \mathrm{d}x\iint_D f(x,y,z)\mathrm{d}y\mathrm{d}z=\int_a^b \mathrm{d}x\int_c^d \mathrm{d}y\int_e^h f(x,y,z)\mathrm{d}z.$$

（2）xy 型区域

空间区域：$V=\{(x,y,z)|z_1(x,y)\leqslant z\leqslant z_2(x,y),y_1(x)\leqslant y\leqslant y_2(x),a\leqslant x\leqslant b\}$.

V 在 xy 平面上的投影区域 $D=\{(x,y)|y_1(x)\leqslant y\leqslant y_2(x),a\leqslant x\leqslant b\}$ 是一个 x 型区域. 若 $f(x,y,z)$ 在 V 上连续，$z_1(x,y),z_2(x,y)$ 在 D 上连续，$y_1(x),y_2(x)$ 在 $[a,b]$ 上连续，则有

$$\begin{aligned}\iiint_V f(x,y,z)\mathrm{d}x\mathrm{d}y\mathrm{d}z&=\iint_D \mathrm{d}x\mathrm{d}y\int_{z_1(x,y)}^{z_2(x,y)} f(x,y,z)\mathrm{d}z\\&=\int_a^b \mathrm{d}x\int_{y_1(x)}^{y_2(x)}\mathrm{d}y\int_{z_1(x,y)}^{z_2(x,y)} f(x,y,z)\mathrm{d}z.\end{aligned}$$

（3）yz 型区域

空间区域：$V=\{(x,y,z)|x_1(y,z)\leqslant x\leqslant x_2(y,z),z_1(y)\leqslant z\leqslant z_2(y),c\leqslant y\leqslant d\}$.

V 在 yz 平面上的投影区域 $D=\{(y,z)|z_1(y)\leqslant z\leqslant z_2(y),c\leqslant y\leqslant d\}$ 是一个 y 型区域. 若 $f(x,y,z)$ 在 V 上连续，$x_1(y,z),x_2(y,z)$ 在 D 上连续，$z_1(y),z_2(y)$ 在 $[c,d]$ 上连续，则有

$$\begin{aligned}\iiint_V f(x,y,z)\mathrm{d}x\mathrm{d}y\mathrm{d}z&=\iint_D \mathrm{d}y\mathrm{d}z\int_{x_1(y,z)}^{x_2(y,z)} f(x,y,z)\mathrm{d}x\\&=\int_c^d \mathrm{d}y\int_{z_1(y)}^{z_2(y)}\mathrm{d}z\int_{x_1(y,z)}^{x_2(y,z)} f(x,y,z)\mathrm{d}x.\end{aligned}$$

（4）zx 型区域

空间区域：$V=\{(x,y,z)|y_1(z,x)\leqslant y\leqslant y_2(z,x),x_1(z)\leqslant x\leqslant x_2(z),e\leqslant z\leqslant g\}$.

V 在 zx 平面上的投影区域 $D=\{(x,y)|x_1(z)\leqslant x\leqslant x_2(z),e\leqslant z\leqslant g\}$ 是一个 z 型区域．若 $f(x,y,z)$ 在 V 上连续， $y_1(z,x),y_2(z,x)$ 在 D 上连续， $x_1(z),x_2(z)$ 在 $[e,g]$ 上连续，则有

$$\iiint_V f(x,y,z)\mathrm{d}x\mathrm{d}y\mathrm{d}z=\iint_D \mathrm{d}z\mathrm{d}x\int_{y_1(z,x)}^{y_2(z,x)} f(x,y,z)\mathrm{d}y$$

$$=\int_e^g \mathrm{d}z\int_{x_1(z)}^{x_2(z)}\mathrm{d}x\int_{y_1(z,x)}^{y_2(z,x)} f(x,y,z)\mathrm{d}y.$$

6.3.2.3 三重积分换元法

（1）一般变换

设变换 $T:x=x(u,v,w),y=y(u,v,w),z=z(u,v,w)$, 把 uvw 空间中的区域 V' 一对一地映成 xyz 空间中的区域 V，并设函数 $x(u,v,w),y(u,v,w),z(u,v,w)$ 及它们的一阶偏导数在 V' 内连续且函数行列式

$$J(u,v,w)=\begin{vmatrix}\dfrac{\partial x}{\partial u} & \dfrac{\partial x}{\partial v} & \dfrac{\partial x}{\partial w}\\ \dfrac{\partial y}{\partial u} & \dfrac{\partial y}{\partial v} & \dfrac{\partial y}{\partial w}\\ \dfrac{\partial z}{\partial u} & \dfrac{\partial z}{\partial v} & \dfrac{\partial z}{\partial w}\end{vmatrix}\neq 0,(u,v,w)\in V'$$

$f(x,y,z)$ 在 V 上可积，则有：

$$\iiint_V f(x,y,z)\mathrm{d}x\mathrm{d}y\mathrm{d}z=\iiint_{V'} f(x(u,v,w),y(u,v,w),z(u,v,w))|J(u,v,w)|\mathrm{d}u\mathrm{d}v\mathrm{d}w.$$

（2）柱面坐标变换

$$设\ T:\begin{cases}x=r\cos\theta, & 0\leqslant r\leqslant+\infty,\\ y=r\sin\theta, & 0\leqslant\theta\leqslant 2\pi,\\ z=z, & -\infty\leqslant z\leqslant+\infty.\end{cases}\quad J(r,\theta,z)=\begin{vmatrix}\cos\theta & -r\sin\theta & 0\\ \sin\theta & r\cos\theta & 0\\ 0 & 0 & 1\end{vmatrix}=r,$$

三重积分的柱面坐标换元公式为

$$\iiint_V f(x,y,z)\mathrm{d}x\mathrm{d}y\mathrm{d}z=\iiint_{V'} f(r\cos\theta,r\sin\theta,z)r\mathrm{d}r\mathrm{d}\theta\mathrm{d}z.$$

（3）球坐标变换

$$设\ T:\begin{cases}x=r\sin\varphi\cos\theta, & 0\leqslant r\leqslant+\infty,\\ y=r\sin\varphi\sin\theta, & 0\leqslant\varphi\leqslant\pi,\\ z=r\cos\varphi, & 0\leqslant\theta\leqslant 2\pi.\end{cases}$$

$$J(r,\varphi,\theta)=\begin{vmatrix}\sin\varphi\cos\theta & r\cos\varphi\cos\theta & -r\sin\varphi\sin\theta\\ \sin\varphi\sin\theta & r\cos\varphi\sin\theta & r\sin\varphi\cos\theta\\ \cos\varphi & -r\sin\varphi & 0\end{vmatrix}=r^2\sin\varphi,$$

三重积分的球坐标换元公式为

$$\iiint_V f(x,y,z)\mathrm{d}x\mathrm{d}y\mathrm{d}z=\iiint_{V'} f(r\sin\varphi\cos\theta,r\sin\varphi\sin\theta,r\cos\varphi)r^2\sin\varphi\mathrm{d}r\mathrm{d}\varphi\mathrm{d}\theta.$$

在球面坐标系下，当区域V'为集合$V'=\{(r,\varphi,\theta)|r_1(\varphi,\theta)\leqslant r\leqslant r_2(\varphi,\theta),\varphi_1(\theta)\leqslant\varphi\leqslant\varphi_2(\theta),\theta_1\leqslant\theta\leqslant\theta_2\}$时，三重积分可化为累次积分

$$\iiint_V f(x,y,z)\mathrm{d}x\mathrm{d}y\mathrm{d}z=\int_{\theta_1}^{\theta_2}\mathrm{d}\theta\int_{\varphi_1(\theta)}^{\varphi_2(\theta)}\mathrm{d}\varphi\int_{r_1(\varphi,\theta)}^{r_2(\varphi,\theta)}f(r\sin\varphi\cos\theta,r\sin\varphi\sin\theta,r\cos\varphi)r^2\sin\varphi\mathrm{d}r.$$

典 型 题 型

6.3.3 二重积分

【例 1】计算二重积分$\iint_D\frac{1}{y^2+x}\mathrm{d}x\mathrm{d}y$，其中$D$是$x=0,y=1,y=x$围成的区域.

解：
$$\begin{aligned}\iint_D\frac{1}{y^2+x}\mathrm{d}x\mathrm{d}y&=\int_0^1\left[\int_0^y\frac{1}{y^2+x}\mathrm{d}x\right]\mathrm{d}y\\&=\int_0^1\ln(x+y^2)\big|_0^y\,\mathrm{d}y\\&=\int_0^1\ln(1+y)\mathrm{d}y-\int_0^1\ln y\mathrm{d}y\\&=[(1+y)\ln(1+y)-(1+y)-y\ln y+y]\big|_0^1\\&=2\ln 2.\end{aligned}$$

知识点	（1）直接计算； （2）分部积分法.

【例 2】计算二重积分$\iint_D\sqrt{|y-x^2|}\mathrm{d}x\mathrm{d}y$，其中$D$是矩形区域$|x|\leqslant1$，$0\leqslant y\leqslant2$.

解：记$D_1=\{(x,y)\,|\,|x|\leqslant1,0\leqslant y\leqslant2,y-x^2\leqslant0\}$，

$D_2=\{(x,y)\,|\,|x|\leqslant1,0\leqslant y\leqslant2,0\leqslant y-x^2\}$，

$$\begin{aligned}\iint_D\sqrt{|y-x^2|}\mathrm{d}x\mathrm{d}y&=\iint_{D_1}\sqrt{|y-x^2|}\mathrm{d}x\mathrm{d}y+\iint_{D_2}\sqrt{|y-x^2|}\mathrm{d}x\mathrm{d}y\\&=\int_{-1}^1\mathrm{d}x\int_0^{x^2}(x^2-y)^{\frac{1}{2}}\mathrm{d}y+\int_{-1}^1\mathrm{d}x\int_{x^2}^2(y-x^2)^{\frac{1}{2}}\mathrm{d}y\\&=\frac{2}{3}\int_{-1}^1(x^2)^{\frac{3}{2}}\mathrm{d}x+\frac{2}{3}\int_{-1}^1(2-x^2)^{\frac{3}{2}}\mathrm{d}x\end{aligned}$$

(这里$x=\sqrt{2}\sin t$) $=\frac{4}{3}\int_0^1(x^2)^{\frac{3}{2}}\mathrm{d}x+\frac{4}{3}\int_0^1(2-x^2)^{\frac{3}{2}}\mathrm{d}x$

$=\frac{4}{3}\int_0^1x^3\mathrm{d}x+\frac{16}{3}\int_0^{\frac{\pi}{4}}\cos^4t\,\mathrm{d}t$ （令$x=\sqrt{2}\sin t$）

$$=\frac{1}{3}+\frac{16}{3}\int_0^{\frac{\pi}{4}}\left(\frac{1+\cos 2t}{2}\right)^2\mathrm{d}t$$

$$=\frac{1}{3}+\frac{4}{3}\int_0^{\frac{\pi}{4}}\left(1+2\cos 2t+\frac{1+\cos 4t}{2}\right)\mathrm{d}t$$

$$=\frac{1}{3}+\frac{4}{3}\left[\frac{3}{2}t+\sin 2t+\frac{\sin 4t}{8}\right]_0^{\frac{\pi}{4}}$$

$$=\frac{1}{3}+\frac{4}{3}\left(\frac{3\pi}{8}+1\right)=\frac{\pi}{2}+\frac{5}{3}.$$

知识点	（1）二重积分区域可加性； （2）定积分对称性； （3）定积分换元法．

【例 3】 计算二次积分 $\int_0^1\mathrm{d}y\int_y^1 \mathrm{e}^{x^2}\mathrm{d}x$.

解： 原式 $=\int_0^1\mathrm{d}x\int_0^x \mathrm{e}^{x^2}\mathrm{d}y$

$$=\int_0^1 x\mathrm{e}^{x^2}\mathrm{d}x$$

$$=\left[\frac{\mathrm{e}^{x^2}}{2}\right]_0^1=\frac{\mathrm{e}-1}{2}.$$

知识点	（1）交换积分次序； （2）凑微分．

【例 4】 设 $f(x)$ 在 $[a,b]$ 连续，证明：$\int_0^a\mathrm{d}y\int_0^y f(x)\mathrm{d}x=\int_0^a(a-x)f(x)\mathrm{d}x$.

证明：

解法一：由要证明的等式左端得积分区域为

$D:\begin{cases}0\leqslant x\leqslant y\\0\leqslant y\leqslant a\end{cases}$，则交换积分次序可得

$$\int_0^a\mathrm{d}y\int_0^y f(x)\mathrm{d}x=\int_0^a f(x)\mathrm{d}x\int_x^a\mathrm{d}y=\int_0^a(a-x)f(x)\mathrm{d}x.$$

解法二：由等号右端可知

$$\int_0^a(a-x)f(x)\mathrm{d}x=\int_0^a\left(\int_x^a\mathrm{d}y\right)f(x)\mathrm{d}x$$

$$=\int_0^a\mathrm{d}x\int_x^a f(x)\mathrm{d}y=\int_0^a\mathrm{d}y\int_0^y f(x)\mathrm{d}x.$$

解法三：分部积分法．

知识点	（1）交换积分次序； （2）微积分基本定理； （3）分部积分法．

【例 5】设 $f(t)$ 是半径 t 的圆周长，证明：$\frac{1}{2\pi}\iint\limits_{x^2+y^2\leqslant a^2} e^{-\frac{x^2+y^2}{2}}dxdy=\frac{1}{2\pi}\int_0^a f(t)e^{-\frac{t^2}{2}}dt$.

证明：利用极坐标变换

$$\frac{1}{2\pi}\iint\limits_{x^2+y^2\leqslant a^2} e^{-\frac{x^2+y^2}{2}}dxdy=\frac{1}{2\pi}\int_0^{2\pi}d\theta\int_0^a e^{-\frac{\rho^2}{2}}\rho d\rho$$
$$=\frac{1}{2\pi}\int_0^a 2\pi\rho e^{-\frac{\rho^2}{2}}d\rho$$
$$=\frac{1}{2\pi}\int_0^a f(\rho)e^{-\frac{\rho^2}{2}}d\rho.$$

知识点	极坐标变换.

【例 6】设 $f(x)$ 在 $[a,b]$ 连续 $f(x)>0$, 证明：$\int_a^b f(x)dx\int_a^b\frac{1}{f(x)}dx\geqslant(b-a)^2$.

证明：设 $D:a\leqslant x\leqslant b,a\leqslant y\leqslant b$,

$$\int_a^b f(x)dx\int_a^b\frac{1}{f(x)}dx=\int_a^b f(x)dx\int_a^b\frac{1}{f(y)}dy$$
$$=\iint\limits_D\frac{f(x)}{f(y)}dxdy,$$
$$\int_a^b f(x)dx\int_a^b\frac{1}{f(x)}dx=\int_a^b f(y)dy\int_a^b\frac{1}{f(x)}dx$$
$$=\iint\limits_D\frac{f(y)}{f(x)}dxdy,$$
$$\int_a^b f(x)dx\int_a^b\frac{1}{f(x)}dx=\frac{1}{2}\left[\iint\limits_D\frac{f(x)}{f(y)}dxdy+\iint\limits_D\frac{f(y)}{f(x)}dxdy\right]$$
$$=\frac{1}{2}\iint\limits_D\frac{f^2(x)+f^2(y)}{f(x)f(y)}dxdy\geqslant\frac{1}{2}\iint\limits_D\frac{2f(x)f(y)}{f(x)f(y)}dxdy$$
$$=\iint\limits_D dxdy=(b-a)^2.$$

知识点	（1）均值不等式； （2）常数变异法； （3）施瓦茨不等式.

【例 7】证明：$\int_{-\infty}^{+\infty}e^{-x^2}dx=\sqrt{\pi}$.

证明：利用极坐标变换

$$\iint\limits_{x^2+y^2\leqslant a^2} e^{-x^2-y^2}d\sigma=\int_0^{2\pi}d\theta\int_0^a e^{-r^2}rdr=\pi\left(1-e^{-a^2}\right),$$

令 $a\to+\infty$，$\int_{-\infty}^{+\infty}dx\int_{-\infty}^{+\infty}e^{-x^2-y^2}dy=\pi$,

而 $\left(\int_{-\infty}^{+\infty} e^{-x^2} dx\right)^2 = \int_{-\infty}^{+\infty} e^{-x^2} dx \int_{-\infty}^{+\infty} e^{-y^2} dy$

$$= \int_{-\infty}^{+\infty} \int_{-\infty}^{+\infty} e^{-x^2-y^2} dxdy = \pi,$$

所以 $\int_{-\infty}^{+\infty} e^{-x^2} dx = \sqrt{\pi}.$

知识点	二重积分极坐标变换.

【例 8】 计算 $\iint\limits_D x[1+yf(x^2+y^2)]dxdy$，其中 D 由 $y=x^3$， $y=1$， $x=-1$ 围成.

解：作曲线 $y=-x^3$，则积分区域被分为 D_1 和 D_2， D_1 关于 x 轴对称， D_2 关于 y 轴对称．由于被积函数是 x 的奇函数，故有

$$\iint\limits_{D_2} x[1+yf(x^2+y^2)]dxdy = 0,$$

由于 $xyf(x^2+y^2)$ 是关于 y 的奇函数，故有

$$\begin{aligned}
&\iint\limits_{D} x[1+yf(x^2+y^2)]dxdy \\
&= \iint\limits_{D_1} x[1+yf(x^2+y^2)]dxdy \\
&+ \iint\limits_{D_2} x[1+yf(x^2+y^2)]dxdy \\
&= \iint\limits_{D_1} x[1+yf(x^2+y^2)]dxdy \\
&= \iint\limits_{D_1} xdxdy + \iint\limits_{D_1} xyf(x^2+y^2)dxdy \\
&= \iint\limits_{D_1} xdxdy + 0 = 2\int_{-1}^{0} xdx \int_{0}^{-x^3} dy \\
&= 2\int_{-1}^{0} (-x^4)dx = -\frac{2}{5}.
\end{aligned}$$

又解：令 $F(x) = \int_0^x f(t)dt$, 则

$$\begin{aligned}
&\iint\limits_{D} x[1+yf(x^2+y^2)]dxdy \\
&= \iint\limits_{D} xdxdy + \iint\limits_{D} [xyf(x^2+y^2)]dxdy \\
&= \int_{-1}^{1} dx \int_{x^3}^{1} xdy + \int_{-1}^{1} xdx \int_{x^3}^{1} yf(x^2+y^2)dy \\
&= -\frac{2}{5} + \int_{-1}^{1} xdx \int_{x^3}^{1} \frac{1}{2} f(x^2+y^2)d(x^2+y^2) \\
&= -\frac{2}{5} + \frac{1}{2}\int_{-1}^{1} x[F(x^2+y^2)]_{x^3}^{1} dx
\end{aligned}$$

$$=-\frac{2}{5}+\frac{1}{2}\int_{-1}^{1}x[F(x^2+1)-F(x^2+x^6)]\mathrm{d}x$$

$$=-\frac{2}{5}+0=-\frac{2}{5}.$$

其中用到 $x[F(x^2+1)-F(x^2+x^6)]$ 是 $[-1,1]$ 上的奇函数.

知识点	（1）二重积分的对称性； （2）定积分的对称性； （3）微积分学基本定理.

6.3.4 三重积分

【例 1】 计算积分 $I=\iiint\limits_V(x+y+z)\mathrm{d}x\mathrm{d}y\mathrm{d}z$，其中 $V:0\leqslant x\leqslant 1,0\leqslant y\leqslant 1,0\leqslant z\leqslant 1.$

解： $I=\iiint\limits_V(x+y+z)\mathrm{d}x\mathrm{d}y\mathrm{d}z$

$$=\int_0^1\mathrm{d}x\int_0^1\mathrm{d}y\int_0^1(x+y+z)\mathrm{d}z$$

$$=\int_0^1\mathrm{d}x\int_0^1\left[(x+y)z+\frac{z^2}{2}\right]\Big|_0^1\mathrm{d}y$$

$$=\int_0^1\mathrm{d}x\int_0^1\left(\frac{1}{2}+x+y\right)\mathrm{d}y$$

$$=\int_0^1\left[\left(\frac{1}{2}+x\right)y+\frac{y^2}{2}\right]\Big|_0^1\mathrm{d}x=\int_0^1(1+x)\mathrm{d}x=\frac{3}{2}.$$

知识点	直接化为三次.

【例 2】 计算积分 $\iiint\limits_V(x^2+y^2+z^2)\mathrm{d}V$，其中 V 时球面 $x^2+y^2+z^2=a^2$ 和锥面 $z=\sqrt{x^2+y^2}$ 之间的部分.

解： 利用球面坐标变换

$$\iiint\limits_V(x^2+y^2+z^2)\mathrm{d}V$$

$$=\iiint\limits_V r^2r^2\sin\theta\mathrm{d}r\mathrm{d}\theta\mathrm{d}\varphi$$

$$=\int_0^{2\pi}\int_0^{\frac{\pi}{4}}\int_0^a r^4\sin\varphi\mathrm{d}r\mathrm{d}\varphi\mathrm{d}\theta$$

$$=\int_0^{2\pi}\mathrm{d}\theta\int_0^{\frac{\pi}{4}}\sin\varphi\mathrm{d}\varphi\int_0^a r^4\mathrm{d}r=2\pi\cdot\left(1-\frac{\sqrt{2}}{2}\right)\frac{a^5}{5}$$

$$=\frac{(2-\sqrt{2})\pi a^5}{5}.$$

知识点	球面坐标变换.

【例 3】计算积分 $\iiint\limits_{\Omega} z\sqrt{x^2+y^2+z^2}\mathrm{d}v, \Omega$: 由$x^2+y^2+z^2=1$与$z=\sqrt{3(x^2+y^2)}$围成的空间区域.

解：联立 $\begin{cases} x^2+y^2+z^2=1 \\ z=\sqrt{3(x^2+y^2)} \end{cases}$，得 $z=\dfrac{\sqrt{3}}{2}$.

方法一：$\iiint\limits_{\Omega} z\sqrt{x^2+y^2+z^2}\mathrm{d}v$

$$=\int_0^{\frac{\sqrt{3}}{2}} z\left[\iint\limits_{D_{xy}}\sqrt{x^2+y^2+z^2}\mathrm{d}x\mathrm{d}y\right]\mathrm{d}z+\int_{\frac{\sqrt{3}}{2}}^{1} z\left[\iint\limits_{D_{xy}}\sqrt{x^2+y^2+z^2}\mathrm{d}x\mathrm{d}y\right]\mathrm{d}z$$

$$=\int_0^{\frac{\sqrt{3}}{2}} z\left[\int_0^{\frac{z}{\sqrt{3}}}\sqrt{r^2+z^2}r\mathrm{d}r\right]\mathrm{d}z+2\pi\int_{\frac{\sqrt{3}}{2}}^{1} z\left[\int_0^{\sqrt{1-z^2}}\sqrt{r^2+z^2}r\mathrm{d}r\right]\mathrm{d}z$$

$$=\frac{2}{3}\pi\int_0^{\frac{\sqrt{3}}{2}} z\sqrt{\frac{z^2}{3}+z^2}^{\,3}\mathrm{d}z-\frac{2}{3}\pi\int_0^{\frac{\sqrt{3}}{2}} z\cdot z^3\mathrm{d}z+\frac{2}{3}\pi\int_{\frac{\sqrt{3}}{2}}^{1} z\sqrt{r^2+z^2}\Big|_0^{\sqrt{1-z^2}}\mathrm{d}z$$

$$=\frac{2}{3}\pi\int_0^{\frac{\sqrt{3}}{2}}\left(\frac{4}{3}\right)^{\frac{3}{2}} z^4\mathrm{d}z-\frac{2}{3}\pi\int_0^{\frac{\sqrt{3}}{2}} z^4\mathrm{d}z+\frac{2}{3}\pi\int_{\frac{\sqrt{3}}{2}}^{1} z\mathrm{d}z-\frac{2}{3}\pi\int_{\frac{\sqrt{3}}{2}}^{1} z^4\mathrm{d}z$$

$$=\frac{2}{15}\pi\left(\frac{4}{3}\right)^{\frac{3}{2}}\left(\frac{\sqrt{3}}{2}\right)^5+\frac{\pi}{3}-\frac{\pi}{3}\cdot\frac{3}{4}-\frac{2}{15}\pi$$

$$=\frac{3}{30}\pi-\frac{\pi}{20}=\frac{\pi}{20}.$$

方法二：用球坐标变换

$$\iiint\limits_{\Omega} z\sqrt{x^2+y^2+z^2}\mathrm{d}v=\iiint\limits_{\Omega} r\cos\phi\cdot r\cdot r^2\sin\phi\mathrm{d}\theta\mathrm{d}\phi\mathrm{d}r$$

$$=\int_0^{2\pi}\mathrm{d}\theta\int_0^{\frac{\pi}{6}}\sin\varphi\cos\varphi\int_0^1 r^4\mathrm{d}r$$

$$=-2\pi\cdot\left(-\frac{1}{4}\cos2\varphi\right)_0^{\frac{\pi}{6}}\cdot\frac{1}{5}r^4\Big|_0^1$$

$$=2\pi\left(\frac{1}{4}-\frac{1}{4}\cdot\frac{1}{2}\right)\cdot\frac{1}{5}=\frac{\pi}{20}.$$

知识点	（1）柱面坐标变换； （2）球面坐标变换； （3）区域可加性； （4）先二后一.

【例 4】设 $f(t)$ 是连续正值函数，

$$F(t)=\frac{\iiint\limits_{x^2+y^2+z^2\leqslant t^2} f(x^2+y^2+z^2)\mathrm{d}x\mathrm{d}y\mathrm{d}z}{\iint\limits_{x^2+y^2\leqslant t^2}(x^2+y^2)f(x^2+y^2)\mathrm{d}x\mathrm{d}y},$$

证明：$F(t)$（$t>0$）是严格单调减函数.

证明：$F(t)=\dfrac{\iiint\limits_{x^2+y^2+z^2\leqslant t^2} f(x^2+y^2+z^2)\mathrm{d}x\mathrm{d}y\mathrm{d}z}{\iint\limits_{x^2+y^2\leqslant t^2}(x^2+y^2)f(x^2+y^2)\mathrm{d}x\mathrm{d}y}$

$$=2\frac{\int_0^t r^2 f(r^2)\mathrm{d}r}{\int_0^t r^3 f(r^2)\mathrm{d}r}，当 t>0 时$$

$$F'(t)=2\frac{t^2 f(t^2)\int_0^t r^3 f(r^2)\mathrm{d}r-t^3 f(t^2)\int_0^t r^2 f(r^2)\mathrm{d}r}{\left(\int_0^t r^3 f(r^2)\mathrm{d}r\right)^2}$$

$$=2\frac{t^2 f(t^2)\int_0^t r^2 f(r^2)(r-t)\mathrm{d}r}{\left(\int_0^t r^3 f(r^2)\mathrm{d}r\right)^2}<0,$$

因此，$F(t)(t>0)$是严格单调减函数.

知识点	（1）二重积分极坐标变换； （2）三重积分球面坐标变换； （3）变限积分求导公式； （4）单调性.

【例 5】 计算积分 $I=\iiint\limits_V \dfrac{z\ln(x^2+y^2+z^2+1)}{x^2+y^2+z^2+1}\mathrm{d}x\mathrm{d}y\mathrm{d}z, V: x^2+y^2+z^2\leqslant 1.$

解：$I=\int_0^{2\pi}\mathrm{d}\theta\int_0^{\pi}\mathrm{d}\varphi\int_0^1\dfrac{r\cos\varphi\ln(1+r^2)}{1+r^2}r^2\sin\varphi\mathrm{d}r$

$$=2\pi\cdot\left(\frac{1}{2}\sin^2\varphi\right)\Big|_0^{\pi}\int_0^1\frac{r^3\ln(1+r^2)}{1+r^2}\mathrm{d}r=0.$$

知识点	三重积分球面坐标变换.

【例 6】 设 $f(x)$ 在 $[0,t]$ 上连续，令 $F(t)=\int_0^t\mathrm{d}z\int_0^z\mathrm{d}y\int_0^y(y-z)^2 f(x)\mathrm{d}x$，证明：
$\dfrac{\mathrm{d}F}{\mathrm{d}t}=\dfrac{1}{3}\int_0^t(t-x)^3 f(x)\mathrm{d}x.$

证明：$\int_0^z\mathrm{d}y\int_0^y(y-z)^2 f(x)\mathrm{d}x$

$$=\int_0^z f(x)\left[\int_x^z(y-z)^2\mathrm{d}y\right]\mathrm{d}x$$

$$=\frac{1}{3}\int_0^z f(x)(y-z)^3\Big|_x^z\mathrm{d}x$$

$$=\frac{1}{3}\int_0^z (z-x)^3 f(x)\mathrm{d}x,$$

$$\frac{\mathrm{d}F}{\mathrm{d}t}=\frac{\mathrm{d}}{\mathrm{d}t}\left\{\int_0^t\left[\frac{1}{3}\int_0^z(z-x)^3 f(x)\mathrm{d}x\right]\mathrm{d}z\right\}$$

$$=\frac{1}{3}\int_0^t(t-x)^3 f(x)\mathrm{d}x.$$

知识点	（1）交换积分次序； （2）变限积分的导数.

§6.4　曲面积分

知识要点

6.4.1　第一型曲面积分

6.4.1.1　定义

设 S 是空间中可求面积的曲面，$f(x,y,z)$ 为定义在 S 上的函数，对曲面 S 作分割 T，它把 S 分成 n 个小曲面块 $S_i(i=1,2,\cdots,n)$，以 ΔS_i 记小曲面块 S_i 的面积，分割 T 的细度 $\|T\|=\max\limits_{1\leqslant i\leqslant n}\{S_i\text{的直径}\}$，在 S_i 上任取一点 $(\xi_i,\eta_i,\varsigma_i)(i=1,2,\cdots,n)$，若极限

$$\lim_{\|T\|\to 0}\sum_{i=1}^{n} f(\xi_i,\eta_i,\varsigma_i)\Delta S_i$$

存在，且与分割 T 与 $(\xi_i,\eta_i,\varsigma_i)(i=1,2,\cdots,n)$ 的取法无关，则称此极限为 $f(x,y,z)$ 在 S 上的第一型曲面积分，记作 $\iint_S f(x,y,z)\mathrm{d}S.$

6.4.1.2　第一型曲面积分的计算

设有光滑曲面 $S:z=z(x,y),(x,y)\in D$，$f(x,y,z)$ 为 S 上的连续函数，则

$$\iint_S f(x,y,z)\mathrm{d}S=\iint_D f(x,y,z(x,y))\sqrt{1+f_x^2+f_y^2}\,\mathrm{d}x\mathrm{d}y.$$

6.4.2　第二型曲面积分

6.4.2.1　定义

设 P,Q,R 为定义在双侧曲面 S 上的函数，在 S 所指定的一侧作分割 T，它把 S 分为 n 个小曲面 $S_1,S_2,\cdots,S_n$，分割 T 的细度 $\|T\|=\max\limits_{1\leqslant i\leqslant n}\left\{S_i\text{的直径}\right\}$，以 $\Delta \mathrm{S}_{i_{yz}},\Delta S_{i_{zx}},\Delta S_{i_{xy}}$ 分别表示 S_i 在

三个坐标面上的投影区域的面积，它们的符号由 S_i 的方向来确定.如 S_i 的法线正向与 z 轴正向成锐角时，S_i 在 xy 平面的投影区域的面积 $\Delta S_{i_{xy}}$ 为正．反之，若 S_i 法线正向与 z 轴正向成钝角时，它在 xy 平面的投影区域的面积 $\Delta S_{i_{xy}}$ 为负．在各个小曲面 S_i 上任取一点 (ξ_i,η_i,ζ_i)．若

$$\lim_{\|T\|\to 0}\sum_{i=1}^{n}P(\xi_i,\eta_i,\zeta_i)\Delta S_{i_{yz}}+\lim_{\|T\|\to 0}\sum_{i=1}^{n}Q(\xi_i,\eta_i,\zeta_i)\Delta S_{i_{zx}}+\lim_{\|T\|\to 0}\sum_{i=1}^{n}R(\xi_i,\eta_i,\zeta_i)\Delta S_{i_{xy}}$$

存在，且与曲面 S 的分割 T 和 (ξ_i,η_i,ζ_i) 在 S_i 上的取法无关，则称此极限为函数 P,Q,R 在曲面 S 所指定的一侧上的第二型曲面积分，记作

$$\iint_S P(x,y,z)\mathrm{d}y\mathrm{d}z+Q(x,y,z)\mathrm{d}z\mathrm{d}x+R(x,y,z)\mathrm{d}x\mathrm{d}y$$

或

$$\iint_S P(x,y,z)\mathrm{d}y\mathrm{d}z+\iint_S Q(x,y,z)\mathrm{d}z\mathrm{d}x+\iint_S R(x,y,z)\mathrm{d}x\mathrm{d}y.$$

6.4.2.2 第二型曲面积分的性质

（1）线性组合性

若 $\iint_S P_i\mathrm{d}y\mathrm{d}z+Q_i\mathrm{d}z\mathrm{d}x+R_i\mathrm{d}x\mathrm{d}y(i=1,2,\cdots,k)$ 存在，则有

$$\begin{aligned}&\iint_S\left(\sum_{i=1}^{k}c_iP_i\right)\mathrm{d}y\mathrm{d}z+\left(\sum_{i=1}^{k}c_iQ_i\right)\mathrm{d}z\mathrm{d}x+\left(\sum_{i=1}^{k}c_iR_i\right)\mathrm{d}x\mathrm{d}y\\&=\sum_{i=1}^{k}c_i\iint_S P_i\mathrm{d}y\mathrm{d}z+Q_i\mathrm{d}z\mathrm{d}x+R_i\mathrm{d}x\mathrm{d}y,\end{aligned}$$

其中 $c_i(i=1,2,\cdots,k)$ 是常数.

（2）曲面可加性

若曲线 S 是由两两无公共内点的曲面块 $S_1,S_2,\cdots,S_k$ 所组成，且 $\iint_{S_i}P\mathrm{d}y\mathrm{d}z+Q\mathrm{d}z\mathrm{d}x+R\mathrm{d}x\mathrm{d}y(i=1,2,\cdots,k)$ 存在，则有

$$\iint_S P\mathrm{d}y\mathrm{d}z+Q\mathrm{d}z\mathrm{d}x+R\mathrm{d}x\mathrm{d}y=\sum_{i=1}^{k}\iint_{S_i}P\mathrm{d}y\mathrm{d}z+Q\mathrm{d}z\mathrm{d}x+R\mathrm{d}x\mathrm{d}y.$$

6.4.2.3 两类曲面积分的关系

$$\iint_S P\mathrm{d}y\mathrm{d}z+Q\mathrm{d}z\mathrm{d}x+R\mathrm{d}x\mathrm{d}y=\iint_S[P\cos\alpha+Q\cos\beta+R\cos\gamma]\mathrm{d}S,$$

其中 $(\cos\alpha,\cos\beta,\cos\gamma)$ 表示曲面法向量的方向余弦.

6.4.2.4 第二型曲面计的计算

（1）高斯公式

设空间区域 V 由分片光滑的双侧封闭曲面 S 围成．若函数 P,Q,R 在 V 上连续，且有

一阶连续偏导数，则

$$\iiint\limits_V\left(\frac{\partial P}{\partial x}+\frac{\partial Q}{\partial y}+\frac{\partial R}{\partial z}\right)\mathrm{d}x\mathrm{d}y\mathrm{d}z=\oiint\limits_S P\mathrm{d}y\mathrm{d}z+Q\mathrm{d}z\mathrm{d}x+R\mathrm{d}x\mathrm{d}y,$$

其中 S 取外侧.

（2）斯托克斯公式

设光滑曲面 S 的边界 $\overline{L}$ 是按段光滑的连续曲线．若函数 P,Q,R 在 S（连同 $\overline{L}$）上连续，且有一阶连续偏导数，则

$$\iint\limits_S\left(\frac{\partial R}{\partial y}-\frac{\partial Q}{\partial z}\right)\mathrm{d}y\mathrm{d}z+\left(\frac{\partial P}{\partial z}-\frac{\partial R}{\partial x}\right)\mathrm{d}z\mathrm{d}x+\left(\frac{\partial Q}{\partial x}-\frac{\partial P}{\partial y}\right)\mathrm{d}x\mathrm{d}y=\oint_{\overline{L}}P\mathrm{d}x+Q\mathrm{d}y+R\mathrm{d}z,$$

其中 S 的侧与 $\overline{L}$ 的方向按右手法则确定.

（3）两类曲面积分的关系

$$\iint\limits_S P\mathrm{d}y\mathrm{d}z+Q\mathrm{d}z\mathrm{d}x+R\mathrm{d}x\mathrm{d}y=\iint\limits_S[P\cos\alpha+Q\cos\beta+R\cos\gamma]\mathrm{d}S,$$

其中 $(\cos\alpha,\cos\beta,\cos\gamma)$ 表示曲面法向量的方向余弦.

（4）化为二重积分

①设 R 是定义在光滑曲面 $S:z=z(x,y),(x,y)\in D_{xy}$ 上的连续函数，以 S 的上侧为正侧（这时 S 的法线方向与 z 轴正向成锐角），则有

$$\iint\limits_S R(x,y,z)\mathrm{d}x\mathrm{d}y=\iint\limits_{D_{xy}}R\big(x,y,z(x,y)\big)\mathrm{d}x\mathrm{d}y.$$

②当 P 在光滑曲面 $S:x=x(y,z),(y,z)\in D_{yz}$ 上连续时，以 S 的前侧为正侧（这时 S 的法线方向与 x 轴正向成锐角），则有

$$\iint\limits_S P(x,y,z)\mathrm{d}y\mathrm{d}z=\iint\limits_{D_{yz}}P\big(x(y,z),y,z\big)\mathrm{d}y\mathrm{d}z.$$

③当 Q 在光滑曲面 $S:y=y(z,x),(z,x)\in D_{zx}$ 上连续时，以 S 的右侧为正侧（这时 S 的法线方向与 y 轴正向成锐角），则有

$$\iint\limits_S Q(x,y,z)\mathrm{d}z\mathrm{d}x=\iint\limits_{D_{zx}}Q\big(x,y(z,x),z\big)\mathrm{d}z\mathrm{d}x.$$

（5）同一投影法

①设 $S:z=z(x,y),(x,y)\in D_{xy}$ 是光滑曲面，P,Q,R 在 S 上连续，以 S 的上侧为正侧（这时 S 的法线方向与 z 轴正向成锐角），则有

$$\iint\limits_S P\mathrm{d}y\mathrm{d}z+Q\mathrm{d}z\mathrm{d}x+R\mathrm{d}x\mathrm{d}y=\iint\limits_{D_{xy}}\left[P\cdot(-z_x)+Q\cdot(-z_y)+R\right]\mathrm{d}x\mathrm{d}y.$$

②设 $S:x=x(y,z),(y,z)\in D_{yz}$ 是光滑曲面，P,Q,R 在 S 上连续，以 S 的前侧为正侧（这

时 S 的法线方向与 x 轴正向成锐角），则有

$$\iint_S P\mathrm{d}y\mathrm{d}z + Q\mathrm{d}z\mathrm{d}x + R\mathrm{d}x\mathrm{d}y = \iint_{D_{yz}} \left[P + Q\cdot(-x_y) + R\cdot(-x_z)\right]\mathrm{d}y\mathrm{d}z.$$

③设 $S: y = y(z,x),(z,x)\in D_{zx}$ 是光滑曲面，P,Q,R 在 S 上连续，以 S 的右侧为正侧（这时 S 的法线方向与 y 轴正向成锐角），则有

$$\iint_S P\mathrm{d}y\mathrm{d}z + Q\mathrm{d}z\mathrm{d}x + R\mathrm{d}x\mathrm{d}y = \iint_{D_{zx}} \left[P\cdot(-y_x) + Q + R\cdot(-y_z)\right]\mathrm{d}z\mathrm{d}x.$$

典 型 题 型

6.4.3 第一型曲面积分

【例 1】 计算曲面积分 $I = \iint_\Sigma z\mathrm{d}S$，$\sum: x^2 + y^2 + z^2 = R^2$.

解：设 $\sum_1$ 表示上半球面：$z_1 = \sqrt{R^2 - x^2 - y^2}$，

$\sum_2$ 表示下半球面：$z_2 = \sqrt{R^2 - x^2 - y^2}$，

所以

$$\begin{aligned} I &= \iint_\Sigma z\mathrm{d}s \\ &= \iint_{x^2+y^2\leqslant R^2} \sqrt{R^2 - x^2 - y^2}\sqrt{1 + \left(\frac{\partial z_1}{\partial x}\right)^2 + \left(\frac{\partial z_1}{\partial y}\right)^2}\mathrm{d}x\mathrm{d}y \\ &\quad + \iint_{x^2+y^2\leqslant R^2} (-\sqrt{R^2 - x^2 - y^2})\sqrt{1 + \left(\frac{\partial z_2}{\partial x}\right)^2 + \left(\frac{\partial z_2}{\partial y}\right)^2}\mathrm{d}x\mathrm{d}y \\ &= 0. \end{aligned}$$

知识点	（1）直接计算：化为二重积分； （2）利用曲面积分的对称性.

【例 2】 设 V 为 R^3 中的有界区域，体积为 $\frac{1}{2}$，V 关于平面 $x = 1$ 对称，边界是光滑闭曲面 $\sum$，α 是 $\sum$ 的外法线与 x 轴正向夹角，计算 $I = \iint_\Sigma x^2\cos\alpha\mathrm{d}S$.

解：由高斯公式，得

$$I = \iint_\Sigma x^2\cos\alpha\mathrm{d}S = \iint_\Sigma x^2\mathrm{d}y\mathrm{d}z = 2\iiint_V x\mathrm{d}x\mathrm{d}y\mathrm{d}z,$$

作平移变换，令 $x = X + 1, y = Y, z = Z$，

则 $J = 1, V \to V', V'$ 关于平面 $X = 0$ 对称，于是

$$I=2\iiint\limits_{V}x\mathrm{d}x\mathrm{d}y\mathrm{d}z=2\iiint\limits_{V'}(X+1)\mathrm{d}X\mathrm{d}Y\mathrm{d}Z$$

$$=2\iiint\limits_{V'}X\mathrm{d}X\mathrm{d}Y\mathrm{d}Z+2\iiint\limits_{V'}\mathrm{d}X\mathrm{d}Y\mathrm{d}Z=2\times\frac{1}{2}=1.$$

知识点	（1）两类曲面积分的关系； （2）三重积分换元法； （3）三重积分对称性.

【例 3】设$\sum$为光滑闭曲面，$\vec{n}$为$\sum$上点(x,y,z)除的外法线，$r=x\vec{i}+y\vec{j}+z\vec{k}$, 在下面两种情况计算曲面积分$\oiint\limits_{\Sigma}\frac{\cos(r,n)}{r^2}\mathrm{d}S$：（1）$\sum$不包含原点；（2）$\sum$包含原点.

解：设$n=\{\cos\alpha,\cos\beta,\cos\gamma\}$, 则$\cos(r,n)=\frac{x}{r}\cos\alpha+\frac{y}{r}\cos\beta+\frac{z}{r}\cos\gamma$, 于是

$$\oiint\limits_{\Sigma}\frac{\cos(r,n)}{r^2}\mathrm{d}S=\iint\limits_{\Sigma}\frac{1}{r^2}\left[\frac{x}{r}\cos\alpha+\frac{y}{r}\cos\beta+\frac{z}{r}\cos\gamma\right]\mathrm{d}S$$

$$=\iint\limits_{\Sigma}\frac{x}{r^3}\mathrm{d}y\mathrm{d}z+\frac{y}{r^3}\mathrm{d}x\mathrm{d}z+\frac{z}{r^3}\mathrm{d}x\mathrm{d}y. \qquad (A)$$

（1）$\sum$不包含原点时，

$$\oiint\limits_{\Sigma}\frac{\cos(r,n)}{r^2}\mathrm{d}S=\iiint\limits_{V}\left[\frac{\partial}{\partial x}\left(\frac{x}{r^3}\right)+\frac{\partial}{\partial y}\left(\frac{y}{r^3}\right)+\frac{\partial}{\partial z}\left(\frac{z}{r^3}\right)\right]\mathrm{d}x\mathrm{d}y\mathrm{d}z$$

$$=\iiint\limits_{V}\left[\frac{3}{r^3}-\frac{3(x^2+y^2+z^2)}{r^5}\right]\mathrm{d}x\mathrm{d}y\mathrm{d}z$$

$$=\iiint\limits_{V}\left[\frac{3}{r^3}-\frac{3r^2}{r^5}\right]\mathrm{d}x\mathrm{d}y\mathrm{d}z=0.$$

（2）$\sum$包含原点时，在$\sum$内作一球面$\sum_1:x^2+y^2+z^2=a^2$, 则

$$\oiint\limits_{\Sigma}\frac{\cos(r,n)}{r^2}\mathrm{d}S=\oiint\limits_{\Sigma_1}\frac{\cos 0}{a^2}\mathrm{d}S$$

$$=\frac{1}{a^2}\oiint\limits_{\Sigma_1}\mathrm{d}S=\frac{1}{a^2}\cdot 4\pi a^2=4\pi.$$

或由（A）可知，三积分具有轮换对称性，故三积分应相等

$$\iint\limits_{\Sigma}\frac{x}{r^3}\mathrm{d}y\mathrm{d}z+\frac{y}{r^3}\mathrm{d}x\mathrm{d}z+\frac{z}{r^3}\mathrm{d}x\mathrm{d}y=3\oiint\limits_{\Sigma}\frac{z}{r^3}\mathrm{d}x\mathrm{d}y$$

$$=3\left[\oiint\limits_{\Sigma_{上}}\frac{z}{r^3}\mathrm{d}x\mathrm{d}y+\oiint\limits_{\Sigma_{下}}\frac{z}{r^3}\mathrm{d}x\mathrm{d}y\right]$$

$$=3\left[\iint\limits_{D}\frac{\sqrt{a^2-x^2-y^2}}{a^3}\mathrm{d}\sigma+\iint\limits_{D}\frac{-\sqrt{a^2-x^2-y^2}}{a^3}(-\mathrm{d}\sigma)\right]$$

$$=\frac{6}{a^3}\iint\limits_{D}\sqrt{a^2-x^2-y^2}\mathrm{d}\sigma=\frac{6}{a^3}\cdot\frac{2}{3}\pi a^3=4\pi.$$

或

$$\iint_{\Sigma}\frac{x}{r^3}\mathrm{d}y\mathrm{d}z+\frac{y}{r^3}\mathrm{d}x\mathrm{d}z+\frac{z}{r^3}\mathrm{d}x\mathrm{d}y$$

$$=\oiint_{\Sigma}\frac{1}{r^2}(\cos^2\alpha+\cos^2\beta+\cos^2\gamma)\mathrm{d}S$$

$$=\oiint_{\Sigma}\frac{1}{r^2}\mathrm{d}S=\frac{1}{a^2}\oiint_{\Sigma}\mathrm{d}S=\frac{1}{a^2}\cdot 4\pi a^2=4\pi.$$

知识点	（1）两类曲面积分的关系； （2）高斯公式.

6.4.4 第二型曲面积分

【例 1】计算曲面积分 $\iint_{\Sigma}x^2\mathrm{d}y\mathrm{d}z+y^2\mathrm{d}z\mathrm{d}x+z^2\mathrm{d}x\mathrm{d}y$，其中 $\sum$ 为圆锥曲面 $z^2=x^2+y^2$ 被平面 $z=0,z=2$ 所截部分的外侧.

解：

$$\iint_{\Sigma}x^2\mathrm{d}y\mathrm{d}z+y^2\mathrm{d}z\mathrm{d}x+z^2\mathrm{d}x\mathrm{d}y$$

$$=\iiint_V(x+y+z)\mathrm{d}x\mathrm{d}y\mathrm{d}z$$

$$=\int_0^2\int_0^2\int_0^{2\pi}(r\cos\theta+r\sin\theta+z)r\mathrm{d}\theta\mathrm{d}r\mathrm{d}z$$

$$=\int_0^2\mathrm{d}z\int_0^z r^2\mathrm{d}r\int_0^{2\pi}(\cos\theta+\sin\theta)\mathrm{d}\theta+\int_0^2 z\mathrm{d}z\int_0^z r\mathrm{d}r\int_0^{2\pi}\mathrm{d}\theta$$

$$=4\pi.$$

知识点	（1）高斯公式； （2）球面坐标变换.

【例 2】计算曲面积分 $I=\iint_{\Sigma}(x^3+az^2)\mathrm{d}y\mathrm{d}z+(y^3+ax^2)\mathrm{d}z\mathrm{d}x+(z^3+ay^2)\mathrm{d}x\mathrm{d}y$，其中 $\sum$ 为上半球面 $z=\sqrt{a^2-x^2-y^2}$ 的上侧.

解： 补充圆面 $\sum_1: x^2+y^2\leqslant a^2, z=0$，并取下侧为正向，

则它与曲面 $\sum$ 构成封闭曲面.

这里，$P(x,y,z)=x^3+az^2$，$Q(x,y,z)=y^3+ax^2$，$R(x,y,z)=z^3+ay^2$，

则 $\dfrac{\partial P}{\partial x}=3x^2,\dfrac{\partial Q}{\partial y}=3y^2,\dfrac{\partial R}{\partial z}=3z^2$，

于是由高斯公式，有

$$\iint_{\Sigma+\Sigma_1}(x^3+az^2)\mathrm{d}y\mathrm{d}z+(y^3+ax^2)\mathrm{d}z\mathrm{d}x+(z^3+ay^2)\mathrm{d}x\mathrm{d}y$$

$$=\iiint_V\left(\frac{\partial P}{\partial x}+\frac{\partial Q}{\partial y}+\frac{\partial R}{\partial z}\right)\mathrm{d}x\mathrm{d}y\mathrm{d}z$$

$$=\iiint\limits_V (3x^2+3y^2+3z^2)\mathrm{d}x\mathrm{d}y\mathrm{d}z$$

$$=3\iiint\limits_V (x^2+y^2+z^2)\mathrm{d}x\mathrm{d}y\mathrm{d}z$$

$$=3\iiint\limits_{V'} r^2\cdot r^2\sin\varphi\mathrm{d}r\mathrm{d}\varphi\mathrm{d}\theta=3\iiint\limits_{V'} r^4\sin\varphi\mathrm{d}r\mathrm{d}\varphi\mathrm{d}\theta$$

$$=3\int_0^{2\pi}\mathrm{d}\theta\cdot\int_0^a r^4\mathrm{d}r\cdot\int_0^{\frac{\pi}{2}}\sin\varphi\mathrm{d}\varphi$$

$$=3\cdot 2\pi\cdot\frac{1}{5}r^5\Big|_0^a\cdot(-\cos\varphi)\Big|_0^{\frac{\pi}{2}}$$

$$=-\frac{6}{5}\pi(a^5-0)(0-1)=\frac{6}{5}\pi a^5.$$

又 $\iint\limits_{\Sigma_1}(x^3+az^2)\mathrm{d}y\mathrm{d}z+(y^3+ax^2)\mathrm{d}z\mathrm{d}x+(z^3+ay^2)\mathrm{d}x\mathrm{d}y$

$$=\iint\limits_{\Sigma_1} ay^2\mathrm{d}x\mathrm{d}y=a\iint\limits_{\Sigma_1} y^2\mathrm{d}x\mathrm{d}y$$

$$=a\iint\limits_{D_{xy}}(r\sin\theta)^2\cdot r\mathrm{d}r\mathrm{d}\theta=a\iint\limits_{D_{xy}} r^3\sin^2\theta\mathrm{d}r\mathrm{d}\theta$$

$$=a\int_0^{2\pi}\sin^2\theta\mathrm{d}\theta\cdot\int_0^a r^3\mathrm{d}r$$

$$=a\cdot\frac{\theta-\frac{1}{2}\sin 2\theta}{2}\Bigg|_0^{2\pi}\cdot\frac{1}{4}r^4\Bigg|_0^a=a\cdot\pi\cdot\frac{1}{4}a^4=\frac{1}{4}\pi a^5,$$

故 $I=\iint\limits_{\Sigma}(x^3+az^2)\mathrm{d}y\mathrm{d}z+(y^3+ax^2)\mathrm{d}z\mathrm{d}x+(z^3+ay^2)\mathrm{d}x\mathrm{d}y$

$$=\frac{6}{5}\pi a^5-\frac{1}{4}\pi a^5=\frac{19}{20}\pi a^5.$$

知识点	（1）高斯公式； （2）球面坐标变换．

【例 3】计算曲面积分 $\iint_{\Sigma} yz\mathrm{d}y\mathrm{d}z+(x^2+z^2)y\mathrm{d}z\mathrm{d}x+xy\mathrm{d}x\mathrm{d}y$，其中 $\sum$ 是曲面 $4-y=x^2+z^2$ 上 $y\geqslant 0$ 的那部分正侧．

解：记 $\sum_1=\{(x,y,z)\,|\,x^2+z^2\leqslant 4, y=0\}$（取左侧），

$V=\{(x,y,z)\,|\,0\leqslant y\leqslant 4-x^2-z^2\}$，则 $\partial V=\sum+\sum_1$，由高斯公式知，

$$\iint_{\Sigma} yz\mathrm{d}y\mathrm{d}z+(x^2+z^2)y\mathrm{d}z\mathrm{d}x+xy\mathrm{d}x\mathrm{d}y$$

$$=\iint_{\Sigma+\Sigma_1} yz\mathrm{d}y\mathrm{d}z+(x^2+z^2)y\mathrm{d}z\mathrm{d}x+xy\mathrm{d}x\mathrm{d}y-\iint_{\Sigma_1} yz\mathrm{d}y\mathrm{d}z+(x^2+z^2)y\mathrm{d}z\mathrm{d}x+xy\mathrm{d}x\mathrm{d}y$$

$$=\iiint\limits_V (x^2+z^2)\mathrm{d}x\mathrm{d}y\mathrm{d}z+0$$

$$=\iiint\limits_V (x^2+z^2)\mathrm{d}x\mathrm{d}y\mathrm{d}z=\int_0^4 \mathrm{d}y \iint\limits_{x^2+z^2\leqslant 4-y} (x^2+z^2)\mathrm{d}x\mathrm{d}z$$

$$=2\pi\int_0^4 \frac{1}{4}(4-y)^2\mathrm{d}y=-\frac{\pi}{6}\left[(4-y)^3\right]_0^4=\frac{32\pi}{3}.$$

知识点	（1）高斯公式； （2）先二后一； （3）极坐标变换．

【例 4】计算曲面积分 $I=\iint_\Sigma yz\mathrm{d}x\mathrm{d}y+zx\mathrm{d}y\mathrm{d}z+xy\mathrm{d}z\mathrm{d}x$ 其中 $\sum$ 为由：$x^2+y^2=R^2, z=h$ $(h,r>0)$ 及三个坐标面所围的第一卦限部分的外侧．

解：

$$I=\iint_\Sigma yz\mathrm{d}x\mathrm{d}y+zx\mathrm{d}y\mathrm{d}z+xy\mathrm{d}z\mathrm{d}x$$

$$=\iiint\limits_V (y+z+x)\mathrm{d}x\mathrm{d}y\mathrm{d}z$$

$$=\int_0^h\int_0^{\frac{\pi}{2}}\int_0^a (r\cos\theta+r\sin\theta+z)\mathrm{d}r\mathrm{d}\theta\mathrm{d}z$$

$$=\int_0^h \mathrm{d}z\int_0^{\frac{\pi}{2}}(\cos\theta+\sin\theta)\mathrm{d}\theta\int_0^a r\mathrm{d}r+\int_0^h z\mathrm{d}z\int_0^{\frac{\pi}{2}}\mathrm{d}\theta\int_0^a \mathrm{d}r$$

$$=ha^2+\frac{\pi h^2 a}{4}.$$

知识点	（1）高斯公式； （2）柱面坐标变换．

【例 5】计算曲面积分 $\iint\limits_\Sigma f(x)\mathrm{d}y\mathrm{d}z+g(y)\mathrm{d}z\mathrm{d}x+h(z)\mathrm{d}x\mathrm{d}y$，其中 $f(x),g(y),h(z)$ 为连续函数，$\sum$ 为平行六面条体 $0\leqslant x\leqslant a, 0\leqslant y\leqslant b, 0\leqslant z\leqslant c$ 外表面．

解：$\sum=\sum_1\cup\sum_2\cup\sum_3\cup\sum_4\cup\sum_5\cup\sum_6$，分别表示前后、左右、上下表面，

$$\iint\limits_{\Sigma_1\cup\Sigma_2} f(x)\mathrm{d}y\mathrm{d}z+g(y)\mathrm{d}z\mathrm{d}x+h(z)\mathrm{d}x\mathrm{d}y=\iint\limits_{\Sigma_1\cup\Sigma_2} f(x)\mathrm{d}y\mathrm{d}z$$

$$=\iint\limits_{D_{yz}} f(a)\mathrm{d}y\mathrm{d}z-\iint\limits_{D_{yz}} f(0)\mathrm{d}y\mathrm{d}z=[f(a)-f(0)]bc.$$

$$\iint\limits_{\Sigma_3\cup\Sigma_4} f(x)\mathrm{d}y\mathrm{d}z+g(y)\mathrm{d}z\mathrm{d}x+h(z)\mathrm{d}x\mathrm{d}y=\iint\limits_{\Sigma_3\cup\Sigma_4} g(y)\mathrm{d}x\mathrm{d}z$$

$$=\iint\limits_{D_{xz}} g(b)\mathrm{d}x\mathrm{d}z-\iint\limits_{D_{xz}} g(0)\mathrm{d}x\mathrm{d}z=[g(b)-g(0)]ac.$$

$$\iint\limits_{\Sigma_5\cup\Sigma_6} f(x)\mathrm{d}y\mathrm{d}z+g(y)\mathrm{d}z\mathrm{d}x+h(z)\mathrm{d}x\mathrm{d}y=\iint\limits_{\Sigma_5\cup\Sigma_6} h(z)\mathrm{d}y\mathrm{d}x$$

$$=\iint\limits_{D_{xy}} h(c)\mathrm{d}y\mathrm{d}x-\iint\limits_{D_{xy}} h(0)\mathrm{d}y\mathrm{d}x=[h(c)-h(0)]ab.$$

所以

$$\iint_{\Sigma} f(x)\mathrm{d}y\mathrm{d}z+g(y)\mathrm{d}z\mathrm{d}x+h(z)\mathrm{d}x\mathrm{d}y$$
$$=[f(a)-f(0)]bc+[g(b)-g(0)]ac+[h(c)-h(0)]ab.$$

知识点	（1）化为二重积分； （2）曲面可加性．

【例 6】计算曲面积分 $\iint\limits_{\Sigma} x^3\mathrm{d}y\mathrm{d}z$，其中 $\sum: x^2+y^2+z^2=a^2(a>0)$ 在第一卦限部分，取外侧．

解：补上平面 $\sum_1: z=0$，取下侧；$\sum_2: y=0$，取左侧；$\sum_3: x=0$，取后侧，记 $\sum'=\sum+\sum_1+\sum_2+\sum_3$，由高斯公式

$$\oiint\limits_{\Sigma'} x^3\mathrm{d}y\mathrm{d}z=3\iiint\limits_{\Omega} x^2\mathrm{d}x\mathrm{d}y\mathrm{d}z$$
$$=\iiint\limits_{\Omega}(x^2+y^2+z^2)\mathrm{d}x\mathrm{d}y\mathrm{d}z$$
$$=\int_0^{\frac{\pi}{2}}\mathrm{d}\theta\int_0^{\frac{\pi}{2}}\mathrm{d}\varphi\int_0^a r^4\sin\varphi\mathrm{d}r=\frac{\pi}{10}a^5,$$

而 $\iint\limits_{\Sigma_1} x^3\mathrm{d}y\mathrm{d}z=\iint\limits_{\Sigma_2} x^3\mathrm{d}y\mathrm{d}z=\iint\limits_{\Sigma_3} x^3\mathrm{d}y\mathrm{d}z=0$，

所以 $\iint\limits_{\Sigma} x^3\mathrm{d}y\mathrm{d}z=\frac{\pi}{10}a^5$．

知识点	（1）高斯公式； （2）曲面可加性．

【例 7】计算曲面积分 $I=\iint\limits_{\Sigma}\frac{z\mathrm{d}x\mathrm{d}y+x\mathrm{d}y\mathrm{d}z+y\mathrm{d}z\mathrm{d}x}{(x^2+y^2+z^2)^{\frac{3}{2}}}$ 其中 $\sum$ 由以下两种形式：

（1）$\sum: z=\sqrt{a^2-x^2-y^2}$ 取上侧为正侧；

（2）$\sum: z=\sqrt{1-\frac{x^2}{2}-\frac{y^2}{3}}$ 取上侧为正侧．

解：

（1）取 $\sum_1: z=0, x^2+y^2\leqslant a^2$ 取下侧为正侧，则

$$\iint\limits_{\Sigma_1} z\mathrm{d}x\mathrm{d}y+x\mathrm{d}y\mathrm{d}z+y\mathrm{d}z\mathrm{d}x=0,$$

取 V：$x^2+y^2+z^2\leqslant a^2, z\geqslant 0$，

因为：$\sum: z=\sqrt{a^2-x^2-y^2}$，则

$$I=\iint\limits_{\Sigma} z\mathrm{d}x\mathrm{d}y+x\mathrm{d}y\mathrm{d}z+y\mathrm{d}z\mathrm{d}x$$

$$=\iint_{\Sigma+\Sigma_1} z\mathrm{d}x\mathrm{d}y + x\mathrm{d}y\mathrm{d}z + y\mathrm{d}z\mathrm{d}x - \iint_{\Sigma_1} z\mathrm{d}x\mathrm{d}y + x\mathrm{d}y\mathrm{d}z + y\mathrm{d}z\mathrm{d}x$$

$$=\iiint_V 3\mathrm{d}x\mathrm{d}y\mathrm{d}z - 0 = 2\pi.$$

（2）取$\sum_1 : x^2+y^2+z^2=r^2$，$z\geqslant 0$取内侧为正侧，这里r充分小，使得$\sum_1$在$\sum$内部，由（1）可知

$$I=\iint_{\Sigma_1}\frac{z\mathrm{d}x\mathrm{d}y + x\mathrm{d}y\mathrm{d}z + y\mathrm{d}z\mathrm{d}x}{(x^2+y^2+z^2)^{\frac{3}{2}}}=2\pi;$$

取$\sum_2 : z=0, x^2+y^2\geqslant r^2, \dfrac{x^2}{2}+\dfrac{y^2}{3}\leqslant 1$取下侧为正侧，则

$$\iint_{\Sigma_2} z\mathrm{d}x\mathrm{d}y + x\mathrm{d}y\mathrm{d}z + y\mathrm{d}z\mathrm{d}x = 0.$$

V为由$\sum,\sum_1,\sum_2$围成的区域，

则$I=\iint_{\Sigma}\dfrac{z\mathrm{d}x\mathrm{d}y + x\mathrm{d}y\mathrm{d}z + y\mathrm{d}z\mathrm{d}x}{(x^2+y^2+z^2)^{\frac{3}{2}}}$

$$=\iint_{\Sigma+\Sigma_1+\Sigma_2} - \iint_{\Sigma_1} - \iint_{\Sigma_2}$$

$$=0-\iint_{\Sigma_1}-\iint_{\Sigma_2}=2\pi.$$

知识点	（1）高斯公式； （2）三重积分体积公式.

§6.5 积分学中的典型问题

对 称 性

6.5.1 定积分

设$f(x)$在$[-a,a]$上可积，则：

（1）若$f(x)$为$[-a,a]$上的奇函数，则$\int_{-a}^{a} f(x)\mathrm{d}x=0$；

（2）若$f(x)$为$[-a,a]$上的偶函数，则$\int_{-a}^{a} f(x)\mathrm{d}x=2\int_0^a f(x)\mathrm{d}x$.

6.5.2 二重积分

（1）D关于x轴对称

设函数$f(x,y)$在xOy平面上的有界区域D上连续，则

①如果 $f(x,y)$ 是关于 y 的奇函数，即 $f(x,-y)=-f(x,y)$，$(x,y)\in D$，则

$$\iint_D f(x,y)\mathrm{d}\sigma=0;$$

②如果 $f(x,y)$ 是关于 y 的偶函数，即 $f(x,-y)=f(x,y)$，$(x,y)\in D$，则

$$\iint_D f(x,y)\mathrm{d}\sigma=2\iint_{D_1} f(x,y)\mathrm{d}\sigma.$$

其中 D_1 是 D 在 x 轴上方的平面区域.

（2） D 关于 y 轴对称

设函数 $f(x,y)$ 在 xOy 平面上的有界区域 D 上连续，则

①如果 $f(x,y)$ 是关于 x 的奇函数，即 $f(-x,y)=-f(x,y)$，$(x,y)\in D$，则

$$\iint_D f(x,y)\mathrm{d}\sigma=0;$$

②如果 $f(x,y)$ 是关于 x 的偶函数，即 $f(-x,y)=f(x,y)$，$(x,y)\in D$，则

$$\iint_D f(x,y)\mathrm{d}\sigma=2\iint_{D_1} f(x,y)\mathrm{d}\sigma.$$

其中 D_1 是 D 在 y 轴右方的平面区域.

（3） D 关于 x 轴对称又关于 y 轴对称

设函数 $f(x,y)$ 在 xOy 平面上的有界区域 D 上连续，则

①若 $f(x,y)$ 关于变量 x,y 均为偶函数，则 $\iint_D f(x,y)\mathrm{d}\sigma=4\iint_{D_1} f(x,y)\mathrm{d}\sigma$.

其中 D_1 是区域 D 在第一象限的部分，$D_1=\{(x,y)\in D\mid x\geqslant 0,y\geqslant 0\}$.

②若 $f(x,y)$ 关于变量 x 或变量 y 为奇函数，则 $\iint_D f(x,y)\mathrm{d}\sigma=0$.

（4） D 关于原点对称

设 $f(x,y)$ 在 xOy 平面上的有界区域 D 上连续，则

①如果 $f(-x,-y)=-f(x,y)$，$(x,y)\in D$，则 $\iint_D f(x,y)\mathrm{d}\sigma=0$;

②如果 $f(-x,-y)=f(x,y)$，$(x,y)\in D$，则

$$\iint_D f(x,y)\mathrm{d}\sigma=2\iint_{D_1} f(x,y)\mathrm{d}\sigma=2\iint_{D_2} f(x,y)\mathrm{d}\sigma,$$

其中 $D_1=\{(x,y)\in D\mid x\geqslant 0\}$，$D_2=\{(x,y)\in D\mid y\geqslant 0\}$.

（5） D 关于 $y=x$ 对称

设 $f(x,y)$ 在 xOy 平面上的有界区域 D 上连续，则

① $\iint_D f(x,y)\mathrm{d}\sigma=\iint_D f(y,x)\mathrm{d}\sigma=\iint_D[f(x,y)+f(y,x)]\mathrm{d}\sigma$;

②若 $f(x,y)$ 关于变量轮换反对称，即 $f(x,y)=-f(y,x)$，则

$$\iint_D f(x,y)\mathrm{d}\sigma = 0;$$

③若 $f(x,y)$ 关于变量轮换对称，即 $f(x,y)=f(y,x)$，则

$$\iint_D f(x,y)\mathrm{d}\sigma = \iint_{D_1} f(x,y)\mathrm{d}\sigma,$$

其中 D_1 表示 D 在直线 $y=x$ 下方的部分.

6.5.3　三重积分

（1）V 关于 xOy 平面对称

设函数 $f(x,y,z)$ 是定义在空间有界区域 V 上的连续函数，则

①若 $f(x,y,z)$ 是关于变量 z 的奇函数，则 $\iiint_V f(x,y,z)\mathrm{d}V = 0;$

②若 $f(x,y,z)$ 是关于变量 z 的偶函数，则

$$\iiint_V f(x,y,z)\mathrm{d}V = 2\iiint_{V_1} f(x,y,z)\mathrm{d}V.$$

其中 V_1 是 V 的前半部分，$V_1=\{(x,y,z)|z\geqslant 0,(x,y,z)\in V\}$.

（2）V 关于 yOz 平面对称

设函数 $f(x,y,z)$ 是定义在空间有界区域 V 上的连续函数，则

①若 $f(x,y,z)$ 是关于变量 x 的奇函数，则 $\iiint_V f(x,y,z)\mathrm{d}V = 0;$

②若 $f(x,y,z)$ 是关于变量 x 的偶函数，则

$$\iiint_V f(x,y,z)\mathrm{d}V = 2\iiint_{V_1} f(x,y,z)\mathrm{d}V.$$

其中 V_1 是 V 的前半部分，$V_1=\{(x,y,z)|x\geqslant 0,(x,y,z)\in V\}$.

（3）V 关于 zOx 平面对称

设函数 $f(x,y,z)$ 是定义在空间有界区域 V 上的连续函数，则

①若 $f(x,y,z)$ 是关于变量 y 的奇函数，则 $\iiint_V f(x,y,z)\mathrm{d}V = 0;$

②若 $f(x,y,z)$ 是关于变量 y 的偶函数，则

$$\iiint_V f(x,y,z)\mathrm{d}V = 2\iiint_{V_1} f(x,y,z)\mathrm{d}V.$$

其中 V_1 是 V 的前半部分，$V_1=\{(x,y,z)|y\geqslant 0,(x,y,z)\in V\}$.

（4）V 关于坐标原点对称

设函数 $f(x,y,z)$ 是定义在空间有界区域 V 上的连续函数，则

①若 $f(-x,-y,-z)=-f(x,y,z)$，$(x,y,z)\in V$，则 $\iiint_V f(x,y,z)\mathrm{d}V = 0;$

②若 $f(-x,-y,-z)=f(x,y,z)$，$(x,y,z)\in V$，则

$$\iiint_V f(x,y,z)\mathrm{d}V = 2\iiint_{V_1} f(x,y,z)\mathrm{d}V = 2\iiint_{V_2} f(x,y,z)\mathrm{d}V = 2\iiint_{V_3} f(x,y,z)\mathrm{d}V,$$

其中 $V_1 = \{(x,y,z) | x \geqslant 0,(x,y,z)\in V\}$， $V_2 = \{(x,y,z) | y \geqslant 0,(x,y,z)\in V\}$，

$$V_3 = \{(x,y,z) | z \geqslant 0,(x,y,z)\in V\}.$$

（5）坐标轮转不变性

设函数 $f(x,y,z)$ 是定义在空间有界区域上的连续函数，且 V 关于 x,y,z 具有轮换对称性，则 $\iiint_V f(x,y,z)\mathrm{d}V = \iiint_V f(y,z,x)\mathrm{d}V = \iiint_V f(z,x,y)\mathrm{d}V$.

6.5.4　第一型曲线积分

（1） L 关于 y 轴（或 x 轴）对称

设 $f(x,y)$ 在 L 上连续，则

①若 $f(x,y)$ 为关于 x（或 y）的奇函数，则 $\int_L f(x,y)\mathrm{d}s = 0$；

②若 $f(x,y)$ 为关于 x（或 y）的偶函数，则 $\int_L f(x,y)\mathrm{d}s = 2\int_{L_1} f(x,y)\mathrm{d}s$.

其中 $L_1 = \{(x,y)\in L \mid x \geqslant 0(\text{或}y \geqslant 0)\}$.

（2） L 关于 x 轴对称且关于 y 轴对称

设 $f(x,y)$ 在 L 上有连续，则

①若 $f(x,y)$ 关于 x,y 均为偶函数，则 $\int_L f(x,y)\mathrm{d}s = 4\int_{L_1} f(x,y)\mathrm{d}s$,

其中
$$L_1 = \{(x,y)\in L \mid x \geqslant 0, y \geqslant 0\}.$$

②若 $f(x,y)$ 关于 x 或 y 为奇函数，即 $f(x,-y) = -f(x,y)$ 或 $f(-x,y) = -f(x,y)$，$(x,y)\in L$，则 $\int_L f(x,y)\mathrm{d}s = 0$.

（3） L 关于原点对称

设 $f(x,y)$ 在 L 上有连续，则

①若 $f(-x,-y) = -f(x,y)$， $(x,y)\in L$，则 $\int_L f(x,y)\mathrm{d}s = 0$；

②若 $f(-x,-y) = f(x,y)$， $(x,y)\in L$，则 $\int_L f(x,y)\mathrm{d}s = 2\int_{L_1} f(x,y)\mathrm{d}s$.

其中 L_1 为 L 的上半平面或右半平面.

（4）坐标轮转不变性

设平面分段光滑曲线 L 关于 x,y 具有轮换对称性，且 $f(x,y)$ 在 L 上连续，则

$$\int_L f(x,y)\mathrm{d}s = \int_L f(y,x)\mathrm{d}s.$$

6.5.5　第二型曲线积分

（1）当 L 关于 x 轴对称时

设 $P(x,y),Q(x,y)$ 为定义在 L 上的连续函数，则

①若 $P(x,y)$ 是关于 y 的偶函数，则 $\int_L P(x,y)\mathrm{d}x = 0$;

若 $P(x,y)$ 是关于 y 的奇函数，则 $\int_L P(x,y)\mathrm{d}x = 2\int_{L_1} P(x,y)\mathrm{d}x$；

②若 $Q(x,y)$ 是关于 y 的奇函数，则 $\int_L Q(x,y)\mathrm{d}y = 0$；

若 $Q(x,y)$ 是关于 y 的偶函数，则 $\int_L Q(x,y)\mathrm{d}y = 2\int_{L_1} Q(x,y)\mathrm{d}y$，

其中 L_1 是 L 位于 x 轴上方的部分.

（2）当 L 关于 y 轴对称时

①若 $P(x,y)$ 是关于 x 的奇函数，则 $\int_L P(x,y)\mathrm{d}x = 0$；

若 $P(x,y)$ 是关于 x 的偶函数，则 $\int_L P(x,y)\mathrm{d}x = 2\int_{L_1} P(x,y)\mathrm{d}x$；

②若 $Q(x,y)$ 是关于 x 的偶函数，则 $\int_L Q(x,y)\mathrm{d}y = 0$；

若 $Q(x,y)$ 是关于 x 的奇函数，则 $\int_L Q(x,y)\mathrm{d}y = 2\int_{L_1} Q(x,y)\mathrm{d}y$，

其中 L_1 是 L 位于 y 轴右方的部分.

（3）当 L 关于原点对称时

①若 $P(x,y),Q(x,y)$ 关于 (x,y) 为偶函数，即 $P(-x,-y)=P(x,y)$，

且 $Q(-x,-y)=Q(x,y)$，$(x,y)\in L$，则 $\int_L P(x,y)\mathrm{d}x + Q(x,y)\mathrm{d}y = 0$；

②若 $P(x,y),Q(x,y)$ 关于 (x,y) 为奇函数，即 $P(-x,-y)=-P(x,y)$，

且 $Q(-x,-y)=-Q(x,y)$，则 $\int_L P(x,y)\mathrm{d}x + Q(x,y)\mathrm{d}y = 2\int_{L_1} P(x,y)\mathrm{d}x + Q(x,y)\mathrm{d}y$.

（4）坐标轮转不变性

设 L 为平面上分段光滑的定向曲线，$P(x,y),Q(x,y)$ 为定义在 L 上的连续函数．若曲线 L 关于 x,y 具有轮换对称性，则 $\int_L P(x,y)\mathrm{d}x = \int_L P(y,x)\mathrm{d}y$.

6.5.6 第一型曲面积分

（1）$\sum$ 关于 xOy 对称

设 $f(x,y,z)$ 在 $\sum$ 上连续，则

①若 $f(x,y,z)$ 为关于 z 的奇函数，则 $\iint\limits_{\Sigma} f(x,y,z)\mathrm{d}S = 0$；

②若 $f(x,y,z)$ 为关于 z 的偶函数，则 $\iint\limits_{\Sigma} f(x,y,z)\mathrm{d}S = 2\iint\limits_{\Sigma_1} f(x,y,z)\mathrm{d}S$，

其中 $\sum_1 = \left\{(x,y,z)\in \sum \middle| z\geqslant 0\right\}$.

（2）$\sum$ 关于 yOz 对称

设 $f(x,y,z)$ 在 $\sum$ 上连续，则

①若 $f(x,y,z)$ 为关于 x 的奇函数，则 $\iint\limits_{\Sigma} f(x,y,z)\mathrm{d}S = 0$；

②若 $f(x,y,z)$ 为关于 x 的偶函数，则 $\iint\limits_{\Sigma} f(x,y,z)\mathrm{d}S = 2\iint\limits_{\Sigma_1} f(x,y,z)\mathrm{d}S$，

其中 $\sum_1 = \{(x,y,z) \in \sum \mid x \geqslant 0\}$.

（3）$\sum$ 关于 zOx 对称

设 $f(x,y,z)$ 在 $\sum$ 上连续，则

①若 $f(x,y,z)$ 为关于 y 的奇函数，则 $\iint\limits_{\Sigma} f(x,y,z)\mathrm{d}S = 0$;

②若 $f(x,y,z)$ 为关于 y 的偶函数，则 $\iint\limits_{\Sigma} f(x,y,z)\mathrm{d}S = 2\iint\limits_{\Sigma_1} f(x,y,z)\mathrm{d}S$,

其中 $\sum_1 = \{(x,y,z) \in \sum \mid y \geqslant 0\}$.

（4）坐标轮转不变性

设分片光滑曲面 $\sum$ 关于 x,y,z 具有轮换对称性，且 $f(x,y,z)$ 在 $\sum$ 上有定义、可积，则

$$\iint\limits_{\Sigma} f(x,y,z)\mathrm{d}S = \iint\limits_{\Sigma} f(y,z,x)\mathrm{d}S = \iint\limits_{\Sigma} f(z,x,y)\mathrm{d}S.$$

6.5.7　第二型曲面积分

（1）$\sum$ 关于 xOy 对称

设 $R(x,y,z)$ 在上 $\sum$ 连续，则

①若 $R(x,y,-z) = R(x,y,z)$，则 $\iint\limits_{\Sigma} R(x,y,z)\mathrm{d}x\mathrm{d}y = 0$;

②若 $R(x,y,-z) = -R(x,y,z)$，则 $\iint\limits_{\Sigma} R(x,y,z)\mathrm{d}x\mathrm{d}y = 2\iint\limits_{\Sigma_1} R(x,y,z)\mathrm{d}x\mathrm{d}y$,

其中
$$\sum_1 = \{(x,y,z) \in \sum \mid z \geqslant 0\}.$$

（2）$\sum$ 关于 yOz 对称

设 $P(x,y,z)$ 在上 $\sum$ 连续，则

①若 $P(-x,y,z) = P(x,y,z)$，则 $\iint\limits_{\Sigma} P(x,y,z)\mathrm{d}x\mathrm{d}y = 0$;

②若 $P(-x,y,z) = -P(x,y,z)$，则 $\iint\limits_{\Sigma} P(x,y,z)\mathrm{d}x\mathrm{d}y = 2\iint\limits_{\Sigma_1} P(x,y,z)\mathrm{d}x\mathrm{d}y$,

其中
$$\sum_1 = \{(x,y,z) \in \sum \mid x \geqslant 0\}.$$

（3）$\sum$ 关于 zOx 对称

设 $Q(x,y,z)$ 在上 $\sum$ 连续，则

①若 $Q(x,-y,z) = Q(x,y,z)$，则 $\iint\limits_{\Sigma} R(x,y,z)\mathrm{d}x\mathrm{d}y = 0$;

②若 $Q(x,-y,z) = -Q(x,y,z)$，则 $\iint\limits_{\Sigma} R(x,y,z)\mathrm{d}x\mathrm{d}y = 2\iint\limits_{\Sigma_1} R(x,y,z)\mathrm{d}x\mathrm{d}y$,

其中
$$\sum_1 = \{(x,y,z) \in \sum \mid y \geqslant 0\}.$$

（4）坐标轮转不变性

设函数 $P(x,y,z)$ 在曲面 $\sum$ 上有连续，若积分曲面 $\sum$ 关于 x,y,z 具有轮换对称性，则

$$\iint_{\Sigma} P(x,y,z)\mathrm{d}y\mathrm{d}z=\iint_{\Sigma} P(y,z,x)\mathrm{d}z\mathrm{d}x=\iint_{\Sigma} P(z,x,y)\mathrm{d}x\mathrm{d}y.$$

几何应用

6.5.8 平面图形的面积

6.5.8.1 定积分

区域由 $x=a,x=b,y=f_1(x),y=f_2(x)$ 围成，则面积为：

$$A=\int_a^b\left|f_2(x)-f_1(x)\right|\mathrm{d}x;$$

6.5.8.2 二重积分

$$A=\iint_D 1\mathrm{d}x\mathrm{d}y;$$

6.5.8.3 第二型曲线积分

$$A=\frac{1}{2}\oint_{L_{正}} x\mathrm{d}y-y\mathrm{d}x=\oint_{L_{正}} x\mathrm{d}y=-\oint_{L_{正}} y\mathrm{d}x;$$

6.5.8.4 第一型曲线积分

$$A=\frac{1}{2}\oint_L(x\cos\beta-y\cos\alpha)\mathrm{d}s.$$

6.5.9 空间立体的体积

6.5.9.1 定积分

由截面面积函数 $A(x)$ 求空间立体的体积：$V=\int_a^b A(x)\mathrm{d}x.$

6.5.9.2 二重积分

曲顶柱体的体积公式：$V=\iint_D f(x,y)\mathrm{d}x\mathrm{d}y,$

其中 D 为底，$f(x,y)$ 为顶.

6.5.9.3 三重积分

$$V=\iiint_V \mathrm{d}x\mathrm{d}y\mathrm{d}z;$$

6.5.9.4 第二型曲面积分

$$V=\frac{1}{3}\oiint_{S_{外}} x\mathrm{d}y\mathrm{d}z+y\mathrm{d}z\mathrm{d}x+z\mathrm{d}x\mathrm{d}y=\oiint_{S_{外}} x\mathrm{d}y\mathrm{d}z=\oiint_{S_{外}} y\mathrm{d}z\mathrm{d}x=\oiint_{S_{外}} z\mathrm{d}x\mathrm{d}y.$$

6.5.9.5　第一型曲面积分

$$V=\frac{1}{3}\oiint_{S_{外}}(x\cos\alpha+y\cos\beta+z\cos\gamma)\mathrm{d}S.$$

6.5.10　曲线的弧长公式

6.5.10.1　定积分

设曲线由参数方程 $x=x(t),y=y(t),t\in[\alpha,\beta]$ 表示，则

$$s=\int_{\alpha}^{\beta}\sqrt{x'^2(t)+y'^2(t)}\,\mathrm{d}t;$$

6.5.10.2　第一型曲线积分

$$s=\int_{l}\mathrm{d}s.$$

6.5.11　曲面片的面积公式

6.5.11.1　旋转曲面的面积

$$S=2\pi\int_{a}^{b}f(x)\sqrt{1+f'^2(x)}\mathrm{d}x.$$

6.5.11.2　二重积分

$$S=\iint_{D}\sqrt{1+f_x^2(x,y)+f_y^2(x,y)}\,\mathrm{d}x\mathrm{d}y.$$

6.5.11.3　第一型曲面积分

$$S=\iint_{S}\mathrm{d}S.$$

各类积分首选的实际含义

定积分：曲边梯形面积；

二重积分：曲顶柱体体积；

三重积分：空间立体的质量；

第一型曲线：曲线的质量；

第二型曲线：变力做功；

第一型曲面：曲面片质量；

第二型曲面：流体流量.